文本情感分析

林政　靳小龙　著

清华大学出版社
北　京

内容简介

本书全面介绍了文本情感分析领域的主要研究问题，包括情感词典自动构建，主客观分类，篇章、句子、属性等不同层级的情感分类，跨领域情感分类，跨语言情感分类，情绪分析理论和情绪分类，以及结合情感的文本摘要与观点检索研究等。同时，还对情感分析与观点挖掘研究领域的公开资源进行了整理与归纳。本书重在对情感分析和观点挖掘研究的主流方法和前沿进展进行概括、比较和分析，适用于该领域高校科研院所的研究参考，也可以作为企业和政府对该领域的实际应用的指导。

图书在版编目(CIP)数据

文本情感分析/林政，靳小龙著. —北京：清华大学出版社，2019(2022.2重印)
ISBN 978-7-302-53408-2

Ⅰ. ①文… Ⅱ. ①林… ②靳… Ⅲ. ①自然语言处理 Ⅳ. ①TP391

中国版本图书馆CIP数据核字(2019)第178646号

责任编辑：贾 斌
封面设计：何凤霞
责任校对：焦丽丽
责任印制：杨 艳

出版发行：清华大学出版社
网　　址：http://www.tup.com.cn，http://www.wqbook.com
地　　址：北京清华大学学研大厦A座　　**邮　　编**：100084
社 总 机：010-62770175　　**邮　　购**：010-83470235
投稿与读者服务：010-62776969，c-service@tup.tsinghua.edu.cn
质量反馈：010-62772015，zhiliang@tup.tsinghua.edu.cn
课件下载：http://www.tup.com.cn，010-83470236
印 装 者：北京鑫海金澳胶印有限公司
经　　销：全国新华书店
开　　本：185mm×260mm　　**印　张**：15.75　　**字　　数**：382千字
版　　次：2019年11月第1版　　**印　　次**：2022年2月第3次印刷
印　　数：1501～2000
定　　价：79.00元

产品编号：074295-01

前　　言

文本情感分析旨在从文本中分析并挖掘作者的态度、立场、观点和看法，是自然语言处理、人工智能与认知科学等领域的重要研究方向之一。通过计算机自动进行文本情感分析的研究始于20世纪90年代，早期研究以文本情感分类为主，即把文本按照主观倾向性分成正面、负面和中性三类，其中正面类别是指文本体现出支持的、积极的、喜欢的态度和立场；负面类别是指文本体现出反对的、消极的、厌恶的态度和立场；中性类别是指没有偏向的态度和立场。情感分类是情感分析中开展最为广泛的一项研究，很多时候情感分类被等同于情感分析。但严格说来，情感分析的研究范畴更广，涵盖观点持有者、评价对象与情感词等情感单元的抽取，以及主客观分类、情感倾向分类、情绪分类、观点摘要、观点检索、比较观点挖掘和情感演化分析等多项不同的研究内容。

随着互联网的飞速发展，特别是Web 2.0时代的到来，网络信息传播已由单向信息发布发展为动态信息交互，用户不再仅仅是网络内容的阅读者，更成为网络内容的生产者。论坛、微博、微信、电商评论等网络交流平台不断涌现，人们越来越习惯于在网络上发表主观性的言论，以表达自己对所关注事件和政策或所购买商品与服务等的观点和看法。网络上大量用户所生成的富含情感信息的数据为情感分析提供了新的机遇。但同时，这类数据的许多独有特质也为情感分析带来新的问题。比如：微博字符长度受限，所以内容表述非常简洁，但存在数据稀疏的问题；用户生成数据中蕴含着大量的俚语和网络流行语等未登录词，以及哈希标签(hashtag)和表情符号(emoj)等特殊标记，而且常常存在拼写错误，这都为分析工作带来了困难。此外，社交网络中还存在着大量的关注、点赞、转发等社交关系数据，这些社交关系数据可以为情感分析提供不同视角的必要补充。由于上述原因，传统面向规范长文本的情感分析方法面对复杂的网络用户生成数据时，效果差强人意。因此，针对特定场景的数据需要设计专用的方法，新技术要与新应用适配。总而言之，在Web 2.0时代，用户生成数据的积累为情感分析带来了新的机遇、新的挑战和新的研究问题。

以情感分类为例，传统方法主要分为两类，一类是基于知识库的方法；另一类是基于机器学习的方法。基于知识库的方法是指借助WordNet、HowNet、同义词词典和反义词词典等资源构建情感词典，进而用情感词典指导情感分类；基于机器学习的方法是指在有情感类别标签的情感语料上，通过朴素贝叶斯、支持向量机、最大熵等分类模型，训练得到情感分类器，然后将分类器应用于未标注数据进行情感类别预测。近几年，深度学习迅猛发展，在语音识别、图像识别、机器翻译等应用领域取得了卓著成绩，也为情感分析提供了新的思路。目前已有很多将卷积神经网络(Convolutional Neural Network，CNN)、递归神经网络(Recursive Neural Network，RNN)和长短期记忆网络(Long-Short Term Memory，LSTM)等深度学习模型应用于文本情感分类的工作，研究结果表明神经网络方法的性能往往优于之前的主流方法。因此，基于深度学习的方法对情感分析研究的发展起到助推作用。

本书共10章，下面简要介绍各章的内容。

第1章首先介绍了情感分析的概念，然后介绍了情感分析的应用场景，包括商业领域、文化领域、社会管理、信息预测和情绪管理等，最后对情感分析的研究现状进行了简要概述。

第 2 章较全面地介绍了情感分析和观点挖掘领域的主要研究问题，所涉及的具体研究任务包括情感单元抽取、情感分类、情绪分类、观点摘要、观点检索、比较观点挖掘、垃圾评论检测、情感演化分析、情感与话题传播分析，以及结合观点的商品推荐等。

第 3 章对情感词典的构建技术进行了分析和讨论，详细介绍了三类方法：基于知识库的方法、基于语料库的方法和基于深度学习的方法，在每一类方法中都具体介绍了情感词典自动构建的模型和算法。

第 4 章重点介绍了情感分类研究。情感分类主要由主客观分类和情感倾向性分类两项任务组成，其中主客观分类旨在将文本分成主观和客观文本，情感倾向性分类旨在将文本按照正面和负面情感倾向进行分类，按照不同的应用场景，倾向性分类又可以继续分为篇章级情感分类、短文本(句子级)情感分类和属性级情感分类。

第 5 章详细介绍了跨领域情感分类的主要方法。跨领域情感分类旨在基于已标注好的源领域数据对没有标注的目标领域(新领域)数据进行分析。本章首先对迁移学习相关技术进行概述，然后详细介绍基于图模型的跨领域情感分类、文本与词相互促进的领域情感分类、基于矩阵分解的跨领域迁移和基于深度表征适配方法的跨领域情感分类四个模型。

第 6 章详细介绍跨语言情感分类研究。首先分析了跨语言情感分类存在的问题，然后根据不同的语料前提，对三个不同多语言场景下的情感分类方法进行了分析和讨论。针对双语平行语料场景，介绍了搭配对齐模型；针对双语非平行语料场景，介绍了基于互增益标签传导模型和跨语言话题/情感模型；针对只有目标语言语料的场景，介绍了仅用三个种子词的多语言情感分类方法和基于关键句抽取的多语言情感分类方法。

第 7 章概括介绍情绪分类研究。情绪分类可以被看成更细粒度的情感分类。本章首先介绍了情绪分析理论，然后对基于词典和规则的情绪分类方法、基于机器学习的情绪分类方法、复合层级情绪分类方法和多标签情绪分类方法进行了概述。

第 8 章首先介绍了情感摘要的研究现状和问题描述，然后详细介绍了一种用于情感摘要抽取的属性观点联合模型。

第 9 章介绍情感与观点检索研究。首先围绕观点检索存在的挑战对已有方法进行概述，然后详细介绍面向博客信息源的观点检索方法。

第 10 章对情感分析与观点挖掘研究领域的公开资源进行了整理与归纳，包括情感语料、情绪语料和情感词典，这些开放资源为情感分析与研究奠定了基础。

本书重在对文本情感分析与研究的主流方法和前沿进展进行概括、比较和分析。本书的主要读者对象为从事情感分析、文本挖掘、自然语言处理、机器学习等领域研究与应用的科研、设计和工程技术人员，也可供相关专业的研究生参考。

由于作者水平有限，所以尽管尽了最大的努力，但依然难免存在疏漏和不妥之处，敬请广大专家、读者批评指正。

作　者

2019 年 6 月

目　　录

第1章 研究背景和意义

1.1 什么是情感分析

情感分析(sentiment analysis)[1],又称为倾向性分析或**观点挖掘**(opinion mining),是一种重要的信息分析处理技术,其研究目标是自动挖掘和分析文本中的立场、观点、看法、情绪和喜恶等主观信息。随着微博、论坛和社交网络等新型互联网应用逐渐融入社会生活的各个方面,网民对各种产品与热点事件的评论变得更加容易。网民经常在互联网上表达自己对于日常事件、产品、政策等方面的观点和看法,使互联网记录了大量由用户生成且带有情感倾向的文本数据。这些数据是情感分析的重要语料来源[2],对其充分利用有利于了解大众观点,促进各行各业更好地发展,因而受到工业界和研究领域的普遍关注。

情感分析包含了情感基本单元抽取、情感分类、情感摘要和情感检索等多项研究任务。

情感基本单元抽取是情感分析最低层的研究任务,它旨在从情感文本中抽取有意义的信息单元,然后将无结构的情感文本转化为计算机容易识别和处理的结构化文本。情感基本单元可以为情感分析上层的研究和应用提供支撑。情感基本单元抽取主要包括观点持有者抽取、评价**对象**(target)或**属性词**(aspect)抽取、情感词抽取以及情感词的极性判定等。观点持有者抽取是指抽取观点句中观点或评论的持有者,目前此项抽取任务主要面向的是新闻评论文本。评价对象抽取是抽取评论文本中情感表达所面向的对象。属性词的抽取和评价对象的抽取略有不同,属性词可能是显式的也可能是隐式的,属性词对应的或是一个词或是一组词,比如在酒店评论中,“服务”是一个属性,跟“服务”相关的属性词有“服务员”“态度”“前台”“服务生”等。情感词(评价词,极性词)指在情感句中带有情感倾向性的词语,是表达情感倾向的关键部分。情感词的判定是给情感词打一个正负标签,比如,“好”对应+1,是个褒义词;“差”对应-1,是个贬义词。有时为了进一步区分情感强烈程度,还会采用带权重的极性打分。

情感分类是情感分析中被最广泛研究的任务,很多论文中把情感分类等同于情感分析[16][18][19][20]。情感分类[3]是指对情感文本所体现出的主观看法进行类别判定。情感分类通常分为两类(正面与反面)或三类(正面、反面与中立),其中**正面类别**(positive)是指文本体现出支持的、积极的、喜欢的态度和立场;**负面类别**(negative)是指文本体现出反对的、消极的、厌恶的态度和立场;**中立类别**(neutral)是指没有偏向的态度和立场。情感分类和普通文本分类[4]有相似之处,但比普通文本分类更为复杂。在基于**主题**(topic)的文本分类中,因为不同主题的文本所运用的词语往往也不同,这种词语的领域相关性使得对不同主题的文本可以很好地进行区分。然而,情感分类的正确率比基于主题的文本分类低很多,这主要是由文本中复杂的情感表达和大量的情感歧义造成的。比如,在一篇文章中,客观句子与主观句子可能相互交错,或者一个主观句子同时具有两种以上情感。因此,情感分类是一项非常复杂的任务。

按照不同的粒度，情感分类又可以分为篇章级情感分类、句子级情感分类和属性级情感分类。篇章级情感分析是指对整篇文章/文档进行整体的情感极性判别，常用于酒店、餐馆、图书和电影等领域评论的整体评分。句子级情感分类是指对一个句子进行情感极性判定，一篇文章里可能有多个句子，不同句子可能情感极性不同。在实际应用中，因为微博的内容通常较短，所以基于微博的情感分类经常被视为句子级的情感分类任务。属性级情感分析是指针对文本中的特定属性进行情感极性判别，常用于不同商品的特定参数的对比评测，比如"数码相机"就拥有"镜头""外观""像素""价格"等多个属性。不同的消费者对商品不同属性有着不同的偏好，因此属性级情感分类非常适用于电商的评论挖掘。

网络数据的爆炸式增长，激发了用户从互联网海量信息中搜索有效信息的需求。为满足互联网用户日益增长的搜索需求，2006 年国际文本检索会议 TREC(Text Retrieval Evaluation Conference)首次引入**博客检索**(Blog track)任务。在搜索过程中同时考虑搜索关键字和用户的情感诉求，可以使搜索变得更加便捷、准确和智能。情感检索技术[5]是解决该问题的重要方法之一，其任务是从海量文本信息中查询文本所蕴含的观点，并根据主题相关度和观点倾向性对结果进行排序。情感检索返回的结果需要同时满足主题相关性和情感倾向性。

为了有效利用互联网上的海量评论文本，就需要有技术和工具对这些评论文本进行自动地处理和分析。它既可以减少人们的工作量，又可以将有用的信息准确快速地反馈给用户，这就使得自动情感摘要技术[6]应运而生。自动情感摘要技术是在自动摘要技术的基础上延伸出来的。传统的自动摘要技术是提取文本中能够表达主题信息的文本形成摘要。但是，对于评论文本来说，它包含了用户的情感和观点，简单的自动摘要技术缺少情感信息的采集，不能满足用户的需要。与传统的主题摘要不同，情感摘要侧重于提取具有明显情感倾向性的主观评论，比如对特定商品或服务的评论信息进行归纳和汇总。针对在线用户评论，情感摘要主要有两种呈现方式：一种是基于主题的情感摘要，另一种是基于情感倾向性的情感摘要。

情绪分析(emotion analysis)是在现有粗粒度的情感二分类或三分类基础上，从心理学角度出发，多维度地描述人的情绪态度。比如"卑劣"是个负面的词语，而它更精确的注释是憎恨和厌恶。由于情绪分析对于快速掌握大众情绪的走向、预测热点事件甚至是民众的需求都有重要的作用，近几年也引起了许多研究者的关注[23][24][25]。我国很早就开始对情绪分类开展研究。据《礼记》记载，人的情绪有"七情"的分法，即为喜、怒、哀、惧、爱、恶、欲。法国的哲学家笛卡儿(Descartes)在其著作《论情绪》中认为，人的原始情绪分为惊奇、爱悦、憎恶、欲望、欢乐和悲哀(surprise，happy，hate，desire，joy，sorrow)，其他的情绪都是这六种原始情绪的分支或者组合。此后，美国心理学家 Ekman 提出一个基础情绪理论，因为部分情绪可以依靠面部表情和生理过程(如心跳加快和流汗)辨别，所以这些情绪被认为比其他的更基本。Ekman 的基本情绪包括快乐、悲伤、愤怒、恐惧、厌恶和惊喜(joy，sadness，anger，fear，disgust，surprise)。

在本书中，若无特殊说明，情感分类是指正、负二分类，而情绪分类则是多个类别的分类。

情感和情绪研究一直是心理学的研究重点，心理学关于情感和情绪的研究成果，对于挖掘和分析互联网用户生成数据具有重要的参考价值。越来越多的信息科学学者意识到这一点，不仅在传统的情感分析工具中加入一些心理学元素，而且还根据心理学的情绪结构理论构建了多个全新的研究工具，为网络文本的情感分析注入了心理学思想。利用这些研究工具对在线文本进行情感分析，已取得诸多有价值的研究成果，无形中拓宽了社会科学研究的边界。

1.2 情感分析的应用

情感分析具有广阔的应用前景，可以产生巨大的经济和社会效益。

1.2.1 商业领域

网购在生活中愈发普及，人们通过 C2C(如淘宝网、易趣网等)和 B2C(如京东网、亚马逊等)形式的电子商务平台购买商品后，可以写下对商品的评论。Joshua-Porter 在《社会网络设计》(*Designing for the Social Web*)一书中描述了一种“亚马逊效应”。他在研究中观察到，人们总是从亚马逊线上购物(在中国，人们也往往是从淘宝线上购物)，原因在于人们更想通过其他购买者的评论了解产品的“真相”，而不是商家广告对产品天花乱坠式的描述。大部分的网上购物者更加相信购买过该商品的买家的评价而非商家的主动推销。

美国 Hayneedle 公司在展示了用户反馈后，交易额增长了 26%。根据 PowerReviews 的报告①，这个数字可能更高。有一个有趣的现象是，负面评价并不总是坏事，就如谷歌的零售业咨询总监 John McAteer 所说：“没有人会相信所有的正面评价。”在没有差评的时候，浏览者会认为有人刻意伪造了评价。人无完人——产品和服务也是如此。

对于消费者而言，通过查看产品评论可以了解商品质量、售前售后服务等各个方面，从而做出购买决定。在虚拟的购物环境中，信任的建立显得尤为重要。Bickart 等人[7]的研究表明，从网上获取的来自其他消费者的信息比商业途径的网络信息更易引发消费者对产品的兴趣，因为来自其他消费者的信息是相对中立的，没有商业诱导性。

对于商家而言，可以通过跟踪用户对产品的反馈意见来改进产品的质量或服务。获得有质量的评价有助于降低退货率(现在大部门电商都支持 7 天无理由退货)，也有助于优化销售策略，将经营重点从评价低的产品转移到受欢迎的品类上来。此外，顾客的反馈还可以保持产品页面的持续更新，因为用户对于过期的评价会缺乏信任。此外，商家还可以通过分析在线评论信息和观点信息，获得消费者的行为特征，预测消费者的购买偏好，从而进行个性化的商品推荐。

因此，无论是商家还是潜在消费者都希望能通过一种方法来帮助他们自动对大量的产品评论进行处理。情感分析技术非常适用于电商领域，可以对产品评论进行有效的组织分类和观点挖掘，如从评论文本中分析用户对“数码相机”的“变焦、价格、大小、重量、闪光、易用性”等属性的情感倾向性。

图 1-1 是谷歌产品搜索示例，Google Product Search② 可以识别用户对产品各种属性的

---

① https://www.powerreviews.com/

② https://www.google.com/products

评价，并从评论中选择代表性评论展示给用户，以便用户快速获取有价值的评论信息。

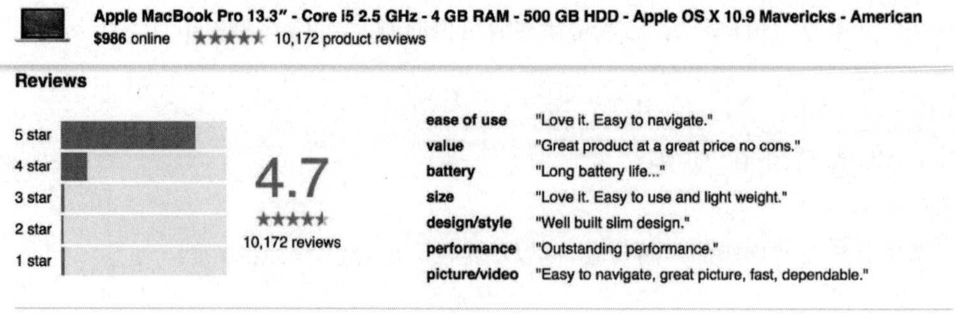

图 1-1 谷歌产品搜索应用

Bing shopping 也实现了类似的功能，如图 1-2 所示。

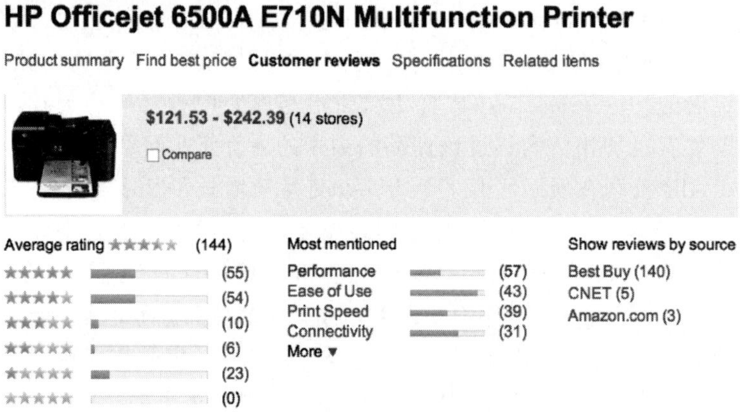

图 1-2 Bing 产品搜索应用

1.2.2 文化领域

从文化生活的角度看，情感分析技术可以挖掘用户对图书、影视等文化传媒的褒贬观点，实现影评、书评等资源的自动分类，有利于用户快速浏览正反两方面的评论意见，减少观看影视或者阅读时的盲目性。

随着大量图书的出版和大量电影的面世，可供读者和观众利用的资源越来越多，但同时也带来了同类图书或电影过多、读者难以选择的问题。信息化的快速发展和 Web 2.0、Web 3.0 等社交网络的兴起，越来越多的用户利用互联网记录自己对事物的评价，例如各种电影网站、读书网站等，这样就形成了庞大的评论数据集。以豆瓣网为例，截至 2017 年，豆瓣读书评分 9 分以上，且评价数超过 1000 的作品至少有 1000 多本。基于庞大的用户群产生的大量的评论信息，用其他读者对图书的评价和感兴趣程度为读者提供阅读推荐，这成为推广文化、提高图书阅读率的一种重要手段。因此，基于书评或影评的文化产品推荐是一个具有实际应用价值的研究。

根据目前主流的趋势，推荐系统主要分为以下几种：基于内容的推荐、协同过滤推荐、基于知识的推荐等。其中，协同过滤推荐算法是目前应用最广泛的推荐算法，一般分为两类，基于用户的协同推荐和基于物品的协同推荐。然而，现有的推荐系统大多不考虑用户的情感特征。而相关研究成果[8]表明，情感对用户行为和喜好的决定有着非常重要的作用，在信息推荐过程中充分考虑用户的情感倾向可以更好地适应用户的个性化需求，以更好地实现个性化推荐服务。

对于特定领域，比如电影，会有很多专有的特征词，以及特有的评价情感词，如何获取这些领域特有的特征词和情感词，是特定领域情感分析的关键。例如，Turney 在文献[27]中提到的情感词"unpredictable"，在电影领域的评论中可能是褒义的，说明情节跌宕起伏不容易猜到结局，而在汽车领域的评论中则可能是贬义的，如果汽车任何一项功能不可预测则会险象环生。因此，在针对特定领域进行情感分析时，要充分考虑领域依赖性。

1.2.3　社会管理

从社会管理的角度看，情感分析能够帮助管理者更快地了解群众对各类管理措施的意见，从而根据群众反馈对管理措施进行调整和修改；政府部门可以借此了解各个方面的公众舆论和社会意见，妥善对待网络舆情，这对准确把握社会脉搏，建设和谐社会有着重要意义。

从古代的"防民之口甚于防川"，到现在的网络时代，"每个人都有了自己的麦克风"。互联网为社情民意的表达提供了平台，体现用户意愿、评论和态度的网络舆情也愈发受到重视。所谓网络舆情，就是对社会热点问题持有不同看法的网络舆论，是社会舆论的一种表现形式，也是公众通过互联网对现实生活中某些热点、焦点问题发表具有较强影响力、倾向性的言论和观点。网络舆情的两个重要特点就是网络非理性情绪和群体极化。许多非理性的情绪，如仇富、仇官、反权力、反市场等，借助暴力性和娱乐化的网络表达强化，使得人们变得更加情绪化和极端化。网民的非理性情绪，对社会存在潜在威胁，值得警醒。另一种特征"群体极化"是由美国教授 Cass R. Sunstein 提出的，就是"团队成员一开始就有某种方面的潜在倾向，在讨论之后，人们朝着所倾向的方向继续移动，最后形成极端的观点"。例如，最初群体中成员的意见都比较保守，在经过了群体的商议后，决策就会更加保守；相反，若个体成员意见倾向于冒险化，则经商议后的群体决策就可能会更趋向于冒险。舆情分析，就是通过收集和整理民众态度，发现相关的意见倾向，从而客观反映出舆情状态。社会的安全管理需要不断关注网络舆情动向，并及时正确引导网络舆论方向，保证社会的长治久安。然而，各种渠道得到的信息庞杂，只靠人工方法进行甄别无法应对海量信息。因此，研发精确有效的情绪分析系统，实现对舆情信息的自动处理，对维持社会稳定有着非常重要的意义。

1.2.4　信息预测

情绪分析在态势预测中扮演着重要的角色。在美国大选期间，Tumasjan 等人[9]通过挖掘和分析民众在 Twitter 上对各竞选团队的评论，制定针对摇摆州（美国大选中的一个专有名词，指竞选双方势均力敌，都无明显优势的州）的特定宣传政策，从而提高己方的民意支持率。在 2011 年意大利议会选举和 2012 年法国总统大选过程中，Ceron 等人[10]用情感分析计算出了政治领导候选人的 Twitter 支持率，对选举预测具有重要意义。情感分析还可用于对政策性事件的民意预测，比如延迟退休的年龄等，为国家相关政策的制定提供辅助支撑。随着信息预测的应用内容越来越丰富，情感技术愈发受到重视。情感分析技术通过分析互联网新闻、博客等信息源，可以较为准确地预测某一事件的未来走势，无论是政治经济领域还是日常生活中都具有重大意义。

情感分析在金融预测中也有着巨大的应用潜力，引起了研究者们的兴趣。美国印第安纳大学和英国曼彻斯特大学的学者发现一个有趣的现象[11]：Twitter 可以从一定程度上预测 3 到 4 天后的股市变化。他们将情绪分为冷静、警惕、确信、活力、友善和幸福六类，若将其中的"冷静"情绪指数后移 3 天，竟与道琼斯工业平均指数(DJIA)惊人的相似。研究者们推测：在股票市场中，微博上对某支股票的议论可以在很大程度上左右投资者的行为，因而进一步影响股市变化的趋势。

2012 年 5 月，世界首家基于社交媒体的对冲基金 Derwent Capital Markets 在屡次跳票后终于上线。它可以即时关注 Twitter 中的公众情绪进而指导投资。基金创始人 Paul Hawtin 表示："长期以来，投资者普遍认为金融市场由恐惧和贪婪驱使，但我们从未拥有一种技术或数据来量化人们的情感。"Twitter 每天浩如烟海的推文，使得一直为金融市场的非理性举动所困惑的投资者，终于有了一扇可以了解心灵世界的窗户。基于 Twitter 的对冲基金 Derwent Capital Markets 在首月的交易中已经盈利，它以 1.85%的收益率，让平均数只有 0.76%的其他对冲基金相形见绌。类似的工作还有预测电影票房等[26]，均是将公众情绪与社会事件对比，发现一致性，并用于预测。

1.2.5 情绪管理

用户在微博、社区和论坛中的社交活动都是现实生活对网络社会的映射，这些社交网站中储存了大量的用户个人言论。由于用户的情感与其所关注的话题通常具有较强的相关性，分析用户发布的言论可以较为准确地获得人们的生活状态和性格特点。Golder 等人[12]通过研究 Twitter 用户在昼夜和不同季节所展现的情绪节奏，包括用户在工作、睡眠等不同时间段内表现的情绪，绘制出心情曲线，从而了解人们的精神状态。Kim 等人[13]通过研究也发现人们的情绪在 6 点、11 点、16 点和 20 点达到了高峰，并总结了用户一天中的情绪总体走向。利用这些研究成果，公司可以了解员工的工作状态，从而更有效地制订工作计划。此外，Zhou 等人[14]对不同行业名人的微博进行分析，统计名人所发微博中各类情绪的比例，分析出不同名人的性格、关注点和个人喜好。随着时代的进步和社会的发展，人们对自我关注的需求不断提高。通过对用户进行情感和情绪分析可以让用户更加了解自我，从而找到更加适合自己的方式去学习、工作和生活，情绪管理领域在未来将拥有更广阔的应用市场。

1.3 研究现状简介

1.3.1 传统情感分类方法

文本情感分析研究始于 20 世纪 90 年代，当时的情感分析主要分为两类，一类是基于情感词典的方法，另一类是基于机器学习的方法[15]。

1. 情感词典方法

这类方法是利用词汇的感情倾向来判断文本的情感极性，分析对象是文本中具有情感倾向的词汇。首先判断或计算词汇或词组的褒贬倾向性，再以词汇或词组为单位，通过对词汇或词组的褒贬程度加权求和等方法，获得整个句子或篇章的情感极性。

情感词典的构建方法通常有三种，即手工标注方法、基于知识库的方法和基于语料库的统计方法。基于知识库的方法主要是借助知识库资源（比如 Wordnet、Hownet 等）中概念之间的关系（同义词关系、反义词关系、上下位关系等）、概念的解释等来判断词语的情感极性。基于语料库的方法通常有如下的假设：具有相同情感倾向性的情感词容易出现在同一句子中。因此，这类方法通常需事先手工标注一小部分种子情感词，然后通过待判定情感词与种子词在语料中共现关系的强度来估算待判定情感词的情感极性。

2. 机器学习方法

基于机器学习的情感分析方法需经过预处理、文本表示（特征选择、特征约简、特征权重设置）与分类器训练，最终输出对情感极性的预测。

(1) 特征选择：选取适当的语义单元作为特征，对不同文档有较强的区分能力。

(2) 特征约简：去除特征集中不能有效反映类别信息的特征，提高分类的效率和准确率。

(3) 特征权重计算：一般按照特征词是否出现取 0/1 值，或者按词频信息取 TF、TF * IDF 值等。

(4) 分类器：常用的分类器包括**朴素贝叶斯**（Naïve Bayes，NB）、**支持向量机**（Support Vector Machines，SVM），**最大熵**（Maximum Entropy，ME）等。

在有监督学习的方法中，对一篇文本的情感倾向性判别可以看成文本分类过程，可以用标注好的语料来训练情感分类器。然而，有监督方法要求已标注的情感文本集和待标注的情感文本集服从相同的分布，以便经由已标注文本集训练出的分类器可以自然地适用于待标注文本。如果标注文本特别稀缺，或者已标注文本和待标注文本领域不同时，可以采用半监督学习或者迁移学习等策略。

传统的情感分类方法大多利用**词袋**（bag-of-words）模型来表示文本，并利用词典或机器学习的方法对文本情感进行分类，然而这些方法忽视了情感词的上下文信息。一些研究学者注意到这一点，并为此提出了基于句法分析的情感分类方法，比如最常用的依存句法分析。然而，基于依存句法分析的情感分类方法也存在着一些问题：一方面，现有的基于依存分析的情感分类方法大多将依存分析结果作为分类器的特征，采用监督学习的方法进行分类，使得这些方法需要构建大量的训练数据集；另一方面，现有的方法大多针对商品评论数据集，而对微博，特别是在话题广泛、用词灵活、句法结构复杂的文本上，基于依存分析的情感分类具有一定的局限性。

1.3.2　短文本情感分类方法

传统的情感分类方法都是针对篇章（长评论）设计的，近几年由于微博等应用的兴起，短文本情感分析开始引起研究者的关注。与传统的长文本相比，微博（短文本）受到字数的限制，呈现出内容简短、特征稀疏、富含新词和噪音词等特点，这使得以往的情感分析方法在面向微博短文本时，难以保证其分析效果。

短文本的情感分析方法大致分为三类：基于内部特征的方法、基于外部知识的方法和基于社交关系的方法。

1. 基于内部特征的方法

由于微博篇幅简短、特征稀疏，因此可以借助除词汇之外的其他特征来增强特征表达，比如 hashtag、表情符号、标点等。Wang 等人[16]提出一种基于 hashtag 的 Twitter 情感判定方法，利用包含 hashtag 的 Twitter 的情感倾向和 hashtag 的共现关系来判断 hashtag 的情感倾向性。Hu 等人[17]认为同一条微博中，表情符号所表达情感和文本内容所表达情感趋于一致，因此提出了一种基于表情符号的方法。

2. 基于外部知识的方法

通过丰富的外部知识体系，如维基百科(Wikipedia)、百度百科等资源，来扩展短文本中孤立词汇的语义特征。这是提高短文本内容分析的另一途径。比如，可以在维基百科这种开源知识库上，通过 Latent Dirichlet Allocation(LDA)话题模型训练主题向量，然后将短文本中的词汇和对应的主题向量一起用于情感分类过程。

3. 基于社交关系的方法

由于微博中存在关注、回复、点赞、转发等多种交互方式，因此可以利用这些社交关系来改进短文本情感分类。Hu 等人[18]认为互为朋友的人对同一微博倾向于共享同样的观点，并据此提出一种基于朋友关系的情感分类方法，实验结果证明在引入了社交关系之后，情感分类的性能要优于仅仅基于文本的模型。

1.3.3 基于深度学习的方法

近几年，深度学习迅猛发展，并在语音识别、图像识别等应用领域取得了卓越成果，也为情感分析提供了新的思路。深度学习是机器学习发展的第二次浪潮，以 2006 年 Hinton 等在 Science 上发表的 *Reducing the dimensionality of data with neural networks* 一文为开端。这篇文章提出了两个观点：①多隐层的**人工神经网络**(Artificial Neural Network，ANN)能够自动学习特征，且学习到的特征对样本数据有着更加本质的刻画；②训练该模型存在一定的难度。随后有大量学者投入到深度学习的基础研究与应用研究中，情感分析也是其中之一。

Zhou 等人[19]将**深度信念网络**(Deep Belief Network，DBN)应用到半监督情感分类方法中。首先利用 DBN 学习未标注数据的类别，再通过有监督的学习方法对文本进行情感分类。Socher 等人[20]将**递归神经网络**(Recursive Neural Network，RNN)应用于文本情感分类，该模型考虑了句法结构信息。Tang 等人[21]提出了一种基于情感信息的词向量学习方法，解决了传统词向量只能衡量语义相似度而无法衡量情感相似度的问题。Kim[22]首次将卷积神经网络(Convolutional Neural Network，CNN)应用到文本分类，实验结果表明基于 CNN 的文本分类性能优于当时的主流方法。CNN 是一种特殊的 ANN，随着深度学习的发展，也逐渐被应用到各个领域，尤其是图像识别领域。CNN 的卷积与池化操作可以自动抽取良好的特征表达，而参数共享机制又大大降低了模型的训练时间。

总之，基于深度学习的情感分类性能卓著，是今后的研究趋势。

参考文献

[1] Liu, Bing. Sentiment analysis and opinion mining [J]. Synthesis lectures on human language technologies 5.1 (2012): 1-167.

[2] 徐琳宏，林鸿飞，赵晶. 情感语料库的构建和分析[J]. 中文信息学报，22(1): 116-122, 2008.

[3] 李寿山. 情感文本分类方法研究[D]. 北京：中国科学院自动化研究所，2008.

[4] 谭松波. 高性能文本分类算法研究[D]. 北京：中国科学院计算技术研究所，2006.

[5] S O Orimaye, S M Alhashmi, and E -G Siew. Can predicate argument structures be used for contextual opinion retrieval from blogs[J]. World Wide Web, 16(5-6): 763-791, 2013.

[6] P Beineke, T Hastie, C Manning, and S Vaithyanathan. Exploring sentiment summarization[C]. In AAAI Spring Symposium on Exploring Attitude and Affect in Text: Theories and Applications (AAAI tech report SS-04-07), 2004.

[7] Bickart B, Schindler R M. Internet forums as influential sources of consumer information[J]. Journal of interactive marketing, 2001, 15(3): 31-40.

[8] Zhang Y, Lai G, Zhang M, et al. Explicit factor models for explainable recommendation based on phrase-level sentiment analysis[C]//Proceedings of the 37th international ACM SIGIR conference on Research & development in information retrieval. ACM, 2014: 83-92.

[9] Tumasjan A, Sprenger T O, Sandner P G, et al. Predicting elections with twitter: What 140 characters reveal about political sentiment[C] // Proc of the 4th Int AAAI Conf on Weblogs and Social Media. Menlo Park, CA: AAAI, 2010: 178-185.

[10] Ceron A, Curini L, Iacus S M, et al. Every tweet counts? How sentiment analysis of social media can improve our knowledge of citizens' political preferences with an application to Italy and France [J]. New Media and Society, 2014, 16(2): 340-358.

[11] Bollen J, Mao H, Zeng X. Twitter mood predicts the stock market [J]. Journal of Computational Science, 2011, 2(1): 1-8.

[12] Golder S A, Macy M W. Diurnal and seasonal mood vary with work, sleep, and daylength across diverse cultures [J]. Science, 2011, 333(6051): 1878-1881.

[13] Kim S, Lee J, Lebanon G, et al. Estimating temporal dynamics of human emotions [C] // Proc of the 29th Int AAAI Conf on Artificial Intelligence. Menlo Park, CA: AAAI, 2015: 168-174.

[14] Zhou X, Wan X, Xiao J. Collective opinion target extraction in Chinese Microblogs [C] // Proc of the 2013 Conf on Empirical Methods on Natural Language Processing. Stroudsburg, PA: ACL, 2013: 1840-1850.

[15] Pang B, Lee L. Opinion mining and sentiment analysis[J]. Foundations and Trends in Information Retrieval, 2008, 2(1-2): 1-135.

[16] Wang X, Wei F, Liu X, et al. Topic sentiment analysis in twitter: a graph-based hashtag sentiment classification approach[C]. In Proceedings of the 20th ACM CIKM, 2011: 1031-1040.

[17] Hu X, Tang J, Gao H, et al. Unsupervised sentiment analysis with emotional signals [C]// Proceedings of the 22nd international conference on World Wide Web. International World Wide Web Conferences Steering Committee, 2013: 607-618.

[18] Hu X, Tang L, Tang J, et al. Exploiting social relations for sentiment analysis in microblogging

[C]//Proceedings of the sixth ACM international conference on Web search and data mining. ACM, 2013: 537-546.

[19] Zhou S, Chen Q, Wang X. Active deep networks for semi-supervised sentiment classification. The 23rd International Conference on Computational Linguistics[C]. Beijing, China, 2010.

[20] Socher R, Perelygin A, Wu JY, Chuang J, et al. Recursive deep models for semantic compositionality over a sentiment treebank[C]. In Proceedings of the conference on empirical methods in natural language processing (EMNLP) 2013 : 1631-1642.

[21] Tang D. Sentiment-specific representation learning for document-level sentiment analysis[C]//Proceedings of the Eighth ACM International Conferenceon Web Search and Data Mining. ACM, 2015: 447-452.

[22] Kim Y. Convolutional neural networks for sentence classification[OL]. Cornell University Library, 2014. http://arxiv. org/abs/1408. 5882.

[23] Staiano J, Guerini M. DepecheMood: A lexicon for emotion analysis from crowd-annotated news [C] //Proc of the 52nd Annual Meeting of the Association for Computational Linguistics. Stroudsburg, PA: ACL, 2014: 427-433.

[24] Rao Yanghui, Xie Haoran, Li Jun, et al. Social emotion classification of short text via topic-level maximum entropy model [J]. Information and Management, 2016, 53(8): 978-986.

[25] Keshtkar F, Inkpen D. A hierarchical approach to mood classification in blogs [J]. Natural Language Engineering, 2011, 18(18): 61-81.

[26] Hur M, Kang P, Cho S. Box-office Forecasting based on Sentiments of Movie Reviews and Independent Subspace Method[J]. Information Sciences, 2016, 372: 608-624.

[27] Turney P D. Thumbs up or thumbs down: semantic orientation applied to unsupervised classification of reviews[C]//Proceedings of the 40th annual meeting on association for computational linguistics. Association for Computational Linguistics, 2002: 417-424.

第 2 章　主要研究问题

本章介绍情感分析和观点挖掘领域的主要研究问题。首先，介绍情感单元抽取任务，该任务是情感分析中最低层的研究任务，旨在从情感文本中抽取有意义的信息单元，情感单元抽取可以为情感分析上层研究提供支撑；其次，介绍情感分类任务，该任务是情感分析中非常重要的研究内容，情感分类又包含了主客观分类、正负情感分类、跨领域情感分类和跨语言情感分类等更细致的任务；在情感分类的基础上，继续介绍情绪分类研究，情绪分类可以看成更细粒度的情感分类；最后，介绍情感分析的上层应用研究，包括观点摘要、观点检索、比较观点挖掘、垃圾评论检测、情感演化分析、情感与话题演化分析和结合观点的商品推荐，这些上层应用研究是在情感要素抽取和情感分类的基础上进行的深入加工与处理。

2.1　情感单元抽取

首先，从一个手机评论的例子出发，看看一篇评论中都有哪些情感单元。

“我前几天买了一个苹果手机，这个手机真是太棒了，屏幕非常清晰，通话质量也很好，比我之前买的黑莓手机好用太多，黑莓手机按键特别小，操作费劲。不过，我妈妈有点生气了，因为我买手机之前没告诉她，她觉得太贵了。”

从上面这个例子，可以挖掘出以下情感单元：

(1) 这篇评论的观点持有者有两位，分别是“我”(作者)和“我妈妈”(作者的妈妈)。

(2) 这篇评论中出现的评价对象有“屏幕”“通话质量”“按键”“操作”。

(3) 这篇评论中出现的情感词有“棒”“清晰”“好”“好用”“小”“费劲”“生气”“贵”。

此外，从上面的例子还可以挖掘出更多的观点信息，比如：

(1) 对于整篇评论而言，情感倾向性是正面的，作者对所购买的手机整体上是满意的。

(2) 对于“苹果手机”这个评价主体，不同“属性”的情感倾向性如下。

① “屏幕”(显式属性)：正面(“清晰”)

② “通话质量”(显式属性)：正面(“好”)

③ “价格”(隐式属性)：负面(“贵”)

(3) 在比较观点挖掘中，“苹果手机”优于“黑莓手机”。

在本节，主要介绍情感单元抽取，情感单元抽取主要包含 4 个研究问题，分别是**观点持有者**(opinion holder)抽取、评价**对象**(target)抽取、**情感词**(sentiment word/opinion word)抽取和情感词**极性**(polarity)判定。

2.1.1　观点持有者抽取

观点持有者是一个能够表达观点的语义实体，一篇评论文本可能没有观点持有者，也有可能含有多个观点持有者。从评论文本中自动抽取观点持有者，可以按照观点持有者进行观点信息的组织，从不同的观点持有者角度对评论目标进行分析。

在针对观点持有者的抽取工作中，主要研究的是显式观点持有者的抽取，暂时不考虑没有明显观点持有者的观点表达句式。观点持有者的抽取方法一般分为四步，分别如下。

1. 指代消解

观点持有者很多时候都以人称代词的形式呈现，而如果直接把人称代词抽取出来作为观点持有者会存在歧义的问题，尤其是第三人称代词“他/她”。因此，在进行观点持有者抽取之前，应该对文本中的人称代词进行**指代消解**(Anaphora Resolution)。指代消解[1]是自然语言处理的重要内容，在信息抽取时，通常会用到指代消解技术。

指代消解，广义上讲，是指在文章中确定代词指向哪个名词短语的问题。当前一般意义上的指代消解则主要包括显性代词消解，**共指**(coreference)消解与零代词消解等。

所谓显性代词消解，就是指在文章中确定显性代词指向哪个名词短语的问题。代词称为**指示语**(anaphor)，其所指向的名词短语一般被称为**先行语**(antecedent)，根据两者之间的先后位置，可分为**回指**(anaphora)与**预指**(cataphora)。如果先行语出现在指示语之前，则称为回指，反之则称为预指。

所谓共指消解，是将文章中指向同一客观实体的词语划分到同一等价集的过程。在共指消解中，指称语包含普通名词、专有名词和代词。因此，可以将显性代词消解看作是共指消解针对代词的子问题。共指消解与显性代词消解不同，它更关注在指称语集合上进行的等价划分。

所谓零代词消解，是针对**零指代**(zero anaphora)现象的一类特殊的消解。在文章中，用户能够根据上下文关系推断出的部分经常会省略，而省略的部分在句子中承担着相应的句法成分，并且回指前文中的某个语言学单位。零指代现象在中文中更加常见，近几年随着各大评测任务的兴起开始受到学者们的广泛关注。

指代消解的研究方法大致可以分为基于启发式规则的、基于统计的和基于深度学习的三大类。目前来看，基于有监督统计机器学习的消解算法占据主流。

2. 确定观点指示动词

观点指示动词是指用于表达观点的动词，比如“认为”“觉得”“赞扬”“表示”等。观点指示动词通常通过统计的方法获得。一般一句话中只有一个观点指示动词。如果一个句子中含有多个观点指示动词集合中的动词，还需要进一步判断究竟是哪一个动词是真正的观点指示动词。判断方法一般采用一些启发式规则，比如观点指示动词通常和命名实体或者标点符号的距离比较近。

3. 观点持有者识别

在确定了观点指示动词之后，就可以进行观点持有者识别和抽取了。因为观点持有者一般是人、组织、机构、区域等，所以一般将命名实体识别中的人名、地名、机构名作为观点持有者的候选词。

4. 观点持有者词语合并

因为有时单个名词无法表达出观点持有者的完整概念，所以还需要进行观点持有者词语的合并，比如观点持有者是“中科院 老师”，自动化抽取后可能会单独抽取出“中科院”和“老师”，但无论是“中科院”还是“老师”，其表达的概念都不够完整，所以需要将其合并形成一个完整的名词短语。

2.1.2　评价对象抽取

评价对象是评论句中的意见主体，即主题词。在中文里，对于“评价对象”这个术语，学术界尚无统一定义，在其他文献中，也可以表述为“意见目标”“评价目标”“特征”等。评价对象按照在评论文本中是否出现分为显式评价对象和隐式评价对象。显式评价对象是指在评论句中直接出现的词或者词组。隐式评价对象是指在评论文本中不直接出现而通过人类经验和表达习惯，可以间接猜到的隐含词。

评价对象的抽取工作，常见于细粒度的情感分析，比如在商品评论中，评价对象是商品的属性、组成部分、附属物等。不同的消费者，在做出购买决定时对商品的属性有不同的侧重，所以对产品评论进行细粒度的观点挖掘非常有意义。粗粒度的情感分析，通常不需要挖掘评价对象，而是对商品进行整体的意见挖掘，有利于反映大众对评价实体的综合情感和意见。

国外的观点挖掘研究起步比较早，从 2004 年开始就已经出现关于评价对象抽取问题的文章[2]。近些年来，评价对象抽取技术发展迅速，主要分为有监督式和无监督式两类方法。

在有监督学习中，评价对象抽取可以看成一个序列标注的问题，观点句就是观测序列，而句中的每一个词如果属于评价对象则是一个状态，不属于评价对象则是另一个状态，进而可以结合每个词的位置和词性等信息进行状态预测。常用的序列标注模型有**隐马尔可夫**(Hidden Markov Model，HMM)、**条件随机场**(Conditional Random Field，CRF)、**结构化支持向量机**(Structured SVM)等。此外，还可以把评价对象的抽取看成一个有监督的分类问题。比如，利用句子的依存句法树来发现候选评价对象和情感词的二元组，然后使用分类器对其进行分类，判断候选二元组中的评价对象与情感词之间是否存在评价关系。常用的方法有 SVM、Boosting 等，其中，Boosting 是一种用来提高弱分类算法准确度的框架算法。

无监督的方法主要有三种，分别是频繁项挖掘方法、自扩展方法和基于话题模型的方法。

Hu 和 Liu[2] 认为评价对象通常是评论者经常提及的名词或名词短语，因此可以通过抽取高频名词或名词短语来抽取评价对象词表。为了保证评价对象抽取的准确率，他们还利用评价对象出现的位置和形式来进行确认。但这种基于频繁项挖掘的方法只考虑词频等因素，容易造成大量的误判情况。在后来的研究中，研究者们逐渐发现评论句子中的情感词是一种有效识别评价对象的特征，评价对象与情感词之间往往存在密切的关联关系，通过研究这种关联关系可以制定规则模板在评论句中抽取评价对象和情感词。

自扩展的方法迭代地从评论文本中抽取评价对象和情感词。自扩展方法可以看作是一个滚雪球的过程，用已识别的情感词来挖掘未知的评价对象词，再用已识别的评价对象词来挖掘更多的情感词，如此迭代下去，最终达到稳定。Qiu 等人[3] 提出了一种**双向传播**(double propagation)的方法，通过定义评价对象和情感词之间的依存句法关系，依据已经识别的评价对象和情感词，双向迭代抽取新的评价对象和情感词。但是这种方法依赖于依存句法分析器，在微博这种用语不规范的短文本和句法分析资源匮乏的语言上具有一定的局限性。

近年来，统计话题模型如 PLSA(Probabilistic Latent Semantic Analysis)、LDA 及其各种扩展模型在评价对象抽取中得到广泛应用[4][5]。在这些工作中，评价对象被视为隐含的话题，表示为词空间上的概率分布。在话题模型中，每个话题由一组词组成，但是话题与评价对象略有不同，话题词可能同时包含评价对象和情感词，所以通常把话题词中的名词视为评价对象。

2.1.3 情感词抽取

情感词(sentiment word)，也叫**观点词**(opinion word)，是指带有情感色彩的词或词组的集合，这些词可以是形容词，也可以是名词或者动词。情感词通常会带有某种情感极性，一般可分为正向情感词和负向情感词。正向情感词一般表示带有积极、支持、赞扬等感情的词，也就是通常所说的褒义词，如"喜欢""高兴"和"满意"等。负向情感词一般表示带有消极、反对、厌恶等感情的词，也就是通常所说的贬义词，如"失望""难过"和"差评"等。

情感词抽取和极性判定对情感分析任务至关重要，情感词抽取和情感词极性判定可以是分开进行，也可以同时进行。在单独的情感词抽取工作中，通常采用基于启发式规则的方法。基于启发式规则的方法主要是通过观察大量语料的特性，找到一些语法规则、语义特征和语言学特性。以下是几种常用的情感词抽取规则。

规则一：利用连词

利用连词的方法[6]是指从文档集中抽取出由连词连接的形容词对，如连接词 and、but、either…or…和 neither…nor…等。更进一步，由 and 连接的形容词对往往具有相同的情感极性，如"Every one wants to be *healthy* and *happy*"，而由 but 连接的形容词对往往具有相反的极性，如"*Delicious* food but *bad* service"。然而，这种利用语言学里的连词特性的方法无法抽取出语料中大量单独的形容词。

规则二：利用程度副词

利用程度副词的方法[7]把特定程度副词(比如中文中的"很"和"非常"，英文中的"very")后面的邻接词抽取出来作为候选情感词。因为程度副词通常用来修饰形容词和副词，而这些形容词和副词很大概率上是情感词。以英文酒店评论为例，"Staff was very *friendly* and helpful. Breakfast was very *good*. Location is excellent. Underground stations are near and those are Piccadilly line stations. It was very *easy* to arrive from Heathrow. Neighbourhood is very *interesting*."在这个例子中，"very"一共出现了 4 次，紧随其后的都是非常明确的情感词。这种方法虽然在情感词抽取方面准确率很高，但是召回率不高，需要与其他规则相结合。

规则三：利用评价对象词

情感词和评价对象往往结合紧密，具有很强的关联性。这种关联性为情感词的抽取提供了很重要的信息。例如，"Mac 笔记本电脑非常漂亮"，如果知道"Mac 笔记本电脑"是评价对象，那么修饰这个评价对象的形容词"漂亮"就会被认为是情感词。这一类方法[3][8][9]往往需要借助依存句法、词性标注(Part of Speech，PoS)或预定义规则来迭代扩展情感词集合，具有很高的召回率，但是没有考虑评价对象与情感词的长距离搭配。

基于启发式规则的方法优点是比较简单，针对性强。缺点在于人工定义的规则具有局限性，可扩展性差。近几年，越来越多的研究者倾向于使用机器学习方法抽取情感词并判断极性。

在情感词抽取方法中，最常使用的统计模型是话题模型和图模型。比如，Liu等人[10]利用话题模型和词对齐方法来捕获评价对象之间、情感词之间以及评价对象与情感词之间的语义和情感关系，然后利用随机游走模型来估算候选词的置信度，通过这些方法的融合有效地抽取了评价对象和情感词。Zhao等人[11]通过统计评价对象与情感词的共现和两者间的依存模式，构建了一个情感图模型来发现评价对象和情感词。基于图的方法优点在于可以将词与词之间的各种关系以特征的形式融入图中，通过图上的传播算法可以抽取大量情感词，算法扩展性强。但是，图模型的性能会受很多因素的影响，需要大量的优化工作，比如种子词的选择，词与词之间特征的构造，图上传播算法的优化等。

情感词具有领域相关。因此，在情感词抽取工作中，还应该充分考虑领域特征。比如，在商品评论中，情感词多为形容词，现有的研究也多基于形容词情感词进行情感分析。在金融评论中，情感词的词性更为丰富，除了形容词，还有可能是动词，如“下降”“飙升”等。目前，很难有一种通用的方法能完美地解决各个领域的情感词抽取任务。由于基于统计的方法抽取出的情感词召回率高，而基于规则的方法抽取出的情感词准确率高，因此在实际工程任务中，往往采用规则和统计相结合的方法。

社交网络中，情感词的抽取依然面临着很大的挑战。用户往往比较喜欢使用口语化的或者隐晦的非规范用语发表看法，在这些非规范(表述简短，富含拼写错误和网络新词)的文本中抽取情感词是困难的。所以，社交场景下的情感词抽取还会用到新词发现、深度学习等技术，以解决未登录词和特征稀疏等问题。

2.1.4　情感词极性判定

情感词的极性判定工作大致可以分为三类，分别是基于知识库的方法、基于语料库的方法，以及知识库与语料库相结合的方法。

1. 基于知识库的方法

基于知识库的方法主要是借助知识库资源(如Wordnet、Hownet等)中概念之间的关系(同义词关系、反义词关系、上下位关系等)、概念所具有的属性之间的关系以及概念的解释来判断词语的情感极性。

早期的情感词极性判定工作大多基于同义词词典和反义词词典。Kamps等人[12]基于同义词具有相似的情感极性这一假设，利用Wordnet构造了一个同义词网络。在这个网络中，如果两个词是同义词，就会有一条连边。对于任意一个词的情感极性，主要通过该词和两个种子词“good”和“bad”的最短路径来决定。Hu和Liu[13]在情感词极性判定工作中不仅用到了同义词词典，还用到了反义词词典。

还有一部分情感词极性判定工作是基于词典注释的。比如，Esuli和Sebastiani[14]利用文本分类技术来决定一个词的情感极性。对于任意一个词的情感极性，他们首先参考该词在知识库或者词典中的注释(定义)，然后用这些注释来进行半监督的情感分类。

国内的情感词极性判定工作主要基于Hownet与《同义词辞林》等知识库展开。通过计算目标词汇与 Hownet 中已标注褒贬的词汇之间相似度，对词语的情感倾向性按照一定的计算法则进行赋值，根据所得的语义倾向度量值判断目标词汇的情感倾向性。

综上所述，基于知识库的方法仅依靠一个完备的语义知识库，就能较快地得到情感词典。但是对于英语以外的大部分语言，缺少类似 Wordnet 这样的语义知识库，无法使用这类方法进行极性判定。此外，基于知识库的方法通常只能获得一个通用的情感词典，无法获得领域依赖的情感词典。因为基于知识库的情感词典构造方法没有考虑情感词极性的领域依赖性，最后，由于网络新词不断涌现，而已有知识库更新速度较慢，所以基于知识库的方法通常不适用于特定领域或特定场合的情感分析。

2. 基于语料的方法

基于语料库的方法通常具有如下的假设：出现在同一句子中的情感词通常具有相同的情感倾向。这类方法需事先手工标注一小部分种子情感词，然后利用待判定情感词与种子词之间的共现关系强度来估算待判定情感词的情感极性。

Turney[15]等人在 2002 年提出一种基于统计的方法，对后期的情感词典抽取工作具有较大影响。该方法基于如下假设：相似度较高的情感词倾向于具有相同的情感极性。它首先选取种子词“excellent”和“poor”来决定其他词的情感极性。也就是说，在语料库中更易于与“excellent”共现的情感词具有正面的倾向性，更易与“poor”共现的情感词具有负面的倾向性。两个词之间的相似度由**点互信息**(Pointwise Mutual Information，PMI)来衡量，其定义如下：

$$PMI(term_1, term_2) = \log_2\left(\frac{p(term_1 \& term_2)}{p(term_1)p(term_2)}\right) \tag{2.1}$$

其中 $p(term_1 \& term_2)$是词 $term_1$ 和 $term_2$ 共现的概率，$p(term_1)$和 $p(term_2)$是词 $term_1$ 和 $term_2$ 分别出现的概率。待判定词的情感极性可以由该词与正面种子词“excellent”间关联(PMI)以及该词与负面种子词“poor”间关联(PMI)之差决定。Gamon 和 Aue[16]对 Turney 的方法作了扩展，加入一个假设：具有相反情感极性的情感词通常不出现于同一个句子里。Bollegala 等人[17]抽取 unigram 和 bigram 作为词典元素，利用 PMI 词典之间的关联度，构建了一个**分布式情感词典**(distributional thesaurus)，对于每个情感词都有一些与它相关联的情感词列表，它们构建的情感词典在跨领域的情感分类任务上取得了较好的效果。总体上，上述这类方法需要借助搜索引擎，因为它们只有在具备非常大的语料库的前提下才能取得满意结果。

基于词共现的方法通用性较强，适用于大部分场景，但是共现法过于依赖统计信息，只考虑词语的共现情况，而缺少对复杂语言现象的建模，使得结果会存在一定偏差。比如，“虽然很贵，但我很喜欢”，在这个例子中如果不考虑否定关系，会对“贵”和“喜欢”的关系作出错误的判定。

3. 知识库和语料库相结合的方法

基于语料库的方法能够无监督地从大规模语料中获得特定领域的情感词典，但是与基于知识库的方法相比，准确率上有一定的欠缺。因此，目前很多方法都将知识库和语料库结合起来进行情感极性判定。这一类方法通常采用半监督学习的框架，利用现有知识库作为先验知识，提供精确的种子词集，并结合语料库中的词汇关系，构建更加庞大的情感词典。

Hassan 和 Radev[18] 提出了一种基于马尔科夫随机游走的图模型，用于为情感词指定情感极性。首先，构造一个词关系图，如果两个词同时出现在同一个同义词词集中，则有一条边将其连接。然后，在所构造的词关系图上应用随机游走算法，多轮迭代后，根据算法收敛后的结果为每一个情感词给出其情感极性和情感强度得分。Rao 等人[19] 利用已有资源和一定数量的种子词，将三种基于图的半监督算法（mincuts[64]、randomized mincuts[65]、label propagation[66]）做了对比，并分别利用这三种算法对未知情感极性的词进行判定。Zhang 等人[20] 以少量带标签的文本和通用情感词典作为输入，使用 Bootstrapping 算法[67]，对无标签文本进行分类，然后按照转折词将带标签语料分成多个情感片段，使得情感片段内情感一致，再利用依存句法分析得到情感片段的依存关系，并获取候选情感词。最后，利用整个情感片段的极性确定其中候选情感词的极性，同时将其用于下一个情感片段的判断。

半监督方法是一种非常实用的方法，仅通过少量的标注信息便可以结合大量的无标注语料进行学习。但是，半监督学习容易出现**偏离**（bias）问题。为了防止 bias，可以从两方面进行优化：一方面是初始标注数据的选择。由于半监督算法是通过不断迭代来获得其他词的情感倾向性的，所以若初始标注数据与语料关联不大或质量不高，则会使得在判断其他文本或词的情感时，置信度偏低，影响判断质量；另一方面是迭代过程中新添加情感词或情感文本的质量控制。由于新添加的情感词会用于判断其他文本或词的情感倾向性，若其中有较多错判的情感词，则会影响后续学习。

近几年，随着深度学习和神经网络的不断发展，**词向量**（word embedding 或 word vector）这种低维的语义表达被成功地应用于自然语言处理领域的多个任务，包括情感词典构建。比如，Tang 等人[21] 基于 skip-gram 模型，提出利用**情感词向量**（sentiment embedding）表示的方法来构建大规模的情感词典，实验表明这种方法取得了较好的效果。基于表示学习的方法是在近年来逐渐兴起的深度学习的研究上发展起来的，具有广阔的研究前景，未来如何优化神经网络模型以及如何有效引入情感特征都是值得研究的方向。

2.2 情感分类

2.2.1 主客观分类

文本情感分析的基础建立在主观句的识别上。网络文本通常可以划分为主观句和客观句两类，主观句是作者对主观观点的表述，客观句是对客观事实的描述。因此，识别文本中的主观句是文本情感分析的必要准备工作，可以减少情感分析的复杂度，提高情感分析的精确度。

文本的主客观分类[22] 指的是识别出描述客观存在事实的文本和表达作者观点与意愿的文本，是一个二分类问题。

主客观分类的方法主要有基于词典规则的方法和基于机器学习的方法。其中前者主要通过选定评价词典中的评价词汇（如“认为”和“感到”）并制定一些规则作为句子的判定条件。后者主要依靠目前主流的机器学习方法，通过在语料上的训练产生预测模型，进而对新的文本进行主客观判定。使用机器学习的方法是解决文本主客观分类的主流方法，其主要流程如图 2-1 所示。

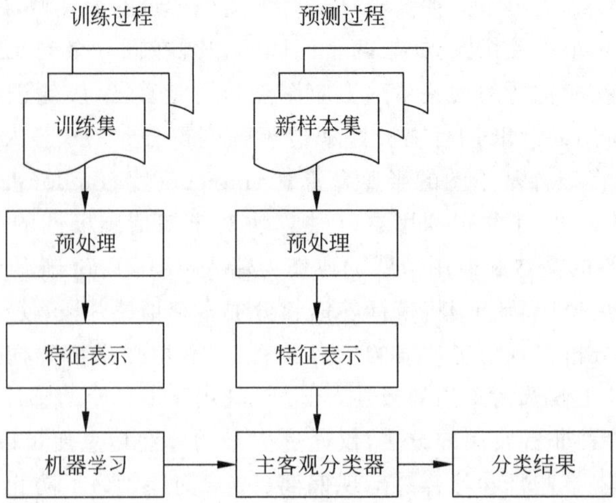

图 2-1　主客观分类流程图

在基于机器学习的方法中，特征的选择对分类的准确性起着至关重要的作用。Wiebe[23]早在 1999 年就对英文进行了句子级的主客观分类，提出了使用代名词、基数词、形容词等一些情感特征词汇作为主客观分类特征，同时参考了句子在段落中的位置来确定句子的主客观性。Vasileios 等人[24]对形容词的特征进行了详细分析，他们发现使用部分形容词汇进行分类的性能要好于使用全部形容词。Riloff 和 Wiebe[25] 提出一种基于 boostrapping 算法的高效分类方法，他们将主客观区分度高的模式不断加入到分类器中进行迭代学习，最后达到比较理想的分类性能。

通过查阅文献和实际对大量情感文本进行统计和观察，这里列出几个可能有利于文本主客观分类的线索特征，这些线索特征对于主客观分类具有较好的区分度。

1. 第一或第二人称代词

在情感文本中，作者为了表达观点和想法，通常会直接使用“我”“我们”“你”“你们”等人称代词。比如，“我很喜欢”“你最好别得寸进尺”。而客观句子通常用来描述事实，不涉及个人情感色彩，很少使用到第一或第二人称代词。

2. 评价词

评价词是指那些用于陈述意见的动词，比如“认为”“感到”“觉得”“主张”“建议”等。但是客观描述性文本中也存在着使用评价词的情况，所以评价词通常和第一或第二人称代词搭配使用。将这两种特征结合能够更加鲜明地捕捉主观性文本。

3. 情感词

情感词直接体现着作者的主观态度、看法和好恶等，所以富含情感词是主观文本的一个显著特征。在本书第 2.1.3 节，介绍了几种常见的情感词获取策略。在一些情感分析的相关工作中，为了简化模型，通常采用形容词作为情感词。

4. 程度副词

程度副词经常和情感词同时出现，为了充分表达观点，作者通常会使用"很""非常""超级""特别""相当"等程度副词来修饰情感词，比如，"这个相机非常好""这家的水果特别新鲜"。

5. 感叹词

感叹词通常在主观句子开始或结束时出现，比较口语化，作者有时会使用"啊""呦"这样的感叹词来加强语气，比如"九寨沟真美啊""天啊，太不可思议了"。相应地，客观描述句较少出现感叹词。

6. 特殊标点符号

标点符号往往也能表达主客观特性。典型的是感叹号和问号。感叹号一般表示惊讶、喜悦的情感，问号一般表达疑问的情感。这两种标点在客观文本中很少出现，所以可以作为主客观分类特征之一。由于社交平台和网络评论不拘于语法和拼写，所以经常会遇到连续问号"??"、连续感叹号"!!"、问号和感叹号混用的情况"?!"等，此时主观性就显得更加强烈了。

7. 表情符号

情感语料主要来自**用户生成内容**(User Generated Contents，UGC)，不同用户有着不同的书写习惯，很多人都喜欢用表情符号表达情感，尤其在社交媒体平台上更是如此。有时一个表情胜过千言万语，比如笑着哭的表情。因此，表情符号也可以看作判断主客观分类的重要线索。

8. 总结性关键词

在一些较长的文本中，比较重要的观点句通常会含有"综上所述""总而言之"这样的总结性关键词。这种总结性关键词不仅可以为主客观分类提供启发信息，还有助于消除情感歧义，从一篇文章中提取作者最主要的观点和情感。

9. 位置信息

从所处位置的角度看，重要的表达观点的句子一般都位于文章的开头和结尾，很少出现在文章的中间。有心理语言学家认为，为了有效获取文本中的情感极性，人们应该关注文本的最后一句话[26]。所以，位置信息在一定程度上也可以成为主客观判定的依据。

2.2.2　正负情感分类

按照不同的粒度，情感分类大致可以分为篇章级情感分类、句子级情感分类和属性级情感分类，下面将分别介绍这几种情感分类问题。

1. 篇章级情感分类

按照学习方法的不同，篇章级情感分类可以分成有监督式、无监督式和半监督式三类方法。

在有监督学习的方法中，对一篇文档的情感倾向性判别可以看成文本分类过程，可以用标注好的语料来训练情感分类器。Pang 等人[27]将三种典型的有监督分类模型(朴素贝叶斯、最大熵、支持向量机)用于电影评论的情感分类。Gamon[28]进一步证实先融合大量特征然后进行特征约简，可以在有噪声的用户反馈数据集上取得较高的精度。Koppel 和 Schler[29]使用态度中立的评论去改进正类(积极)和负类(消极)文本的判别。基于有监督学习的方法在情感分类准确率上得到了不错的表现，然而伴随着数据的爆发式增长，要获得海量的带有标记的样本明显不是一件简单的事情，要完成这样的任务意味着大量的时间开销和大量的人力花费。此外，基于统计学习的方法要求已标注的情感文本数据集和待标注的情感文本数据集有相同分布，以便用已标注文本数据集训练出的分类器可以很好地适用于待标注文本数据集。

在无监督学习的方法中，情感分析在没有任何标注数据的条件下进行。Turney[15]按照预定义的规则选取形容词和副词的某些搭配，然后计算每一个搭配与“excellent”和“poor”的互信息之差，最后对一个文本所有搭配的互信息差进行求和以判断其情感类别。Dave[30]等人同样采用一系列规则抽取出所有情感词，并计算每个情感词的情感倾向性，最终通过对所有情感词的情感倾向性求和之后的结果判断整篇评论文章的情感倾向性。Zagibalov[31]针对中文的商品评论提出了一种自动的种子词选取技术。虽然使用无监督的方法进行情感分类的研究取得了一定的进展，但性能还没有完全满足人们的要求，因此还是一个正在研究中的问题。

在半监督学习的方法中，通过对大量无标签数据与少量有标签数据的结合来构建性能良好的分类器。在半监督的情感分析研究中，最常使用的方法是基于**标签传导**(label propagation)的图算法和基于**联合训练**(co-training)的方法。Dasgupta[32]首先用谱分析技术挖掘出态度明确无歧义的评论，然后通过一种主动学习、直推式学习和集成学习相结合的方法借助这些无歧义评论对有歧义的评论进行分类。Zhu 和 Ghahramani[33]提出一个基于图的半监督学习算法进行情感分类，该算法通过已知的少量带有打分的评论文本，自动对其他评论文本进行情感类别打分。由于半监督的学习需要较少的人工介入，而精确率又较高，因此无论在理论上还是实践上都很有意义。

综上所述，有监督学习的方法效果最好，但是依赖于高质量的训练集；无监督的方法仅仅借助情感词典，简单可行，但是效果往往差强人意；半监督学习的方法是有监督方法和无监督方法的一个折中，也是目前比较流行的方法。

2. 属性级情感分类

篇章级的情感分类属于粗粒度的情感分析任务，随着研究的深入，情感分类工作正逐渐向属性级的细粒度分析过渡。

近年来，统计话题模型(如 PLSA、LDA)及其各种扩展模型在属性词抽取中得到广泛应用。在这些工作中，属性词被视为隐含的话题，表示为词空间上的概率分布。在基于话题模型的工作中，情感词的抽取大致分为两类：一类是独立于属性词的抽取，另一类是属性词和情感词联合建模，在一体化框架下，同时抽取属性词和属性词依赖的情感词(包括情感极性)。Zhao 等人[34]第一次提出一个属性词和情感词联合建模的一体化模型 MaxEnt-LDA。该模型很好地整合了有监督学习和无监督学习，通过无监督话题模型抽取属性词，同时通过有监督的最大熵分类器对情感词和客观词进行区分,以抽取属性相关的情感词。但是,该模型并没有进一步判别情感词的情感极性。此外,训练最大熵分类器需要人工标注数据,因而限制了该模型的适用性。Lin 等人[4]对 LDA 模型进行扩展,通过引入情感层,提出话题情感联合模型(Joint Sentiment/Topic model,JST)。和传统的 LDA 模型不同,JST 首先从情感分布中采样一个情感标签,然后从条件于当前情感的话题分布中采样一个话题。最终,从同时条件于情感和话题搭配的词分布中生成一个词。Jo 等人[5]提出了**属性情感统一模型**(Aspect and Sentiment Unification Model,ASUM),该模型对 JST 进行了改进,增加了一个约束:一个句子的所有词都来自同一个话题,使得所抽取的话题能更好地对应于实体的属性。ASUM 的产生过程与 JST 非常类似,只是 JST 为每个词指定一个话题,而 ASUM 为每句话中的所有词指定同一个话题。

与基于话题模型的思路不同,Tang 等人[35]将深度学习中用于推理问答的**记忆网络**(memory network)模型的思想用在属性级情感分类上,通过上下文信息构建 memory,通过 attention 机制捕获对判断不同属性词的情感倾向具有重要作用的信息,在实验数据集上取得了较好的结果。

我们相信,随着深度学习中各种神经网络模型的不断完善,基于深度学习的情感分类模型将是持续的研究热点。

2.2.3 跨领域情感分类

互联网上的情感文本往往涉及多个领域,比如政治、经济、体育、娱乐、汽车、电子产品、电影、股票、房地产等。有监督机器学习理论是建立在所谓"独立同分布"先验假设之上的,当一个领域中训练的情感分类器被直接用于另一个领域时,由于源领域和目标领域的特征分布不同,会导致分类器的分类精度下降。因此,利用已有领域的标注数据辅助其他领域的情感分类任务(即领域自适应情感分类或跨领域情感分类)不仅可以减少**目标领域**(target domain)数据标注工作,提高目标领域的情感分类性能,而且可以提高**源领域**(source domain)标注数据的利用率。

根据源领域和目标领域中是否有标注样本可将迁移学习划分为三类:目标领域中有少量标注样本的称为**归纳迁移学习**(inductive transfer learning),只有源领域中有标签样本的称为**直推式迁移学习**(transductive transfer learning),源领域和目标领域都没有标签样本的称为无监督迁移学习。根据发生迁移阶段的不同,跨领域情感分类又可以分为两类:实例迁移和特征迁移。

实例迁移的主要研究思路是从源领域已标记数据中选取那些对目标领域分类有价值的实例,用于辅助目标领域的文本情感分类。Jiang 等人[36]从减小领域分布差异的角度,提出了一种实例权重框架来解决领域自适应性问题。首先,利用目标领域数据的信息对源领域数据进行评估,将源领域数据中被认为具有"误导"作用的样例剔除。在训练分类器时,赋予目标领域带标签样本较高的权重,源领域带标签样本较低的权重,用得到的预测标签来选择部分高可信度的目标领域实例加入到训练集中。Xia 等人[37]在实例选择和实例权重的基础上通过**正例和无标记样本学习**(Positive and Unlabeled Learning,简称 PU 学习)提出了一种解决跨领域情感分类的策略。PU 学习是一种半监督的二元分类模型,它通过标注过的正样本和大量未标注的样本训练出一个二元分类器。PU 学习主要分为两步:第一步,根据已标注过的正样本 P 在未标注样本集 U 中找出**可靠的负样本集合**(Reliable Negative Examples,RN);第二步,利用正负样本通过迭代训练得到一个二元分类器。

特征迁移的主要研究思路是寻找源领域和目标领域之间的关联特征(共享特征),旨在构建跨领域数据的统一特征表示空间。Blitzer 等人[38]提出了一种称为**结构一致学习**(structural correspondence learning)的领域适应性学习方法。该方法首先选取同时与源领域和目标领域经常共现的若干个枢纽特征,然后计算每个枢纽特征与两个领域中其他非枢纽特征的相关性,构建相关性关系矩阵,再将奇异值分解用于求解相关性关系矩阵的低维线性近似,最终的特征集由最初的特征集和新抽取的实值特征所组成。Pan 等人[39]提出了**谱特征对齐算法**(Spectral Feature Alignment,SFA)。该算法将领域无关词作为桥梁,利用共现矩阵将源领域和目标领域的领域相关词进行对齐。利用一个中间层特征分布作为桥梁来实现源领域相关词与目标领域相关词的对齐进而实现跨领域情感分类是一个很好的思路,但基于共现矩阵的词对齐方法并不能准确反映出词与词之间的关系。

2.2.4 多语言情感分类

根据所借助的资源不同,多语言情感分类工作大致可以分成三类,分别是:基于双语平行或可比语料的方法、基于机器翻译的方法和基于双语词典的方法。

双语平行或可比语料库经常被用于多语言相关研究工作中。比如,Gliozzo[40]采用 KCCA (Kernel Canonical Correlation Analysis)、LSI(Latent Semantic Indexing)等方法,以平行语料为基础完成源语言和目标语言的空间转换。Fukumasu 等人[41]提出了一种**对称通信 LDA**(Symmetric Correspondence LDA)模型。该模型在平行或可比语料上共享隐含话题分布,从而建立两种语言之间的联系。以上几种方法都是基于双语平行语料或者双语可比语料的,然而对于很多语种而言,平行或可比语料是非常稀缺的资源,所以这类方法在实际应用中具有一定局限性。

后来,机器翻译系统被广泛用于多语言相关工作。一方面,可以将有标注的源语言的训练集翻译成目标语言,然后在翻译后的训练语料上训练分类器对测试集进行判别;另一方面,可以将目标语言的测试集翻译成源语言,然后直接应用在源语言上训练的分类器。Wan[42]将 Co-training 方法用于跨语言情感分析。该方法用到了在线翻译服务,首先将有标注的英文评论翻译成中文,然后再将未标注的中文评论翻译成英文,最后形成中、英文两个视角,让中文的情感分类学习和英文的情感分类学习互相促进。实验证明,无论是中文还是英文,情感分析的性能都得到了提升。

双语词典是机器翻译系统的一个很好的替代。由于机器翻译系统生成唯一解,所以翻译结果不一定适用于当前语境。但在基于双语词典的方法中,可以结合各种候选翻译选择方法来提高词汇翻译的准确率。Mihalcea 等人[43]研究了借助已有的英语资源,自动为一种新语言(如罗马尼亚语)生成情感词典和有标注情感语料的方法。该方法通过使用一部双语词典将已有的英语情感词典进行翻译得到目标语言的情感词典。然而,完备的双语词典并不是易于获取的资源,尤其对小语种而言更是如此,而人工构建双语词典又是非常困难且代价高昂的工作,所以基于双语词典的方法受限于词典的规模和语种。

总的来说,在过去一段时间,单语言的情感倾向性研究取得了很大的进步,而跨语言的情感倾向性分析却没有太大突破,大部分工作只是将跨语言情感分类看成跨语言文本分类的一个子集，没有充分考虑情感分析本身的特性。目前，跨语言的情感倾向性分析主要存在如下问题：

（1）大部分工作都依赖于机器翻译系统或者双语词典，具有很大的资源依赖性。对于某些语言而言，尚无有效的机器翻译系统或双语词典可以利用。

（2）基于机器翻译的方法会损失跨语言情感分析的精度。一方面，机器翻译系统生成唯一解，所以翻译未必正确；另一方面，机器翻译系统依赖于训练集，当目标语言的领域与训练集相差较大时性能不佳。

（3）基于双语词典的方法没有考虑情感分析的领域依赖性，因为大部分双语词典是通用的。

（4）由于语言表达差异，从原始语言空间导出的模型被转换到目标语言空间时存在信息损失。

2.3　情绪分类

情绪分类是在正负情感两类分析工作基础上，从人类心理学角度出发，更细粒度、更多维度地描述人的情绪的工作。比如"卑劣"是个负面的词语，而它更精确的情绪是憎恨和厌恶。由于情绪分类对于快速掌握大众情绪的走向、预测热点事件甚至是民众的需求都有很重要的作用，近年研究者的研究重点也逐渐从单一的文本正负情感分类转变为多标签的情绪分类。

多标签情绪分类作为正负情感二分类的延伸，也遵循情感分类的研究框架。按照不同的学习方式，情绪分类的主要方法可以分为有监督式、无监督式和半监督式三类。

有监督的情绪分类主要采用支持向量机、朴素贝叶斯和最大熵等机器学习方法。针对中文微博含有丰富表情符号的特点，Sun等人[44]提出一种基于表情符号的中文情绪分类方法，将微博中表达的情绪分为七种类别：乐、喜、悲、怒、恐、恶、惊。该方法利用微博表情符号对未标记数据进行初始化，将语句中所含表情符号最多的一类标记为该语句的情绪标签，并利用支持向量机与朴素贝叶斯分类器对语料进行分类。随着深度学习方法的兴起，许多研究者开始将其应用于文本情绪分类工作中。Santos等人[45]提出一种基于**字符到句子卷积神经网络**（Character to Sentence Convolutional Neural Network，CharSCNN）的短文本情绪分类方法，该方法用含有两个卷积层的神经网络从字符、词和句子等级别信息中抽取特征。对斯坦福大学的影评情感语料进行五种情绪分类的准确度可达48.3%。

基于无监督学习的情绪分类主要基于情绪词典进行。Song等人[46]提出基于异构图的情绪词典分类方法。该方法利用种子词和表情符号构建情绪词典，并使用随机游走算法强化对情感分布的评估效果。在中文微博真实数据的实验中，利用该方法构建的情绪词典对7种情绪（Anger、Disgust、Fear、Happiness、Like、Sadness、Surprise）分类的准确率可达54.1%。Wu等人[47]提出一种数据驱动的微博专有情绪词典分类方法。为了提高情绪词的覆盖率，该方法还支持将检测到的情绪新词加入到词典中，不断扩展情绪词典的样本集。在中文微博数据集的实验中，该方法对8种情绪分类的准确率达到58.04%。

半监督学习兼备了有监督学习与无监督学习的优点，在情绪分类任务中扮演着重要的角色。Purver 等人[48]提出一种半监督学习的情绪分类方法。该方法采用少量人工选取的**哈希标签**(hashtag)和**情感符**(emoticon)来自动标注微博情绪,以省去大量手工标注语料的过程。在基于 Twitter 语料的实验中,利用 hashtag 分类的准确率达到 67.4%以上,利用 emoticon 分类的准确率达到 75.2%以上。然而,该方法对**恐惧**、**惊讶**和**憎恶**(Fear, Surprise, Disgust)三类情绪的区分度不高,因为训练语料中对应的标签和情感符的意思比较含糊,干扰了对情绪的区分。

2.4 观点摘要

摘要分为生成式摘要和抽取式摘要,目前大部分摘要研究工作都属于抽取式摘要。观点摘要的研究目标是从大量观点文本中自动抽取出与主题相关且具有代表性的观点提供给用户参考。相比普通的文本摘要,观点摘要需要考虑更多特征,比如抽取的句子必须是与主题相关的,要有情感倾向性,要有代表性,而且语义上不重复。

借鉴主题文本摘要任务,将文本观点摘要看成是所有评论中句子的排序问题。对于观点摘要抽取,目前大部分研究通常根据句子是否包含主题相关观点以及观点的强度进行挑选。例如,Hu 等人[2]从包含主题信息的句子中抽取形容词作为观点词,以此识别主题相关观点句子作为摘要。Ling 等人[49]按句子语言模型与预先学习的主题模型的 Kullback-Leibler(KL)负距离将句子归类到不同主题,然后对各个主题挑选相似度分值靠前的句子作为摘要。Goldensohn 等人[50]迭代地选择满足给定情感极性要求的具有最大极性可信度的主题相关句子作为摘要,其中每个迭代步使用一个标记来控制当前挑选句子需满足的情感极性要求,以此控制最终摘要的褒贬分布大体与点评中实际分布相符。从某种程度来讲,尽管该方法考虑了摘要结果中观点的差异性,但这种差异性仅仅体现在情感的极性上,因而不能充分保证观点的多样性。

目前大部分观点摘要方法主要考虑句子本身的局部性信息(比如是否包含主题相关的观点以及观点的强度等)来孤立地选择句子作为摘要。Xu 等人[51]提出了基于带汇点流形排序框架的一体化摘要抽取模型,以客观主题词与主题相关观点词作为先验知识,融合句子**流形结构**(manifold),同时考虑所挑选摘要句子的差异性,来抽取同时满足富含信息、重要性及多样性等要求的高质量摘要。

2.5 观点检索

观点检索旨在从互联网数据中发现主题相关(通过查询指定的一个产品、事件或话题等)的观点信息,并通过信息检索的方式,按内容主题相关且包含观点倾向的概率分值对检索对象(如微博)进行排序。这一问题的核心挑战是,如何在检索模型中高效地捕获主题相关观点,忽略无关观点,从而对检索对象进行合理的观点评分。另外一个主要挑战是如何合理地将主题相关性与观点评分进行融合以产生最终的排序结果。

由**美国国家标准技术协会**(National Institute of Standards and Technology, NIST)和**美国国防高级研究计划局**(Defense Advanced Research Projects Agency, DARPA)发起的

文本检索会议(Text Retrieval Conference,TREC)2006 至 2008 年组织了博客观点检索评测,之后涌现出大量观点检索方面的研究。中文倾向性分析评测(COAE)中也有关于中文的观点检索评测。早期研究的观点检索是两阶段模型。第一个阶段使用传统的信息检索模型得到主题相关的文档;第二个阶段计算相关文档的观点得分。后续有研究工作将主题相关度得分和观点得分进行线性组合,再之后出现了将主题相关度与观点结合起来的统一检索模型,取得了不错的检索效果。

Eguchi 和 Lavrenko[52]将主题相关模型与情感倾向性相关模型组合成一个整体模型对文档进行排序,这种方法的有效性在 MPQA 语料(英文情感分析开源语料)中得到了有效验证。Li 等人[53]利用<主题,观点词>二元组表示文档,考虑了句子内的倾向性观点与主题之间的上下文信息,同时考虑句子间的信息来获取同一主题的多个观点之间的关系。最后将这两种信息融合进统一的图模型中,并利用 HITS 算法计算得分获取文档的排序。Luo 等人[54]提出了针对 Twitter 的短文本观点检索模型,不仅考虑了**推文**(tweet)的观点特征,同时考虑了 Twitter 的社交媒体特征(比如用户信息),最后利用**排序学习**(Learning to Rank,LR)模型训练得到排序模型。实验结果证明,结合社交媒体特征可以有效提升观点检索的性能。

排序学习是最近几年非常热门的研究领域,传统的检索模型靠人工拟合排序公式,并通过不断的实验确定最佳参数,以此来形成融合了相关性、观点性等多个特征的打分函数。排序学习与传统检索模型思路不同,在给定训练数据的情况下,由机器自动学习获得最合理的排序公式。排序学习属于有监督的机器学习方法,这种机器学习方法可以很轻松地融合多个特征,其模型参数由迭代得出,且针对特征值稀疏、过拟合问题都有很好的解决策略,有深厚的理论基础[68]。

2.6　比较观点挖掘

比较作为一种关系的描述,它主要表达的是一个事物相对于其他事物在它们所共有的属性上所具有的质或量上的异同。比较观点是观点的一种类型,但不同于直接观点。直接观点表达了对一个对象的情感倾向,而比较观点表达了多个对象之间的不同点或相同点关系。与直接观点挖掘类似,比较观点挖掘需要解决的问题仍然是观点的对象识别及其情感倾向判别,不同之处在于比较关系的识别。

一个表达比较关系的比较句由比较主体、比较客体、比较属性、比较词和比较结果五个元素构成,通常用五元组<比较主体,比较客体,比较属性,比较词,比较结果>结构化地进行表示。比较关系构成的条件是比较对象要在相同的比较属性或相同所指上形成明显高低不同的比较结果。比如,"大众的途观、别克的昂科威价格差不多""奔驰比宝马乘坐起来舒适"。

比较关系抽取实质是对比较句的浅层语义理解,常用方法是语义角色标注。在对比较句进行语义角色标注的过程中,通常还会用到比较模式库、领域产品名表和领域属性名表等资源。在对比较句进行词性标注后,一般分三步完成语义角色标注:

第一步,通过比较模式库标注比较特征词及比较结果词;

第二步,根据第一步的位置信息并结合领域产品名表和规则标注比较实体;

第三步,在第二步的基础上结合领域属性名表等资源和规则标注出比较属性。

此外，还有一类比较观点挖掘不是建立在比较句识别和五元组的抽取基础上，而是针对一些特定主题，生成比较观点摘要，从而比较不同国家、不同社团或不同舆论场对同一事件或相似事件的观点差异。有些情况下，比较观点并不是通过比较句来显式表达，而是隐式地表达在多句话的描述中，比如从“西瓜甜”和“火龙果不甜”两句话可以推测出“西瓜比火龙果甜”。Huang 等人[55]提出了一种用于生成比较观点摘要的线性规划模型，该模型通过**概念对**(concept pair)来捕获隐含的比较观点，并且将比较摘要形式化生成一个句子选择的最优化问题，所选句子既要最大程度地代表话题，又要体现比较观点。

2.7 垃圾评论检测

互联网上的垃圾评论会误导潜在消费者。因此，产品垃圾评论检测的目的就是将垃圾评论从评论文本中找到并去除，只保留真实的产品评论供用户参考。

Jindal 和 Liu[56]在 2008 年对垃圾评论检测进行了详细的介绍和分析，第一次正式提出了垃圾评论检测的三种类型，即不真实评论、仅与品牌相关的评论和非评论。作者采用了传统抽取特征建模的方式对三类垃圾评论进行了检测。从评论的文本信息出发，采用机器学习等方法，在一定程度上可以自动判断评论是否为垃圾评论，但存在很大的局限性。另外，近年来网络新词大范围地出现在评论文本中。因此，为了提高分类器的精度，需要持续地人工标注工作，需花费大量的人力和物力。

为此，Lim 等人[57]提出了基于用户行为的垃圾评论检测方法。他们认为，从评论者的角度比单纯从评论本文着手更具研究意义：应该关注评论者的行为特征来检测作弊者进而检测垃圾评论，而不是仅仅关注评论本身。Mukherjee 等人[58]第一次从作弊联盟的角度提出垃圾评论检测的方法。他们不是从单个的评论或评论者着手，而是利用**频繁模式挖掘**(Frequent Pattern Mining，FPM)算法的辅助，从作弊群的角度进行了分析。其合理性在于，如果想要达到提升或者降低某一个产品信誉的时候，一个人的力量往往是不够的，而且也更容易被识别出来。因此，专业的作弊者，也称为“水评”，会联合很多人一起作弊，因此这些人之间的耦合性肯定会比正常评论者之间要强。

与垃圾评论的文本分析相比，用户行为特征分析是从不同的角度出发分析判断评论是否为垃圾评论的证据，不需要进行大量的文本分析，也不需要训练集。但基于用户行为的垃圾评论检测方法仅仅从几个常见的行为特征出发，用于可疑性判断的信息量不足，所以可以将基于文本分析的方法和基于用户行为分析的方法相结合，以期提高垃圾评论检测方法的性能。

2.8 情感演化分析

已有的大部分情感分析都是静态的，没有考虑时间维度。给定数据，分析数据的情感倾向，产生一个固定不变的分析结果。而情感演化分析研究的是情感随着时间推移的演化趋势，对于同一事物或者同一事件，情感倾向性可能会随着时间的变化而发生改变。因此，情感演化分析主要研究的是下一个时刻的情感预测问题。

诸如微博这样的社交平台俨然已成为了网民发声的主要舆论场。一个事件往往会在发生后的一段时间内持续产生影响。在这段时间内，公众对该事件的关注程度、具体关心的问题、对事物的看法都会随着时间的推移而发生变化。此外，在社交网络中，网民的观点很容易受好友或者关注人的影响，所以情感的演化不仅跟事件演化趋势有关，也跟社交媒体中的社交关系有关。

De 等人[59] 2016 年提出了一种基于社交网络的观点动力学模型。该模型是数据驱动的，它借助一组**标记的跳跃扩散随机微分方程**（marked jump diffusion stochastic differential equations）表示随时间变化的作者观点，然后通过历史事件数据进行模型仿真和参数估计，最后得出一组用于预测观点的预测函数，并给出观点收敛到稳定状态的条件。实验结果证明，在 Twitter 数据集上，他们所提出的方法相比其他方法能够更好地拟合真实数据，能够提供更加精准的预测结果。

2.9　情感与话题传播分析

如前所述，无论是话题传播分析还是情感分析，都已得到很多研究关注，并已取得不少研究成果。但是，研究情感对话题传播影响分析的工作还很少。情感与话题传播分析研究的是网民对话题的情感倾向对话题传播的速度和范围的影响。

话题传播受到很多因素的影响，比如话题的内容，发布话题的用户、时间与舆论场，以及针对话题的评论等。而情感作为一种重要的内容特征，也会以某种方式影响社交媒体上的话题传播。Stieglitz 和 Linh[60] 发现带有情感色彩的微博相比中性情感的微博更容易被转发。Ferrara 和 Yang[61] 基于 Twitter 探索了情感和信息扩散之间的复杂动力学。Fu 等人[63] 在中文微博上进行了大量统计，发现了坏消息传播更快而好消息传播更广的现象。此外，他们还发现在话题传播演化阶段，正面情感的话题能够在短时间内迅速达到峰值，负面话题在达到峰值后热度消退的很快。

2.10　结合观点的商品推荐

推荐系统与个性化密不可分。个性化推荐是指根据用户兴趣和行为特点，向用户推荐所需的信息或商品，帮助用户在海量信息中快速发现真正所需的商品。常用的推荐算法包括协同过滤推荐、基于内容的推荐和基于关联规则的推荐。协同过滤推荐基于“物以类聚，人以群分”的假设，喜欢相同物品的用户更有可能具有相同的兴趣。一般通过评分来分析用户之间或者物品之间的相似度，从而预测用户对物品的评分，将评分较高的物品推荐给用户。基于内容的推荐算法首先建立物品的特征库，然后基于用户以往的喜好记录，推荐给用户相似的物品。基于关联规则的推荐首要目标是挖掘出关联规则，也就是那些同时被很多用户购买的物品集合，这些集合内的物品可以相互进行推荐。

结合观点的商品推荐并不是一种新的推荐框架，而是结合了用户评论的推荐，观点信息既可以融入到协同过滤模型，也可以融入到基于内容的推荐模型。从个性化的角度来看，用户发表的评论有助于分析用户的个性化特征，关于商品的评论有助于分析商品的个性化特征。例如,Dong 等人[62]在基于内容的推荐框架下,结合用户评论提出了一种新的商品相似度衡量方法。以往的方法都是借助商品的详细描述进行特征表示,而他们提出了一种基于商品评论的特征表示,充分利用了评论中的属性特征和属性级的情感特征,取得了不错的效果。总而言之,评论的信息量远远大于评分,如果能从评论中精确地分析出用户的喜好和物品的特征将很大程度上提高推荐精度。

参考文献

[1] 王厚峰.指代消解的基本方法和实现技术[J].中文信息学报,2002,16(6):9-17.

[2] Hu M,Liu B. Mining opinion features in customer reviews[C]. AAAI. 2004,4(4):755-760.

[3] Qiu G,Liu B,Bu J,et al. Opinion word expansion and target extraction through double propagation [J]. Computational linguistics,2011,37(1):9-27.

[4] C Lin,and Y He. Joint sentiment/topic model for sentiment analysis[C]. In Proceeding of the 18th ACM conference on Information and knowledge management,2009. 375-384.

[5] Y Jo,and A H Oh. Aspect and sentiment unification model for online review analysis[C]. In Proceeding of WSDM,2011.

[6] Hatzivassiloglou V,McKeown K R. Predicting the semantic orientation of adjectives[C]//Proceedings of the eighth conference on European chapter of the Association for Computational Linguistics. Association for Computational Linguistics,1997:174-181.

[7] Lin Z,Tan S,Cheng X. Language-independent sentiment classification using three common words [C]//Proceedings of the 20th ACM international conference on Information and knowledge management. ACM,2011:1041-1046.

[8] Bloom K,Garg N,Argamon S. Extracting Appraisal Expressions[C]//HLT-NAACL. 2007,2007: 308-315.

[9] 赵妍妍,秦兵,车万翔,等. 基于句法路径的情感评价单元识别[J].软件学报,2011,22(5):887-898.

[10] Liu K,Xu L,Zhao J. Extracting Opinion Targets and Opinion Words from Online Reviews with Graph Co-ranking[C]//ACL (1). 2014:314-324.

[11] Zhao Q Y,Wang H,Lv P,Zhang C. A bootstrapping based refinement framework for mining opinion words and targets[C]. //Proceedings of the 23th ACM Conference on Information and Knowledge Management,Shanghai,China,2014:1995-1998.

[12] J Kamps,M Marx,R J Mokken,et al. Using WordNet to measure semantic orientation of adjectives [C]. In Proceedings of LREC,2004.

[13] Minqing Hu,Bing Liu. Mining and summarizing customer reviews[C]. In Proceedings of the tenth ACM SIGKDD international conference on Knowledge discovery and data mining,Seattle,WA,USA, 2004.

[14] Andrea Esuli,Fabrizio Sebastiani. Determining the semantic orientation of terms through gloss classification[C]. In Proceedings of the 14th ACM international conference on Information and knowledge management,Bremen,Germany,2005.

[15] Peter D. Turney. Thumbs up or thumbs down: semantic orientation applied to unsupervised classification of reviews[C]. In Proceedings of the 40th Annual Meeting on Association for Computational Linguistics,Philadelphia,Pennsylvania,2002.

[16] Gamon M,Aue A. Automatic identification of sentiment vocabulary: exploiting low association with known sentiment terms[C]//Proceedings of the ACL Workshop on Feature Engineering for Machine Learning in Natural Language Processing. Association for Computational Linguistics,2005:57-64.

[17] Bollegala D, Weir D, Carroll J. Cross-domain sentiment classification using a sentiment sensitive thesaurus[J]. IEEE transactions on knowledge and data engineering, 2013, 25(8): 1719-1731.

[18] Ahmed Hassan, and Dragomir Radev. Identifying Text Polarity Using Random Walks[C]. In Proceedings of the 48th Annual Meeting of the Association for Computational Linguistics, pages 395-403, Uppsala, Sweden, 11-16 July 2010.

[19] Rao D, Ravichandran D. Semi-supervised polarity lexicon induction[C]//Proceedings of the 12th Conference of the European Chapter of the Association for Computational Linguistics. Association for Computational Linguistics, 2009: 675-682.

[20] Zhang Z, Singh M P. ReNew: A Semi-Supervised Framework for Generating Domain-Specific Lexicons and Sentiment Analysis[C]//ACL (1). 2014: 542-551.

[21] Tang D, Wei F, Qin B, et al. Building Large-Scale Twitter-Specific Sentiment Lexicon: A Representation Learning Approach[C]//COLING. 2014: 172-182.

[22] Liu B. Sentiment analysis and subjectivity[M]//Handbook of Natural Language Processing, Second Edition. Chapman and Hall/CRC, 2010: 627-666.

[23] Wiebe J M, Bruce R F, O'Hara T P. Development and use of a gold-standard data set for subjectivity classifications[C]//Proceedings of the 37th annual meeting of the Association forComputational Linguistics on Computational Linguistics. Association for Computational Linguistics, 1999: 246-253.

[24] Hatzivassiloglou V, Wiebe J M. Effects of adjective orientation and gradability on sentence subjectivity[C]//Proceedings of the 18th conference on Computational linguistics-Volume 1. Association for Computational Linguistics, 2000: 299-305.

[25] Ellen Riloff, Janyce Wiebe. Learning extraction patterns for Subjective Expressions[C]//Proceedings of EMNLP2003, 2003: 105-112.

[26] Becker I, Aharonson V. Last but definitely not least: on the role of the last sentence in automatic polarity-classification[C]//Proceedings of the acL 2010 conference Short Papers. Association for Computational Linguistics, 2010: 331-335.

[27] Pang B, Lee L, Vaithyanathan S. Thumbs up: sentiment classification using machine learning techniques[C]//Proceedings of the ACL-02 conference on Empirical methods in natural language processing-Volume 10. Association for Computational Linguistics, 2002: 79-86.

[28] Gamon M. Sentiment classification on customer feedback data: noisy data, large feature vectors, and the role of linguistic analysis[C]//Proceedings of the 20th international conference on Computational Linguistics. Association for Computational Linguistics, 2004: 841.

[29] Melville P, Gryc W, Lawrence R D. Sentiment analysis of blogs by combining lexical knowledge with text classification [C]//Proceedings of the 15th ACM SIGKDD international conference on Knowledge discovery and data mining. ACM, 2009. 1275-1284.

[30] Dave K, Lawrence S, Pennock D M. Mining the peanut gallery: Opinion extraction and semantic classification of product reviews[C]//Proceedings of the 12th international conference on World Wide Web. ACM, 2003: 519-528.

[31] Zagibalov T, Carroll J. Automatic seed word selection for unsupervised sentiment classification of Chinese text[C]//Proceedings of the 22nd International Conference on Computational Linguistics-Volume 1. Association for Computational Linguistics, 2008: 1073-1080.

[32] Dasgupta S, Ng V. Mine the easy, classify the hard: a semi-supervised approach to automatic sentiment classification[C]//Proceedings of the Joint Conference of the 47th Annual Meeting of the ACL and the 4th International Joint Conference on Natural Language Processing of the AFNLP: Volume 2-Volume 2. Association for Computational Linguistics, 2009: 701-709.

[33] Zhu X, Ghahramani Z. Learning from labeled and unlabeled data with label propagation[R].

Technical Report CMU-CALD-02-107,Carnegie Mellon University,2002.

[34] Zhao W X,Jiang J,Yan H,et al. Jointly modeling aspects and opinions with a MaxEnt-LDA hybrid [C]//Proceedings of the 2010 Conference on Empirical Methods in Natural Language Processing. Association for Computational Linguistics,2010: 56-65.

[35] Tang D,Qin B,Liu T. Aspect level sentiment classification with deep memory network[J]. arXiv preprint arXiv: 1605.08900,2016.

[36] Jiang J,Zhai C X. Instance weighting for domain adaptation in NLP[C]//ACL. 2007,7: 264-271.

[37] Xia R,Hu X,Lu J,et al. Instance Selection and Instance Weighting for Cross-Domain Sentiment Classification via PU Learning[C] //IJCAI. 2013.

[38] Blitzer J,Dredze M,Pereira F. Biographies,bollywood,boom-boxes and blenders: Domain adaptation for sentiment classification[C] //ACL. 2007,7: 440-447.

[39] Pan S J,Ni X,Sun J T,et al. Cross-domain sentiment classification via spectral feature alignment [C]//Proceedings of the 19th international conference on World wide web. ACM,2010: 751-760.

[40] Gliozzo A,Strapparava C. Cross language text categorization by acquiring multilingual domain models from comparable corpora[C]//Proceedings of the ACL workshop on building and using parallel texts. Association for Computational Linguistics,2005: 9-16.

[41] Fukumasu K,Eguchi K,Xing E P. Symmetric correspondence topic models for multilingual text analysis[C]//Advances in Neural Information Processing Systems. 2012: 1286-1294.

[42] Wan X. Co-training for cross-lingual sentiment classification [C]//Proceedings of the Joint Conference of the 47th Annual Meeting of the ACL and the 4th International Joint Conference on Natural Language Processing of the AFNLP: Volume 1-volume 1. Association for Computational Linguistics,2009: 235-243.

[43] Mihalcea R,Banea C,Wiebe J. Learning multilingual subjective language via cross-lingual projections [C]//ANNUAL MEETING-ASSOCIATION FOR COMPUTATIONAL LINGUISTICS. 2007,45 (1): 976.

[44] Sun X,Li C,Ye J. Chinese microblogging emotion classification based on support vector machine [C] // Poc of 2014 Int Conf on Computing,Communication and Networking Technologies, Piscataway,NJ: IEEE,2014: 1-5.

[45] Santos C,Gatti M. Deep Convolutional neural networks for sentiment analysis of short texts [C] // Proc of the 25th Int Conf on Computational Linguistics. New York,USA: ACM,2014: 69-78.

[46] Song K,Feng S,Gao W,et al. Build emotion lexicon from Microblogs by combining effects of seed words and emoticons in a heterogeneous graph [C] // Proc of the 26th ACM Conf on Hypertext and Social Media. New York,USA: ACM,2015: 283-292.

[47] Wu F,Huang Y,Song Y,et al. Towards building a high-quality microblog-specific Chinese sentiment lexicon [J]. Decision Support Systems,2016,87: 39-49.

[48] Purver M,Battersby S. Experimenting with distant supervision for emotion classification [C] // Proc of the 13th Conf of the European Chapter of the Association for Computational Linguistics. New York,USA: ACM,2012: 482-491.

[49] Ling X,Mei Q,Zhai C X,et al. Mining multi-faceted overviews of arbitrary topics in a text collection [C]//Proceedings of the 14th ACM SIGKDD international conference on Knowledge discovery and data mining. ACM,2008: 497-505.

[50] Blair-Goldensohn S,Hannan K,McDonald R,et al. Building a sentiment summarizer for local service reviews[C]//WWW workshop on NLP in the information explosion era. 2008,14: 339-348.

[51] Xu X,Cheng X,Tan S,et al. Aspect-level opinion mining of online customer reviews[J]. China Communications,2013,10(3): 25-41.

[52] Eguchi K, Lavrenko V. Sentiment retrieval using generative models[C]//Proceedings of the 2006 conference on empirical methods in natural language processing. Association for Computational Linguistics, 2006: 345-354.

[53] Li B, Zhou L, Feng S, et al. A unified graph model for sentence-based opinion retrieval[C]//Proceedings of the 48th Annual Meeting of the Association for ComputationalLinguistics. Association for Computational Linguistics, 2010: 1367-1375.

[54] Luo Z, Osborne M, Wang T. An effective approach to tweets opinion retrieval[J]. World Wide Web, 2015, 18(3): 545-566.

[55] Huang X, Wan X, Xiao J. Comparative news summarization using linear programming[C]//Proceedings of the 49th Annual Meeting of the Association for Computational Linguistics: Human Language Technologies: Short Papers-Volume 2. Association for Computational Linguistics, 2011: 648-653.

[56] Jindal N, Liu B. Opinion spam and analysis[C]//Proceedings of the 2008 International Conference on Web Search and Data Mining. ACM, 2008: 219-230.

[57] Lim E P, Nguyen V A, Jindal N, et al. Detecting product review spammers using rating behaviors [C]//Proceedings of the 19th ACM international conference on Information and knowledge management. ACM, 2010: 939-948.

[58] Mukherjee A, Liu B, Wang J, et al. Detecting group review spam[C]//Proceedings of the 20th international conference companion on World wide web. ACM, 2011: 93-94.

[59] De A, Valera I, Ganguly N, et al. Learning and forecasting opinion dynamics in social networks[C]//Advances in Neural Information Processing Systems. 2016: 397-405.

[60] Stieglitz S, Dang-Xuan L. Emotions and information diffusion in social media—sentiment of microblogs and sharing behavior[J]. Journal of Management Information Systems, 2013, 29(4): 217-248.

[61] Ferrara E, Yang Z. Quantifying the effect of sentiment on information diffusion in social media[J]. Peerj Computer Science, 2015, 1: e26.

[62] Dong R, O'Mahony M P, Schaal M, et al. Combining similarity and sentiment in opinion mining for product recommendation[J]. Journal of Intelligent Information Systems, 2016, 46(2): 285-312.

[63] Fu P, Lin Z, Lin H, et al. Quantifying the Effect of Sentiment on Topic Evolution in Chinese Microblog[C]// Asia-Pacific Web Conference. Springer International Publishing, 2016: 531-542.

[64] Blum A, Chawla S. Learning from Labeled and Unlabeled Data using Graph Mincuts[C]// Eighteenth International Conference on Machine Learning. Morgan Kaufmann Publishers Inc. 2001: 19-26.

[65] Blum A, Lafferty J, Rwebangira M R, et al. Semi-supervised learning using randomized mincuts [C]// International Conference on Machine Learning. ACM, 2004: 13.

[66] Zhu X, Ghahramani Z. Learning from labeled and unlabeled data with label propagation[J]. 2002. Technical Report CMU-CALD-02-107, Carnegie Mellon University.

[67] Castellucci G, Croce D, Basili R. Bootstrapping Large Scale Polarity Lexicons through Advanced Distributional Methods[M]// AI * IA 2015 Advances in Artificial Intelligence. Springer International Publishing, 2015: 329-342.

[68] T Y Liu. Learning to rank for information retrieval[J]. Foundations and Trends in Information Retrieval, vol. 3, no. 3, pp. 225-331, 2009.

第3章　情感词典的构建

情感词典作为判断词语和文本情感倾向的重要工具，其自动构建方法已成为情感分析和观点挖掘领域的一项重要研究内容。人工构建的情感词典虽然具备较好的通用性，但是在实际使用中，往往难以覆盖不同领域的情感词，领域适应性较差。而且，人工构建情感词典需要耗费大量的人力、物力。因此，学术界更多地致力于情感词典的自动构建。情感词典自动构建主要有早期的基于知识库的方法，被采用最多的基于语料库的方法，以及近几年比较流行的基于深度学习的方法。本章分别对三类方法进行介绍。

3.1　基于知识库的方法

早期的情感词典构建工作大多基于开源的知识库，比如 Wordnet 和 Hownet。这些知识库通常会提供词与词之间的同义或反义等关系。因此，基于知识库的方法又可以细分为两类：词关系扩展法和释义扩展法。

3.1.1　词关系扩展法

词关系扩展方法的基本流程是：先人工构建两个分别包含少量褒义和贬义种子词的集合，然后在 WordNet 语义知识库中，查找它们的同义词与反义词来扩大这两个集合，将同义词放入种子词所在集合，将反义词放入另一集合。然后，可以将扩展后的集合作为最新的褒义和贬义种子词集合，如此反复多轮，可以得到一个具有一定规模的词库。最后，对词库进行人工整理，筛除错分的词，构成情感词典。基于词关系扩展的方法通常选取形容词加入情感词典，还要选取副词和动词加入情感词典。

大型知识库中，词与词之间的关系错综复杂，一些词在经过若干次迭代之后，可能会迭代到它的反义词，比如，“好”通过一次扩展，将同义词“还行”加入种子词集合，对“还行”进行扩展又得到“一般”，在经过若干次同义词迭代之后，有可能会得到极性完全相反的词“坏”，这给词典构建工作带来了一些困难。为了排除这些词汇，Kim 等[1]在词典构建过程中使用贝叶斯分类器，进一步计算各词属正面或负面极性的概率。

在基于知识库的情感词典构建方法中，除了同义词词典和反义词词典，还有一种基于迭代路径的方法。在知识库中，由于词与词之间存在着网状关系，任意两个词之间都可能存在着千丝万缕的联系。Kamps 等人[2]认为，意思越相似的两个词，它们通过同义词迭代所需的次数就越少。有鉴于此，他们使用两个词相互迭代所需的次数来衡量二者的相似性，进一步将其用于计算候选词的情感倾向。Hassan 等人[3]根据 WordNet 构建词间关系图，结合已知情感极性的种子词集 S，确定各个情感词的情感极性。具体地，从任意单词 w_i($\notin S$)开始，按照一定转移概率在词间关系图上进行随机游走，直到遇到 w_k($\in S$)。经过反复多次游走之后，分别计算从 w_i 到褒义和贬义种子词的平均移动次数，最后以次数多少确定词

w_i 的情感极性。

3.1.2 释义扩展法

还有一部分情感词典自动抽取工作是基于词典注释的。比如，Esuli 和 Sebastiani[4] 利用文本分类技术来决定一个词的情感极性。对任意一个词，该方法首先参考该词在在线知识库或者词典的注释（定义），然后用这些注释来进行情感分类。具体步骤可以分为四步，分别是：

第一步，构造一个种子词集合 $\{S_P, S_N\}$ 作为整个系统的输入。这里 S_P 代表正类种子词，S_N 代表负类种子词。

第二步，通过一个在线的同义词词典，查找种子词集合中词汇的同义词，添加到原始的种子词集合，经过多轮迭代扩展，得到词汇更丰富的种子词集合 $\{S'_P, S'_N\}$。

第三步，对在种子词集合 $S'_P \cup S'_N$ 或整个测试集中出现的每个单词 t_i，通过查看一个机器可读的词典，整理 t_i 的所有注释词，形成 t_i 的文本表达。然后，将该文本表达通过标准的词汇索引方法映射成向量。最终，种子词集合中每个词都会对应着一个特征向量。

第四步，在 $S'_P \cup S'_N$ 上训练得到一个正负二分类的分类器，并将该分类器用于测试集的分类。

Inui 和 Okumura[5] 也利用了词典的注释，但不是用于分类，而是构造了一个词汇网络，如果两个词出现在彼此的注释中，就会有一条连边，连边的权值反映了相连的两个词是否具有相同的极性。

综上所述，基于知识库很容易构建得到通用领域的情感词典，但对于英文以外的大部分语言，通常缺少类似 WordNet 这样的语义知识库，因此基于知识库的方法并不适用。其次，基于知识库的情感词典构造方法没有考虑情感词极性的领域依赖性。此外，由于网络新词不断涌现，而已有知识库更新速度较慢，所以基于知识库的方法通常不适用于特定领域或特定场合的情感分析。

3.2 基于语料库的方法

语料库相对于知识库而言，其优点是容易获得且数量充裕。基于语料库的方法能够从语料中自动学习得到一部情感词典，因此可以节省大量的人力和物力。而且，可以在不同领域的语料上得到领域特定的情感词典，因此更加具有实用意义。

基于语料库的方法基于如下的假设：出现在同一个句子中的情感词通常具有相同的情感倾向性。这类方法需事先手工标注一小部分种子情感词，然后根据待判定情感词与种子词之间的共现关系强度来估算其情感极性。

基于语料库的方法中最简单最直接的是通过连接词来抽取情感词。Hatzivassiloglou 和 McKeown[6] 最先提出了对情感词进行极性判定的方法。他们将语料库中用 and 和 or 连接的形容词指定为同样的极性。比如，有句子"This car is beautiful and spacious"，已知 beautiful 是正面的，那么可以推断出 spacious 也是正面的。该方法的缺点在于直接依赖于连接关系，而不能抽取出没有连接关系的情感词。

后来,词共现等统计技术被广泛用于情感词典的抽取研究。下面详细介绍两种基于语料库的情感词典抽取方法。

3.2.1 基于图模型的情感词典构建方法

基于语料库的方法能利用大规模语料,无监督地获得领域依赖的情感词典,但是与基于知识库的方法相比,在准确率上有一定的欠缺。因此,目前很多方法将知识库和语料库结合起来。基于图模型的方法就是利用现有知识库作为先验知识,提供精确的种子词集,然后结合语料库中的共现信息,得到其他未知情感词的极性,从而构成一个更为完善的领域情感词典。

基于图模型的情感词典构造方法把情感极性判定看成一个在图模型上进行标签传导的半监督学习过程[7]。以图 3-1 中的电影评论为例。

图 3-1 正(左)、负(右)电影评论示例

正面的电影评论样本主要由正面的情感词组成,负面的电影评论样本主要由负面的情感词组成。基于图模型的情感词典抽取算法基于这样的假设:出现在同一文本中的情感词的极性趋于一致。在整个语料库上构造一个图,图中每个结点代表一个词,每个结点可以有两个标签,分别是正类和负类,每条边代表两个词之间的关系,边的权重代表关系的强弱。起初,只有少量的种子词结点带有标签信息,随后通过图上的信息传播,最终使得剩下的结点都被赋予某个情感极性标签。常用的图模型有**最小割**(minicuts)、**随机最小割**(randomized minicuts)和**标签传导**(label propagation),接下来分别介绍这三种图模型。

1. 最小割模型

给定加权图,一个最小割就是一个划分,它将图中的所有结点划分成两部分,使得这两部分结点之间相连的所有边的权重之和最小,如图 3-2 所示。

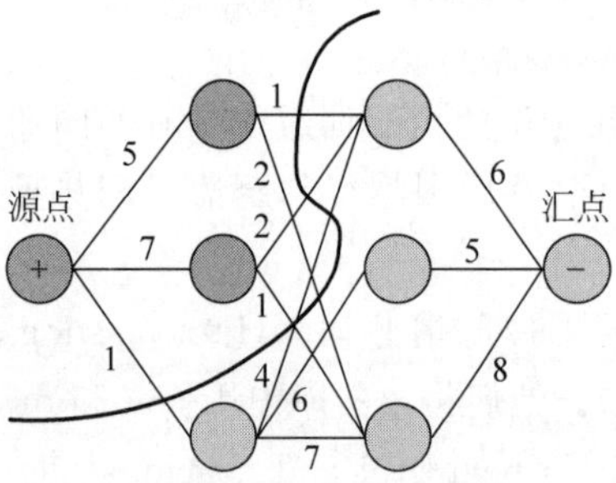

图 3-2 使用最小割进行半监督分类

半监督学习中的最小割通过最小化两个结点集合连边的权重之和,实现将标签相同(相似度高)的数据划分到一起,将标签不同(相似度低)的数据区分开。

对一个图求最小割通常采用最大流-最小割算法。在介绍最大流问题之前,首先定义什么是**流网络**(flow network)。一个流网络 $G=(V,E)$ 是一个有向图,每一条边 (u,v) 都有自己的**容量**(capacity)$c(u,v)\geqslant 0$,

系，直接对情感词的情感极性取反，但是 Taboada 等人[10]指出了这种做法的弊端。他们通过实验证明，在存在否定关系的上下文中，大多数正面情感词的情感极性会扭转，而大多数负面情感词的情感极性保持不变，改变的仅仅是负面情感的强烈程度。鉴于这一现象，他们基于语料库构造了两个情感词典，一个是基于含有否定词的语料构造的**否定性上下文情感词典**（negated context lexicon），另一个是基于不含否定词的语料构造的**肯定性上下文情感词典**（affirmative context lexicon）。然后在具体的应用中，结合不同的（否定、肯定）上下文分别采用不同的情感词典。实验结果证明，针对肯定和否定上下文，对情感词典进行区分，可以进一步提升情感分析的效果。

由于人工构造标准数据的成本很高，而用户生成数据中又有一些很好的情感指示信息（如表情符号和 hashtag），所以可以利用这些情感指示信息来构造情感标注数据集。例如，可以把含有笑脸表情“☺”的看成正类文本，把含有难过表情“☹”的看成负类文本，把含有标签＃cute＃的看成正类文本，把含有标签＃anger＃的看成负类文本。在完成情感语料的构建后，便可以基于所构建的语料，自动抽取具有高覆盖度并且适用于微博这种特定场景的情感词典。

下面先介绍通用的情感词典的构造方法，然后再介绍基于肯定与否定上下文的情感词典构造方法。

对于任意一个词 w，情感极性得分被定义为如下形式：

$$Sentiment\_Score(w)=PMI(w,positive)-PMI(w,negative) \tag{3.4}$$

其中，PMI 是点互信息，具体如下：

$$PMI(w,positive)=\log_2\frac{freq(w,positive)*N}{freq(w)*freq(positive)} \tag{3.5}$$

其中，$freq(w,positive)$代表单词 w 出现在正类微博中的次数，$freq(w)$代表单词 w 出现在整个语料库中的总次数，$freq(positive)$代表所有正类微博所包含的总词数，N 代表整个语料库所包含的总词数。$freq(w,negative)$的计算方法和 $freq(w,positive)$类似。于是，式(3.4)可以改写为如下形式：

$$Sentiment\_Score(w)=\log_2\frac{freq(w,positive)*freq(negative)}{freq(w,negative)*freq(positive)} \tag{3.6}$$

如果一个词的正类情感得分更高，说明这个词更有可能是褒义词；如果一个词的负类情感得分更高，说明这个词更有可能是贬义词。分值的高低反映了情感的强烈程度。

基于肯定和否定上下文的情感词典构造方法与上面提到的方法类似，不过要事先根据一些否定词（如 no、shouldn't）将所有语料划分成肯定上下文和否定上下文两类。然后，按照上面的公式，分别在肯定和否定上下文语料上构造得到肯定与否定两个情感词典。对于任意一个单词 w，分别对应着肯定情感词典和否定情感词典两个不同的情感得分。对于单词在肯定、否定情感词典里的得分关系如图 3-4 所示，图中有 900 多个情感词，正面与负面情感词各占一半，每个点代表一个情感词，其中 x 轴代表该词在正面情感词典里的得分，y 轴代表该词在负面情感词典里的得分。

从图 3-4 可以看出，正面情感词和负面情感词在否定关系的上下文中，都倾向于表达负面的倾向性。通过大量统计发现，在遇到否定关系（被否定词修饰）的时候，76%的正面情感词的倾向性发生了逆转，82%的负面情感词的倾向性依然是负面的，只不过情感强度发生了变化。

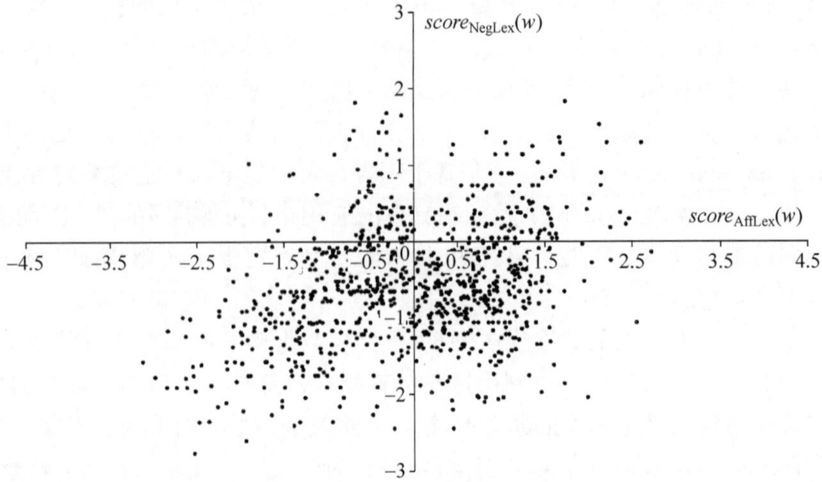

图 3-4　情感词在肯定、否定情感词典中的得分情况

3.3　基于深度学习的方法

在深度学习应用于自然语言处理之前，传统的词表达均采用**独热表示**（one-hot representation）方式，就是用一个很长的向量来表示一个词，向量的维度为语料集中所有词语构成的词典 D 的大小，向量只有某一个维度值为 1，其余维的值均为 0，1 的位置对应该词在 D 中的索引。然而，独热表示一方面不能很好地刻画词语之间的相似性，另一方面容易造成维数灾难。为了解决独热表示的不足，Hinton 提出了**分布式表达**（distributed representation）。其基本思想是，通过语言模型的训练，将某种语言中的每一个词映射成一个固定长度的短向量（这里的"短"是相对于独热表示的"长"而言），所有这些向量构成一个词向量空间。在该向量空间中，语法或者语义上相似的词（如"phone"和"cellphone"），它们的向量也相近。

然而，对于情感词，由于具有很高的语法相似性，使得倾向性相反的词往往距离很近，比如"good"和"bad"的词向量就非常相似，这对情感分析是非常不利的。为了解决这个问题，**情感嵌入**（sentiment embedding）表达，也叫情感词向量，应运而生。情感嵌入表达的目标是在情感语料上学习一组词向量，使学习到的词向量不仅具有通用词向量的特征，即语义相似性，同时还具有情感倾向的区分性。正因为情感嵌入表达具有情感倾向上的区分性，所以可以把置信度较高的情感嵌入表达收录为情感词典。

在介绍情感嵌入表达学习模型之前，首先介绍一些预备知识和基础模型。

3.3.1　词向量模型

1. 神经网络语言模型

词向量是在训练语言模型时同时获得的，而语言模型就是判断给定字符串为自然语言的概率 $P(w_1, w_2, \cdots, w_n)$，其中 $w_1, w_2, \cdots, w_n$ 依次表示字符串中的各个词。如果 P 大于

某个阈值,就认为该字符串为自然语言。在概率论中有个简单的推论:

$$P(w_1,w_2,\cdots,w_n)=P(w_1)P(w_2\mid w_1)P(w_3\mid w_1,w_2)\cdots P(w_n\mid w_1,w_2,\cdots,w_{n-1}) \tag{3.7}$$

常见的语言模型都是对 $P(w_n|w_1,w_2,\cdots,w_{n-1})$ 近似求解,例如 n-gram 假设每个词的概率仅由其之前的 $n-1$ 个词决定,即 $P(w_t|w_1,w_2,\cdots,w_{t-1})=P(w_t|w_{t-n+1},w_{t-n+2},\cdots,w_{t-1})$。更进一步假设前 n 个词相互独立,那么:

$$P(w_1,w_2,\cdots,w_n)=\prod_{i=2}^{n}P(w_i\mid w_{i-1}) \tag{3.8}$$

Bengio 等人于 2003 年提出了一个基于三层神经网络的 n-gram 语言模型 NNLM (Neural Network Language Model),如图 3-5 所示。首先,NNLM 根据训练集生成词典 D。接着对于语料中的任意词 w_t,获取其前面 $n-1$ 个词,从而得到一组训练输入,根据这 $n-1$ 个词的词向量 $\boldsymbol{C}(w_{t-n+1}),\boldsymbol{C}(w_{t-n+2}),\cdots,\boldsymbol{C}(w_{t-1})$ 得到当前词的词向量 $\boldsymbol{C}(w_t)$,其中每个词的词向量维度为 m。

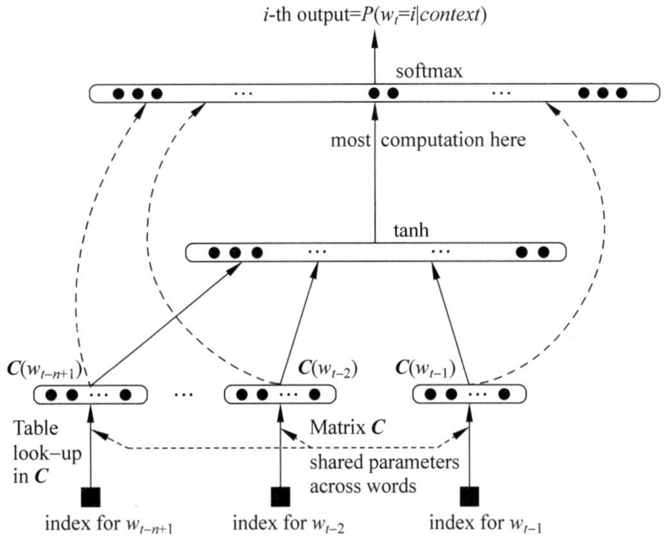

图 3-5　神经网络语言模型

图 3-5 从下往上依次为该模型的输入层、隐藏层和输出层。输入层将当前词的前 $n-1$ 个词的词向量 $\boldsymbol{C}(w_{t-n+1}),\boldsymbol{C}(w_{t-n+2}),\cdots,\boldsymbol{C}(w_{t-1})$ 拼接起来,得到一个$(n-1)*m$ 维的向量。隐藏层通过激励函数转换输入信息。NNLM 的输出层共有$|D|$个结点,将任一结点表示为 y_i,归一化后的 y_i 表征了下一个词是 w_i 的概率:

$$P(w_t\mid w_{t-n+1},w_{t-n+2},\cdots,w_{t-1})=\frac{e^{y_t}}{\sum_i e^{y_i}} \tag{3.9}$$

2. CBOW 和 skip-gram

Mikolov 等人提出了两种词向量训练模型,分别是 CBOW(Continuous Bag-Of-Words) 和 skip-gram。其中,CBOW 模型与 NNLM 类似,不同之处是 CBOW 使所有的词共享隐藏层,映射到同一个位置,然后传递给输出层。CBOW 模型的结构图如图 3-6 所示。

而 skip-gram 模型与 CBOW 模型的思想正好相反，通过中间词来预测上下文，即 $P(context(w_t)|w_t)$。Skip-gram 模型的结构如图 3-7 所示。

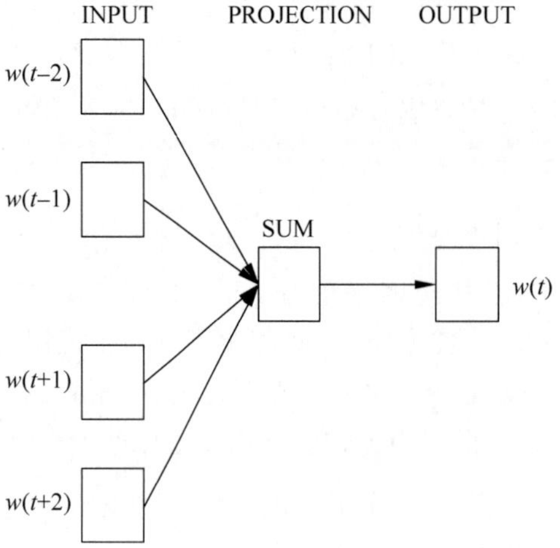

图 3-6 CBOW 模型结构图

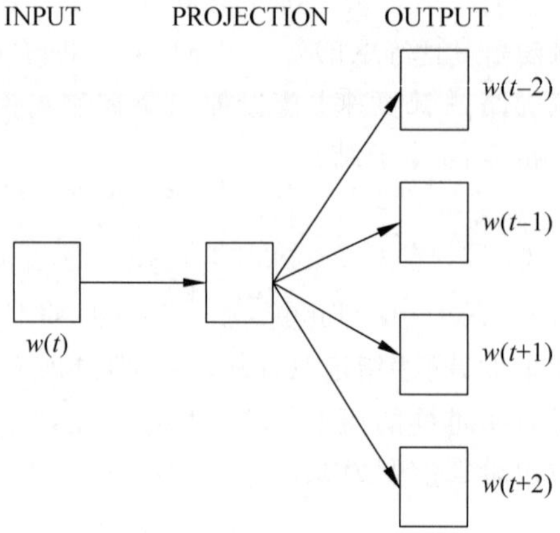

图 3-7 Skip-gram 模型结构图

skip-gram 模型通过滑动窗口来确定需要预测的上下文词语的个数。当前词左右各取 c 个词语，将 $P(context(w_t)|w_t)$ 转换为 $2c$ 个通过 w_t 预测下一个词为 $w_i(t-c<i<t+c)$ 的概率问题 $P(w_i|w_t)$。skip-gram 模型的目标函数为：

$$P(context(w_t) \mid w_t) = \prod_{-c\leqslant k\leqslant c, k\neq 0} P(w_{t+k} \mid w_t) \tag{3.10}$$

将 $context(w_t)$ 视为一个整体，即 $\{w_{t-c}, w_{t-c+1}, \cdots, w_{t-1}, w_t, w_{t+1}, \cdots, w_{t+c-1}, w_{t+c}\}$ 这个词序列，以 T 表示该词序列。对式(3.10)取对数，简化计算，得到 T 的出现概率：

$$P(T) = \sum_{-c\leqslant k\leqslant c, k\neq 0} \log P(w_{t+k} \mid w_t) \tag{3.11}$$

skip-gram 模型通过对 T 中每个词的上下文出现概率求平均，得到整个句子出现的概率。这样，skip-gram 模型的目标函数转换为使式(3.11)最大化：

$$P(T) = \frac{1}{2c+1} \sum_{t=1}^{2c+1} \sum_{-c\leqslant k\leqslant c, k\neq 0} \log P(w_{t+k} \mid w_t) \tag{3.12}$$

其中 $P(w_{t+k}|w_t)$ 通过如下所示的 softmax 函数进行计算，式中的 D 表示训练集的词典：

$$P(w_{t+k} \mid w_t) = \frac{e^{\mathbf{w}_{t+k} \cdot \mathbf{w}_t}}{\sum_{w_t \in D} e^{\mathbf{w}_{t+k} \cdot \mathbf{w}_t}} \tag{3.13}$$

CBOW 模型和 skip-gram 模型的计算比较耗时。下面介绍两种对训练加速的方法，分别是**层次化柔性最大值**(hierarchical softmax)方法和**负采样**(negative sampling)方法。

3. 层次化柔性最大值方法

由于 CBOW/skip-gram 模型的输出层使用的是柔性最大值函数，时间复杂度为 $O(|D|)$，因此计算代价很大，对大规模的训练语料来说，训练非常耗时。层次化柔性最大值是一种对输出层进行优化的策略，输出层从原始模型的利用柔性最大值计算概率值改为利用 Huffman 树计算概率值。

以词表中的全部词作为叶子结点，词频作为结点的权，构建 Huffman 树，如图 3-8 所示。

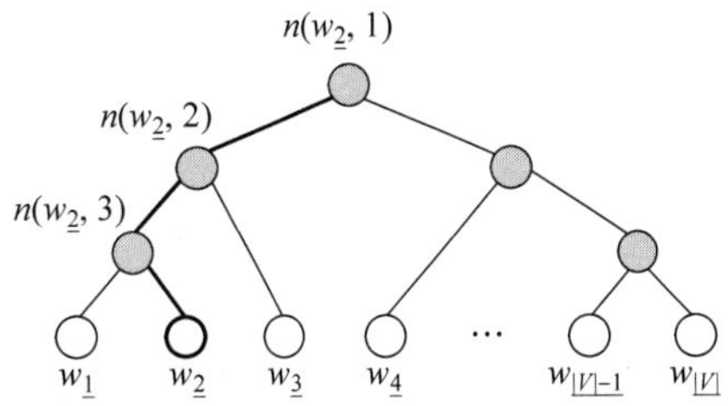

图 3-8　Huffman 树结构图

Huffman 树是一种二叉树，在叶子结点及叶子结点的权都给定的情况下，该树的带权路径长度最短（一个结点的带权路径长度指根结点到该结点的路径长度乘以该结点的权，树的带权路径长度指全部叶子结点的带权路径长度之和）。直观上可以看出，叶子结点的权越大，则该叶子结点就应该离根结点越近。因此对于上述模型而言就意味着，词频越高的词，距离根结点就越近。从根结点出发，到达指定叶子结点的路径是唯一的。层次化柔性最大值方法正是利用这条路径来计算指定词的概率。以词 w_2 为例，从根结点到该叶子结点的路径长度 $L(w_2)=4$。从根结点出发，走到指定叶子结点 w 的过程，就是一个进行 $L(w)-1$ 次二分类的过程。路径上的每个非叶子结点都拥有两个孩子结点，从当前结点向下走时共有两种选择。在 word2vec 的实现里，把走到左孩子结点定义为分类到了负类，把走到右孩子结点定义为分类到了正类。

以 CBOW 模型为例，输出层对应一颗 Huffman 树，它以语料中出现过的词作为叶子结点，以各词在语料中出现的次数当作权值。在这棵 Huffman 树中，叶子结点共有 $|D|$ 个，非叶子结点共有 $|D|-1$ 个。层次化柔性最大值方法的计算过程如图 3-9 所示。

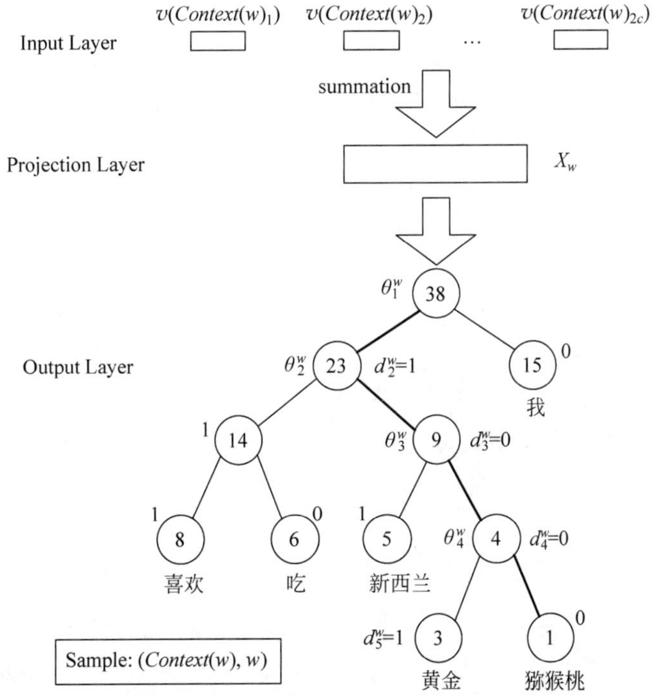

图 3-9　层次化柔性最大值方法的计算过程

根据逻辑回归的定义，对于任意一个结点 $\boldsymbol{x}_w$ 被分为正类的概率为：

$$\sigma(\boldsymbol{x}_w^T\boldsymbol{\theta}) = \frac{1}{1+e^{-\boldsymbol{x}_w^T\boldsymbol{\theta}}} \tag{3.14}$$

被分为负类的概率为：

$$1-\sigma(\boldsymbol{x}_w^T\boldsymbol{\theta}) \tag{3.15}$$

上式中的$\boldsymbol{\theta}$向量是一组待定参数，在这里可以看成非叶子结点对应的变量值。

如果预测词是"猕猴桃"，从根结点出发到达"猕猴桃"这个叶子结点，中间共经历了 4 次分支，而每一个分支都可以视为一个二分类问题。将每次分类结果的概率写出来就是：

第一次： $p(d_2^w|\boldsymbol{x}_w,\boldsymbol{\theta}_1^w)=1-\sigma(\boldsymbol{x}_w^{\mathrm{T}}\boldsymbol{\theta}_1^w)$

第二次： $p(d_3^w|\boldsymbol{x}_w,\boldsymbol{\theta}_2^w)=\sigma(\boldsymbol{x}_w^{\mathrm{T}}\boldsymbol{\theta}_2^w)$

第三次： $p(d_4^w|\boldsymbol{x}_w,\boldsymbol{\theta}_3^w)=\sigma(\boldsymbol{x}_w^{\mathrm{T}}\boldsymbol{\theta}_3^w)$

第四次： $p(d_5^w|\boldsymbol{x}_w,\boldsymbol{\theta}_4^w)=\sigma(\boldsymbol{x}_w^{\mathrm{T}}\boldsymbol{\theta}_4^w)$

已知"猕猴桃"的上下文，预测"猕猴桃"的概率就可以写成如下形式：

$$p(\text{猕猴桃} \mid context(\text{猕猴桃})) = \prod_{j=2}^{5} p(d_j^w \mid \boldsymbol{x}_w, \boldsymbol{\theta}_{j-1}^w) \tag{3.16}$$

对于词典 D 中的任意词 w，Huffman 树中必存在一条从根结点到该词的唯一路径，路径上的每个分支都可以看成一个二分类问题，每一次分类都产生一个概率，将这些概率乘起来就能得到目标概率 $p(w|context(w))$。

4. 负采样方法

与层次化柔性最大值方法相比，负采样不再使用复杂的 Huffman 树，而是采用随机负采样策略，优化目标改为：最大化正样本的概率，同时最小化负样本的概率。实验结果证明，负采样方法不仅可以提高训练速度，而且可以改善学习到的词向量的质量。

在 CBOW 模型中，已知词 w 的上下文 $context(w)$，需要预测 w。因此对于给定的 $Context(w)$，词 w 就是一个正样本，其他词就是负样本。负样本有很多，该如何选取呢？词典 D 中的词在语料中出现的次数有高有低，对于那些高频词，被选为负样本的概率就应该比较大，反之，对于那些低频词，被选为负样本的概率就应该比较小，所以负采样本质上是一个带权随机采样问题。

假设已经选好一个关于 w 的负样本集合 $NEG(w)$，对于 $\forall\, \tilde{w}\in D$，定义正样本的标签为 1，负样本的标签为 0：

$$L^w(\tilde{w}) = \begin{cases} 1, & \tilde{w}=w \\ 0, & \tilde{w}\neq w \end{cases} \tag{3.17}$$

对于一个给定的正样本$(context(w),w)$，希望最大化

$$g(w) = \prod_{u\in\{w\}\cup NEG(w)} p(u \mid context(w)) \tag{3.18}$$

其中，

$$p(u \mid context(w)) = \begin{cases} \sigma(\boldsymbol{x}_w^{\mathrm{T}}\boldsymbol{\theta}^u), & L^w(u)=1 \\ 1-\sigma(\boldsymbol{x}_w^{\mathrm{T}}\boldsymbol{\theta}^u), & L^w(u)=0 \end{cases} \tag{3.19}$$

写成整体表达式后变成

$$p(u \mid context(w)) = [\sigma(\boldsymbol{x}_w^{\mathrm{T}}\boldsymbol{\theta}^u)]^{L^w(u)} \cdot [(1-\sigma(\boldsymbol{x}_w^{\mathrm{T}}\boldsymbol{\theta}^u))]^{1-L^w(u)} \tag{3.20}$$

这里 $\boldsymbol{x}_w$ 表示 $context(w)$ 中各词的词向量之和，$\boldsymbol{\theta}^u$ 是待训练参数。

将 $p(u|context(w))$ 带入 $g(w)$，得到

$$g(w) = \sigma(\boldsymbol{x}_w^{\mathrm{T}}\theta^w) \prod_{u \in NEG(w)} [(1-\sigma(\boldsymbol{x}_w^{\mathrm{T}}\theta^u))] \tag{3.21}$$

其中 $\sigma(\boldsymbol{x}_w^{\mathrm{T}}\boldsymbol{\theta}^w)$ 表示当上下文为 $context(w)$ 时，预测词为 w 的概率，$\sigma(\boldsymbol{x}_w^{\mathrm{T}}\boldsymbol{\theta}^u)$，$u \in NEG(w)$ 表示当上下文为 $context(w)$ 时，预测词为 u 的概率。从形式上看，最大化 $g(w)$ 相当于最大化 $\sigma(\boldsymbol{x}_w^{\mathrm{T}}\boldsymbol{\theta}^w)$，同时最小化所有的 $\sigma(\boldsymbol{x}_w^{\mathrm{T}}\boldsymbol{\theta}^u)$，$u \in NEG(w)$，也就是增大正样本的概率同时降低负样本的概率。于是，对于一个给定的语料库，对所有的 $g(w)$ 进行连乘就可以作为整体的优化目标函数。

3.3.2 情感嵌入表达学习

为了学习到情感嵌入表达，Tang 等人[11]对一系列神经网络模型进行了扩展，然后把在 tweets 语料上学习到的情感嵌入表达应用于实际的情感分类任务，实验结果证明了所学到的情感嵌入表达的有效性。

情感嵌入表达模型是在词向量学习模型的基础上扩展得到的，不同之处在于引入了句子的情感信息作为监督指导。有两种方式可以在词向量学习模型上引入情感信息，一种是基于**预测**(prediction)的模型，另一种是基于**排序**(ranking)的模型，如图 3-10 所示。

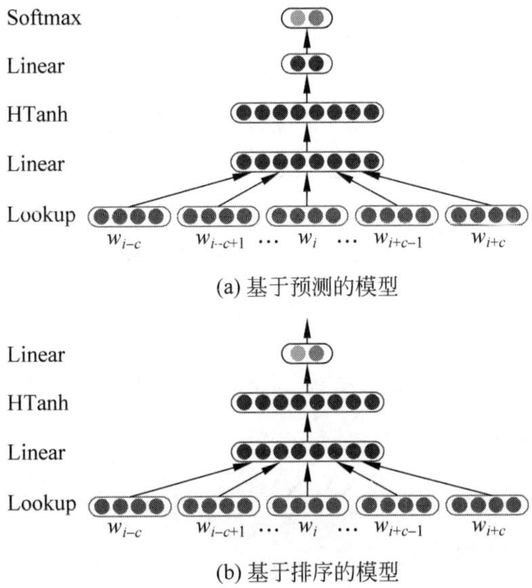

图 3-10　情感嵌入表达学习模型

下面首先介绍基于预测的模型。

在基于预测的模型中，情感极性的预测被看成一个多分类问题。把每个词的情感嵌入表达看成隐含参数，通过一个有监督的情感分类任务来学习这组参数。具体地，给定一个句子，句子的长度可变，设置一个固定大小的窗口在这个句子上滑动，然后根据窗口内每个词的词向量来预测这个窗口的情感极性。这种做法的前提假设是同一个窗口内的单词的情感

极性趋于一致。当窗口足够大时这种假设非常适合 Twitter 语料，因为一方面 Tweet 的篇幅通常很短，另一方面一条 Tweet 的情感极性比较集中，很少出现一条 Tweet 表达两种或以上情感的情况。这种做法可能不太适合篇章级的语料，因为在一篇文档中，句子与句子之间或者段落与段落之间经常存在情感转变的情况。

如图 3-10(a)所示，基于预测的情感嵌入表达学习模型一共有五层，分别是 Lookup 层、Linear 层、HTanh 层、Linear 层和 Softmax 层。这个模型的输入是一个固定长度的词序列 $\{w_{i-c}, w_{i-c+1}, \cdots, w_i, \cdots, w_{i+c-1}, w_{i+c}\}$。在 Lookup 层，每个单词通过查找“词-词向量”的映射表，将每个单词转换成一个固定维数的词向量，然后将词向量首尾串联起来作为 Lookup 层的输出 $\boldsymbol{O}_{lookup}$；然后，在 Linear 层进行线性变换：$\boldsymbol{O}_{l1}=\boldsymbol{w}_{l1}\cdot\boldsymbol{O}_{lookup}+\boldsymbol{b}_{l1}$，其中 $\boldsymbol{w}_{l1}$ 是权值矩阵，$\boldsymbol{b}_{l1}$ 是偏置(bias)；Linear 层之后紧接着的是一个非线性函数层，常见的非线性操作有**硬性双曲正切**(hard hyperbolic tangent，hTanh)、sigmoid 和 rectifier。上述模型使用了 hTanh，具体公式如下：

$$\mathrm{hTanh}(x)=\begin{cases}-1, & x<-1\\ x, & -1\leqslant x\leqslant 1\\ 1, & x>1\end{cases} \tag{3.22}$$

hTanh 的输出可以看作从输入的句子中抽取的预测正、负类的特征，在神经网络里经过线性和非线性变换后得到的特征通常更加抽象更具有判别性。接下来，将经过 hTanh 层抽取出的特征输入到第二个 Linear 层，目的是将之前抽取出的特征映射到类别，按类别进行特征加权，在该模型中，类别的数目为 2。最后一层是 softmax 层，其长度是词典的大小，公式如下：

$$\mathrm{softmax}_i=\frac{\exp(z_i)}{\sum\limits_{i'}\exp(z_{i'})} \tag{3.23}$$

softmax 是逻辑回归模型在多分类问题上的推广，从上面的公式可以直观看出如果某一个 z_i 大过其他 z，那这个映射的分量就逼近于 1，其他就逼近于 0，进而对所有输入数据进行归一化。

在模型训练的过程中，每个句子都有一个**明确的情感极性**(gold sentiment polarity)标签，因为是正负二分类，所以指定 $f^g(t)=[1,0]$代表一个正向的句子，$f^g(t)=[0,1]$代表一个负向的句子。该模型使用正确的情感分布与预测的情感分布之间的**交叉熵**(cross entropy error)作为 softmax 层的损失函数。对于整个语料库 T，定义损失函数如下，参数可以通过标准的反向传播来学习。

$$loss_{sPred}=-\sum_{t}^{T}\sum_{k=\{0,1\}}f_k^g(t)\log(f_k^{pred}(t)) \tag{3.24}$$

下面介绍基于排序的模型。

排序模型的输入依然是一个固定窗口大小的词序列，但输出不是类别，而是两个实值的情感极性得分。排序模型背后的原理是，如果一个词序列的情感极性标签是正向的话，那么这个词序列的正向情感得分要比负向情感得分高得多；反之，如果一个词序列的情感极性标签是负向的话，那么这个词序列的正向情感得分要比负向情感得分低得多。

基于排序模型的情感嵌入表达学习结构图如图 3-10(b)所示，共包含四层，分别是 Lookup 层、Linear 层、HTanh 层和 Linear 层。与基于预测的模型相比，少了一个 softmax 层。指定排序模型的输出为 f^{rank}，则用于模型训练的**边缘排序损失函数**(margin ranking loss function)定义如下：

$$loss_{sRank}=\sum_{t}^{T}\max(0,1-\delta_s(t)f_0^{rank}(t)+\delta_s(t)f_1^{rank}(t)) \tag{3.25}$$

其中,T 是训练集,f_0^{rank} 是预测为正向的得分,f_1^{rank} 是预测为负向的得分,$\delta_t(t)$是一个指示函数,代表句子的情感倾向性标签,定义如下：

$$\delta_t(t)=\begin{cases}1, & f^g(t)=[1,0]\\ -1, & f^g(t)=[1,0]\end{cases} \tag{3.26}$$

总而言之,这两个模型利用句子级的情感倾向性进行建模,没有考虑词汇的上下文。下面简要介绍两个融合模型,这里所谓融合是指在训练的过程中能够同时捕获句子的情感倾向性和词汇的上下文信息。融合模型的结构如图 3-11 所示。

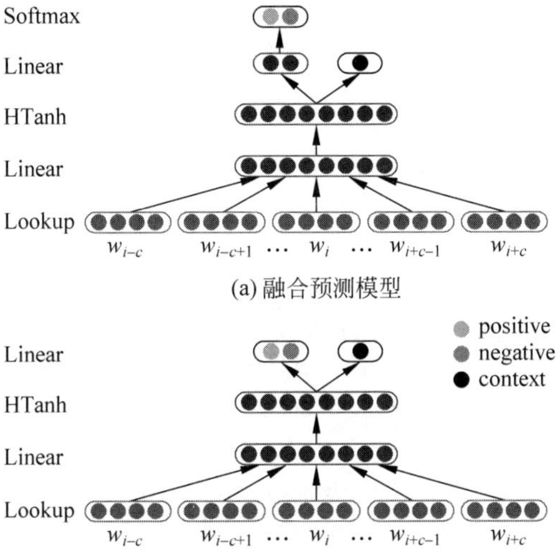

(b) 融合排序模型

图 3-11　情感嵌入表达融合模型

融合模型的损失函数是句子情感损失函数和上下文损失函数的线性加权。于是,基于图 3-11(a)的融合预测模型的总体损失函数为：

$$loss_{hyPred}=\alpha_{pred}\cdot loss_{sPred}+(1-\alpha_{pred})\cdot loss_{cPred} \tag{3.27}$$

基于图 3-11(b)的融合排序模型的总体损失函数为：

$$loss_{hyRank}=\alpha_{rank}\cdot loss_{sRank}+(1-\alpha_{rank})\cdot loss_{cRank} \tag{3.28}$$

3.3.3　情感嵌入表达优化

为了进一步对学习到的情感嵌入表达进行优化,这里介绍一种**词汇级**(lexical level)优化方法。该方法用到了两种词汇级的信息,分别是词-词之间的关系,以及词-情感之间的关系。

在词嵌入表达空间里,属于同一个词簇的词向量应该尽可能的接近,于是对属于同一词簇的两个词,应定义目标函数为最小化它们在嵌入空间中的距离,即：

$$loss_{ww}=\lambda_{ww}\sum_{(w,v)\in E}\|\boldsymbol{e}_w-\boldsymbol{e}_v\|_2^2 \tag{3.29}$$

其中,E 是词簇的集合,$\boldsymbol{e}_w$ 和 $\boldsymbol{e}_v$ 分别是单词 w 和 v 的嵌入表达。这种词与词的关系很容易融合到之前介绍的基于预测和基于排序的模型中，可以作为损失函数的正则约束项。

词-情感之间的关系对先验的正类情感词和负类情感词进行了约束，目标函数如下：

$$loss_{ww} = -\lambda_{ws}\left(\sum_{w\in Ps} P_{pos}w + \sum_{w\in Ns} P_{neg}w\right) \tag{3.30}$$

式中，$P_{pos}w$ 和 $P_{neg}w$ 分别代表一个词被分成正类和负类的概率，P_s 和 N_s 分别代表先验的正类词集合和负类词集合。

下面举例说明词-词和词-情感这两种词汇级关联在优化情感嵌入表达中真正所起的作用。比如，"cool"和"cooool"属于同一词簇，共享着类似的上下文，那么通过词-词之间的关联约束使得"cool"和"cooool"之间的嵌入表达尽可能的相近。如果已知"cool"是一个正向的先验词，那么通过词-情感之间的关联约束使得"cool"的嵌入表达趋向于正向，所以尽管"cooool"没有出现在先验词集合中，但由于和"cool"的相似性也容易学习到正向的嵌入表达。

参考文献

[1] Kim S M, Hovy E. Determining the sentiment of opinions [C]// Proceedings of the 20th international conference on Computational Linguistics Association for Computational Linguistics, 2004: 1367.

[2] Kamps J, MarxM, MokkenRJ, et al. Using Word Net to Measure Semantic Orientations of Adjectives [C]//LREC. 2004, 4: 1115-1118.

[3] Hassan A, Abu-Jbara A, JhaR, et al. Identifying the semantic orientation of foreign words [C]// Proceedings of the 49th Annual Meeting of the Association for Computational Linguistics: Human Language Technologies: short papers Volume2. Association for Computational Linguistics, 2011: 592-597.

[4] Andrea Esuli, Fabrizio Sebastiani. Determining the semantic orientation of terms through gloss classification[C]. In Proceedings of the 14th ACM international conference on Information and knowledge management, Bremen, Germany, 2005.

[5] H. Takamura, T Inui, M. Okumura. Extracting Emotional Polarity of Words Using Spin Model[C]. In Proceedings of ACL-05, 43rd Annual Meeting of the Association for Computational Linguistics. Ann Arbor: ACL, 2005: 133-140.

[6] Vasileios Hatzivassiloglou, Kathleen R. McKeown. Predicting the semantic orientation of adjectives [C]. In Proceedings of ACL'97, pp. 174-181. 1997.

[7] Rao D, Ravichandran D. Semi-supervised polarity lexicon induction[C]// Proceedings of the 12th Conference of the European Chapter of the Association for Computational Linguistics. Association for Computational Linguistics, 2009: 675-682.

[8] Zhu X, Ghahramani Z. Learning from labeled and unlabeled data with label propagation[J]. 2002. Technical Report CMU-CALD-02-107, Carnegle Mellon University.

[9] S Kiritchenko, X Zhu, SM Mohammad. Sentiment Analysis of Short Informal Text [J]. Journal of Artificial Intelligence Research, 2014 , 50 : 723-762.

[10] Taboada, M Brooke, J To loski, M Voll, et al. Lexicon-based methods for sentiment analysis[J]. Computational Linguistics, 2011, 37 (2), 267-307.

[11] Tang D, Wei F, Qin B, et al. Sentiment embeddings with applications to sentiment analysis [J]. IEEE Transactions on Knowledge and Data Engineering, 2016, 28(2): 496-509.

[12] Yefim Dinitz. Dinitz' Algorithm: The Original Version and Even's Version [J]. Theoretical Computer Science: Springer, Berlin, Heidelberg, 2006: 218-240.

第4章　情感分类

情感分类是情感分析与观点挖掘中被研究最广泛的任务，很多时候情感分类默认等同于情感分析。但严格说来，情感分析的研究范畴更广，涵盖观点持有者、评价对象、情感词等情感单元抽取、情感分类、情绪分类、观点摘要、观点检索等多项任务。而情感分类主要由主客观分类和情感倾向性分类两项任务组成，其中主客观分类旨在将文本分成主观和客观文本，主观文本包含作者的态度、立场和观点等信息，客观文本则不包含任何观点信息；情感倾向性分类旨在将文本按照正面和负面情感倾向进行分类，按照不同的应用场景，又可以继续分为篇章级情感分类、短文本(句子级)情感分类和属性级情感分类。

4.1　主客观分类

互联网上的信息体量巨大，带有主观观点或情感色彩的是其中比较小的一部分。但如果靠人工对主客观文本进行区分，将是一件工作量大到几乎不可能完成的任务。因此，需要有一种行之有效的方法自动将主观性(观点性)文本和客观性(非观点性)文本加以区分。

目前针对主客观分类的研究大致可以分为两种。第一种从语言学角度出发，对主观句和客观句的区别进行深层的定义和归纳；第二种以具体的应用背景为出发点，在分类方法上开展研究和优化。第一种主要采用基于规则的方法，而第二种主要采用基于机器学习的方法。本节分别对这两种方法进行详细介绍。

4.1.1　基于规则的方法

姚天昉等人[1]2008年提出了一种基于规则的中文主客观文本分类方法。他们首先对主观性文本和客观性文本进行了定义。具体定义如下。

所谓主观性文本是指对于非事实进行描述的文本。文本内容基于断言或评论且带有个人情感和意向的抒发，例如个人、群体或组织所发表的意见、抒发的情感和表达的态度。

所谓客观性文本是指对事件、对象等进行基于事实的描述的文本，不带有个人的好恶和偏见。所以，它是客观认识的表达。作为客观性文本，它的本意具有客观性、绝对性和确定性。

然后，经过对大量的主客观文本的观察和分析，他们进一步提出了七类主观性文本的预选特征。这七类特征分别叙述如下。

1. 情感形容词(F1)

主观性文本中包含作者个人的意见，而这些意见的表达会抒发作者的情感倾向。它们又是通过词汇来表达的。在这些词汇中，情感形容词是一种使用比较普遍的词汇。例如：

“我喜欢开着它到处逛，很好的驾驶操控性能让我很轻松。”

好或是坏，喜欢或是讨厌，可以使用情感形容词来表达。上句中“好”和“轻松”就是情感形容词。在对英语主客观文本和句子的分类研究中也使用类似的特征[2]。

2. 第一或第二人称代词(F2)

在主观性文本中,作者为了表达属于自己或对方意见的言论常常会加上第一或第二人称代词,例如:

"我劝大家不要买这烂车,我后悔购买了一辆。"

而客观性文本则往往要体现出是对事实的描述,如果加上第一人称等则会造成别人对文本内容的误解。因此客观性文本基本不使用第一和第二人称。

3. 不规范的标点符号(F3)

因为主观性文本是一种非规范性文本,因此在标点符号的使用上会显得极不规范。而客观性文本属于规范性文本,一般不会出现这样的情况。例如:

"大众为何价格这么坚挺????????????????!!!!!"

很明显,上述句子表达了作者对大众价格昂贵的不理解。

4. 带有情感色彩的标点符号(F4)

问号的出现表示作者对事物怀有不确定性的意念,而感叹号的出现则表示作者对事物怀有吃惊或是激动的感情,两者都是表达作者内心的一种情感。因此这种标点符号大部分出现在主观性文本中,而很少出现在客观性文本中。举例:

"车是很好,怎么就一直不降价呢?"

5. 感叹词(F5)

感叹词几乎不携带任何信息。因此,一般会将这类词汇作为**停用词**(stop word)给去掉。不过,这种词汇能够成为区别主客观文本的一种特征。因为客观性文本讲究的是用词的效率。因此在描述一个事实的时候,通常不会使用冗余的单词,更不用说出现这类停用词了。反观主观性文本,它具有相当的随意性,而且作者用词也不那么讲究,所以这种词出现的频率就比较大。况且,感叹词也能帮助作者更好地表达自身的感情倾向。例如:

"车不错,应该再降点价,毕竟也够老啦。5万以内行不,可别在质量上打折啊!"

这句用了感叹词"啦"和"啊"的主观性句子更强烈地表现了作者的期望。

6. 发表看法或意见的动词(F6)

人们往往会在主观性文本中用诸如"觉得""认为""建议"等动词来表达自己的看法或意见。它是主观性文本中经常会出现的语言现象。例如:

"我认为到时它会比其他同类款品牌车更有市场! 快降价啊!!!"

而客观性文本,即使出现此类动词,也不会与第一或第二人称代词连用。所以,这两种特征的结合,使主观性文本的特点更好地突出出来。

7. 不精确的数字和日期(F7)

一般在论坛发表言论的作者往往手中没有什么权威的资料,仅仅是凭着自己的感觉或是实际的情况作为依据发表意见。因此,很少会出现很详细的数据资料。而客观性文本,作为一种对客观事实的描述,一向是力求真实准确,它往往依靠准确的数据来说话,给读者一种可靠的感觉。举例：

"太贵了要是八万还行。"(主观性文本中数字以一种模糊的形式出现)

"它长 3.94 米，比长安之星长了 40 多厘米，高了几厘米。"(在客观性文本中数据以一种精确的形式出现)

文献[1]对主观性文本和客观性文本是分开进行训练的，即提供了两个训练函数。这样有助于比较预选的特征是否合适。如果预选的某特征对于两类文本都是敏感的话，就需要调整(取消)该特征。姚天昉等人在应用分类算法时，选用了四个分类算法进行主客观文本分类的性能比较，即标准概率**朴素贝叶斯**(Naïve Bayes)分类算法、基本的分治决策树算法(Id3)、简单**结合规则**(Conjunctive Rule)学习算法、用于支持向量分类的连续最小优化算法(SMO)。其中，SMO 所取得的分类性能最好。

4.1.2　基于机器学习的方法

2003 年，Riloff 和 Wiebe[3]提出了一种 bootstrapping 的主客观分类算法。首先通过高精准度的主客观分类器对未标注数据打标签，构建大规模的训练集，然后将这些训练数据用于主客观语言模式的自动抽取，最后通过抽取出的语言模式进行主观句识别。通过 bootstrapping 的方式，既提高了主观句识别的准确率，又提高了主观句识别的召回率。

基于 bootstrapping 算法的主客观分类方法主要分为三个关键步骤，如图 4-1 所示，其中虚线代表触发迭代的部分。

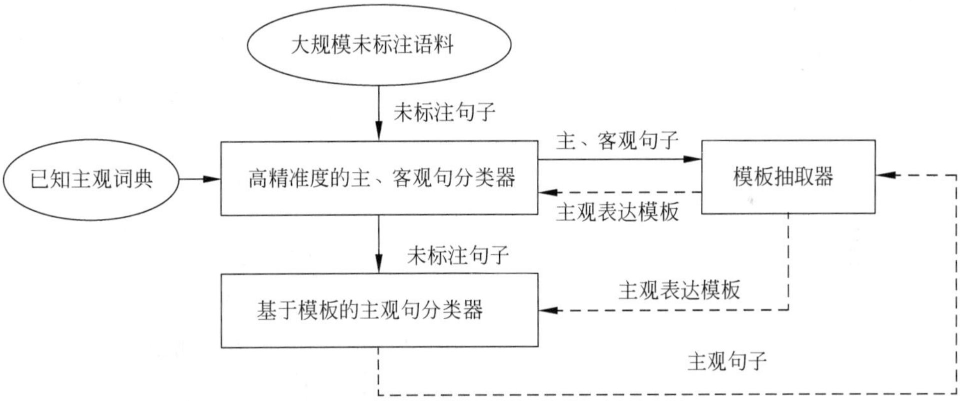

图 4-1　bootstrapping 算法流程

第一步，在未标注数据集上应用高精准度的主客观分类器，标注得到大量主观句和客观句；

第二步，在有标注的主、客观句子上自动抽取主观表达模板；

第三步，利用抽取到的主观表达模板生成更多的训练集，使得整个过程可以迭代进行。

接下来，详细介绍高精准度的主、客观分类器的构建方法和主观表达模板的抽取方法。

1. 高精准度的主、客观分类器

传统的主观分类主要采用手工标注的主观线索词典来进行，大多数线索词都是单个词，有些线索词是由连续多个词组成的 N-gram。主观线索词按照主观强度的不同可以分为强主观词和弱主观词。强主观词是指除了指示主观立场几乎没有其他含义和用途的词，弱主

观词是指既有主观表达用途也有客观表达用途的词。高精准度的主观分类器限定比较严格，一个句子只有包含两个或以上的强主观词的时候才会被标注为主观句。在一个包含2197个句子(其中主观句占59%)的手工标注测试集上进行性能评估，以强主观词作为特征的主客观分类器取得了91.5%的正确率和31.9%的召回率。

客观分类器与主观分类器采用的方法类似，也要参考主观线索词典，只不过规则不同。一个句子只有在本身以及前一句和后一句都完全不包含强主观词并且最多包含一个弱主观词的时候才会被标注为客观句。这里为什么不直接把非主观句直接看作客观句或者构建一个客观线索词词典用于客观句分类？这是因为虽然有一些词汇具有明显的客观色彩，但当这些词出现的时候并不能直接得出客观句的结论，比如对股票价格等枯燥话题的客观句子加上讽刺或负面评价，就会变成主观句。再比如，对一个包含强主观形容词的句子加上一个客观主题，则这个句子依然是客观句。

2. 主观表达模板抽取

主观表达模板不再局限于单个词或者N-gram，而是由规则语法模板组成。主观表达模板抽取算法和AutoSlog-TS算法[4]类似，训练集由两个不同的集合组成，一个是主观句集合，另一个是客观句集合，学习过程共分为两步：第一步，将AutoSlog-TS语法模板应用到训练语料中，从而从语料中逐个生成对应的实例化模板，如图4-2所示，左侧是语法模板，右侧是基于左侧语法模板生成的实例化模板。第二步，对第一步学习到的实例化模板，逐个统计在主观句语料和客观句语料中的出现频率，然后按照RlogF规则[4]对学习到的模板进行排序，将排序后的结果交由人工审核最终决定哪些模板该保留。如果想要完全实现自动化而不需要人工参与，可以采用条件概率的方法。假如有句子匹配了一个实例化模板，那么该句是主观句的概率定义如下：

$$Pr(subjective \mid pattern_i) = \frac{subjfreq(pattern_i)}{freq(pattern_i)} \tag{4.1}$$

其中，$subjfreq(pattern_i)$代表模板i在主观句训练集中的频率，$freq(pattern_i)$代表模板i在所有句子中的频率。最后，设置两个阈值θ_1和θ_2对抽取出的模板进行过滤筛选，使得$freq(pattern_i) \geqslant \theta_1$，$Pr(subjective \mid pattern_i) \geqslant \theta_2$，以保证筛选出的模板具有强主观性。

SYNTACTIC FORM	EXAMPLE PATTERN
<subj>passive-verb	<subj>was satisfied
<subj>active-verb	<subj>complained
<subj>active-verb dobj	<subj>dealt blow
<subj>verb infinitive	<subj>appear to be
<subj>aux noun	<subj>has position
active-verb<dobj>	endorsed<dobj>
infinitive<dobj>	to condemn<dobj>
verb infinitive<dobj>	get to know<dobj>
noun aux<dobj>	fact is<dobj>
noun prep<np>	opinion on<np>
active-verb prep<np>	agrees with<np>
passive-verb prep<np>	was worried about<np>
infinitive prep<np>	to resort to<np>

图4-2　语法模板和学习到的实例化模板

4.2 篇章级情感分类

篇章级情感分类是针对整篇文档的内容判断其情感类别。这是早期情感分类领域最受关注的研究方向，已经取得了丰硕的研究成果。篇章级情感分类方法可以分为有监督、无监督和半监督三类。下面逐一介绍。

4.2.1 有监督方法

在众多情感分类方法中，基于统计机器学习理论的有监督方法是一类有效且被广泛研究的方法。该方法通常需要大量已标注情感类别的文本，然后用这些文本训练情感分类器，以便对其他未标注文本进行分类。

4.2.1.1 文本分类算法

常用的文档分类算法有中心向量分类方法、K 近邻算法、贝叶斯分类器、支持向量机、最大熵分类器等。

1. 类中心向量算法

类中心向量算法源于向量空间模型理论，是检索领域的经典算法之一。其突出的优点就是计算过程非常简单，分类速度非常快，而且容易实现。虽然如此，它却很少被应用在实际的分类系统中，一般只是用来当作衡量分类系统性能的一个基准。其基本思想是：在训练阶段计算训练样本集中各个类的中心点；当有测试文本需要分类时，将其进行向量表示后，计算其与各类中心点的相似度(距离)，最后将其标识为相似度值最大的那个类别。

每个类别中心点的计算公式如下：

$$\boldsymbol{C}_i(w_1,w_2,\cdots,w_k,\cdots,w_n)=\frac{1}{N}\sum_{j=1}^{n}\boldsymbol{d}_j(w_1,w_2,\cdots,w_k,\cdots,w_n) \tag{4.2}$$

其中，$\boldsymbol{C}_i(w_1,w_2,\cdots,w_k,\cdots,w_n)$表示第 i 类的中心向量，N 为第 i 类中文本的个数，$\boldsymbol{d}_j(w_1,w_2,\cdots,w_k,\cdots,w_n)$为第 i 类中第 j 个文本的向量，w_k 表示文本向量 $\boldsymbol{d}_j$ 在第 k 维上的权值。

2. *K* 近邻算法

***K* 近邻**(K nearest neighbors)分类方法属于基于实例的学习方法，是一种非常有效的归纳推理方法。直观地讲，K 近邻分类方法就是从测试文档开始生长，并不断扩大区域，直到包含 K 个训练样本点为止，并且把测试文档的类别归为这最近的 K 个训练样本点中出现频率最大的类别。

具体地算法步骤如下：

第一步，构建训练文本集合 D，设定 K 的初值。其中 K 的设置没有统一方法，一般先确定一个初始值，然后在实验过程中不断调整，直到得到满意结果。

第二步，在 D 中选出与要测试文本最近的 K 个文本。其中距离一般用欧式距离来度量。将第 i 个文本表示为下面的特征向量：$\boldsymbol{d}_i=(f_1^i,f_2^i,\cdots,f_n^i)$，那么两个文本 $\boldsymbol{d}_i$ 和 $\boldsymbol{d}_j$ 之间的欧式距离定义为：

$$Dis(\boldsymbol{d}_i, \boldsymbol{d}_j) = \sqrt{\sum_{k=1}^{n} (f_k^i - f_k^j)^2} \tag{4.3}$$

第三步，对于测试文本 $\boldsymbol{d}_q$，用 $\boldsymbol{d}_1, \boldsymbol{d}_2, \cdots, \boldsymbol{d}_K$ 表示上步中求得的与 $\boldsymbol{d}_q$ 距离最近的 K 个样本，设离散的目标函数为 $f: R^n \to l_i$，l_i 表示第 i 个类别的标签，标签集合定义为 $L=\{l_1, l_2, \cdots, l_m\}$，用 $\tilde{f}(\boldsymbol{d}_q)$表示对 $f(\boldsymbol{d}_q)$的估计：

$$\tilde{f}(\boldsymbol{d}_q) = \underset{l \in L}{\operatorname{argmax}} \sum_{i=1}^{K} \delta(l, f(\boldsymbol{d}_i)) \tag{4.4}$$

当 $a=b$ 时，$\delta(a,b)=1$；否则，$\delta(a,b)=0$。

此时，$\tilde{f}(\boldsymbol{d}_q)$即是测试文本 $\boldsymbol{d}_q$ 的类别。

3. 朴素贝叶斯分类法

朴素贝叶斯分类器是一种常用的统计机器学习算法，该算法需假定特征向量的各分量间相对于决策变量是相对独立的，即各分量独立地作用于决策变量。该方法的思想是：首先将已标注类别的文本作为训练样本，并选取其中的词语、情感词出现的数量等作为分类特征，然后将这些特征作为输入，利用贝叶斯公式对待标注文本进行分类。

该分类器利用贝叶斯公式将文档 $\boldsymbol{d}_q$ 的类别指定为 l_i，以使得 $p(l_i|\boldsymbol{d}_q)$最大：

$$p(l_i \mid \boldsymbol{d}_q) = \frac{p(l_i)p(\boldsymbol{d}_q \mid l_i)}{p(\boldsymbol{d}_q)} \tag{4.5}$$

式中，$p(\boldsymbol{d}_q)$表示随机选择文本 $\boldsymbol{d}_q$ 的概率，$p(l_i)$表示一篇随机选择的文本属于类别 l_i 的概率。因为贝叶斯算法假设 $\boldsymbol{d}_q$ 中的每个属性是独立的，所以利用条件概率来计算 $p(\boldsymbol{d}_q|l_i)$：

$$p(l_i \mid \boldsymbol{d}_q) = \frac{p(l_i)\left(\prod_{i=1}^{m} p(f_i \mid l_i)\right)}{p(\boldsymbol{d}_q)} \tag{4.6}$$

4. 支持向量机

支持向量机(Support Vector Machine，SVM)是传统分类中非常有效的一种方法，它的分类结果比朴素贝叶斯方法普遍要好。其思想是，给定一个训练集，找到一个具有最大间隔的分隔平面(也称超平面)$\boldsymbol{\omega}$。间隔越大，得到的分类器也越好。情感分类的目的是基于文档特征向量将文档分为支持和反对两类，采用支持向量机方法相当于求解一个带约束条件的最优化问题。

对于线性可分问题，假设训练样本为$\{(x_i, y_i)\}_{i=1}^{q}$，且是二分类问题，可建立线性 SVM 模型如下：

$$\begin{cases} \min \dfrac{(\boldsymbol{\omega}^{\mathrm{T}} \boldsymbol{\omega})}{2} + C\sum_{i=1}^{q} \xi_i \\ s.t.\ \ y_i((\boldsymbol{\omega}^{\mathrm{T}} \boldsymbol{x}_i) + b) \geqslant 1 - \xi_i, \quad i=1,2,\cdots,q \\ \xi_i \geqslant 0, \quad i=1,2,\cdots,q \end{cases} \tag{4.7}$$

其中 $C>0$ 为正则化参数，$\xi_i(i=1,2,\cdots,q)$为松弛变量，$\boldsymbol{\omega} \in R^n$ 为分类超平面的法向量，$b \in R$ 为阈值。利用优化理论中的 KKT 条件和对偶理论①，可得对偶优化模型如下：

① https://en.wikipedia.org/wiki/Karush%E2%80%93Kuhn%E2%80%93Tucker_conditions

$$\begin{cases} \max \sum_{i=1}^{q} \alpha_i - \frac{1}{2} \sum_{i=1}^{q} \sum_{j=1}^{q} \alpha_i \alpha_j y_i y_j (\boldsymbol{x}_i^T \boldsymbol{x}_j) \\ s.t. \quad \sum_{i=1}^{q} y_i \alpha_i = 0 \\ 0 \leqslant \alpha_i \leqslant C, \quad i = 1, 2, \cdots, q \end{cases} \tag{4.8}$$

其中$\boldsymbol{\alpha}_i (i=1,2,\cdots,q)$为 Lagrange 乘子。若$\tilde{\boldsymbol{\alpha}} = (\tilde{\alpha}_1, \tilde{\alpha}_2, \cdots, \tilde{\alpha}_q)^{\mathrm{T}}$ 为上述模型的最优解，则：

$$\tilde{\omega} = \sum_{i=1}^{q} \tilde{\alpha}_i y_i x_i \tag{4.9}$$

5. 最大熵分类法

最大熵(Maximum Entropy，ME)模型是一个比较成熟的统计模型，近年来在自然语言处理领域得到了广泛应用。最大熵方法的基本思想是建立与已知事实(训练数据)一致的模型，对未知因素不作任何假设——尽可能地保持均匀分布。最大熵方法的最大优点是能方便地引入有用特征。

给定一组样本集合$\{(\boldsymbol{x}_1, y_1), (\boldsymbol{x}_2, y_2), \cdots, (\boldsymbol{x}_n, y_n)\}$，其中 $\boldsymbol{x}_i$ 表示特征向量，y_i 表示相应的分类结果，$1 \leqslant i \leqslant n$，最大熵模型以指数形式计算条件概率：

$$p(y \mid x) = Z_\lambda(x) \exp\left(\sum_i \lambda_i f_i(x, y)\right) \tag{4.10}$$

式中，f_i 为特征；λ_i 为参数，表征了特征 f_i 的重要性；$Z_\lambda(x)$为归一化因子。常用参数的估计方法有 GIS(Generalized Iterative Scaling)[38]，IIS(Improved Iterative Scaling)[39] 和 LBFGS(Limited-memory BFGS)[40]等。

建立和使用最大熵模型的过程包括：先定义特征模板，然后获取训练样本集并根据特征模板从训练集中抽取特征集，最后训练模型(估计模型参数)以及利用模型完成分类任务。

4.2.1.2　基于关键句的情感分类算法

情感分类和普通文本分类有些类似，但比普通文本分类更复杂。在基于主题的文本分类中，因为主题不同的文本之间词语运用有所不同，词语的领域相关性使得不同主题的文本可以较好地进行区分。然而，情感分类的准确率比基于主题的文本分类低很多，这主要是由情感文本中复杂的情感表达和大量的情感歧义造成的。此外，在一篇文本中，客观句与主观句可能相互交错，甚至一个主观句同时具有两种以上情感，因此文本情感分类是一项非常复杂的任务。这里，以一篇网络上的图书评论为例，见图 4-3。

> 很多人说这是一个充满悲伤，流溢无奈的故事，或许正是这种评论让我一直没有勇气去认真阅读。我承认自己是个沦落俗套的人，虽然悲剧让人震撼而且记忆深刻，但从感情上更愿意看到美好的大团圆结局，虽然这样的童话在现实中是如此脆弱而不堪一击。
>
> ……
>
> 这本书，我是一口气看完的，很喜欢。

图 4-3　图书评论示例

文中作者用了大量消极的词汇来描述阅读前的感受，比如“悲伤”和“脆弱”，但是在文章结尾,作者又用很积极的态度表达了他是喜欢这本书的。在这个例子中,整篇评论的极性是正面的,但由于出现大量负面词汇所以很容易被判别成负面的。在判定整篇文本的极性时,其中所有句子的情感贡献度是不同的,如果对情感表达关键句和描述细节的句子进行区分,将有助于提高文本情感分类的性能。因此,Lin 等人[5]提出了一种基于关键句的情感分类算法。

通常情况下,一篇文章的情感极性是由作者最主要的观点决定的而不是由文章的细枝末节决定的,所以需要重点研究从文本中自动抽取能代表作者整体观点的句子。情感关键句抽取与情感摘要[115]有些类似,但并不完全相同,所以情感摘要的方法并不适用于关键句抽取。大致说来,情感关键句抽取和情感摘要的不同主要体现在两点:首先,情感摘要的目标是从一个数据集中抽取能代表整个数据集的平均情感的句子,而关键句抽取的目标是从一篇文章中抽取代表作者整体观点的句子;其次,情感摘要有长度限制,而关键句抽取没有长度限制。

在介绍具体的关键句抽取算法之前,先从多个视角分析关键句的特征。首先,从位置角度看,情感关键句一般都位于文章的开头和结尾;其次,从内容的角度看,情感关键句通常包含强烈而且一致的情感;最后,从表达风格的角度看,情感关键句经常包含一些总结词或短语,比如"overall"和"总而言之"。因此,情感关键句抽取算法需要充分考虑以上三个特征并设计相应的特征函数,每个句子的得分由三个特征值累加得到。该方法很简单,可以很容易地扩展到更多特征。接下来,重点介绍三个特征函数。

位置特征函数:在一篇文章中,位于开头和结尾的句子比起中间的句子成为关键句的概率更大,因此位置特征函数应该赋予开头和结尾的句子更高的分值。直觉上看,高斯概率分布函数是铃形的,而它的负数形式恰好满足了位置特征函数的特性。因此,给定一个句子 s,位置特征函数被定义为:

$$f_1(s) = -\frac{1}{\sqrt{2\pi}\sigma} e^{-\frac{(s-\mu)^2}{2\sigma^2}}, \quad 1 \leqslant s \leqslant len \tag{4.11}$$

式中,μ 是均值(概率密度函数顶点的位置),σ 是标准差,len 是长度(一篇文章所包含的句子总数)。在后面的实验中,μ 被设为 $len/2$,σ 被设为 1。

内容特征函数:情感关键句不仅应该具有强烈的感情色彩,而且情感极性应该是单一的,所以内容打分函数被定义为:

$$f_2(s) = \frac{\sum_{t \in s} opinion\_lexicon(t)}{\sum_{t \in s} |\ opinion\_lexicon(t)\ |} \tag{4.12}$$

其中 $opinion\_lexicon(t)$ 表示单词 t 是一个情感词并且表明其情感极性;如果 t 是一个褒义词,则 $opinion\_lexicon(t)=1$;如果 t 是一个贬义词,则 $opinion\_lexicon(t)=-1$。从情感打分函数可以看出,只有包含相同极性情感词的句子才会具有较高得分,而没有情感词或者褒义和贬义情感词混合的句子则具有较低的情感得分。

表达风格特征函数:该特征函数被定义为总结性表达的累加形式:

$$f_3(s) = \sum_{t \in s} conclusive\_expressions(t) \tag{4.13}$$

式中,$conclusive\_expressions(t)$ 表示 t 是一个总结性的表达。一个总结性表达是指句子中由标点隔开的一个片段，可以由一个单词组成也可以由一串单词组成。比如，有这样一个句子"Overall, I love this book!"，其中一共有两个总结性表达，分别是"overall"和"I love this book"。在实验中，所有的总结性表达都是通过统计方法自动得到的不是手工收集的。心理语言学家称，为了有效获取文本中的情感极性，人们应该关注文本的最后一句话[6]。因此，算法从整个语料库的所有文本的最后一句话中抽取总结性表达。首先，对每篇文本的最后一句话按标点符号进行片段切分；然后，统计每个片段的出现频率；最后，将高频片段抽取出来作为总结性表达。

根据对以上特征函数的求和，选取得分最高的 N 个句子作为情感关键句。而如果一篇文本的句子总数少于 N，那么所有的句子都被视为关键句。

有监督分类模型有很多，如果对于一个新问题缺乏足够多的先验知识，人们会倾向于尝试很多不同的分类方法，然后将不同分类器的预测结果融合起来以获得更好的结果。在经过关键句抽取后，训练集自然而然被划分成两个子集：关键句集合和细节句(非关键句)集合。关键句集合和细节句集合的词汇分布不同，关键句通常是总结性的，比较简短，而细节句具有丰富多彩的描述性。

首先，训练 3 个基础分类器：用关键句集合训练得到分类器 f_1，用细节句集合训练得到分类器 f_2，用整个语料集训练得到分类器 f_3。这里每个基础分类器不仅输出类别标签，还输出测试样本属于每一个类别的概率。然后，用 3 个基础分类器的融合结果来为每一个测试样本指定类别。融合的方法有很多，不失一般性，这里采用简单求和的融合策略。

简单求和策略是将每个基础分类器输出的后验概率进行累加，用累加后的结果来进行类别判定。对于任一样本 d，其类别被判定为 c_j 的公式如下：

$$j = \text{argmax}\sum_{i=1}^{3} p(c_j \mid d) \tag{4.14}$$

除了有监督情感分类实验，Lin 等人还将抽取出的关键句用在了无监督的情感分类中，无监督学习采用的是协同训练(co-training)算法。协同训练算法要求数据有两组相互独立而又能充分表示数据的特征集，并在每个特征集下训练一个分类器。在关键句集合和细节句集合上训练的分类器可以为彼此提供不同的知识。关键句集合的词汇分布相对集中，有些词出现频率比较高，比如"推荐"和"失望"等，所以关键句集合上训练的分类器对这些词的敏感度较高。如果一篇文档存在关键句，那么关键句上训练的分类器将会对其很好的分类。换言之，关键句分类器更适用于处理歧义存在的情况，因为它可以忽略正文中的复杂特征而去集中处理关键句中的有限特征。然而，并不是所有的文档都包含情感关键句，所以细节句分类器依然是必要的。如果评论中不存在歧义，细节句分类器会很好的发挥性能，因为其训练语料规模更大特征空间更丰富。

在基于情感关键句的协同训练算法中，一共采用 3 个视角，分别是：关键句视角，细节句视角和全文视角。算法 4-1 显示了所采用协同训练算法的流程。

算法 4-1 基于情感关键句的协同训练算法

Given：
- 特征集 F_{key}, F_{detail}, F_{full}；
- 有标注的训练集 L；
- 无标注集合 U；

Loop forI iterations：
(1) 从 L 中基于 F_{key} 学习第 1 个分类器 f_{key}；
(2) 用 f_{key} 对 U 进行标注；
(3) 从 U 中选出 n_1 个最确信的正类样本和负类样本组成集合 S_{key}；
(4) 从 L 中基于 F_{detail} 学习第 2 个分类器 f_{detail}；
(5) 用 f_{detail} 对 U 进行标注；
(6) 从 U 中选出 n_2 个最确信的正类样本和负类样本组成集合 S_{detail}；
(7) 从 L 中基于 F_{full} 学习第 3 个分类器 f_{full}；
(8) 用 f_{full} 对 U 进行标注；
(9) 从 U 中选出 n_3 个最确信的正类样本和负类样本组成集合 S_{full}；
(10) 从 U 中去除集合 $S_{key} \cup S_{detail} \cup S_{full}$；
(11) 把集合 $S_{key} \cup S_{detail} \cup S_{full}$ 和相应的标注加入集合 L 中。

为了验证抽取出的情感关键句在有监督情感分类和半监督情感分类中的有效性，Lin 等人在 8 个领域的商品评论上进行了多组实验，这 8 个领域的语料均采集自亚马逊网站①，每个领域包含 1000 篇正面评论和 1000 篇负面评论。前 4 个领域（book、DVD、electronic、kitchen）的商品评论是由 Blitzer 等人采集[7]，后 4 个领域（network、software、pet、health）的商品评论是由 Li 等人采集[8]。实验采用贝叶斯分类器作为基础分类器，不进行特征选择和特征约简，使用所有单词作为特征。

在有监督的情感分类中，采用在全文上训练的分类器作为基准。此外，如果一篇评论只有一个句子，则默认其为关键句。对于每一个领域，选择 50％有标注的数据作为训练集，剩余 50％有标注的数据作为测试集。

在半监督的情感分类中，采用 10％有标注数据作为训练集，20％有标注数据作为测试集，70％未标注数据作为添加集。有 4 组基准方法用于和基于情感关键句的协同训练算法进行对比，分别是：

(1) Self-learning：使用基准的分类器作为基础分类器，每轮迭代挑选最确信的样本加入训练集。

(2) Transductive SVM：学习机在训练过程中使用较少的有标签样本和较多的无标签样本进行学习，测试集的样本分布信息从无标签样本转移到了最终的分类器中。

(3) 基于全文分类器的协同训练：每轮迭代中，由 3 个基础分类器来选择样本，但样本的最终标签由全文分类器来指定。

(4) 基于随机关键句的协同训练：随机挑选关键句，然后进行分类器融合，每轮迭代中，由 3 个基础分类器来选择样本，由融合后的分类器来指定样本的最终标签。

有监督情感分类的实验结果如表 4-1 所示。

从表 4-1 可以看出，将抽取出的关键句应用于分类器融合方法后，分类正确率相比基准方法在 8 个领域上平均提高了 2.84 个百分点，从而证明使用关键句可以提高有监督情感分类的性能。值得注意的是，尽管关键句训练集的规模比全文训练集小很多，但在关键句集合上训练的单分类器的平均性能却超过了基准方法。在某些情况下，关键句上训练的单分类

① https://www.amazon.com/

器性能甚至可以超过多分类器融合的结果，比如在“Network”和“Health”领域，因为关键句分类器的特征空间更紧凑，所以更容易对特定样本进行区分。此外，在所有分类器中，细节句分类器的性能是最差的，因为细节描述通常复杂多变而且存在歧义，所以很难对整篇文档的极性进行正确预测。相反地，关键句分类器却可以从另一个视角提供一些确信的知识，因为它忽略了细节描述中的很多噪音。因为关键句抽取算法可以将一篇文本划分成不同却互补的两部分，所以适用于分类器融合的方法。

表 4-1　有监督情感分类结果

Domain	Key Sentences	Detailed Sentences	Full-text(Baseline)	Combined Classifier
Book	0.699	0.691	0.714	**0.742**
DVD	0.727	0.729	0.74	**0.773**
Electronic	0.766	0.741	0.762	**0.780**
Kitchen	0.778	0.792	0.815	**0.837**
Network	**0.812**	0.684	0.739	0.788
Software	0.640	0.645	0.686	**0.715**
Pet	0.640	0.623	0.636	**0.650**
Health	**0.659**	0.547	0.568	0.602
Average	0.7151	0.6815	0.7075	**0.7359**

半监督情感分类的实验结果如表 4-2 所示。

表 4-2　半监督情感分类结果

Domain	Self-learning (Baseline)	Co-training with Full-text View	Co-training with Random View	Transductive SVM	Co-training with Combined View
Book	0.6875	0.6975	0.6875	0.6575	**0.7225**
DVD	**0.7075**	0.665	0.7025	0.6525	0.6975
Electronic	0.685	0.7275	0.6975	0.6825	**0.735**
Kitchen	0.775	0.7825	0.790	0.750	**0.7975**
Network	0.7575	0.7475	0.750	0.755	**0.7775**
Software	0.660	0.695	0.6825	**0.7475**	0.7075
Pet	0.5875	0.5675	0.5775	0.500	**0.605**
Health	0.405	0.520	0.4775	0.410	**0.5525**
Average	0.6581	0.6753	0.6706	0.6444	**0.6994**

从表 4-2 可以看出，将抽取出的关键句应用于协同训练算法后，分类器的正确率在 8 个领域上平均提高了 4.13%。总体说来，在 5 种半监督学习方法中，基于关键句的协同训练算法效果最好。把随机选取的关键句运用到协同训练算法后，效果不如基于全文分类器的协同训练算法，从而证明分类效果的提升并不是由于分类器融合，而是得益于正确的关键句的抽取。基于关键句的协同训练算法之所以能取得较好的性能，是因为关键句和细节句有着不同的特征空间，能被关键句分类器很好预测的样本不一定能被细节句分类器很好的预测，所以细节句分类器可以从这个样本身上学习到有用的知识来提高自身性能，反之亦然。

Lin 等人还验证了关键句数目 N 对情感分类性能的影响，如图 4-4 所示。实验不仅给出了各个领域的情感分类曲线，还给出了多个领域的平均值曲线。

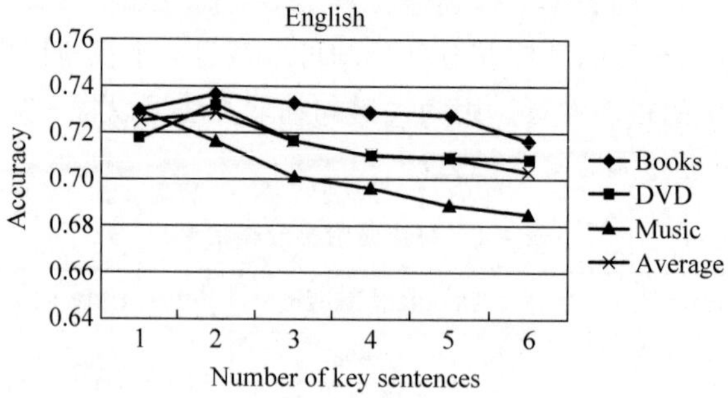

图 4-4 不同关键句数目时英文情感分类的正确率

从实验中可以看出，当情感关键句的数目设置为 1 到 3 的时候，算法性能是最好的。当情感关键句的数目在 1 到 3 这个区间以外，情感分类的性能大致上是单调下降的。也就是说，关键句的数目并不是越多越好，因为更多的句子可能会引入更多的噪声，从而难以把握作者的整体观点。

4.2.1.3 基于卷积神经网络的情感分类算法

近几年来，深度学习方法逐渐被运用于情感分类任务，并显示出蓬勃生机。Socher 等人[9]将递归神经网络应用于文本情感分类，该模型考虑了句法结构信息。Kim[10]将卷积神经网络应用到文本分类，实验结果表明基于 CNN 的文本分类性能优于当时的主流方法。Zhang 等人[11]对基于 CNN 的文本分类方法进行了改进，在建模的时候引入了英文字符信息。Tang 等人[12]首先基于 CNN 或者长短期记忆网络学习句子表达，然后以句子表达为基础迭代学习文档表达，并将文档表达用于有监督的情感分类训练。总之，基于深度学习的情感分类性能卓著，是情感分类研究的发展趋势所在。

接下来，详细介绍基于卷积神经网络的中文情感分类方法。

1. 词向量

这里采用分布式表达形式的词向量，具体利用开源的词向量训练工具 word2vec① 中的 skip-gram 模型来训练微博数据集中的词语和汉字的分布式表达。

2. 基于卷积神经网络的情感分类

基于卷积神经网络的情感分类模型在经典的 CNN 基础上构造而来，如图 4-5 所示，共包括输入层、卷积层、池化层和输出层。

定义 $\boldsymbol{x}_i \in \mathbb{R}^k$ 是一个 k 维的词向量，对应句子中的第 i 个词，则一个长度为 n 的句子可以表示为：

$$\boldsymbol{x}_{1:n} = \boldsymbol{x}_1 \oplus \boldsymbol{x}_2 \oplus \cdots \oplus \boldsymbol{x}_n$$

① https://code.google.com/p/word2vec/

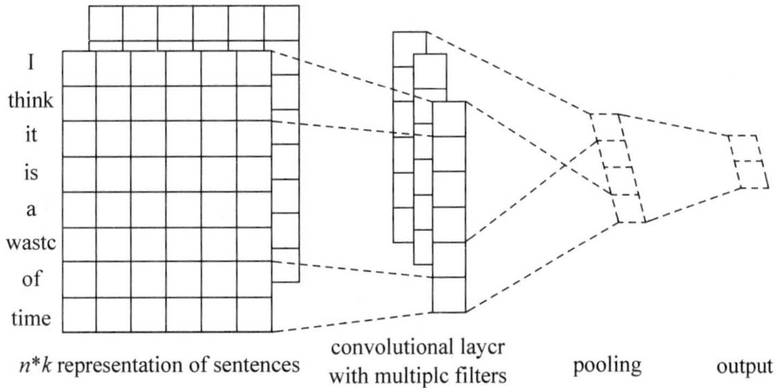

图 4-5　基于卷积神经网络的情感分类模型

其中，$\oplus$表示串联操作。

一个卷积是指通过一个滤波器 $\boldsymbol{w} \in \mathbb{R}^{hk}$，用 h（窗口大小）个词生成一个新特征 c_i，公式如下：

$$c_i = f(\boldsymbol{w} \cdot \boldsymbol{x}_{i:i+h-1} + b) \tag{4.15}$$

式中，$b \in \mathbb{R}$ 是偏置项，f 是非线性函数。将该滤波器应用于句子中每一个可能的窗口，可以生成一个**特征图**（feature map）：

$$\boldsymbol{c} = [c_1, c_2, \cdots, c_{n-h+1}]$$

CNN 的卷积层实际上是一个特征抽取的过程。一个卷积核（滤波器）抽取一种特征，得到一个特征矩阵。设置多个卷积核可以更加全面地获取句子的表达特征，降低特征提取过程的偶然性。此外，CNN 应用在图像识别中时，在卷积层的操作中，卷积核在像素矩阵的行列两个方向都发生移动，而将 CNN 应用到微博分类中时，卷积核在列方向的移动不具有解释性，因此设置卷积核的大小为 $h * k$，其中 h 为滑动窗口的大小，k 为向量维度，通过在行方向上移动，可以更好地学习句子中的词序信息。

卷积过后，继续对特征图进行池化操作，比如 $\hat{c} = \max\{\boldsymbol{c}\}$。该操作是为了从众多特征中获取重要特征。在图 4-5 所示模型中，一个滤波器可以获取一个重要特征，通过多个滤波器则可以获取多个重要特征，这些特征共同构成了卷积神经网络的倒数第二层，最后通过一个全连接的 softmax 层，则可输出一个关于正负标签的概率分布，选择输出概率最大的那个类别作为预测的情感类别。

3. 字词融合改进模型

汉字除了作为中文词语的组成单元，本身包含了丰富的语义信息，因此汉字可以直接作为中文文本的语义单元参与建模。字词融合模型的思想如图 4-6 所示。

给定词语 w，假设 w 中包含了 r 个汉字，可以将 w 转换为由 r 个汉字排列而成的汉字序列。为了将词语对应的汉字序列中每个汉字的词向量信息融合到该词语的词向量中，将词语的词向量与汉字的字向量进行加法运算，接着进行如下的线性转换：

$$\boldsymbol{cw} = \frac{1}{2}\boldsymbol{w} + \frac{1}{2r}(\boldsymbol{c}_1 + \boldsymbol{c}_2 + \cdots + \boldsymbol{c}_r) \tag{4.16}$$

线性转换的作用是为了给词语及其包含的汉字序列中各自的向量分配权重，同时也起

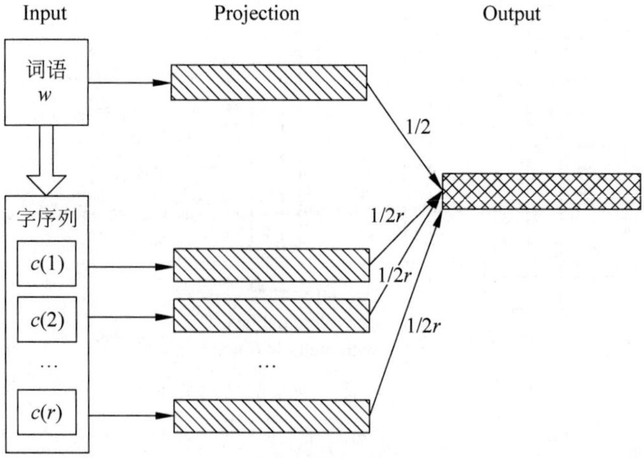

图 4-6　字词融合的词向量

到了归一化的作用。这样通过组合、线性转换，最终可以获得字词融合的词向量，然后将字词融合后的新向量作为卷积神经网络的输入层，后续计算过程与前面介绍的基于卷积神经网络的情感分类模型相同。

基于分布式表示的词向量虽然可以保证语义上相近的词距离上也相近，但并不能传达任何主题信息，所以容易造成歧义。比如"苹果"在电子领域是一个品牌，在食品领域是一种水果，如果将主题信息嵌入通用的向量表达，将会有助于更好地分析语义信息。因此，为了进一步提升字词融合向量的语义表达，需要将主题信息嵌入其中。

为此，首先，在训练数据集上训练 LDA 主题模型。在 LDA 收敛后，一句话中的每一个词都被赋予了一个特定的主题 z，从而形成了一个词汇-主题二元组 $<w,z>$，该二元组将用于后续的主题嵌入学习。在主题模型中，主题信息并不是显式的表示为某一个具体词，而是由一组词构成的隐式的语义表达。为了将主题信息嵌入词向量，下面暂且将一个主题看作一个语义词。

然后，对主题嵌入的词向量进行训练。参考文献[14]的工作，当一个词 w 嵌入主题信息 z 时，可以表示成如下形式

$$\boldsymbol{w}^z = \boldsymbol{w} \oplus \boldsymbol{z}$$

假设 w 和 z 的向量维数都是 v，则 $\boldsymbol{w}^z$ 的长度为 $2v$，如下所示：

$$\boldsymbol{w}^z = (w_1, w_2, \cdots, w_v, z_1, z_2, \cdots, z_v)$$

主题嵌入的词向量训练模型与 skip-gram 一致，如图 4-7 所示。

模型的目标函数被定义为如下函数的最大似然：

$$\ell(D) = \frac{1}{M}\sum_{t=1}^{M}\sum_{-h\leqslant c\leqslant h} \log Pr(w_{t+c} \mid w_t) + \log Pr(w_{t+c} \mid z_t) \tag{4.17}$$

式中，D 代表整个语料集，M 代表单词的总个数，h 代表上下文窗口大小。在模型训练过程中，对于给定词 t，分别学习主题嵌入表示 $\boldsymbol{z}(t)$ 和词语嵌入表示 $\boldsymbol{w}(t)$，然后将两者串联在一起组成主题嵌入的词向量 $<\boldsymbol{w}(t), \boldsymbol{z}(t)>$。

最后，将主题嵌入的词向量和这个词所包含的字序列中各自的字向量进行融合，得到蕴

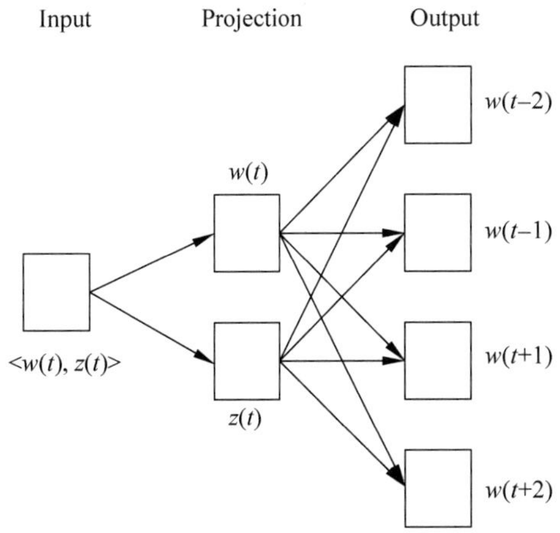

图 4-7　主题嵌入的词向量训练模型

含主题信息的字词融合向量，具体表示为：

$$\boldsymbol{cw}^{z}=\boldsymbol{cw}\oplus\boldsymbol{z}$$

4. 模型验证

模型验证在新浪微博数据上进行。首先，使用新浪微博提供的 API 爬取数万条微博。然后根据表情符号和 hashtag 进行粗略标注，在粗略标注的基础上再进行人工判定，最终保留了 20 000 条带标注的微博，其中包含了 10 000 条情感极性为正向的微博，以及 10 000 条情感极性为负向的微博。为了验证模型对于中文微博的情感分类是否有效，特将其与 6 种 baseline 方法进行对比：

(1) 基于情感词典(SentiLexicon)的情感分类方法(无监督)；

(2) 基于朴素贝叶斯(NaïveBayes)的情感分类方法(有监督)；

(3) 基于最大熵(MaxEnt)的情感分类方法(有监督)；

(4) 基于支持向量机(SVM)的情感分类方法(有监督)；

(5) 基于 CNN 和字向量的情感分类方法 CNN-C(有监督)；

(6) 基于 CNN 和词向量的情感分类方法 CNN-W(有监督)。

对上述几种主流情感分类方法的对比测试结果如表 4-3 所示。从表中可以看出，对于中文微博的情感分类，有监督方法的性能明显优于无监督方法。对于无监督的 SentiLexicon 方法，即使是表现最不理想的有监督 NaïveBayes 方法，情感分类准确率也超出其 9.19%。对于 NaïveBayes、MaxEnt、SVM 这几种经典的有监督分类算法，SVM 性能最佳，这也与之前很多工作的结论基本一致。从表中还可以看出，CNN-W 相比 SVM，情感分类准确率提升了 3.45%。由此可见，神经网络模型不仅在音视频领域表现卓著，在文本分析领域同样表现出色。基于 CNN 的情感分类模型的性能之所以优于 SVM 等传统分类方法，主要得益于三个原因：①CNN-W 采用低维的词向量表达，克服了高维的独热表达的数据稀疏问题；②CNN-W 根据学习任务自动抽取特征，而以往方法都是人工选挑选特征，比如 TF＊IDF；③CNN-W 在学习的过程中保留了句子中的词序信息，具有更好的上下文感知能力。

相比 CNN-W,CNN-C 的性能稍显逊色,主要因为汉字在语义表达方面不如词语。对于中文,汉字的数目明显少于词语的数目,因此词语的语义表达更丰富,也更具有区分性。然而,在仅仅考虑了汉字没有考虑词语的情况下,CNN-C 的情感分类性能依然好于 SVM,由此可以看出:一方面,引入词向量和 CNN 的思路是正确的;另一方面,中文汉字本身蕴含着丰富且有用的信息,可以作为独立的语义单元参与建模。正因为汉字和词汇一样,具有丰富的语义信息,所以把汉字和词汇进行融合后,CNN-CW 表现出了比 CNN-W 更优的性能。此外,字词融合向量所表达的语义更鲁棒,可以克服个别分词错误造成的影响。

表 4-3 不同方法的情感分类准确率

方法	分类准确率	方法	分类准确率
SentiLexicon	75.56%	CNN-C	89.77%
NaïveBayes	84.75%	CNN-W	90.08%
MaxEnt	85.09%	CNN-CW	91.90%
SVM	86.63%		

为了验证不同学习率对于 CNN-CW 模型的影响,实验测试学习率取值 0.001 到 0.05 这个区间的情感分类准确率,结果如图 4-8 所示。由该图可以看出,学习率不宜设置过大或过小,取值 0.01 时 CNN-CW 性能最佳。在梯度下降算法中,若学习率设置过小,则算法收敛很慢,若学习率设置过大,则容易错过全局最优值。

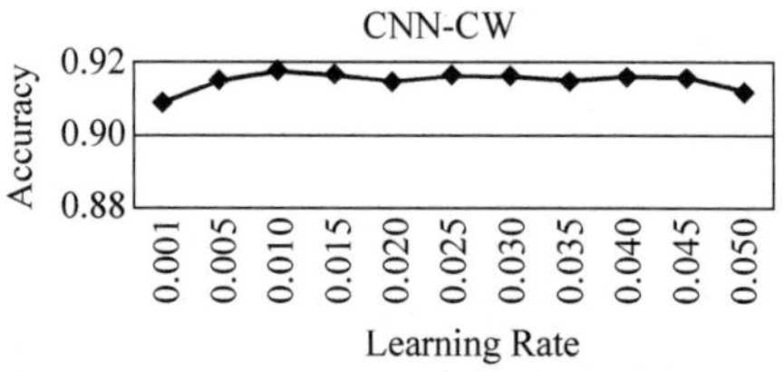

图 4-8 学习率对 CNN-CW 模型的影响

对于情感分类任务,实验测试了不同词向量对于 CNN-CW 的影响,结果如表 4-4 所示。词向量主要分为三组,第一组是随机初始化的词向量,第二组是基于中文维基百科训练得到的通用的词向量,第三组是基于微博训练得到的词向量。从表 4-4 可以看出,对于每一组向量,词向量维度在取值 50 和 100 的时候,性能差异很小。而在三组词向量之间,基于微博训练得到的词向量在应用于 CNN-CW 时,情感分类准确率最高。由此可以看出,不同的词向量对于模型性能确实是有影响的,并且同一场景下训练得到的词向量对于该场景下的情感分类是有优势的。

表 4-4 不同词表达下的情感分类准确率

随机初始化	语料	词表达维度	准确率
是	(无)	50	90.6%
是	(无)	100	90.4%
否	中文维基百科	50	91.2%
否	中文维基百科	100	91.2%
否	微博训练集	50	91.6%
否	微博训练集	100	91.8%

对 CNN-W 模型引入主题信息后,可以得到 CNN-TW 模型,对 CNN-TW 模型进行字词融合可以得到 CNN-TCW 模型,对以上三种模型分别进行实验对比,结果如表 4-5 所示。

从该表可以看出，对比 CNN-W、CNN-TW 的性能平均提升了 1.71%，从而证明引入主题信息对于模型的性能提升是有效的。对比 CNN-TW、CNN-TCW 取得了进一步的性能提升，从而证明主题信息的引入对于字词融合的情感分类模型也是有益的。最终，在融合了字、词、主题信息之后，CNN-TCW 在所有模型中取得了最优性能。

表 4-5　引入主题信息后的情感分类准确率

Vector Size	CNN-W	CNN-TW	CNN-TCW
40	89.95%	91.56%	92.93%
60	89.97%	91.46%	92.57%
80	90.38%	91.84%	92.78%
100	89.79%	91.81%	92.11%
120	90.21%	92.06%	93.15%
140	90.05%	91.90%	92.36%
Average	**90.06%**	**91.77%**	**92.71%**

4.2.2　无监督方法

由于不需要标注数据，所以无监督的情感分类方法也受到许多关注。无监督方法主要借助一些种子词或者表情符号等启发式信息，在大量没有标注的数据集上进行自学习。

4.2.2.1　基于情绪信号的方法

传统的无监督情感分类主要采用的是基于情感词典的方法，通过查找情感词典来判断一篇文档的整体情感极性。但是，当遇到社交媒体文本的时候，基于情感词典的方法往往效果不好，这主要是因为社交文本中的词汇特征复杂多变，富含网络新词、单词缩写和拼写错误，和标准的情感词典之间存在较大的差别。此外，同一个词在不同的领域，情感极性也可能有所不同，很难构建一部涵盖所有领域的大而全的情感词典。

社交文本中含有大量情绪信号，比如表情符号，而表情符号和文本的情感极性之间存在着极强的关联，是发文作者情绪状态的直接反应。基于此，Hu 等人[15]提出了一种基于社交文本情绪信号的无监督情感分类方法，解决了以下疑问：社交文本中的情绪信号对情感分析是否有帮助？如何把情绪信号引入无监督的情感分析框架？引入情绪信号之后实际的情感分类任务性能否有提升？

接下来，详细介绍该工作。

1. 问题定义

如图 4-9 左半部分所示，传统的文本情感分析方法会创建一个**文本-词汇矩阵**（post-word matrix）。这一类方法基于独立同分布假设，即所有的文本之间彼此独立。但这个假设在社交媒体场景往往并不成立。如图 4-9 右半部分所示，社交文本含有大量表情符号，这些表情符号与文本和词汇的情感极性高度相关。总体上，情绪信号可以分为两类，分别是情绪指示性信号和情绪相关性信号：

定义 1（情绪指示性信号）：情绪指示性信号是指能够直接反映文本的情感的信号，比如

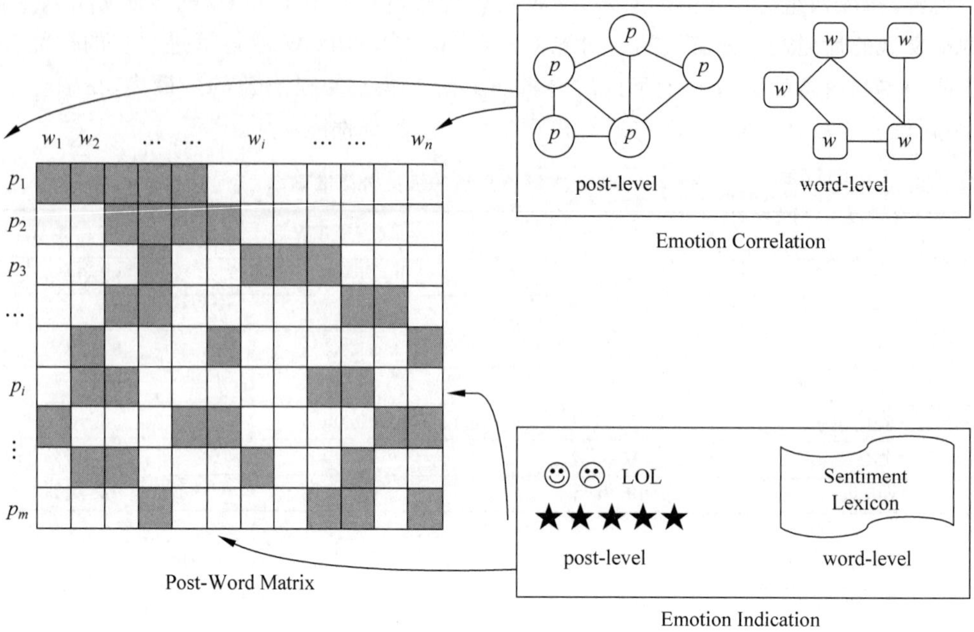

图 4-9 社交文本样例

表情符号和情感词，并且这些信号非常容易从社交文本中收集。这类信号表达着较为确定的情感倾向性，例如，很难在一个表达正面的文本中出现负面的指示类表情。情感词典可以看作词语级的情绪指示性信号，☺☹以及五星打分都可以看作文本级的情绪指示性信号。

定义 2(情绪相关性信号)：情绪相关性反映了文本之间或者词汇之间的相关性。例如，情绪一致性理论[16]认为频繁共现的词汇具有相似的情感倾向。文本和文本之间可以根据文本相似度构造一个网络，词汇和词汇之间可以根据共现关系构造一个网络。

定义 $\mathbf{X}\in\mathrm{R}^{m\times n}$ 是文本-词汇矩阵，m 代表文本的个数，n 代表所有不同的词汇个数。矩阵 $\mathbf{A}$ 中第 i 行第 j 列元素标记为 $\mathbf{A}(i,j)$，第 i 行所有元素标记为 $\mathbf{A}(i,*)$，第 j 列所有元素标记为 $\mathbf{A}(*,j)$。矩阵 $\mathbf{A}$ 的 Frobenius 范数标记为 $\|\mathbf{A}\|_F$，$\|\mathbf{A}\|_F=\sqrt{\sum_{i=1}^{m}\sum_{j=1}^{n}\mathbf{A}(i,j)^2}$。

2. 数据分析

对两个开源的数据集进行分析，分别是斯坦福的 Twitter 情感语料 STS[17]和奥巴马-麦凯恩辩论语料 OMD[18]。斯坦福的 Twitter 情感语料共包含 40 216 条有标注的推文。奥巴马-麦凯恩辩论语料包含总统大选期间的 3269 条辩论推文，每条推文的情感极性由 3 个亚马逊的土耳其机器人进行标注，并通过投票机制确定最终情感标签。实验分析中采用了开源的 MPQA 词典①，该词典共包含 2718 个正面情感词和 4902 个负面情感词。

使用表 4-6 所列表情符号对情感语料进行验证，看是否满足情绪一致性假设。对每一

① https://www.cs.pitt.edu/mpqa/opinionfinder_1.html

个语料集，选取两组数量相同的数据，第一组是带有正向表情符号的推文，第二组是随机选取的推文。然后，构造两个向量 $\boldsymbol{S}_p$ 和 $\boldsymbol{S}_r$ 分别代表这两组数据的情感倾向性。对这两组数据进行双样本单侧 t 检验(two-sample one-tail t-test)，查看第一组的情感倾向性是不是明显比第二组大很多。如果这两组数据符合情绪一致性假设，则 $\mu_p-\mu_r>0$，反之 $\mu_p-\mu_r\leqslant 0$，μ_p 和 μ_r 分别代表两组数据的情感倾向性均值。类似地，也同样选取两组数据并构造两个向量 $\boldsymbol{S}_n$ 和 $\boldsymbol{S}_r$，分别代表带有负面表情符号的数据和随机数据的情感倾向性。如果这两组数据符合情绪一致性假设，则 $\mu_n-\mu_r<0$，反之 $\mu_n-\mu_r\geqslant 0$，其中 μ_n 代表带有负面表情符号数据组的情感倾向性均值。t 检验的结果 p-values 如表 4-6 所示。

表 4-6　表情符号表

正面	:)	:)	:-)	:D	=)
负面	:(	:(	:-(		

从表 4-7 的结果可以看出，统计显著性是很明显的，显著性水平参数 $\alpha=0.01$(表示原假设为真时，拒绝原假设的概率)，从而证明了表情符号在社交本文中的情绪指示性。

表 4-7　情绪指示性和情绪相关性的假设性检验结果

情 绪 信 号	STS	OMD
正面表情符号	5.2464e-008	2.5338e-004
负面表情符号	1.7909e-007	1.2558e-003
情绪一致性	9.0032e-008	3.0698e-008

接下来，对情绪相关性进行验证。定义两个词之间的情感差值为：

$$D_{ij}=\| w_i-w_j \|_2 \tag{4.18}$$

其中，w_i 和 w_j 为两个词的情感得分，该得分参考自 MPQA 词典。然后构造两个元素个数相同的向量 $\boldsymbol{S}_c$ 和 $\boldsymbol{S}_r$，$\boldsymbol{S}_c$ 中每一个元素的值由公式(4.18)计算得到，其中 w_i 和 w_j 要在同一条推文中共现。$\boldsymbol{S}_r$ 中每一个元素的值为 w_i 和一个任意选取的词 w_r 之间的情感差值。同样进行双样本单侧 t 检验，查看第一组的情感差值是否明显比第二组小很多。如果符合情绪相关性假设，则 $\mu_c-\mu_r<0$，反之 $\mu_c-\mu_r\geqslant 0$，μ_c 和 μ_r 分别代表两组数据情感差值的均值。t 检验的结果 p-values 如表 4-7 所示，统计显著性明显，显著性水平参数 $\alpha=0.01$，从而证明了社交文本中存在情绪相关性。

3. 无监督的情感分类框架

1) 情绪指示性建模

从文本级别的情绪指示性来看，**基于情绪信号的无监督情感分析**(Emotional Signals for unsupervised Sentiment Analysis，ESSA)方法的主要思想是让一个文本的情感倾向性尽可能地与这个文本所包含的情绪信号一致，也就是最小化下面的损失函数：

$$\| \boldsymbol{U}(i,*)-\boldsymbol{U}_o(i,*) \|_2^2 \tag{4.19}$$

为了避免 $\boldsymbol{U}_o$ 中未知元素的影响，对于所有文本而言，损失函数可以形式化为下面的形式：

$$R_I^u=\| \boldsymbol{G}^u(\boldsymbol{U}-\boldsymbol{U}_o) \|_F^2 \tag{4.20}$$

这里，$\boldsymbol{G}^u \in \{0,1\}^{m\times m}$ 是一个文档对角指示矩阵，用来表示一个文本是否包含情绪指示信息，$\boldsymbol{U}\in \mathbf{R}^{m\times c}$ 是文本-情感矩阵，$\boldsymbol{U}_o \in \mathrm{R}^{m\times c}$ 是文本情绪指示矩阵，c 是情感类别数，这里 $c=2$。具体地，$\boldsymbol{U}_o(i,*)=(1,0)$表示文本包含正面情绪信号，$\boldsymbol{U}_o(i,*)=(0,1)$表示文本包含负面情绪信号，$\boldsymbol{U}_o(i,*)=(0,0)$表示不确定或者不包含任何信号。

从词汇级别的情绪指示性来看，一篇文本的整体情感倾向是由这篇文本所包含的词汇的情感极性决定的。和文本级别的情绪指示建模类似，词汇级建模旨在让一个词的情感极性尽可能地与这个词的情绪指示接近，也就是最小化下面的损失函数：

$$\| \boldsymbol{V}(i,*)-\boldsymbol{V}_o(i,*) \|_2^2 \tag{4.21}$$

考虑到所有词，可以形式化为下面的形式：

$$R_I^v = \| \boldsymbol{G}^v(\boldsymbol{V}-\boldsymbol{V}_o) \|_F^2 \tag{4.22}$$

其中 $\boldsymbol{G}^v \in \{0,1\}^{n\times n}$ 是一个词汇对角指示矩阵，用来表示一个词是否包含词汇级的情绪指示信息，$\boldsymbol{V}\in \mathbf{R}^{n\times c}$ 是词汇-情感矩阵，$\boldsymbol{V}_o \in \mathbf{R}^{n\times c}$ 是词汇情绪指示矩阵。

2）情绪相关性建模

对于文本级别的情绪相关性，构造一个文本-文本的关系图 G^u，在该图中，结点代表文本，边代表文本之间的相关度。G^u 的邻接矩阵 $\boldsymbol{W}^u \in \boldsymbol{R}^{m\times m}$ 定义为如下形式：

$$\boldsymbol{W}^u(i,j)=\begin{cases}1 & \text{当 } u_i \in N(u_j) \text{ 或 } u_j \in N(u_i) \\ 0 & \text{其他}\end{cases} \tag{4.23}$$

其中，u_j 代表语料中的一个文本，$N(u_j)$代表与 u_j 距离最近的 k 个文本，文本相似度或者社交关系等信息都可以用于定义文本之间的距离。

这里图模型的核心思想是：如果关系图中的结点距离相近，那么结点所对应的标签距离也相近。因此，最终问题可以形式化为最小化下面的损失函数：

$$\begin{aligned} R_C^u &= \frac{1}{2}\sum_{i=1}^{m}\sum_{j=1}^{m} \| (\boldsymbol{U}(i,*)-\boldsymbol{U}(j,*)) \|_2^2 \boldsymbol{W}^u(i,j) \\ &= Tr(\boldsymbol{U}^{\mathrm{T}}(\boldsymbol{D}^u-\boldsymbol{W}^u)\boldsymbol{U}) \\ &= Tr(\boldsymbol{U}^{\mathrm{T}}\boldsymbol{\ell}^u\boldsymbol{U}) \end{aligned} \tag{4.24}$$

其中 $Tr(\cdot)$表示矩阵的迹，$\boldsymbol{\ell}^u=\boldsymbol{D}^u-\boldsymbol{W}^u$ 是图G^u 的拉普拉斯矩阵[19]，$\boldsymbol{D}^u \in \mathbf{R}^{m\times m}$ 是一个对角矩阵，$\boldsymbol{D}^u(i,i)=\sum_{j=1}^{m}\boldsymbol{W}^u(i,j)$。损失函数会对关系图中距离相近但是标签不同的情况进行惩罚。

对于词汇级别的情绪相关性，构造一个词汇-词汇的关系图 G^v，结点代表词，边代表词与词之间的相关度。G^v 的邻接矩阵 $\boldsymbol{W}^v \in \mathbf{R}^{n\times n}$ 定义为如下形式：

$$\boldsymbol{W}^v(i,j)=\begin{cases}1 & \text{当 } v_i \in N(v_j) \text{ 或 } v_j \in N(v_i) \\ 0 & \text{其他}\end{cases} \tag{4.25}$$

其中，v_j 代表一个词，$N(v_j)$代表与 v_j 距离最近的 k 个词，词汇共现信息或者基于 WordNet 的语义相似度等信息都可以用于定义词汇之间的距离。

与基于文本的图模型思想类似，基于词的图模型最终目标是使图上距离相近的两个词情感标签也近似。因此，问题可以形式化为最小化下面的损失函数：

$$R_C^v = Tr(\boldsymbol{V}^{\mathrm{T}}\boldsymbol{\ell}^v\boldsymbol{V}) \tag{4.26}$$

其中，$\boldsymbol{\ell}^v=\boldsymbol{D}^v-\boldsymbol{W}^v$ 代表图 G^v 的拉普拉斯矩阵。

3）基于情绪信号的无监督情感分类

有监督的情感分析可以看成用标注数据训练分类器的问题，无监督的情感分析可以看成聚类问题，而情绪信号可以看作聚类的先验知识。基于情绪信号的无监督情感分类模型主要采用的是**正交非负矩阵三因子**（Orthogonal Nonnegative Matrix Tri-Factorization，ONMTF）分解模型。ONMTF 模型的核心思想是数据可以根据特征的分布进行聚类，而特征可以根据数据的分布进行聚类。输入文本-词汇矩阵，ONMTF 算法要求的近似解是由输入矩阵得到的三个因子矩阵，因子矩阵同时还被指定了文本级情感标签和词汇级情感标签，形式化为下面的公式：

$$\begin{aligned}&\min_{\boldsymbol{U},\boldsymbol{H},\boldsymbol{V}\geqslant 0} \quad o=\|\boldsymbol{X}-\boldsymbol{UHV}^{\mathrm{T}}\|_F^2\\&s.t.\quad \boldsymbol{U}^{\mathrm{T}}\boldsymbol{U}=\boldsymbol{I},\quad \boldsymbol{V}^{\mathrm{T}}\boldsymbol{V}=\boldsymbol{I}\end{aligned}\tag{4.27}$$

式中，$\boldsymbol{X}$ 是文本-词汇矩阵，$\boldsymbol{U}\in\mathbf{R}_+^{m\times c}$ 和 $\boldsymbol{V}\in\mathbf{R}_+^{n\times c}$ 是分别代表了文本和词汇的正交非负矩阵，正交和非负的条件约束使得模型可以为文本和词汇生成情感类别标签。$\boldsymbol{H}\in\mathbf{R}_+^{c\times c}$ 可以看作 $\boldsymbol{X}$ 的一个压缩视图。

如何将情绪信号引入矩阵分解呢？可以将情绪信号的特性作为矩阵分解算法的约束条件。具体地，引入了情绪信号的矩阵分解问题可形式化为下面的公式：

$$\begin{aligned}\min_{\boldsymbol{U},\boldsymbol{H},\boldsymbol{V}\geqslant 0}\quad &\zeta=\|\boldsymbol{X}-\boldsymbol{UHV}^{\mathrm{T}}\|_F^2+\lambda_I^u\|\boldsymbol{G}^u(\boldsymbol{U}-\boldsymbol{U}_o)\|_F^2+\lambda_I^v\|\boldsymbol{G}^v(\boldsymbol{V}-\boldsymbol{V}_o)\|_F^2+\\&\lambda_C^u Tr(\boldsymbol{U}^{\mathrm{T}}\boldsymbol{\ell}^u\boldsymbol{U})+\lambda_C^v Tr(\boldsymbol{V}^{\mathrm{T}}\boldsymbol{\ell}^v\boldsymbol{V})\\s.t.\quad &\boldsymbol{U}^{\mathrm{T}}\boldsymbol{U}=\boldsymbol{I},\quad \boldsymbol{V}^{\mathrm{T}}\boldsymbol{V}=\boldsymbol{I}\end{aligned}\tag{4.28}$$

式中，λ_I^u、λ_I^v、λ_C^u、λ_C^v 都是非负的正则项参数，用于控制矩阵分解过程中文本级情绪指示性、词汇级情绪指示性、文本级情绪相关性和词汇级情绪相关性的贡献度。最优化求解后，文本 u_i 的情感极性可以通过 $f(u_i)=\arg\max_{j\in\{p,n\}}\boldsymbol{U}(i,j)$ 求得。

公式(4.28)是一个非凸的优化问题，不存在闭式解，所以下面介绍求解该问题的近似方法。

4）最优化问题求解

求解 $\boldsymbol{U}$、$\boldsymbol{V}$ 和 $\boldsymbol{H}$ 的近似方法的思想是：固定其他两个变量，先求一个变量的最优解，然后不断重复该过程，直到算法收敛。

具体而言，计算 $\boldsymbol{H}$ 时，等同于求解下面的问题：

$$\min_{\boldsymbol{H}\geqslant 0}\quad \zeta_H=\|\boldsymbol{X}-\boldsymbol{UHV}^{\mathrm{T}}\|_F^2\tag{4.29}$$

记 $\boldsymbol{\Lambda}_H$ 为当约束 $\boldsymbol{H}\geqslant 0$ 时的拉格朗日乘子，则拉格朗日函数 $L(\boldsymbol{H})$ 定义为如下形式：

$$L(\boldsymbol{H})=\|\boldsymbol{X}-\boldsymbol{UHV}^{\mathrm{T}}\|_F^2-Tr(\boldsymbol{\Lambda}_H\boldsymbol{H}^{\mathrm{T}})\tag{4.30}$$

通过设置 $L(\boldsymbol{H})$ 的导数为 0，从而得到：

$$\boldsymbol{\Lambda}_H=-2\boldsymbol{U}^{\mathrm{T}}\boldsymbol{XV}+2\boldsymbol{U}^{\mathrm{T}}\boldsymbol{UHV}^{\mathrm{T}}\boldsymbol{V}\tag{4.31}$$

对于 $\boldsymbol{H}$ 的非负约束，根据 Karush-Kuhn-Tucker① 的如下互补性质：

$$\boldsymbol{\Lambda}_H(i,j)\boldsymbol{H}(i,j)=0\tag{4.32}$$

① https://en.wikipedia.org/wiki/Karush%E2%80%93Kuhn%E2%80%93Tucker_conditions

可以得到

$$[-U^{\mathrm{T}}XV + U^{\mathrm{T}}UHV^{\mathrm{T}}V](i,j)H(i,j) = 0 \tag{4.33}$$

采用类似于文献[20]的方法，得到 H 的更新规则如下：

$$H(i,j) \leftarrow H(i,j)\sqrt{\frac{[U^{\mathrm{T}}XV](i,j)}{[U^{\mathrm{T}}UHV^{\mathrm{T}}V](i,j)}} \tag{4.34}$$

与上面计算 H 的方法一样，得到 U 的更新规则如下：

$$U(i,j) \leftarrow U(i,j)\sqrt{\frac{[XVH^{\mathrm{T}} + \lambda_I^u G^u U_o + \lambda_C^u W^u U + U\Gamma_U^-](i,j)}{[UHV^{\mathrm{T}}VH^{\mathrm{T}} + \lambda_I^u G^u U + \lambda_C^u D^u U + U\Gamma_U^+](i,j)}} \tag{4.35}$$

得到 V 的更新规则如下：

$$V(i,j) \leftarrow V(i,j)\sqrt{\frac{[X^{\mathrm{T}}UH + \lambda_I^v G^u V_o + \lambda_C^v W^v V + V\Gamma_V^-](i,j)}{[VH^{\mathrm{T}}U^{\mathrm{T}}UH + \lambda_I^v G^v V + \lambda_C^v D^v V + V\Gamma_V^+](i,j)}} \tag{4.36}$$

4. 实验验证

实验中的文档级情绪指示信号、文档级情绪相关信号、词汇级情绪指示信号和词汇级情绪相关信号分别采用表情符号、文本相似度、情感词典和词汇共现信息。表情符号就采用的表 4-8 所列表情，情感词典采用的 MPQA。为了验证 ESSA 算法，将其与以下无监督情感分类算法进行性能比较：

(1) 基于情感词典的方法 LBM(Lexicon-Based Methods)；

(2) 基于 K-means 的文档聚类算法；

(3) 基于矩阵分解的文档聚类算法 ONMTF；

(4) 基于表情符号的方法 MoodLens[21]；

(5) 基于先验情感词和矩阵分解的方法 CSMF[22]。

表 4-8 不同无监督情感分类方法准确率比较

方　法	STS 语料	OMD 语料
LBM	0.663	0.636
K-means	0.550	0.568
ONMTF	0.567	0.565
MoodLens	0.680	0.583
CSMF	0.657	0.657
ESSA	0.726	0.692

从表 4-8 可以看出，基于情绪信号的方法 ESSA 在两个数据集上都表现出了最好的性能。ESSA 好于 LBM、K-means 和 ONMTF，这是因为这三种方法只用到了文本自身的信息，没有用到其他情绪信号，从而证明引入了情绪信号对提升情感分析性能是有帮助的。MoodLens 和 CSMF 都用到了情绪信号，但 ESSA 依然好于这两种方法，证明了 ESSA 无监督情感分类框架的有效性，该框架能更好地利用社交文本中的情绪信号。

为了进一步衡量哪一种情绪信号对情感分类性能提升最大，在 ESSA 中每次只引入一种情绪信号进行试验，结果如图 4-10 所示。

从图 4-10 可以看出，在两个数据集上，同时引入了四种情绪信号的 ESSA 方法取得了

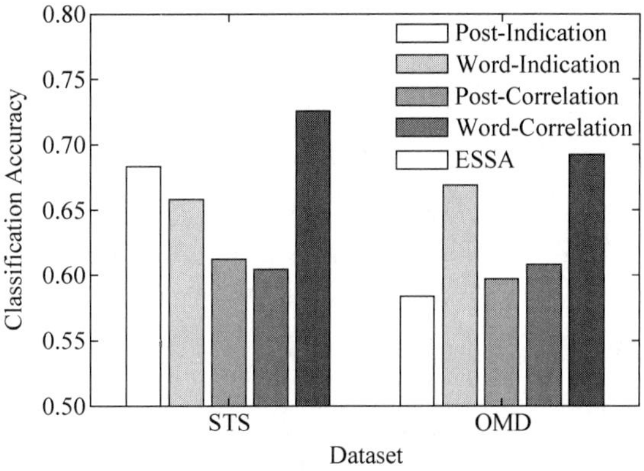

图 4-10　基于不同情绪信号的情感分类准确率

最好的效果。在不同的数据集上，四种不同的情绪信号对情感分类的效果影响不同。在 STS 数据集上，文本指示性信号即表情符号对情感分类的性能提升最明显，在 OMD 数据集上，词汇指示性信号即情感词典对情感分类的性能提升最明显。综合看来，对于无监督情感分类任务，情绪指示性信号会比情绪相关性信号更有效。

4.2.2.2　无监督情感分类中的种子词选取方法

无监督情感分类方法不依赖于任何标注数据，但是性能会受到种子词的影响，Zagibalov 和 Carroll[22] 针对无监督的中文情感分类问题，提出了一种自动选取种子词的方法，该方法用到了极少的语言学知识，因此可以很容易地推广到其他语言。

该方法基于以下两个假设：

(1) 观点表达通常用否定词搭配情感词表达相反的意思，比如，中文语料中“不好”的出现频率高于“坏”。根据这个现象，很容易在出现否定词的字序列中发现候选种子词。

(2) 对于发现的种子词要进行情感极性判定，可以使用“好”作为正面情感词的**黄金标准**(Golden Standard)，然后通过比较其他候选种子词出现的上下文来判定这些候选词的情感极性。

为了避免抽取出无内容无意义的种子词，除了否定词之外，还用到了副词，即出现在一个否定词和一个副词后面的词通常是有意义的情感词，这里称为否定-副词结构。在该模型中，用到的 6 个否定词有：“不”“不会”“没有”“摆脱”“免去”和“避免”；用到的 5 个副词有：“很”“非常”“太”“最”和“比较”。

下面详细介绍该模型，主要分为三部分。

1. 种子词识别

种子词的识别算法分为 4 步，分别是：

(1) 找出所有以非字符(比如标点符号、数字)间隔的含有否定词和副词的字符序列，在否定词出现的位置对序列做切分，将出现在否定-副词结构之后的字符序列存储下来；

(2) 统计每个字符序列出现在否定-副词结构之后的次数，记为(X)；

(3) 统计每个字符序列没有出现在否定-副词结构之后的次数，记为(Y)；

(4) 找出所有 $Y-X>0$ 的序列,保证该序列是一个高频序列。

2. 情感分类

该模型没有对中文进行事先分词,也没有进行语法分析,而是直接采用种子词序列和由标点间隔的字符序列作为基本处理单元,一个种子词序列由一个或多个字符组成,所以一个序列可能是一个单词,可能是一个单词的一部分或者包含多个单词。

由于情感极性包括正面和负面两类,因此根据下面的公式计算每个种子词序列的正面情感得分和负面情感得分 $S_{i=positve/negative}$。

$$S_i = \frac{L_d^2}{L_{phrase}} S_d N_d \tag{4.37}$$

式中,L_d 代表种子词序列的长度,设置指数为 2 是为了增强长序列的意义,更多字符能捕捉更多的上下文;L_{phrase} 代表由标点间隔的字符序列的长度,S_d 代表当前种子词序列的情感得分(初始值为 1.0),N_d 代表**否定检验系数**(negation check coefficient)。否定检验是一个正则表达式,用于确定种子词序列前面是否有否定词,如果有否定词,则 N_d 设置为-1。一个由标点间隔的字符序列的情感得分等于这个序列所包含的所有种子词的情感得分的累加和。

一篇文档的情感类别最终由这篇文档所包含的所有由标点间隔的字符序列的正负情感得分之差决定。如果结果大于 0 则为正类,反之则为负类。

3. 迭代重训练

迭代重训练的目的是对种子词列表进行扩展。在每一轮迭代过程中,用当前版本的情感分类器将输入语料分成正负两个文档子集。然后,用这两个正负文档子集对种子词的情感得分进行重新调整,并不断发现新的种子词。

将语料中出现 2 次以上的种子词序列作为候选词加入词典,然后统计词典中每个候选词在正负文档子集中出现的相关频率,相关频率的计算公式如下:

$$difference = \frac{|F_p - F_n|}{(F_p + F_n)/2} \tag{4.38}$$

如果 $difference<1$,则说明候选词在正负文档子集中的频率相似,不具备明显的区分性,则把该候选词从词典中排除。反之,重新计算该候选词的情感得分,如果是正类词,则得分为 F_p-F_n,负类词的情感得分计算方法类似。最后,将调整得分后的词典用于新一轮的迭代。

4.2.3 半监督方法

无监督学习方法的分类效果与实际要求相比还存在一定差距,而效果比较好的监督学习方法往往需要大量的标注样本,标注样本的获得非常费时费力。相对于监督学习,半监督学习方法则可以充分利用未标注样本的信息,在少量标注样本的基础上便能获得较好的分类效果。近年来,基于半监督的情感分类渐渐受到了广大研究者的重视。

4.2.3.1 基于标签一致性融合的方法

虽然在情感分类中已经有很多比较成功的半监督学习方法,但这些半监督学习方法往往在不同领域有着不同的表现，很难选出一个最好的半监督学习方法。而且，在情感分类任务中进行半监督学习十分困难且具有一定挑战，如在对未标注样本进行标注的过程中，会产生很多的误标注样本，这些误标注样本的产生通常会对最终的分类结果造成不良影响。为此，高伟等人[23]提出一种基于标签一致性融合的半监督情感分类方法，通过结合多个半监督学习方法，降低对未标注样本的误标注率，从而获得比单个半监督学习方法更好的分类效果，该方法具有更普遍的适用性。

基于标签一致性融合的半监督情感分类方法具体过程为：首先，利用不同的半监督学习方法对未标注样本进行标注；然后，选取各个半监督学习方法标注一致的样本加入标注样本集中更新训练模型。这种方法舍弃了那些标注不一致的样本，从而降低了未标注样本的误标注率。

下面首先从理论方面分析标签一致性融合方法降低未标注样本误标注率的原因，并给出标签一致性融合算法的算法流程；在实验环节，将选取基于随机特征子空间的协同训练算法和基于二部图的标签传导算法作为单独的半监督学习算法，对它们进行标签一致性融合。

1. 标签一致性融合降低误标注率的理论分析

在半监督学习方法中，未标注样本被误标注将会为标注样本集引入大量噪声，噪声样本会给半监督学习方法带来负面影响。标签一致性融合有助于降低对未标注样本的误标注率，即加入标注样本集合的未标注样本的标注准确率高于每一个参与集成学习的半监督学习方法。

下面是关于标签一致性融合能够降低未标注样本的误标注率的理论分析。以两个半监督学习方法为例，可以推广到多个半监督学习方法。首先，定义两个函数，其中 $L_i(X)$ 为半监督学习算法 F_i 对未标注样本 X 的分类结果：

$$E_1(X)=\begin{cases}1 & L_1(X)=L_2(X)\\0 & L_1(X)\neq L_2(X)\end{cases} \tag{4.39}$$

$$E_2(X)=\begin{cases}1 & \text{一致性标准样本 } X \text{ 被正确分类}\\0 & \text{一致性标准样本 } X \text{ 被错误分类}\end{cases} \tag{4.40}$$

根据前面介绍的标签一致性融合思想可以得到，

$$P(E_2(X)=1)=P(L_{ES}(X)=real(X)\mid E_1(X)=1) \tag{4.41}$$

其中 $L_{ES}(X)$ 为集成学习系统对未标注样本 X 的标注（即选择各个子半监督学习方法一致性的标注），$real(X)$ 为样本 X 的真实标签。其中 $E_1(X)=1$ 并且 $L_{ES}(X)=c$（c 为某一类别），当且仅当 $L_1(X)=L_2(X)=c$。

每一个子半监督学习算法 F_i 对未标注样本的分类准确率也可以用其对每个未标注样本正确分类的概率表示，即 $P(L_i(X)=real(X))$，简单表示为 P_i。

假设每个半监督学习算法对未标注样本的分类过程是相互独立的，则：

$$P(L_{ES}(X)=real(X))=P_1 * P_2 \tag{4.42}$$

$$\begin{aligned}P(E_1(X)=1)&=P(L_1(X)=L_2(X)\\&=real(X))+P(L_1(X)\\&=L_2(X)\neq real(X))\end{aligned} \tag{4.43}$$

由于情感分类的结果只有两种类别，正极性或是负极性，又可得到：

$$P(L_1(X)=L_2(X)\neq real(X))=(1-P_1)(1-P_2) \tag{4.44}$$

综合前面各式得到：

$$P(E_2(X)=1)=\frac{P_1*P_2}{P_1*P_2+(1-P_1)(1-P_2)} \tag{4.45}$$

设 $P_{best}=\mathrm{MAX}(P_1,P_2)$，为了证明标签一致性融合的集成学习方法降低了子半监督学习方法的误标记率，即其加入的样本有更高的标记准确率，则需要证明：

$$\frac{P(E_2(X)=1)}{P_{best}}>1 \tag{4.46}$$

不妨假设 $P_{best}=P_1$，则上式又可写成：

$$\frac{P_2}{P_1*P_2+(1-P_1)(1-P_2)}>1 \tag{4.47}$$

进一步化简得：

$$\frac{P_2(1-P_1)-(1-P_1)(1-P_2)}{P_1*P_2+(1-P_1)(1-P_2)}>0 \tag{4.48}$$

即证 $P_2>0.5$，也就是说每个子半监督分类算法的准确率要超过一个随机分类器(每个样本只可能属于两种类别，随机分类器准确率可达 0.5)。这个条件对一个半监督分类算法是很容易满足的，所以通过标签一致性融合可获得比各个子半监督分类方法更低的误标注率，从而控制了噪声数据给半监督学习带来的负面影响，进一步获得对未知样本更高的分类准确率。

2. 标签一致性融合的算法流程

给定标注样本和未标注样本，首先利用多种不同的半监督学习方法对未标注样本进行标注，然后对标注结果进行融合，选取标注一致的未标注样本加入标注样本集中。用更新后的标注样本集训练分类器。标签一致性融合算法的详细流程如算法 4-2 所示。

算法 4-2 标签一致性融合算法

输入：标注数据集 L，包含 n 个正类样本，n 个负类样本，未标注数据集 U

输出：更新后的标注数据集 L

过程：

(1) $B=\varnothing$，B 表示最终选择的标注一致的样本集合

(2) 用 N 个不同的半监督学习算法 F_i，对 U 中的每个样本 X 进行标注，标注结果为 $L_i(X)$

(3) 依次取出 U 中的每个样本 X：

若 $L_1(X)=L_2(X)=\cdots=L_N(X)=c$，

将未标注样本 X 标注为类别 c 且将标注后的 X 添加到 B 中

(4) 将 B 添加到标注数据集中 $L=L\cup B$，并从 U 中移除

3. 基于随机特征子空间的协同训练算法

如第 4.2.1 节所述，协同训练算法是一种非常有效的学习方法。但该方法的成功运用需满足两个条件：①样本可以由两个及以上的独立视图表示；②每一个视图都能从训练样

本中学习到一个强分类器。

为了获得多个独立的视图，可采用基于随机特征子空间的协同训练算法[24]，该算法在每次迭代过程中生成多个视图。每一个特征子空间作为文本的一个表示视图，多个特征子空间对应多个文本表示的不同视图，在这些视图下，应用协同训练算法进行半监督学习。基于随机特征子空间的协同训练算法的详细算法流程如算法 4-3 所示。

算法 4-3　基于随机特征子空间的协同训练算法

输入：标注数据集 L，包含 n 个正类样本，n 个负类样本，未标注数据集 U
输出：更新后的标注数据集 L
过程：
进行 N 次迭代，直到 $U=\varnothing$ 结束循环
(1) $B=\varnothing$，B 表示每次迭代中从 U 中挑选出的置信度最高的样本集
(2) 将 L 和 U 的特征空间随机分成 m 个特征子空间
(3) 训练 m 个子空间分类器 $F_1, F_2, \cdots, F_m$
(4) 分别使用 $F_1, F_2, \cdots, F_m$ 对未标注样本集 U 中的未标注样本分类
(5) 在 $F_1, F_2, \cdots, F_m$ 的每组分类结果中选择置信度最高的正类样本和负类样本，对其自动标注并加入 B 中
(6) 将 B 添加到标注样本集中 $L=L\cup B$，并从 U 中移除 B

4. 基于二部图的标签传导算法

词袋(bag-of-words)模型表示的文档向量中单词与文档间的关联是不清晰的。为了更好地捕捉单词和文档之间的关系，可采用基于文档-词的二部图表述文档与单词的关系。文档-词的二部图连接关系由文档和词的连接矩阵表示，即 $n\times v$ 矩阵 $\boldsymbol{X}$：n 为文档数目，v 为词的数目。文档-词的二部图仅存在文档到词及词到文档的连接关系。具体来讲，文档到词及词到文档的转移概率采用如下方式进行计算：

如果文档 d_i 包含词 w_k，其权重为 x_{ik}，则文档到单词的转移概率设定为 $x_{ik}\Big/\sum_k x_{ik}$；同理，单词 w_k 到文档 d_j 的转移概率也设定为 $x_{jk}\Big/\sum_k x_{jk}$，文档 d_i 到文档 d_j 的转移概率是由文档 d_i 通过该文档里面的所有词到达文档 d_j 的概率之和，即 $t_{ij}=\sum_k\left(x_{ik}\Big/\sum_k x_{ik}\right)\cdot\left(x_{jk}\Big/\sum_k x_{jk}\right)$。得到文档与文档之间的转移概率后，可以通过标签传导算法计算未标注样本的标签。基于二部图的标签传导算法的详细算法流程如算法 4-4 所示。

算法 4-4　基于二部图的标签传导算法

输入：标注数据集 L，包含 n 个正类样本，n 个负类样本，未标注数据集 U
输出：更新后的标注数据集 L
过程：
(1) 初始化
　　$\boldsymbol{P}$：$n\times r$ 标注矩阵，同时 P_{ij} 标注文档 $i(i=0\cdots n)$属于类别 $j(j=1\cdots r)$的概率
　　P_L：P^0 的前 m 行对应的 m 个标注实例 L

P_U：P^0 的后 $n-m$ 行对应的 $n-m$ 个未标注实例 U

$\overline{\boldsymbol{T}}$：$n\times n$ 矩阵，每一项 $\overline{t_{ij}}$ 表示从文档 i 到文档 j 的转移概率

① 设置迭代标记 $t=0$，根据标注样本设定 P_L 的值

② 初始化 P_U

(2) 循环迭代 N 次直到收敛

① 传播实例的标记信息到相邻的实例，根据 $\boldsymbol{P}^{t+1}=\overline{\boldsymbol{T}}\boldsymbol{P}^t$

② 还原标注实例的标注信息，用 P_L^0 代替 P_L^{t+1}

(3) 对于每个未标注实例，根据 $\mathrm{argmax}P_{ij}\,(j=0\cdots r)$ 得到它的正负标签并添加到 L 中，从 U 中删除

4.2.3.2 基于对抗训练的半监督文本分类方法

对抗训练(adversarial training)[25]可以将有监督学习扩展到半监督学习的场景。对抗学习最早用于图像领域，用于文本领域时需要对词向量施行一个扰动策略，比如在循环递归网络 RNN 中，需要对输入层的词向量进行处理，而不是直接用原始的词向量。该方法在情感分类和话题分类上也取得了很好的效果。

对抗样本(adversarial examples)是通过对输入层进行小的扰动生成的，用于显著增加机器学习模型中的**损失**(loss)。现有模型，比如卷积神经网络 CNN，很难将对抗样本正确分类，有时对抗扰动设置的很小，很难察觉。对抗训练就是训练一个模型，使得该模型能对原始样本和对抗样本同时正确分类，模型既能提升对对抗样本的鲁棒性，又能提升对原始样本的泛化能力。对抗学习需要用到标注数据，因为在最大化对抗扰动的设计中用到了有监督的损失函数。对抗扰动主要是对实值输入进行很小的改动。对于文本分类而言，则是对输入单词的词向量进行小改动。由于改动后的词向量不对应词表中的任何一个单词，对抗训练策略可以看成是对文本分类器进行正则化的一种手段。

1. 模型原理

定义一个包含 T 个单词的序列为 $\{w^{(t)}\mid t=1,2,3,\cdots,T\}$，输出为 y，词向量矩阵为 $\mathbf{V}\in\mathbf{R}^{(K+1)\times D}$，其中 K 为词表所包含的单词个数，每行 $\boldsymbol{v}_i$ 代表第 i 个单词的词向量，第$(K+1)$个词向量代表序列的结束符 EOS(End of Sequence)。文本分类模型采用的是长短期记忆 LSTM 模型，如图 4-10 所示。其中，图 4-11(a)的输入层用的是原始词向量，图 4-11(b)的输入层用的是扰动后的词向量。

扰动策略的细节将在后面进行详细介绍。为了避免使扰动变得无关紧要，用归一化的词向量 $\bar{\boldsymbol{v}}_k$ 代替 $\boldsymbol{v}_k$，具体如下：

$$\bar{\boldsymbol{v}}_k=\frac{\boldsymbol{v}_k-E(\boldsymbol{v})}{\sqrt{\mathrm{Var}(\boldsymbol{v})}},\quad E(\boldsymbol{v})=\sum_{j=1}^{k}f_j v_j,\quad \mathrm{Var}(\boldsymbol{v})=\sum_{j=1}^{k}f_j(v_j-E(\boldsymbol{v}))^2 \tag{4.49}$$

式中，f_i 表示第 i 个单词的频率，通过在所有的训练集上统计得到。

2. 对抗训练

对抗训练[26]是一种新的正则化方法，可以提升分类器对扰动输入的鲁棒性。定义 x 为输入，θ 为分类器的参数，对抗训练会将下列公式项加入原分类模型的损失函数中：

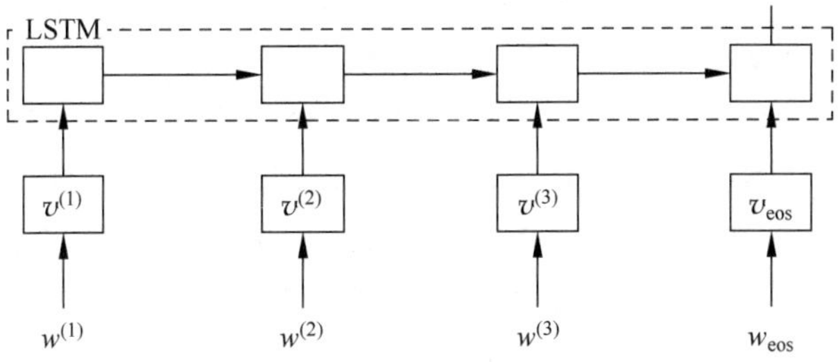

(a) 基于LSTM的文本分类模型

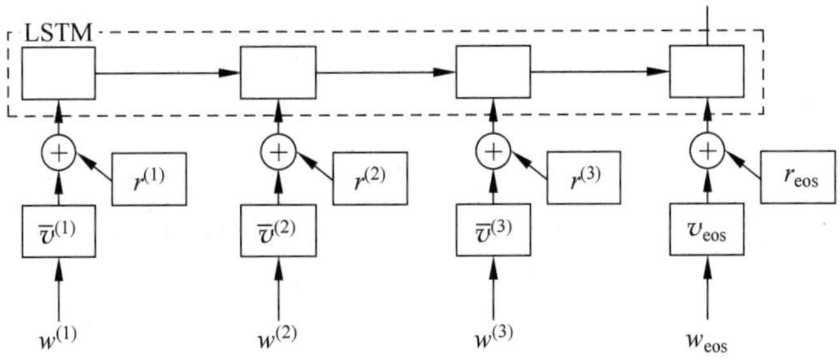

(b) 加入扰动词向量的模型

图 4-11　基于原始词向量和扰动词向量的文本分类模型

$$-\log p(y \mid x + r_{\text{adv}};\theta),\quad r_{\text{adv}} = \underset{r,\|r\|\leqslant\varepsilon}{\arg\min}\log p(y \mid x + r;\hat{\theta}) \tag{4.50}$$

其中，r 是对于输入的扰动，$\hat{\theta}$ 是常数集合，之所以用常数 $\hat{\theta}$ 而不用 θ 是因为在构造对抗样本的时候不需要用到反向传播来传播梯度。在训练过程中的每一步，根据式(4.50)识别出对于当前模型 $p(y|x;\hat{\theta})$ 最差情况下的扰动 r_{adv}，然后通过最小化模型的损失函数调整 θ，使得模型对扰动鲁棒。然而对于 r，通常很难精确计算式(4.50)的最小值，Goodfellow 等人[26]提出了一种线性的近似求解方法，引入了线性近似和 L_2 范式约束后的公式形式如下：

$$r_{\text{adv}} = -\varepsilon g / \|g\|_2,\quad g = \nabla_x \log p(y \mid x;\hat{\theta}) \tag{4.51}$$

他们对于输入词向量施加的扰动策略如下：定义一个词向量序列的串联$[\bar{\boldsymbol{v}}^{(1)},\bar{\boldsymbol{v}}^{(2)},\cdots,\bar{\boldsymbol{v}}^{(T)}]$为 $\boldsymbol{s}$，给定 $\boldsymbol{s}$ 情况下 y 的条件概率为 $p(y|\boldsymbol{s};\theta)$，则 $\boldsymbol{s}$ 上的对抗扰动定义为：

$$r_{\text{adv}} = -\varepsilon g / \|g\|_2,\quad g = \nabla_s \log p(y \mid s;\hat{\theta}) \tag{4.52}$$

为了对公式(4.52)的对抗扰动鲁棒，定义对抗损失函数为：

$$L_{\text{adv}}(\theta) = -\frac{1}{N}\sum_{n=1}^{N}\log p(y_n \mid \boldsymbol{s}_n + r_{\text{adv},n};\theta) \tag{4.53}$$

其中，N 为标注样本的数目。

4.3　短文本情感分类

短文本是指篇幅较短的文本形式，如微博、Twitter 和手机短信等。在深度学习流行之前，短文本的情感分类方法大致分为三类：基于内部特征的方法、基于外部知识的方法和基于社交关系的方法。

和传统具有篇章结构的长文本相比，由于短文本篇幅短、特征稀疏，因此需要通过其他特征来增加文本之间的潜在联系。比如，Wang 等人[27]利用包含 hashtag 的 Twitter 的情感倾向和 hashtag 的共现关系来判断 hashtag 的情感倾向性。Hu 等人[15]认为同一条微博中，表情符号所表达情感和文本内容所表达情感趋于一致，因此提出一种基于表情符号的方法。

另外，通过丰富的外部知识体系（如 Wikipedia、百度百科等资源），来扩展短文本中孤立词汇的语义特征，是提高短文本内容分析的另一途径。Phan 等人[28]将 Wikipedia 作为外部知识库，通过 LDA 模型获取短文本中的主题向量。将短文本的词汇和主题向量一起用于分类过程。

由于微博类短文本中往往存在关注、回复、点赞、转发等多种交互方式，因此可以利用这些社交关系来改进短文本上的情感分析。Churchill 等人[29]将微博用户的社会关系进行聚类，将聚类结果作为特征用以提高分类效果。Hu 等人[30]认为互为朋友的人对同一微博倾向于共享同样的观点，并据此提出一种基于朋友关系的情感分析方法。

近几年，深度学习变得流行，各种神经网络模型在短文本建模上显示出了卓越的性能。词向量可以克服传统高维表达的数据稀疏问题，卷积神经网络也从图像处理迁移到了文本处理，循环神经网络的序列化特性天然适合对语音和文本语言进行建模。

4.3.1 树形结构的长短期记忆网络模型

在介绍**树形长短期记忆网络**（tree-structured long short-term memory networks）之前，首先介绍标准的长短期记忆网络。

1. 标准长短期记忆网络

长短期记忆网络是循环神经网络 RNN 的一种，Christopher 对长短期记忆网络给出了详细的介绍①。人类并不是每次都从一片空白的大脑开始思考的，在阅读一篇文章时候，都是基于自己已经拥有的对先前所见词的理解来推断当前词的真实含义。人们不会将所有的东西都全部丢弃，然后用空白的大脑进行思考。传统的神经网络应该很难来处理这个问题，但 RNN 解决了这个问题。RNN 是包含循环的网络，允许信息的持久化。链式的特征揭示了 RNN 本质上是与序列相关的，在过去几年中，RNN 在语音识别、语言建模、机器翻译、图片描述等应用领域已经取得了成功。

RNN 可以被看作是同一神经网络的多次复制，每个神经网络模块会把消息传递给下一个。所以，将这个循环展开，形式如图 4-12 所示。

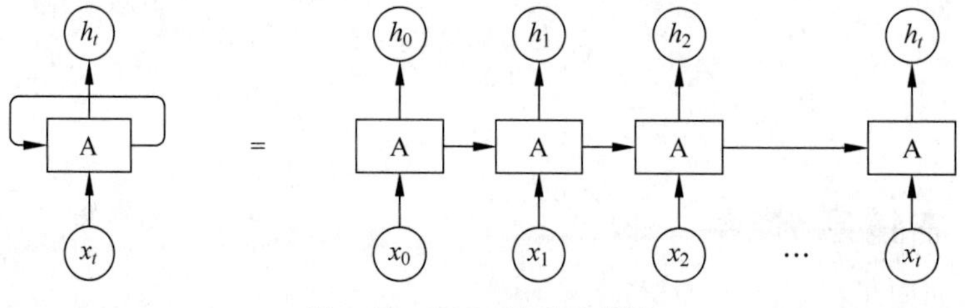

图 4-12 RNN 模型示意图

① https://colah.github.io/posts/2015-08-Understanding-LSTMs/

长短期记忆网络是一种特别的 RNN,可以学习长期依赖信息,比标准的 RNN 在很多任务上都表现得更好。几乎所有令人振奋的 RNN 结果都是通过长短期记忆网络达到的。长短期记忆网络最早由 Hochreiter 和 Schmidhuber[31] 提出,通过刻意的设计来避免长期依赖问题。记住长期的信息在实践中是 LSTM 的默认行为,而非需要付出很大代价才能获得的能力。

所有 RNN 都具有一种重复神经网络模块的链式形式。在标准的 RNN 中,这个重复的模块只有一个非常简单的结构,例如一个 Tanh 层(如图 4-13 所示)。

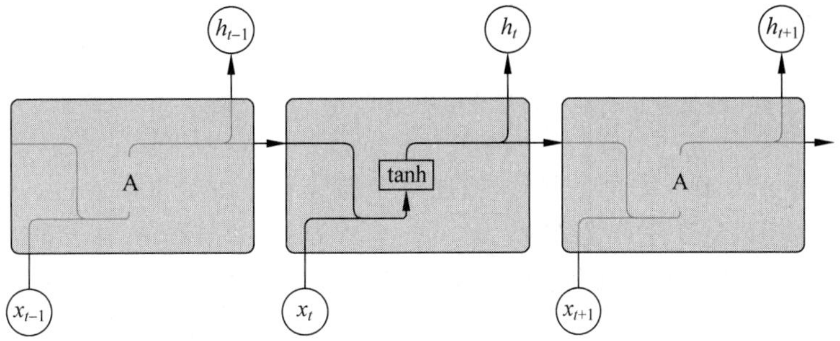

图 4-13　标准 RNN 重复模块中的单一层

长短期记忆网络同样是这样的结构,但是重复的模块拥有一个不同的结构。不同于 RNN 重复模块中的单一神经网络层,长短期记忆网络有四个,以一种非常特殊的方式进行交互,如图 4-14 所示。

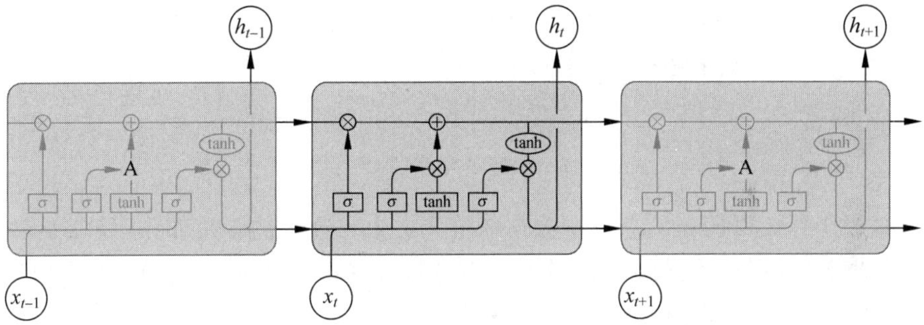

图 4-14　LSTM 重复模块中包含四个交互层

首先,熟悉一下图中使用的各种元素的图标,如图 4-15 所示。

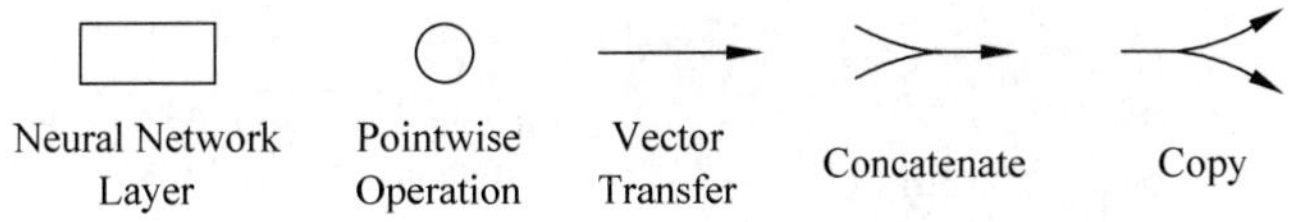

图 4-15　LSTM 中的图标

在图 4-15 的图例中,矩阵表示学习到的神经网络层,圆圈表示**逐点操作**(pointwise operation),诸如向量的和;线条表示向量的传输,从一个结点的输出到其他结点的输入;汇合在一起的线表示向量的连接;分开的线表示向量内容被复制,然后分发到不同的位置。

长短期记忆网络中,有一条水平线在图上方贯穿运行,类似于传送带(如图 4-16 所示),

这条水平线上只存在少量的线性交互，所以传递在上面的信息很容易保持不变。

长短期记忆网络有通过精心设计的称作“门”的结构来控制信息的通过方式。它们包含一个 Sigmoid 神经网络层和一个逐点(pointwise)乘法操作(如图 4-17 所示)。

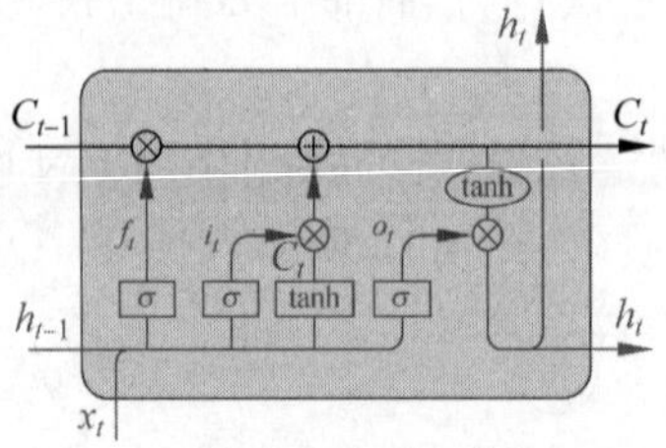

图 4-16 水平线贯穿运行保持信息流传不变

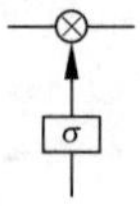

图 4-17 长短期记忆网络中的门

Sigmoid 层输出 0 到 1 之间的数值，描述每个部分有多少量可以通过。0 表示“不许任何量通过”，1 则表示“允许任意量通过”。

长短期记忆网络有三个门来保护和控制细胞状态，分别是忘记门、输入门和输出门。第一步是决定从细胞状态中丢弃什么信息，这个决定通过一个“忘记门”层完成(如图 4-18 所示)。该门会读取 $\boldsymbol{h}_{t-1}$ 和 $\boldsymbol{x}_t$，输出一个在 0 到 1 之间的数值给每个在细胞状态 $\boldsymbol{C}_{t-1}$ 中的数字。

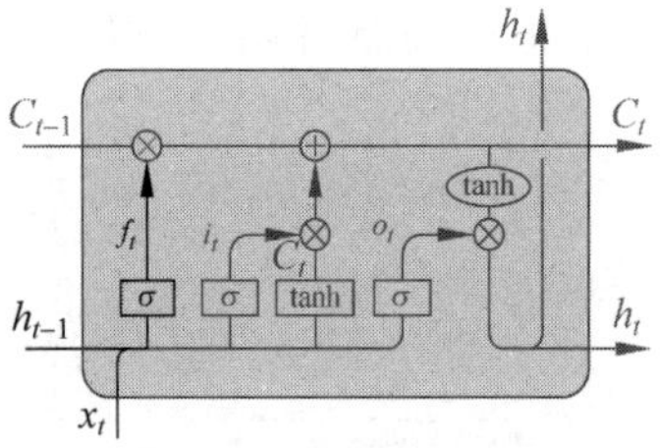

$$\boldsymbol{f}_t=\sigma(\boldsymbol{W}_f\cdot[\boldsymbol{h}_{t-1},\boldsymbol{x}_t]+\boldsymbol{b}_f)$$

图 4-18 决定丢弃信息的忘记门

下一步确定什么样的新信息被存放在细胞状态中。这里包含两部分(如图 4-19 所示)：首先，一个 Sigmoid 层称为“输入门”层决定要更新哪些值。然后，一个 tanh 层创建一个新的候选值向量 $\widetilde{\boldsymbol{C}}_t$，可能会被加入到细胞状态中。接下来，结合这两部分信息对细胞状态进行更新。

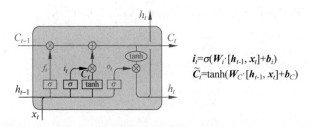

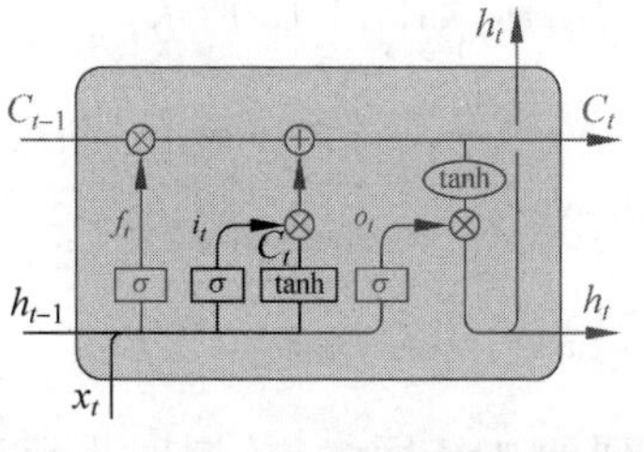

$$\boldsymbol{i}_t=\sigma(\boldsymbol{W}_i\cdot[\boldsymbol{h}_{t-1},\boldsymbol{x}_t]+\boldsymbol{b}_i)$$
$$\widetilde{\boldsymbol{C}}_t=\tanh(\boldsymbol{W}_C\cdot[\boldsymbol{h}_{t-1},\boldsymbol{x}_t]+\boldsymbol{b}_C)$$

图 4-19 确定更新信息的输入门

根据前面的步骤，就可以将旧状态 $\boldsymbol{C}_{t-1}$ 更新成新状态 $\boldsymbol{C}_t$ 了。进一步把旧状态与 $\boldsymbol{f}_t$ 相乘，丢弃掉之前忘记门决定丢弃的信息，接着加上 $\boldsymbol{i}_t * \widetilde{\boldsymbol{C}}_t$，就是新的候选值(如图 4-20 所示)。然后根据输入门决定的每个状态的更新程度进行变化。

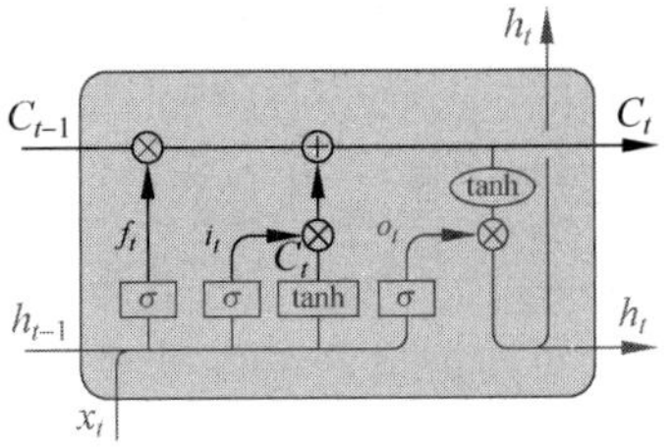

$$C_t=f_t*C_{t-1}+i_t*\tilde{C}_t$$

图 4-20　更新细胞状态

最终，将会基于当前的细胞状态，确定输出什么值。首先，运行一个 Sigmoid 层来确定细胞状态的哪个部分将输出出去；其次，把细胞状态通过 Tanh 进行处理（得到一个在－1～1 之间的值），并将它和 Sigmoid 门的输出相乘，最终输出由输出门确定输出的部分（如图 4-21 所示）。

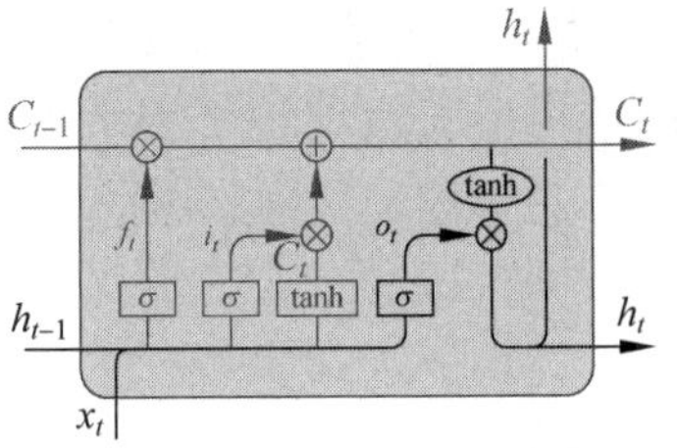

$$o_t=\sigma(W_o[h_{t-1}, x_t]+b_o)$$
$$h_t=o_t*\tanh(C_t)$$

图 4-21　由输出门确定输出信息

2. 树形结构的长短期记忆网络

由于自然语言存在句法特征，即词语或者短语之间可能存在层次结构关系，所以为了进一步提升长短期记忆网络的语义表达能力，Tai 等人[32]提出了一种树形结构的长短期记忆网络模型，并且进一步验证了在句子表达方面，相比链式结构的长短期记忆网络，树形结构的长短期记忆网络到底能取得多大程度的性能提升。链式结构的长短期记忆网络模型和树形结构的长短期记忆网络模型如图 4-22 所示。

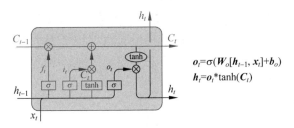

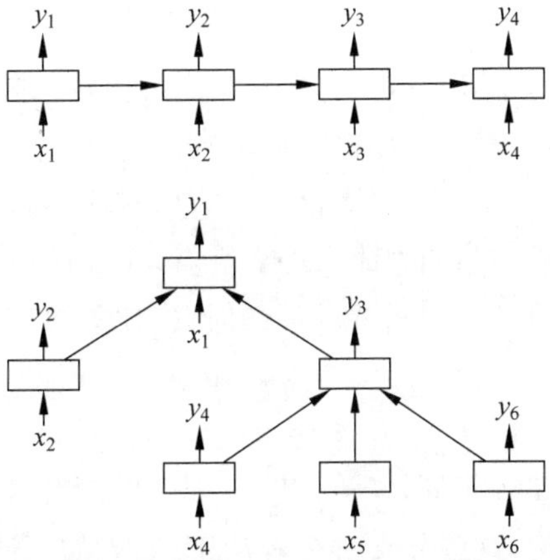

图 4-22　链式结构 LSTM 和树形结构 LSTM

对于标准的链式长短期记忆网络，一个结点的**隐藏状态**(hidden state)值是由当前结点的输入值和前一个结点的隐藏状态值得到的。然而，对于树形结构的长短期记忆网络，一个结点的隐藏状态值是由当前结点的输入值和任意个孩子结点的隐藏状态值得到的。例如图 4-22 中的树形长短期记忆网络，$\boldsymbol{y}_1$ 的值是由当前结点的输入 $\boldsymbol{x}_1$ 和两个孩子结点的隐藏状态值 $\boldsymbol{y}_2$ 和 $\boldsymbol{y}_3$ 计算得到的。标准链式长短期记忆网络可以看成一种特殊的树形结构长短期记忆网络，每个内部结点只有一个孩子结点。

这里进一步介绍两种树形结构的长短期记忆网络，分别是 Child-Sum Tree-LSTM 和 N-ary Tree-LSTM。这两种长短期记忆网络的变体都支持复杂的网络拓扑结构，每个内部结点都可以有多个孩子结点。和标准的长短期记忆网络一样，树形的长短期记忆网络的每一个结点 j 都有一个输入门 $\boldsymbol{i}_j$、一个输出门 $\boldsymbol{o}_j$、一个记忆细胞状态 $\boldsymbol{c}_j$ 和一个隐含状态 $\boldsymbol{h}_j$。标准长短期记忆网络和树形长短期记忆网络的不同之处在于：树形长短期记忆网络中，门向量和细胞状态的更新依赖于该结点所包含的所有孩子结点的状态值。此外，标准长短期记忆网络中一个结点只有一个忘记门，而在树形长短期记忆网络中，一个结点有 k 个孩子结点就有 f_{jk} 个忘记门。这种设计使得树形长短期记忆网络中的每个内部结点可以有选择性地从孩子结点中引入信息。

1) Child-Sum Tree-LSTMs

定义一个结点 j 的所有孩子结点的集合为 $C(j)$，Child-Sum Tree-LSTM 模型中每个结点对应的变量的计算公式如下：

$$\begin{cases}\tilde{\boldsymbol{h}}_j = \sum\limits_{k \in C(j)} \boldsymbol{h}_k \\ \boldsymbol{i}_j = \sigma(\boldsymbol{W}^{(i)} \boldsymbol{x}_j + \boldsymbol{U}^{(i)} \tilde{\boldsymbol{h}}_j + \boldsymbol{b}^{(i)}) \\ \boldsymbol{f}_{jk} = \sigma(\boldsymbol{W}^{(f)} \boldsymbol{x}_j + \boldsymbol{U}^{(f)} \boldsymbol{h}_k + \boldsymbol{b}^{(f)}) \\ \boldsymbol{o}_j = \sigma(\boldsymbol{W}^{(o)} \boldsymbol{x}_j + \boldsymbol{U}^{(o)} \tilde{\boldsymbol{h}}_j + \boldsymbol{b}^{(o)}) \\ \boldsymbol{u}_j = \tanh(\boldsymbol{W}^{(u)} \boldsymbol{x}_j + \boldsymbol{U}^{u} \tilde{\boldsymbol{h}}_j + \boldsymbol{b}^{(u)}) \\ \boldsymbol{c}_j = \boldsymbol{i}_j \odot \boldsymbol{u}_j + \sum\limits_{k \in C(j)} \boldsymbol{f}_{jk} \odot \boldsymbol{c}_k \end{cases} \tag{4.54}$$

因为 Child-Sum Tree-LSTM 模型中每个头结点的值都依赖于所包含的孩子结点的值，所以非常适用于高分支或孩子结点无序的树形结构，比如依存句法树。在依存句法树中，头结点对应的孩子结点数目是可变的。对于依存句法树对应的长短期记忆网络，模型会自动学习到输入值的参数矩阵 $\boldsymbol{W}^{(i)}$，当遇到能表达重要语义的词的时候，比如动词，输入门 $\boldsymbol{i}_j$ 的值会接近于 1(打开)；当遇到相对不重要的词的时候，比如冠词，输入门 $\boldsymbol{i}_j$ 的值会接近于 0(关闭)。

2) N-ary Tree-LSTMs

和 Child-Sum Tree-LSTM 不同，N-ary Tree-LSTM 适用于孩子结点有序并且最大分支数不能超过 N 的树形结构，这些分支对应着从 1 到 N 的不同索引。对于任意一个结点 j，第 k 个孩子结点所对应的隐藏状态和记忆细胞状态分别记为 $\boldsymbol{h}_{jk}$ 和 $\boldsymbol{c}_{jk}$。N-ary Tree-LSTM 模型中每个结点对应的变量的计算公式如下：

$$\begin{cases} \boldsymbol{i}_j = \sigma\left(\boldsymbol{W}^{(i)}\boldsymbol{x}_j + \sum_{\ell=1}^{N}\boldsymbol{U}_{\ell}^{(i)}\boldsymbol{h}_{j\ell} + \boldsymbol{b}^{(i)}\right) \\ \boldsymbol{f}_{jk} = \sigma\left(\boldsymbol{W}^{(f)}\boldsymbol{x}_j + \sum_{\ell=1}^{N}\boldsymbol{U}_{k\ell}^{(f)}\boldsymbol{h}_{j\ell} + \boldsymbol{b}^{(f)}\right) \\ \boldsymbol{o}_j = \sigma\left(\boldsymbol{W}^{(o)}\boldsymbol{x}_j + \sum_{\ell=1}^{N}\boldsymbol{U}_{\ell}^{(o)}\boldsymbol{h}_{j\ell} + \boldsymbol{b}^{(o)}\right) \\ \boldsymbol{u}_j = \tanh\left(\boldsymbol{W}^{(u)}\boldsymbol{x}_j + \sum_{\ell=1}^{N}\boldsymbol{U}_{\ell}^{(u)}\boldsymbol{h}_{j\ell} + \boldsymbol{b}^{(u)}\right) \\ \boldsymbol{c}_j = \boldsymbol{i}_j \odot \boldsymbol{u}_j + \sum_{\ell=1}^{N}\boldsymbol{f}_{j\ell} \odot \boldsymbol{c}_{j\ell} \\ \boldsymbol{h}_j = \boldsymbol{o}_j \odot \tanh(\boldsymbol{c}_j) \end{cases} \tag{4.55}$$

为结点 j 的第 k 个孩子结点的忘记门 $\boldsymbol{f}_{jk}$ 定义一个非对角参数矩阵 $\boldsymbol{U}_{k\ell}^{(f)}$，$k \neq \ell$，这个参数矩阵使得孩子结点向父结点的信息传导变得灵活可控。例如，在一棵二叉树中，左孩子结点的隐藏状态可以对右孩子结点的忘记门起到兴奋或抑制的作用。在一棵二叉的 constituency tree 中，左孩子结点对应名词，右孩子结点对应动词，假设强调动词对提升整体表达是有益的，$\boldsymbol{U}_{k\ell}^{(f)}$ 通过训练后，可以得到 $\boldsymbol{f}_{j1}$ 的值趋近于 0，$\boldsymbol{f}_{j2}$ 的值趋近于 1。

3. 基于树形结构长短期记忆网络的情感分类模型

当把树形结构长短期记忆网络应用于短文本情感分类时，首先要把待分类句子解析成一棵句法树。对于一棵句法树，某一个结点的标签和该结点所覆盖的短语的属性有关。对于一个结点 j，给定输入集合 $\{x\}_j$，也就是以 j 为根结点的子树所包含的所有结点，把 j 结点的隐含状态 $\boldsymbol{h}_j$ 看作输入，然后按照有监督学习的训练方式学习模型参数，通常使用 Softmax 分类器预测 j 结点的情感类别标签 $\hat{y}_j$，计算公式如下：

$$\begin{cases} \hat{p}_\theta(y \mid \{x\}_j) = \mathrm{softmax}(\boldsymbol{W}^{(s)}\boldsymbol{h}_j + \boldsymbol{b}^{(s)}) \\ \hat{p}_j = \underset{y}{\mathrm{argmax}}\,\hat{p}_\theta(y \mid \{x\}_j) \end{cases} \tag{4.56}$$

训练过程的损失函数是对每个结点的真实类别标签 $y^{(k)}$ 的对数似然取负数：

$$J(\theta) = \frac{1}{m}\sum_{k=1}^{m}\mathrm{KL}(p^{(k)} \parallel \hat{p}_\theta^{(k)}) + \frac{\lambda}{2}\parallel \theta \parallel_2^2 \tag{4.57}$$

其中，m 是训练集合中的有标签的结点个数，λ 是 L2 正则化项的超参。

4.3.2　基于多任务学习的个性化情感分类

大部分针对短文本的情感分类模型都将所有的短文本等同视之，没有考虑发布用户的个性化和差异性。比如，不同的微博用户有着不同的性格，不同的观点倾向，以及不同的语言表达习惯。甚至同一个词对不同用户可能呈现出不同的情感。比如，有一条微博内容是“苹果手机降价了！”，如果发布该微博的用户是个想买苹果手机的用户，则该微博可能表达了正面的情感；如果发布该微博的用户是个手持大量苹果公司股票的投资人，则该微博可能表达着负面的情感。

一种简单直观的做法是为每个用户训练一个情感分类器，但是由于一个用户发布的内容通常是有限的，很难训练得到高精度的情感分类器。为了解决该问题，Wu 和 Huang 提出了一种基于多任务学习的个性化微博情感分类方法[33]。在该方法中，每一个用户都对应着一个个性化的情感分类器，这个分类器既考虑了全局信息（所有用户共享的通用情感知识），又考虑了特定用户的信息。虽然不同的用户之间会有一些个性化的差异表达，但也共享着很多通用的共性表达。此外，好友之间对同一目标更有可能有着相似的情感倾向，在社会科学中，这种现象被称为**类似性**(homophyly)。所以，引入社交关系信息将有助于个性化的情感分类器学习。

1. 基础模型

假如一共有 U 个用户，记$\{\boldsymbol{x}_j^i, y_j^i \mid j=1,2,\cdots,N_i\}$为用户 i 发布的所有微博以及对应的情感标签，N_i 为微博的数目，D 为特征的数目，$\boldsymbol{x}_j^i \in \mathbb{R}^{D\times 1}$ 代表从用户 i 发布的第 j 条微博中提取的特征向量。由于是情感二分类，所以 $y_j^i \in \{+1,-1\}$。记 $\boldsymbol{w} \in \mathbb{R}^{D\times 1}$ 为全局情感分类模型，$\boldsymbol{w}_i \in \mathbb{R}^{D\times 1}, i=1,2,3,\cdots,U$ 为每个用户特有的情感分类模型，$f(\cdot)$为分类器的损失函数。$\mathcal{F}$表示用户之间社交关系的集合，当且仅当用户 i 和 j 有关系的时候，$(i,j)\in\mathcal{F}$。

所谓多任务学习，就是在给定不同用户发布的带标签的微博以及用户社交关系的情况下，同时学习全局情感分类器和每个用户单独的情感分类器。整个模型的目标函数如下：

$$\underset{\boldsymbol{w},\boldsymbol{w}_i}{\operatorname{argmin}} \sum_{i=1}^{U}\sum_{j=1}^{N_i} f(x_j^i, y_j^i, \boldsymbol{w}+\boldsymbol{w}_i) + \lambda_1 \|\boldsymbol{w}\|_1 + \lambda_2 \sum_{i=1}^{U} \|\boldsymbol{w}_i\|_1 + \alpha \sum_{(i,j)\in F} \|\boldsymbol{w}_i - \boldsymbol{w}_j\|_2^2 \tag{4.58}$$

式中，λ_1，λ_1 和 α 为非负的正则化系数。由于全局情感分类器比每个用户单独的情感分类器具有更好的泛化能力，所以可以用于对未知用户发布的微博进行情感分类。此外，因为好友之间倾向于持有相似的观点，所以 $\sum_{(i,j)\in\mathcal{F}} \|\boldsymbol{w}_i - \boldsymbol{w}_j\|_2^2$ 意味着如果两个用户之间有好友关系，那么这两个用户所对应的情感模型应该尽可能地相似。

2. 优化模型

由于微博和 Twitter 都有数亿用户，所以为每个用户训练一个单独的情感分类器的工作量是巨大的。受限于有限的计算能力和存储能力，该任务不可能在单台计算机上完成。因此，Wu 和 Huang 提出了一种基于 ADMM(Alternating Direction Method of Multipliers)[34]的分布式算法。

假设把用户以及用户所发布的微博分成 M 组，U_m 代表第 m 组的用户集合，每组的数据都在一个独立的结点上进行处理。在每组中，保留一份 $\boldsymbol{w}$ 的副本，记为 $\boldsymbol{v}_m$。对于每条边 $(i,j)\in\mathcal{F}$，也保留一份 $\boldsymbol{w}_i$ 的副本，记为 $\boldsymbol{v}_{i,j}$。那么，式(4.58)就可以等价成如下形式：

$$\begin{aligned}
&\operatorname{minimize} \sum_{m=1}^{M}\sum_{i\in U_m}\sum_{j=1}^{N_i} f(x_j^i, y_j^i, \boldsymbol{v}_m+\boldsymbol{w}_i) + \lambda_1 \|\boldsymbol{w}\|_1 + \\
&\lambda_2 \sum_{i=1}^{U} \|\boldsymbol{w}_i\|_1 + \alpha \sum_{(i,j)\in\mathcal{F}} \|\boldsymbol{v}_{i,j} - \boldsymbol{v}_{j,i}\|_2^2 \qquad (4.59)\\
&s.t. \quad \boldsymbol{w} = \boldsymbol{v}_m, \quad m=1,2,3,\cdots,M \\
&\qquad\quad \boldsymbol{w}_i = \boldsymbol{v}_{i,j}, \quad i=1,2,3,\cdots,N, (i,j)\in\mathcal{F}
\end{aligned}$$

为了使用 ADMM，上式中的优化问题可以进一步转化成增广拉格朗日形式：

$$\begin{aligned}\mathcal{L}(\omega,\upsilon,\mu)=&\sum_{m=1}^{M}\sum_{i\in U_m}\sum_{j=1}^{N_i}f(\boldsymbol{x}_j^i,y_j^i,\boldsymbol{v}_m+\boldsymbol{w}_i)+\lambda_1\|\boldsymbol{w}\|_1+\\&\lambda_2\sum_{i=1}^{U}\|\boldsymbol{w}_i\|_1+\alpha\sum_{(i,j)\in\mathcal{F}}||\boldsymbol{v}_{i,j}-\boldsymbol{v}_{j,i}\|_2^2+\\&\frac{\rho}{2}\sum_{m=1}^{M}(\|\boldsymbol{w}-\boldsymbol{v}_m+\boldsymbol{u}_m\|_2^2-\|\boldsymbol{u}_m\|_2^2)+\\&\frac{\rho}{2}\sum_{(i,j)\in\mathcal{F}}(\|\boldsymbol{w}_i-\boldsymbol{v}_{i,j}+\boldsymbol{u}_{i,j}\|_2^2-\|\boldsymbol{u}_{i,j}\|_2^2)\end{aligned}\tag{4.60}$$

式中，$\boldsymbol{u}_m\in\mathbb{R}^{D\times 1}$ 和 $\boldsymbol{u}_{i,j}\in\mathbb{R}^{D\times 1}$ 为缩放双变量，ρ 为正的惩罚系数，$\omega=\{\boldsymbol{w},\boldsymbol{w}_i,i\in[1,N]\}$，$\upsilon=\{\boldsymbol{v}_m,\boldsymbol{v}_{i,j},m\in[1,M],(i,j)\in\mathcal{F}\}$，$\mu=\{\boldsymbol{u}_m,\boldsymbol{u}_{i,j},m\in[1,M],(i,j)\in\mathcal{F}\}$。ADMM 与传统相乘法有所不同，所有的变量不再是同时更新，而是在每一轮迭代中顺序更新，方式如下：

$$\begin{cases}\omega^{k+1}=\underset{\omega}{\operatorname{argmin}}\,\mathcal{L}(\omega,\upsilon^k,\mu^k)\\\upsilon^{k+1}=\underset{\upsilon}{\operatorname{argmin}}\,\mathcal{L}(\omega^{k+1},\upsilon,\mu^k)\\\mu^{k+1}=\underset{\mu}{\operatorname{argmin}}\,\mathcal{L}(\omega^{k+1},\upsilon^{k+1},\mu)\end{cases}\tag{4.61}$$

关于该项工作的更多细节和算法复杂度分析，参见文献[33]。

4.4 属性级情感分类

在客户评论中，顾客通常针对某一属性发表观点和看法，而不是对评价实体的整体进行评论。在人们试图做出购买决定的时候，除了关注商品或服务的整体情况，也会格外关注某几个自己感兴趣的属性，所以属性级的细粒度情感分析非常重要。

4.4.1 属性情感联合话题模型 JAS

属性级的细粒度情感分析需要解决两个问题，一个是属性词（评价对象）获取，另一个是属性依赖的情感词获取。显式的属性词抽取相对容易，隐式的属性词抽取则有一定难度。此外，同一个情感词在修饰不同的属性词时可能表达着不同的情感色彩，比如在手机评论中，“长”形容待机时间时是褒义的，形容系统响应时间时则是贬义的。为了解决上述问题，作者基于 LDA 模型提出一个**属性-情感联合**（Joint Aspect-Sentiment，JAS）抽取模型，既能自动抽取显式和隐式属性词，又能根据所修饰的属性词来判定情感词的情感极性。

JAS 模型对 LDA 模型做了如下扩展，使其能同时抽取属性知识及相应情感知识。

首先，约束同一个句子的所有词都由同一个话题生成，以使所抽取的话题能够对应于实体的属性。这里假设一个句子通常只涉及一个属性。通过这样，能够利用评论文本中局部而不是整个文档的词共现信息挖掘实体属性信息。

其次，引入情感相关变量，同时整合观点词典知识跟（部分观点词的）先验情感极性知识。具体而言，JAS 整合观点词典知识来显式地区分观点词与客观词，进而识别属性相关的观点词。更重要的是，JAS 能够融合先验情感极性知识与评论文本以学习观点词的依赖于属性的情感极性。JAS以评论文本属性词和观点词的共现为桥梁对先验情感极性知识进行扩散，从而调整跟扩展先验情感极性知识，得到属性感知的情感极性知识。

值得注意的是，JAS模型并不需要任何领域相关的人工标注数据，也不需要深层次的自然语言处理工具。这使得JAS模型具有较好的领域适应能力跟语言独立性。

1. 生成过程

假设有 D 篇给定领域的评论文本，如酒店评论。把每篇评论看作一个句子序列，每个句子看作一个词序列，而每个词是词典中的一项 item，这里词典中包含 V 个词，分别记为 $w=1,2,\cdots,V$。评论 d 中的句子 s 跟一个变量 $z_{d,s}$ 相关联，表示该句子所描绘的属性。该句子中的所有词将共享这个变量。同时，该句子中的第 n 个词 $w_{d,s,n}$ 与两个指示变量关联：**主客观标签**(subjectivity label)$\zeta_{d,s,n}$ 与**情感标签**(sentiment label)$l_{d,s,n}$。$\zeta_{d,s,n}$ 表示 $w_{d,s,n}$ 是传达一定情感倾向（褒或贬）的观点词($\zeta_{d,s,n}=$opn)还是不传达任何情感的客观词($\zeta_{d,s,n}=$fact)；$l_{d,s,n}$ 表示该词传达的是褒义情感($l_{d,s,n}=$pos)还是贬义情感($l_{d,s,n}=$neg)。下面，给出评论 d 的生成过程的直观描述。

对于点评中的每个句子 s，按一个条件于点评 d 的 T 个属性上的概率分布选择具体属性 $z_{d,s}$ 值。然后，按以下步骤产生该句子中的每个词 $w_{d,s,n}$：

(1) 按一个主客观标签{**opn,fact**}上的概率分布 $\nu^{d,s,n}$ 选择主客观标签 $\zeta_{d,s,n}$ 的赋值，用以区分该词是传递情感倾向的观点词还是陈述客观信息的客观词；

(2) 按一个以所选主客观标签值(opn 或 fact，依 $\zeta_{d,s,n}$ 而定)和句子 s 的情感标签{**pos,neg**}为条件的概率分布选择情感标签 $l_{d,s,n}$ 的赋值，用以区分该词是传达褒义情感还是贬义情感；

(3) 最后，如果 $\zeta_{d,s,n}=$fact，则词 $w_{d,s,n}$ 将从属性 $z_{d,s}$ 本身对应的词分布中产生；如果 $\zeta_{d,s,n}=$opn，则词 $w_{d,s,n}$ 将从特定于属性 $z_{d,s}$ 的情感(pos 或 neg，依 $l_{d,s,n}$ 而定)所对应的词分布中产生。

整个评论集的完整产生过程如下：

---

1. For each aspect z, draw a multinomial distribution over words: $\Phi^z \sim Dir(\beta)$
2. For each sentiment labelin {**pos, neg**} specific to the aspect z, draw a multinomial distribution over words, respectively: $\Phi^{z,\mathrm{pos}} \sim Dir(\beta^{\mathrm{pos}})$, $\Phi^{z,\mathrm{neg}} \sim Dir(\beta^{\mathrm{neg}})$.
3. For each review d in the corpus
   (a) Draw a multinomial distribution over aspects: $\theta^d \sim Dir(\alpha)$
   (b) For each sentence s in review d:
      (i) Choose an aspect $z_{d,s} \sim \theta^d$
      (ii) For each subjectivity label $\zeta \in$ {**opn, fact**}, draw a Bernoulli distribution over sentiment labels: $\pi^{d,s,\zeta} \sim Beta(\gamma)$
      (iii) For each word $w_{d,s,n}$ in the sentence s:
         (1) Choose a subjectivity label $\zeta_{d,s,n} \sim \nu^{d,s,n}$
         (2) If $\zeta_{d,s,n}=$ **opn**:
            (a) Choose a sentiment label $l_{d,s,n} \sim \pi^{d,s,\mathrm{opn}}$
            (b) Generate the word $w_{d,s,n} \sim \Phi^{z_{d,s}, l_{d,s,n}}$

---

(3) If $\zeta_{d,s,n}=$ **fact**:

(a) Choose a sentiment label $l_{d,s,n} \sim \pi^{d,s,\text{fact}}$

(b) Generate the word $w_{d,s,n} \sim \Phi^{z_{d,s}}$

图 4-23 给出了产生过程的概率图表示。这里 $\boldsymbol{J}=2$ 与 $\boldsymbol{S}=2$ 分别是主客观标签与情感标签集合的大小。$\boldsymbol{M}_d$ 是评论 d 的句子个数，$\boldsymbol{N}_{d,s}$ 评论 d 中句子 s 的词个数。

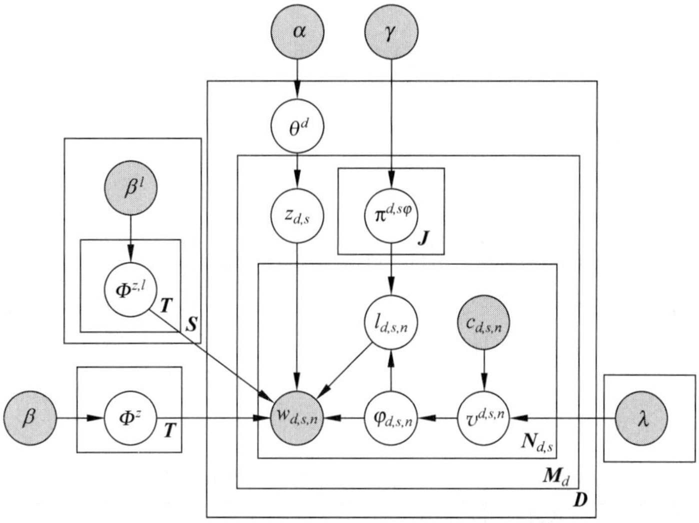

图 4-23　JAS 模型的产生过程的图形化表示

值得注意的是，当 $\zeta_{d,s,n}=$ **fact**，$w_{d,s,n}$ 不传达任何情感倾向，因而 $l_{d,s,n}$ 实际上没有实际意义。在这种情况下，$l_{d,s,n}$ 在产生词 $w_{d,s,n}$ 时将被忽略，因此仅仅是为了产生过程的完备性而产生 $l_{d,s,n}$ 值。此外，主客观标签分布 $\nu^{d,s,n}$ 是对 $w_{d,s,n}$ 进行合适的主客观标签赋值的关键，后面将具体讨论如何整合外部知识，如观点词典知识，来对 $\nu^{d,s,n}$ 进行设置。

至此，已经大致介绍了 JAS 模型的产生式过程。这里，仍然遗留一些问题，就是如何对评论文本中的词进行正确的主客观标签和情感标签赋值。话题模型主要利用词共现信息来抽取文本中的潜在话题，然而由于观点表达与客观陈述往往相互混杂，完全无监督的话题模型实际上无法进行正确的主客观标签赋值。同样，无监督的话题模型也无法自动识别褒义和贬义观点词。因此，必须在话题模型中引入相应的监督信息来达到这一目的。这里，JAS 模型分别整合了观点词典知识与先验情感极性知识来学习情感知识。

2. 通过设置 $\nu^{d,s,n}$ 引导主客观标签赋值

给每个词 $w_{d,s,n}$ 赋予合适的主客观标签值以显式地区分观点词与客观词是抽取属性相关观点词的关键。而主客观标签分布 $\nu^{d,s,n}$ 很大程度上决定了 $w_{d,s,n}$ 的主客观标签 $\zeta_{d,s,n}$ 的赋值。受到 Zhao 等人[35] 的启发，不同于传统模型从一个均匀 *Beta* 先验采样产生 $\nu^{d,s,n}$，JAS 模型可以将不同来源的外部知识（图 4-23 中以 λ 表示）应用到 $w_{d,s,n}$ 的上下文特征上（图 4-23 中以 $c_{d,s,n}$ 表示）来设置 $\nu^{d,s,n}$。

上述工作仅考虑词本身作为其上下文特征，没有考虑周围词信息等其他上下文特征。

下面同时考虑观点词典作为外部知识。观点词典知识体现在参数$\{\lambda^w \mid w \in \{1,2,\cdots,V\}\}$中，这里$\lambda^w$是词典中词$w$对应的主客观标签{**opn**,**fact**}分布，具体有$\lambda^w_{\text{opn}}+\lambda^w_{\text{fact}}=1$。当$w$为观点词典中的词时，$\lambda^w_{\text{opn}}$设一个接近1的值，后面实验中取值为0.95，如不是，则设为接近0的值，实验中设为0.05。具体而言，$\nu^{d,s,n}$可由下式计算：

$$P(\zeta_{d,s,n}=\zeta \mid w_{d,s,n})=\nu^{d,s,n}_{\zeta}=\frac{\lambda^{w_{d,s,n}}_{\zeta}}{\lambda^{w_{d,s,n}}_{\text{opn}}+\lambda^{w_{d,s,n}}_{\text{fact}}}\zeta \in \{\textbf{opn},\textbf{fact}\} \tag{4.62}$$

当$w_{d,s,n}$包含在观点词典中时，$\zeta_{d,s,n}$倾向于选择值**opn**，否则倾向于选择值**fact**。该方法虽然简单，但效果很好，后续的实验结果表明优于需要标注数据的MaxEnt-LDA模型[35]。该模型也可以非常灵活地整合更多来源的知识来设置$\nu^{d,s,n}$，从而更好地识别观点词。

3. 模型推断与情感知识学习

表4-9给出了模型推断中涉及的标记的解释，为了估计属性词(客观词)对应的词分布(Φ^t)，及属性词相关的褒贬情感词对应的词分布($\Phi^{t,\text{pos}}$及$\Phi^{t,\text{neg}}$)，首先使用collapsed gibbs sampling方法[36]来对z、ζ及l(即所有词的属性、主客观标签及情感标签赋值)进行估计。根据collapsed Gibbs sampling，变量的赋值(如$z_{d,s}$)按一个条件于所有其他变量赋值及观察数据的概率分布依序选择产生。

表4-9 collapsed Gibbs sampling中使用的记号的解释

$\boldsymbol{w}$	这个点评语料的总词序列
$\boldsymbol{z}(\boldsymbol{z}_{\neg(d,s)})$	句子序列上的属性赋值序列(除了点评d中的句子s)
$\boldsymbol{\zeta}(\boldsymbol{\zeta}_{\neg(d,s,n)})$	词序列上的主客观标签赋值序列(除了点评d中的句子s的第n个词)
$\boldsymbol{l}(\boldsymbol{l}_{\neg(d,s,n)})$	词序列上的情感观标签赋值序列(除了点评d中的句子s的第n个词)
$c^d(c^d_t)$	点评d的(赋值为属性t)句子总数
$n^{d,s,\text{fact}}(n^{d,s,\text{fact}}_w)$	点评d中的句子s中，任何词(或者词w)主客观标签赋值为**fact**的次数
$n^{d,s,\text{opn},l}(n^{d,s,\text{opn},l}_w)$	点评d中的句子s中，任何词(或者词w)主客观标签赋值为**opn**同时情感标签赋值为l的次数，$l\in\{\textbf{pos},\textbf{neg}\}$
$c^{t,\text{fact}}(c^{t,\text{fact}}_w)$	在语料中，任何词(或者词w)在属性t下(所在句子属性赋值为t)同时主客观标签赋值为**fact**的次数。
$c^{d,s,\text{opn}}_l$	点评d中的句子s中，任何词主客观标签赋值为**opn**同时情感标签赋值为l的次数。$l\in\{\textbf{pos},\textbf{neg}\}$
$c^{t,\text{opn},l}(c^{t,\text{opn},l}_w)$	在语料中，任何词(或者词w)在属性赋值为t情况下，主客观标签赋值为**opn**及情感标签赋值为l的次数，$l\in\{\textbf{pos},\textbf{neg}\}$

具体而言，$z_{d,s}$的赋值按以下条件概率分布选择：

$$P(z_{d,s}=t \mid z_{\neg(d,s)},\zeta,\boldsymbol{l},\boldsymbol{w}) \propto \frac{c^d_t}{\sum_{t'=1}^{T}(c^d_{t'}+\alpha_{t'})}\times$$

$$\left(\left(\frac{\Gamma\left(\sum_{w=1}^{V}(c^{t,\text{fact}}_w+\beta_w)\right)}{\Gamma\left(\sum_{w=1}^{V}(c^{t,\text{fact}}_w+\beta_w)+n^{d,s,\text{fact}}\right)}\right)\cdot\prod_{w=1}^{V}\left(\frac{\Gamma(c^{t,\text{fact}}_w+\beta_w+n^{d,s,\text{fact}}_w)}{\Gamma(c^{t,\text{fact}}_w+\beta_w)}\right)\times\right.$$

$$\prod_{l\in\{\text{posneg}\}}\left(\left(\frac{\Gamma\left(\sum_{w=1}^{V}(c_w^{t,\text{opn},l}+\beta_w^l)\right)}{\Gamma\left(\sum_{w=1}^{V}(c_w^{t,\text{opn},l}+\beta_w^l)+n^{d,s,\text{opn},l}\right)}\right)\cdot\prod_{w=1}^{V}\left(\frac{\Gamma(c_w^{t,\text{opn},l}+\beta_w^l+n_w^{d,s,\text{opn},l})}{\Gamma(c_w^{t,\text{opn},l}+\beta_w^l)}\right)\right) \tag{4.63}$$

其中 Γ 表示 Gamma 函数。接下来,按以下条件概率分布联合选择 $\zeta_{d,s,n}$ 及 $l_{d,s,n}$ 的赋值。

$$P(\zeta_{d,s,n}=\text{fact}\mid \boldsymbol{z},\boldsymbol{\zeta}_{\neg(d,s,n)},\boldsymbol{l}_{\neg(d,s,n)},\boldsymbol{w})$$
$$\propto\frac{\lambda_{\text{fact}}^{w_{d,s,n}}}{\sum_{\zeta\in\{\text{opn},\text{fact}\}}\lambda_{\zeta}^{w_{d,s,n}}}\times\frac{c_{w_{d,s,n}}^{t,\text{fact}}+\beta_{w_{d,s,n}}}{\sum_{w=1}^{V}(c_w^{t,\text{fact}}+\beta_w)} \tag{4.64}$$

$$P(\zeta_{d,s,n}=\text{opn},l_{d,s,n}=l\mid \boldsymbol{z},\boldsymbol{\zeta}_{\neg(d,s,n)},\boldsymbol{l}_{\neg(d,s,n)},\boldsymbol{w})$$
$$\propto\frac{\lambda_{\text{opn}}^{w_{d,s,n}}}{\sum_{\zeta\in\{\text{fact},\text{opn}\}}\lambda_{\zeta}^{w_{d,s,n}}}\times\frac{c_l^{d,s,\text{opn}}+\gamma_l}{\sum_{l'\in\{\text{pos},\text{neg}\}}(c_{l'}^{d,s,\text{opn}}+\gamma_{l'})}\times\frac{c_{w_{d,s,n}}^{t,\text{opn},l}+\beta_{w_{d,s,n}}^l}{\sum_{w=1}^{V}(c_w^{t,\text{opn},l}+\beta_w^l)} \tag{4.65}$$

算法 4-5 给出了 collapsed Gibbs sampling 的详细过程。经过 N 轮 collapse Gibbs sampling 过程,得到了 $\boldsymbol{z}$、$\boldsymbol{\zeta}$ 及 $\boldsymbol{l}$ 的后验估计,基于这些赋值,可以按如下公式对客观属性模型($\{\Phi^t\}_{t=1}^T$)及相应的褒贬情感模型($\Phi^{t,\text{pos}}\}_{t=1}^T$ 及 $\{\Phi^{t,\text{neg}}\}_{t=1}^T$)做近似估计:

$$\Phi_w^t=\frac{c_w^{t,\text{fact}}+\beta_w}{c^{t,\text{fact}}+\sum_{w'=1}^{V}\beta_{w'}}$$
$$\Phi_w^{t,l}=\frac{c_w^{t,\text{opn},l}+\beta_w^l}{c^{t,\text{opn},l}+\sum_{w'=1}^{V}\beta_{w'}^l}\quad l\in\{\textbf{neg},\textbf{pos}\} \tag{4.66}$$

算法 4-5　JAS 的 collapsed Gibbs sampling 算法

1. 初始化 $\boldsymbol{z}$、$\boldsymbol{\zeta}$ 及 $\boldsymbol{l}$ 赋值
2. For $n=1$ to N 迭代执行以下采样过程:
   - 对于每个句子 s(假设来自点评 d)
     (a) 将句子 s 从式(4.63)中所有以 c 标示的计数中排除
     (b) 按照式(4.63)计算句子 s 的属性赋值条件概率分布
     (c) 根据该概率分布,选择一个具体的属性赋值
     (d) 把句子 s 按新的属性赋值重新加入计数
     (e) 对于句子 s 中的每个词 $w_{d,s,n}$:
       i. 将词 $w_{d,s,n}$ 从式(4.64)、式(4.65)中所有以 c 标示的计数中排除
       ii. 按照式(4.64)、式(4.65)计算 $w_{d,s,n}$ 的主客观标签赋值及情感标签赋值的条件概率分布
       iii. 按式(4.64)、式(4.65)的条件概率分布联合选择 $\zeta_{d,s,n}$ 及 $l_{d,s,n}$ 的赋值
       iv. 将 $w_{d,s,n}$ 按新的主客观标签赋值及情感标签赋值重新加入计数

基于所学习的$\{\Phi^t\}_{t=1}^T$ 及相应的$\{\Phi^{t,\text{pos}}\}_{t=1}^T$ 及$\{\Phi^{t,\text{neg}}\}_{t=1}^T$,从评论语料中抽取得到属性词及属性词依赖的情感知识。具体而言,从$\{\Phi^t\}_{t=1}^T$ 得到属性信息,各个属性 t 表示为词空间上的概率分布($\{\Phi_w^t\}_{w\in V}$),其中高概率词为客观属性词,体现了属性相关的评价对象信息;同时,从 $\Phi^{t,\text{pos}}$ 及 $\Phi^{t,\text{neg}}$ 获得了属性对应的褒贬情感信息,其中高概率词为属性相关观

点词，其属性感知的情感极性判定规则为：若 $p(w|t,\text{pos}) > p(w|t,\text{neg})$，则词 w 对于属性 t 来说是褒义词，反之为贬义词。

4. 整合先验情感极性知识引导情感标签赋值

先验情感极性知识包括先验观点词(可以从观点词典选择一部分具有可靠先验极性的观点词作为先验观点词)及其先验情感极性。通过约束先验观点词的情感标签赋值与其先验极性尽量相符，JAS 模型整合先验情感极性知识对属性依赖的情感极性学习进行引导。这里有软、硬两类先验情感先验词。其中，硬先验词在任何上下文中均传达同一情感极性，比如“优秀”。因此，其相应的情感标签赋值将固定为相应的先验极性。而软先验词在大部分上下文中传达其先验极性，但也有例外，比如“大”。

JAS 模型通过设置非均匀的超参数 β^{pos} 及 β^{neg} 将先验情感极性知识引入到模型中。β^{pos} 与 β^{neg} 分别定义了 $\Phi^{t,\text{pos}}$ 与 $\Phi^{t,\text{neg}}$ 的 Dirichlet 先验，给出了在没有观察到数据前，对任何属性的褒、贬情感对应的词分布的假设。具体而言，对于一个褒义硬先验观点词 w，β_w^{neg} 设置为 0；对于一个贬义硬先验观点词 w，β_w^{pos} 设置为 0。同时，在 collapsed Gibbs sampling 的初始化步骤中，评论文本中所有硬先验观点词将直接赋予其先验情感极性。这样就在 JAS 模型中强加了一个硬约束，也就是所有硬先验观点词的情感标签将被固定赋值为其先验情感极性。对于一个褒义软先验观点词 w，β_w^{neg} 设置为相对 β_w^{pos} 较小的值；对于一个贬义软先验观点词 w，β_w^{pos} 设置为相对 β_w^{neg} 较小的值。这使得软先验观点词的情感标签赋值尽可能与先验极性一致，但这仅仅是一个软约束，实际的情感标签赋值将根据评论语料中跟其他观点词的共现信息进行调整。对于其他词，β_w^{pos} 与 β_w^{neg} 将被设置为同一值，表明模型对这些词的情感标签赋值没有任何先验假设。

4.4.2　基于问答模型的多属性情感分类

在属性级的情感分类模型中，除了上一节介绍的基于话题模型的方法，还有一种全新的视角，即把属性级情感分类看成一个基于阅读理解的问答模型[37]。问答模型的标注训练数据是<问题，答案>对，对应到属性级情感分类问题，可以将训练数据构造成<属性关键词，评分>对。

对每一个属性，首先构造一组关键词，比如在酒店评论中，对于“room”属性，相应的关键词有“room”“bed”“view”等。然后，可以构造一些假的属性相关问题，比如“How is the room?”“How is the bed?”“How is the view?”，并提供相应的答案，比如“Rating 5”。接下来，训练一个阅读理解模型，自动从评论中寻找跟属性相关的片段并对属性的评分进行判定。在阅读理解(问答)模型基础上，文献[37]还引入了一种层次化的迭代注意力模型，用于生成属性相关的表达。具体而言，针对属性相关问题，分别生成词语级和句子级两种不同的层级表达。在每一个层级的表达学习中，都包含一个输入端的编码器和一个迭代注意力模块。输入端的编码器通过双向长短期记忆网络以及非线性映射学习文档和问题的记忆表达(一组向量集合)，迭代的注意力模块把记忆表达作为输入，并通过**多跳**(multiple hop)机制选择相关的记忆表达，在文档和属性相关问题之间进行交互。

给定一篇评论，属性级情感分类的任务是判断评论中不同属性的情感得分，如图 4-24

所示，干净度、房间和价格有着不同的情感得分。假设已有带标注的评论集合可用于模型训练，每个属性都标注着相应的得分，记评论文档为 d，包含 T_d 个句子，记为 $\{s_1, s_2, \cdots, s_{Td}\}$。对于第 t 个句子 s_t，用一组词 $\{w_1, w_2, \cdots, w_{|s_t|}\}$ 来表示，并且分别用 $\boldsymbol{w}_i$，$\boldsymbol{w}_i^w$ 和 $\boldsymbol{w}_i^p$ 代表词 w_i 的独热向量、词向量和短语向量。对于 K 个属性 $\{q_1, q_2, \cdots, q_K\}$ 中的每一个属性 q_k，使用 N_K 个属性相关关键词表示属性，记为 $\{q_{k_1}, q_{k_2}, \cdots, q_{k_{N_k}}\}$，并且分别用 $\boldsymbol{q}_{k_i}$ 和 $\boldsymbol{q}_{k_i}^w$ 表示属性 q_{k_i} 的独热向量和词向量。

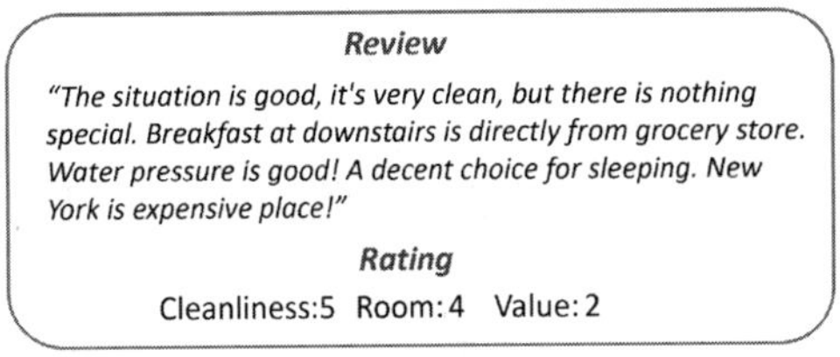
Review
"The situation is good, it's very clean, but there is nothing special. Breakfast at downstairs is directly from grocery store. Water pressure is good! A decent choice for sleeping. New York is expensive place!"
Rating
Cleanliness:5 Room:4 Value:2

图 4-24　属性级情感分类示例

属性相关关键词的选取有很多方法，比如话题模型，而这里采用简单的方法，首先为每个属性人工选择 5 个关键词作为种子词。比如，对于英文评论中的价格属性，种子词有"value, price, worth, cost, \$"，然后再通过计算和种子词的余弦相似度选取更多的属性关键词。

1. 模型框架

模型的整体框架受到多任务学习的启发，即把不同属性看成不同的任务，模型同时学习多个属性的情感倾向性，如图 4-25 所示。

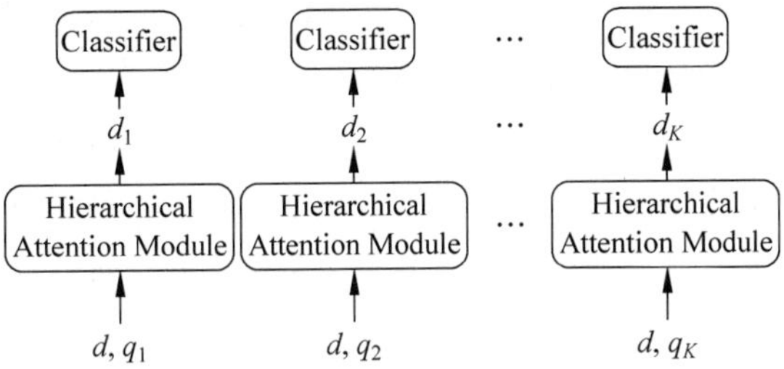

图 4-25　多任务学习框架

在多任务学习的框架中，所有的任务之间共享着同一组词语表达和分类器结构。与直接基于神经网络的多任务学习稍有不同的是，对于文档 d 和其中的一个属性 q_k，模型使用文档 d 的内容和所有属性相关关键词 $\{q_{k_1}, q_{k_2}, \cdots, q_{k_{N_k}}\}$ 作为输入，因为这些关键词可以覆盖大部分属性语义。但是事先不知道当前文档提到了哪些属性，所以采用一种注意力机制自动选择属性。假设属性被选定后，图 4-26 所示的层级注意力模块可以自动从文档中选择有用的信息。

对于多分类任务中的每个任务，层级注意力模块都作用于两层：一层是句子层，用于选取有价值的词，另一层是文档层，用于选择有价值的句子。模型以一种自底向上的方式构造属性相关表达。具体而言，首先通过输入端的编码模块和迭代的注意力模块获得句子表达，

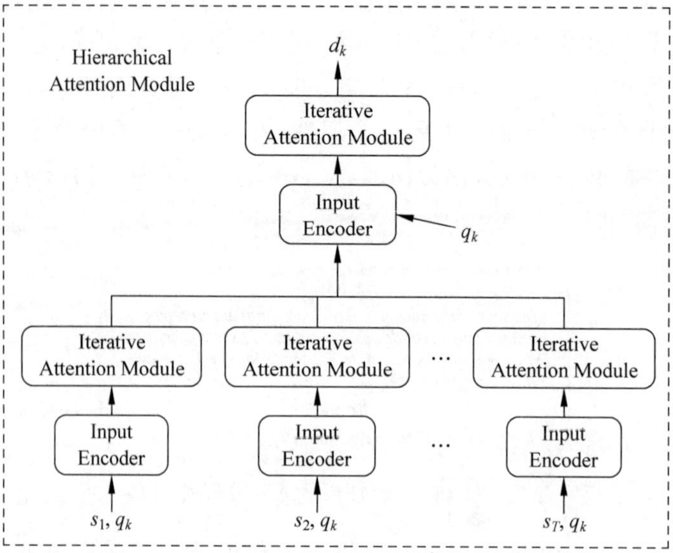

图 4-26 层级注意力模块

然后将得到的句子表达和第 k 个属性作为输入，再次通过编码模块和迭代的注意力模块得到文档表达 $\boldsymbol{d}_k$，最后将得到的文档表达用于分类。

2. 输入端的编码模块

输入端的编码模块既作用于词级又作用于句子级，对于一篇输入文档，编码模块分别将词序列转换成词级存储，记为 $\boldsymbol{M}_w^d$，将句子序列转换成句子级存储，记为 $\boldsymbol{M}_s^d$。一个属性相关问题 q_k 由一组属性相关关键词组成$\{q_{k_i}\}_{1\leqslant i\leqslant N_k}$，这组关键词也分别作用于词级编码和句子级编码，得到属性相关的词级表达 $\boldsymbol{M}_w^q$ 和句子级表达 $\boldsymbol{M}_s^q$。

整个语料库中每个词都对应着一个唯一的词向量，所有词的词向量构成一个词向量矩阵 $\boldsymbol{E}^A$，将一个句子所含单词的词向量顺序输入到长短期记忆网络模型，可以编码得到这个句子的词级表达 $\boldsymbol{h}_t$，为了保留更多的上下文信息，这里采用双向的长短期记忆网络模型，然后把正向得到的词级表达 $\boldsymbol{h}_t$ 和逆向得到的词级表达 $\boldsymbol{h}_t$ 串联起来，得到短语表达 $\boldsymbol{w}_t^p$。把每个句子的短语表达集合起来，便可得到一篇文档的词级存储 $\boldsymbol{M}_w^d$。同样的方法，将句子表达顺序输入到双向的长短期记忆网络模型，可以得到一篇文档的句子级存储 $\boldsymbol{M}_s^d$，需要注意的是句子表达是通过迭代的注意力模块得到的，后面将详细介绍。

因为模型的输入不仅包括评论文档，还包括由属性相关关键词组成的问题，所以要在文档和关键词之间进行交互，还需要为属性相关关键词构造和文档相似的存储。首先，查找由所有属性相关关键的词向量构成的词典 $\boldsymbol{E}^B$，得到特定属性相关关键词 $\boldsymbol{Q}_k=\{\boldsymbol{q}_{k_i}^w\}_{1\leqslant i\leqslant N_k}$，然后通过一个非线性映射，得到词级的问题存储，计算公式如下：

$$\boldsymbol{M}_w^{q_k}=\tanh(\boldsymbol{Q}_k\boldsymbol{W}_w^q) \tag{4.67}$$

类似的，可以得到句子级问题存储，计算公式如下：

$$\boldsymbol{M}_s^{q_k}=\tanh(\boldsymbol{Q}_k\boldsymbol{W}_s^q) \tag{4.68}$$

式中，$\boldsymbol{M}_w^q$ 为词级的参数矩阵，$\boldsymbol{M}_s^q$ 为句子级的参数矩阵。

3. 迭代的注意力模块

迭代的注意力模块交替地读取文档存储和问题存储中的内容，得到属性相关的句子表达和文档表达。由于之前预先选定的属性关键词并不能很好地刻画不同评论文档中覆盖的属性，所以迭代的注意力模块中引入一种反向注意力机制，通过文档信息（词级或句子级）选取有用的属性关键词，并将选取出的关键词作为问题，再输入到注意力机制中。迭代注意力模块的原理如图 4-27 所示，将 M_w^d 和 M_w^q 作为输入，进行 m 轮迭代，可以得到句子表达。在每一轮迭代过程中，迭代的注意力模块执行四个操作：①通过一个选择向量 $\boldsymbol{p}$ 关注问题存储，并将问题存储中的所有向量归纳成一个向量 $\hat{\boldsymbol{q}}$；②根据之前的选择向量和 $\hat{\boldsymbol{q}}$ 更新选择向量；③通过更新后的选择向量关注文档存储，并将文档存储中的所有向量归纳成一个向量 $\hat{\boldsymbol{c}}$；④根据之前的选择向量和 $\hat{\boldsymbol{c}}$ 更新选择向量。

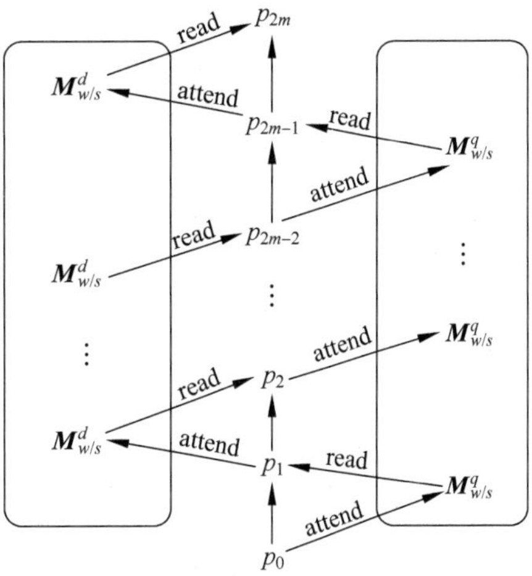

图 4-27　迭代的注意力模块

对于操作①和操作③，使用统一的注意力函数 $\hat{\boldsymbol{x}}=A(\boldsymbol{p},\boldsymbol{M})$，其中 $\boldsymbol{M}$ 可能是 $\boldsymbol{M}_w^d$ 或 $\boldsymbol{M}_w^q$，相应的 $\hat{\boldsymbol{x}}$ 就是 $\hat{\boldsymbol{c}}$ 或 $\hat{\boldsymbol{q}}$，注意力函数分解如下：

$$\begin{cases}\boldsymbol{H}=\tanh(\boldsymbol{M}\boldsymbol{W}_a\odot(\boldsymbol{I\!I}\boldsymbol{p}))\\ \boldsymbol{a}=\text{softmax}(\boldsymbol{H}\boldsymbol{v}_a^T)\\ \hat{\boldsymbol{x}}=\sum\boldsymbol{a}_i\boldsymbol{M}_i\end{cases}\tag{4.69}$$

其中，$\boldsymbol{I\!I}$ 是所有元素都为 1 的向量，用于将选择向量适应到相应的维数，$\boldsymbol{W}_a$ 和 $\boldsymbol{V}_a$ 是参数，$\boldsymbol{a}$ 是记忆存储中的注意力权重，$\boldsymbol{W}_i$ 代表 $\boldsymbol{W}$ 中的第 i 行。

对于操作②和操作④，使用更新函数，$\boldsymbol{P}_{2i-\{l\}}=\mathcal{U}(\hat{\boldsymbol{x}},\boldsymbol{P}_{2i-\{l\}-1})$，其中 i 是跳跃索引，l 取 0 或 1，分别代表 $\hat{\boldsymbol{x}}=\hat{\boldsymbol{c}}$ 或者 $\hat{\boldsymbol{x}}=\hat{\boldsymbol{q}}$。初始化 $\boldsymbol{p}_0$ 为一个全 0 向量，更新函数 $\mathcal{U}$ 可以看作一个循环神经网络或其他启发式权重更新函数，这里采用一种简单策略，定义如下：

$$\boldsymbol{P}_{2i-\{l\}}=\hat{\boldsymbol{x}}\tag{4.70}$$

该策略虽然忽略了之前的选择向量，但是实验证明该策略可以和复杂函数保持可比的结果。

在多跳机制中，不同的跳数会关注不同的存储位置，可以捕捉文档和问题之间的不同的交互关系。为了尽可能保持交互关系的多样性，这里将每一跳得到的 $\hat{\boldsymbol{c}}$ 进行串联，得到最终的句子表达：

$$\boldsymbol{s}=[\hat{\boldsymbol{c}}_1;\hat{\boldsymbol{c}}_2;\cdots\hat{\boldsymbol{c}}_m]\tag{4.71}$$

在得到句子表达后，可以将其输入到句子级的输入编码模块，然后得到 $\boldsymbol{M}_s^d$ 和 $\boldsymbol{M}_s^q$。接下来，再以类似方式，通过句子级的迭代注意力模块，得到属性相关的文档表达 $\boldsymbol{d}_k$。

4. 目标函数

对于每一个属性，都会得到属性相关的文档表达 $\{\boldsymbol{d}_k\}_{1\leqslant k\leqslant K}$，所有的的属性相关表达最

后都会输入到属性级情感分类器。每一个属性都对应一个 softmax 层，用于输出情感类别的概率分布|y|，具体定义如下：

$$p'(d,k)=\mathrm{softmax}(w_k^{\mathrm{class}}d_k) \tag{4.72}$$

式中，是 w_k^{class} 参数矩阵。整个模型的目标函数被定义成正确输出 $p(d,k)$ 和预测输出 $p'(d,k)$ 之间的交叉熵，具体如下：

$$-\sum_{d\in D}\sum_{k=1}^{K}\sum_{i=1}^{|y|}p(d,k)\log(p'(d,k)) \tag{4.73}$$

式中，$p(d,k)$ 是一个独热向量，每一个类别有着相同的维数，只有对应的类别的位置为 1，其余位置为 0。

参考文献

[1] 姚天昉，彭思崴. 汉语主客观文本分类方法的研究[C]. 第三届全国信息检索与内容安全学术会议. 2008.

[2] Wiebe J. Learning subjective adjectives from corpora[C]//AAAI/IAAI. 2000：735-740.

[3] Riloff E, Wiebe J. Learning extraction patterns for subjective expressions[C]//Proceedings of the 2003 conference on Empirical methods in natural language processing. Association for Computational Linguistics, 2003：105-112.

[4] Riloff E. Automatically generating extraction patterns from untagged text[C]//Proceedings of the national conference on artificial intelligence. 1996：1044-1049.

[5] Lin Z, Jin X, Xu X, et al. Make it possible：multilingual sentiment analysis without much prior knowledge[C]//Proceedings of the 2014 IEEE/WIC/ACM International Joint Conferences on Web Intelligence (WI) and Intelligent Agent Technologies (IAT)-Volume 02. IEEE Computer Society, 2014：79-86.

[6] Becker I, Aharonson V. Last but definitely not least：on the role of the last sentence in automatic polarity-classification[C]//Proceedings of the acL 2010 conference Short Papers. Association for Computational Linguistics, 2010：331-335.

[7] Blitzer J, Dredze M, Pereira F. Biographies, bollywood, boom-boxes and blenders：domain adaptation for sentiment classification[C] //Proc of ACL. Prague, Czech Republic：ACM, 2007：440-447.

[8] Li Tao, Zhang Yi, Vikas Sindhwani. A non-negative matrix tri-factorization approach to sentiment classification with lexical prior knowledge[C]//Proc of ACL. Suntec, Singapore：ACM, 2009.

[9] Socher R, Perelygin A, Wu JY, Chuang J, Manning CD, Ng AY, Potts C. Recursive deep models for semantic compositionality over a sentiment treebank [C]. In Proceedings of the conference on empirical methods in natural language processing (EMNLP) 2013 ：1631- 1642.

[10] Kim Y. Convolutional neural networks for sentence classification[OL]. Cornell University Library, 2014. http://arxiv.org/abs/1408.5882.

[11] Zhang X, Zhao J, Lecun Y. Character-level convolutional networks for text classification. Advances in Neural Information Processing Systems, 2015[C]. Montreal, Canada, 2015.

[12] Tang D, Qin B, Liu T. Document modeling with gated recurrent neural network for sentiment classification[C]//Proceedings of the 2015 Conference on Empirical Methods in Natural Language Processing. 2015：1422-1432.

[13] Hinton GE. Distributed representations[M]. MA, USA：MIT Press Cambridge, 1986.

[14] Liu Y, Liu Z, Chua T S, et al. Topical Word Embeddings[C]//AAAI. 2015：2418-2424.

[15] Hu X, Tang J, Gao H, et al. Unsupervised sentiment analysis with emotional signals[C]//Proceedings of the 22nd international conference on World Wide Web. ACM, 2013: 607-618.

[16] R Abelson. Whatever became of consistency theory? [J]Personality and Social Psychology Bulletin, 1983.

[17] A Go, R Bhayani, and L Huang. Twitter sentiment classification using distant supervision[C]. Technical Report, Stanford, pages 1-12, 2009.

[18] D Shamma, L Kennedy, and E. Churchill. Tweet the debates: understanding community annotation of uncollected sources[C]. In Proceedings of WSM, 2009.

[19] Q Gu and J Zhou. Co-clustering on manifolds[C]. In Proceedings of SIGKDD, pages 359-368, 2009.

[20] C Ding, T Li, W Peng, et al. Orthogonal nonnegative matrix t-factorizations for clustering[C]. In Proceedings of SIGKDD, pages 126-135, 2006.

[21] J Zhao, L Dong, J. Wu, et al. Moodlens: an emoticon-based sentiment analysis system for Chinese tweets[C]. In Proceedings of SIGKDD, 2012.

[22] W Peng and D H Park. Generate adjective sentiment dictionary for social media sentiment analysis using constrained nonnegative matrix factorization[C]. In ICWSM, 2011.

[22] Zagibalov T, Carroll J. Automatic seed word selection for unsupervised sentiment classification of Chinese text[C]//Proceedings of the 22nd International Conference on Computational Linguistics-Volume 1. Association for Computational Linguistics, 2008: 1073-1080.

[23] 高伟，王中卿，李寿山. 基于集成学习的半监督情感分类方法研究[J]. 中文信息学报，vol(27): 3, 2013.

[24] 苏艳，王中卿，居胜峰，等. 基于随机特征子空间的半监督情感分类方法研究[J]. 中文信息学报，2012, 26(4), 85-92.

[25] Takeru Miyato, Andrew M. Dai, Ian Goodfellow. Adversarial Training Methods for Semi-Supervised Text Classification[OL]. https://arxiv.org/abs/1605.07725.

[26] Ian J Goodfellow, Jonathon Shlens, and Christian Szegedy. Explaining and harnessing adversarial examples[C]. In ICLR, 2015.

[27] Wang X, Wei F, Liu X, et al. Topic sentiment analysis in twitter: a graph-based hashtag sentiment classification approach[C]. In Proceedings of the 20th ACM CIKM, 2011: 1031-1040.

[28] Phan XH, Nguyen LM, Horiguchis. Learning to classify short and sparse text & web with hidden topics from large-scale data collections[C]//Proceedings of the 17th international conference on World Wide Web. ACM, 2008: 91-100.

[29] Churchill A L, Liodakis E G, Simon H Y. Twitter Relevance Filtering via Joint Bayes Classifiers from User Clustering[J], Journal of University of Stanford 2010.

[30] Hu X, Tang L, Tang J, et al. Exploiting social relations for sentiment analysis in microblogging[C]//Proceedings of the sixth ACM international conference on Web search and data mining. ACM, 2013: 537-546.

[31] Hochreiter S, Schmidhuber J. Long short-term memory[J]. Neural computation, 1997, 9(8): 1735-1780.

[32] Tai K S, Socher R, Manning C D. Improved semantic representations from tree-structured long short-term memory networks[J]. arXiv preprint arXiv: 1503.00075, 2015.

[33] Fangzhao Wu, Yongfeng Huang. Personalized Microblog Sentiment Classification via Multi-Task Learning[C]. Proceedings of the Thirtieth AAAI Conference on Artificial Intelligence, 2016: 3059-3065.

[34] Boyd S, Parikh N, Chu E, et al. Distributed Optimization and Statistical Learning via the Alternating Direction Method of Multipliers[J]. Foundations and Trends in Machine Learning: 3(1): 1-

122,2001.

[35] Wayne Xin Zhao, Jing Jiang, Hongfei Yan and Xiaoming Li. Jointly modeling aspects and opinions with a MaxEnt-LDA hybrid[C]. In Proceedings of the 2010 Conference on Empirical Methods in Natural Language Processing, pages 56-65, Cambridge, Massachusetts, 2010. Association for Computational Linguistics.

[36] Thomas L. Griffiths and Mark Steyvers. Finding scientific topics[C]. Proceedings of the National Academy of Sciences, 101(Suppl 1): 5228-5535, 2004.

[37] Document-Level Multi-Aspect Sentiment Classification as Machine Comprehension[C]. Proceedings of the 2017 Conference on Empirical Methods in Natural Language Processing, pages 2034-2044.

[38] Darroch J N, Ratcliff D. Generalized iterative scaling for log-linear models[J]. The Annals of Mathematical Statistics. Institute of Mathematical Statistics, 43(5): 1470-1480, 1972.

[39] Berger A. The improved iterative scaling algorithm: A gentle introduction[J]. Unpublished Manuscript, 1997.

[40] Byrd Richard H, Lu Peihuang, Nocedal Jorge, et al. A Limited Memory Algorithm for Bound Constrained Optimization[J]. SIAM Journal on Scientific and Statistical Computing, 16 (5): 1190-1208, 1995.

第 5 章　跨领域情感分类

众所周知，监督学习需要两个条件来保证分类准确性：

（1）需要大量且标注完好的训练数据来充分训练分类器；

（2）训练数据和测试数据应该具有相同的分布。

因此，当训练数据与测试数据不属于同一个领域的时候（例如，已知酒店评论数据集的倾向性，需判断电子评论数据集的倾向性），典型的分类方法的效果就变得很差。这是因为在训练域里有强烈倾向性的词在测试域里可能不再有强烈倾向性，反之亦然。例如，"便携的"在电子评论里就是一个具有正面倾向性的词，而在酒店评论里就不具有强烈的倾向性。由此产生了跨领域的情感分类问题。随着信息量的急速增加、新领域的不断涌现，人们需要在大量新领域里进行倾向性分析，而在新领域里重新进行人工标注是件费时费力的事情。因此，要尽量基于已经标注好的数据对新领域进行分析，这使得跨领域情感分类具有非常重要的意义。

5.1　迁移学习相关研究技术

迁移学习旨在利用其他领域标注好的数据来辅助当前领域的学习任务，其中已标注好的数据和待标注的数据往往具有不同的分布。迁移学习强调的是在不同但是相似的领域、任务和分布之间进行知识的迁移。通俗地说，知识在不同场景间转化的过程即为迁移学习。图 5-1 为迁移学习示意图。

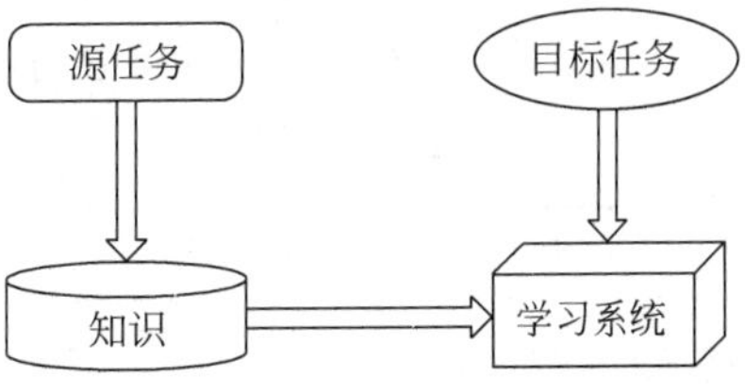

图 5-1　迁移学习示意图

迁移学习研究最早始于 20 世纪 90 年代，NIPS95 国际会议举办了一场关于"学会学习"的专题讨论会，讨论了对终身学习有益的值得保留并重用的先验知识，从此开启了迁移学习领域的研究。至今，迁移学习衍生出了不同的名字，包括**学会学习**（learning to learn）[1]、**终生学习**（life-long learning）[2]、**知识迁移**（knowledge transfer）、**迁移学习**（transfer learning）、**多任务学习**（multitask learning）[3]、**知识合并**（knowledge consolidation）等。迁移学习越来越受到机器学习领域的广泛关注。美军高级研究计划局（DRAPA）还联合麻省理工学院、美国加州大学伯克利分校、斯坦福大学和俄勒冈州立大学四所高校成立项目组，专门研究高性能贝叶斯迁移学习。此外，很多国际著名的机器学习会议（如 ACL、AAAI、ICML 等）均有迁移学习相关的文章发表。

目前针对迁移学习的研究已经提出了许多方法，本节按照与情感分类是否有关，将这些方法分为与情感分类无关的迁移学习方法（称为迁移学习方法）及适用于情感分类的迁移学习方法（称为跨领域情感分类方法）。本节分别介绍这两类方法的相关工作及研究现状。

5.1.1 迁移学习方法

迁移学习方法根据其适用的环境和条件，可分为以下三种。

1. 诱导式迁移学习(inductive transfer learning[4])

此方法用一些目标领域已标注数据来诱导出适用于目标领域的预测模型，适用于目标任务与源任务不同的情况，并且这种方法不区分源领域与目标领域是否一致。该方法根据源领域中标注数据和未标注数据的不同情况可进一步分为两类：

(1) 源领域有大量标注数据，此时类似于多任务学习。

(2) 源领域没有标注数据，此时类似于自学习。

2. 直推式迁移学习(transductive transfer learning[5])

此方法适用于源任务和目标任务相同，但源领域和目标领域不同的情况。此时，目标领域没有标注数据，源领域有大量标注数据。该方法根据源领域和目标领域的不同情况可进一步分为两类：

(1) 源领域和目标领域特征空间不同。

(2) 源领域和目标领域特征空间相同，但输入数据的边缘概率分布不同。

3. 无监督迁移学习(unsupervised transfer learning[6])

此方法适用于目标任务与源任务不同但有关系的情况。此时，源领域和目标领域均没有标注数据来训练。此方法着重解决目标领域无监督学习任务，例如聚类、密度估计等。

以上三种迁移学习的不同适用情况如表 5-1 所示。

表 5-1 三种迁移学习的关系

迁移学习方法	源领域标签	目标领域标签	源、目标领域关系	源、目标任务关系
诱导式迁移学习	第一类有 第二类无	有	相同	不同但相关
直推式迁移学习	有	无	不同但相关	相同
无指导迁移学习	无	无	不同但相关	不同但相关

文献[7]～[9]采用分类器移植方法进行迁移学习。比如，文献[7]中，Chelba 和 Acero 提出了一种新的最大熵和最大熵 Markov 模型移植方法，并将其用于对文字进行自动大写，取得了很好效果。DaumeIII 和 Marcu[8]提出一种简单混合模型的统一框架来进行分类器的领域迁移，并具体实现了这一框架的实例：最大熵分类器及其线性链部分，在真实数据上的实验表明该框架可取得很好性能。Dai 等[9]将基于最大熵的朴素贝叶斯分类器进行领域迁移，从而进行文本分类。Xing 等[10]提出一个桥优化方法。首先校正由传统分类器预测的标签，使其适用于目标分布。然后将得到的源领域和目标领域的混合分布数据作为桥梁来更好地从训练数据迁移到测试数据。他们的实验优化了三个经典算法的领域迁移：支持向量机、朴素贝叶斯分类器、直推式支持向量机。Jiang 和 Zhai[11]提出两阶段方法进行领域迁移。其中第一阶段为泛化阶段，寻找可以在不同领域间泛化的特征；第二阶段为移植阶

段，挑选专门适用于目标领域的特征。他们对真实数据进行基因命名识别，验证了方法的有效性。Luo 等[12]提出一致正则化方法从多个源领域向目标领域迁移。该方法用源领域的局部数据和其他源领域分类器的预测一致性来训练一个局部分类器，实验结果表明该方法对于迁移学习是有效的。

5.1.2 跨领域情感分类方法

在情感分析领域同样存在迁移学习问题，近年来，一些研究者开始关注此问题并提出一些解决方法，这些方法大致可分为两类，即基于文本的方法和基于词的方法。

5.1.2.1 基于文本的方法

基于文本的方法利用标注文本提升跨领域情感分类的精度。

Aue 和 Gamon[13]用四种不同方法，借助少量标注的训练数据将情感分类系统移植到新的目标领域中。四种方法分别为：①用不同领域的混合标注数据来训练分类器；②将方法一中不同领域混合标注数据的特征限制在目标领域内，然后训练分类器；③将有标注数据的领域分类器进行集成；④将少量标注数据和大量目标领域未标注数据进行结合。Blitzer[14]等用结构对应学习方法来自动归纳特征以及不同领域间的联系。Tan 等[15]提出先通过频繁共现熵算法来挑选出源领域和目标领域共同存在的一些泛化特征，然后用一种自适应朴素贝叶斯方法训练适用于目标领域的分类器。

5.1.2.2 基于词的方法

基于词的方法利用已标注情感词来提升跨领域情感分类的精度。

Aue 和 Gamon[16]提出一种自动构建适用于目标领域情感词典的方法，从而进一步进行情感分类。他们假设相反情感类别的词不出现在同一个句子中，并利用这个假设建立目标领域的情感词典，然后结合朴素贝叶斯自举法进行情感分类。Andreevskaia 和 Bergler[17]研发了一个情感标注系统，该系统集成了两个分类器：一个是由小部分已标注源领域数据训练出的基于语料的分类器；另一个是用 Wordnet 训练出的基于词典的分类器，也取得了不错的性能。

5.2 基于图模型的跨领域情感分类

5.2.1 基于图排序的跨领域情感分类

现有的跨领域情感分类技术主要分为两类：第一类需要在目标领域标注少量数据来辅助训练，如文献[18]等；第二类不需要在目标领域标注任何数据，如文献[19]等。针对第二类更为广泛的情况，Wu 等[20]提出了一种基于**图排序**(graph-ranking)的跨领域情感分类方法。该方法为测试集中的每一个文本分配一个情感分，来表示该文本"支持"或"反对"的程度，然后利用源领域的准确标签和目标领域的伪标签来迭代计算该情感分，算法收敛时得到最终的情感分，并据此判别目标领域测试数据的情感类别。

1. 算法概述

首先，定义跨领域情感分类问题如下：

测试集 $D^U=\{\boldsymbol{d}_1,\cdots,\boldsymbol{d}_n\}$和训练集 $D^L=\{\boldsymbol{d}_{n+1},\cdots,\boldsymbol{d}_{n+m}\}$，其中 $\boldsymbol{d}_i$ 表示第i 个文本的向量，每一个文本应该有一个来自类别集 $C=\{$支持，反对$\}$的标签。每一个测试文本 $\boldsymbol{d}_i\in D^U$ $(i=1,2,\cdots,n)$没有被标注，每一个训练文本 $\boldsymbol{d}_j\in D^L(j=n+1,n+2,\cdots,n+m)$已被标注了一个类别集 C 中的标签。假设测试数据集 D^U 和训练数据集 D^L 来自相关但不相同的领域。算法的目标是利用另一领域的训练数据集 D^L 来对测试数据集中的每一个文本 $\boldsymbol{d}_i\in D^U(i=1,2,\cdots,n)$分配一个 C 中的标签，使得准确率最高。

算法基于以下前提：

(1) 用 W^L 表示旧领域的词空间，W^U 表示新领域的词空间，则 $W^L\cap W^U\neq\Phi$。

(2) 如果一个文本既存在于训练集中，又存在于测试集中，则标签一致。

利用图排序思想，可将训练集和测试集看作一个图，里面的每一个文本为图中的一个结点。给每一个结点一个表示其情感类别的分数，称其为情感分。如果一个结点的情感分在-1到0之间，表示这个结点所代表的文本是持反对态度，情感分越接近于-1，此文本越倾向于反对态度；如果一个结点的情感分在0到1之间，表示这个结点所代表的文本是持支持态度，情感分越接近于1，此文本越倾向于支持态度。

基于图排序，可以认为如果一个文本与一些具有支持(反对)态度的文本紧密联系，则它也很可能持支持(反对)态度，这也是邻域学习思想。

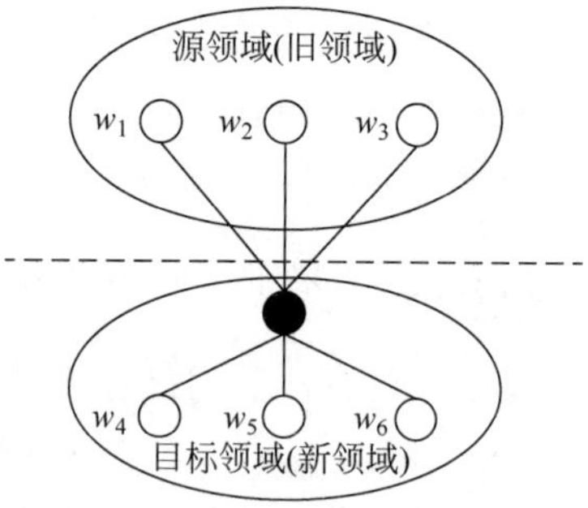

图 5-2 基于图排序模型的跨领域倾情感分类算法示意图

图 5-2 说明了如何利用源领域和目标领域来计算测试数据情感分。对于每一个待标注文本，算法通过其在源领域和目标领域的邻域来计算它的情感分，并用一个统一的公式进行迭代计算，当算法收敛时，得到待标注文本的最终情感分。

2. 基于图排序模型的跨领域情感分类算法

算法需要为训练集与测试集中每一个文本的情感分赋初始值，得到初始情感分向量 $\boldsymbol{S}^0=\{s_1^{(0)},\cdots,s_n^{(0)},s_{n+1}^{(0)},\cdots,s_{n+m}^{(0)}\}$。对于训练集中的文本，它们已经有正确标签。因此，如果文本的标签为“支持”，它对应的情感分为 1；如果文本的标签为“反对”，它对应的情感分为-1。对于测试集中的文本，使用典型的文本分类算法中的任一种分类器，用训练集训练，对测试集分类得到一个伪标签(此时的准确度通常很低)，根据此伪标签得到训练集情感分的初始值。下面以 prototype 分类算法为例进行说明。

第一步，对于训练集中标注为“反对”的文本集合(D_{neg}^L)以及标注为“支持”的文本集合(D_{pos}^L)，分别计算“反对”类中心向量 $\boldsymbol{C}_{neg}$ 和“支持”类中心向量 $\boldsymbol{C}_{pos}$。具体公式如下：

$$\boldsymbol{C}_l=\sum_{i\in D_l^L}\boldsymbol{d}_i/\mid D_l^L\mid,\quad l\in\{neg,pos\} \tag{5.1}$$

第二步，用余弦法计算测试集中文本向量与每一个中心向量之间的相似度，公式如下：

$$Sim_l=\frac{\boldsymbol{d}_i \cdot \boldsymbol{C}_l}{\|\boldsymbol{d}_i\| \times \|\boldsymbol{C}_l\|} \quad ,l \in \{neg, pos\} \tag{5.2}$$

第三步，对于每一个测试文本 $\boldsymbol{d}_i \in D^U(i=1,\cdots n)$，它与哪一个中心向量相似值最大，就为它分配哪个类的标签。

第四步，对于每一个测试文本，如果它分配到的标签是“反对”，则将它的情感分赋为-1；如果它分配到的标签是“支持”，则将它的情感分赋为 1。由此得到初始情感分向量 $\boldsymbol{S}^0$。

第五步，为保证最终程序的收敛性，将测试集对应的情感分初始值 $s_i^{(0)}(i=1,\cdots,n)$归一化，使得正的情感分的和为 1，负的情感分的和为-1：

$$s_i^{(0)}=\begin{cases} s_i^{(0)} \Big/ \sum\limits_{j \in D_{neg}^U}(-s_j^{(0)}), & s_i^{(0)}<0 \\ s_i^{(0)} \Big/ \sum\limits_{j \in D_{pos}^U} s_j^{(0)}, & s_i^{(0)}>0 \end{cases} \quad i=1,2,\cdots,n \tag{5.3}$$

其中 D_{neg}^U 和 D_{pos}^U 分别表示 D^U 中的“反对”与“支持”文本集。

得到初始情感分向量 $\boldsymbol{S}^0$ 后，即可利用训练域的准确情感分和测试域的伪情感分来迭代计算测试集的最终情感分。

1) 利用训练集的准确情感分来计算测试集的情感分

建立一个图模型，结点表示 D^L 和 D^U 中的文本，边表示文本间的内容相似度。如果两个文本间的内容相似度为 0，则图中两点间无边，如果不为 0，则图中两点间有边，且边的权重即为此内容相似度。内容相似度有很多计算方法，这里用余弦相似度来计算。使用一个联接矩阵 $\boldsymbol{U}$ 来表示 D^U 和 D^L 间的相似矩阵，$\boldsymbol{U}=[U_{ij}]_{n\times m}$ 定义如下：

$$U_{ij}=\frac{\boldsymbol{d}_i \cdot \boldsymbol{d}_j}{\|\boldsymbol{d}_i\| \times \|\boldsymbol{d}_j\|}, \quad i=1,2,\cdots,n, j=n+1,n+2,\cdots,n+m \tag{5.4}$$

其中特征 t 的权重用 tf_t-idf_t 来计算。为保证算法收敛，将联接矩阵 $\boldsymbol{U}$ 归一化为矩阵 $\hat{\boldsymbol{U}}$，使得 $\hat{\boldsymbol{U}}$ 中每一行的和为 1：

$$\hat{U}_{ij}=\begin{cases} U_{ij} \Big/ \sum\limits_{j=1}^{m} U_{ij}, & \text{当} \sum\limits_{j=1}^{m} U_{ij} \neq 0 \\ 0, & \text{其他} \end{cases} \tag{5.5}$$

为了找出与一个文本最相似的文本集（此处设此文本集大小为 K），对 $\hat{\boldsymbol{U}}$ 的每一行进行降序排列得到 $\widetilde{\boldsymbol{U}}$，也就是 $\widetilde{U}_{ij} \geqslant \widetilde{U}_{ik}(i=1,2,\cdots,n;\ j,k=1,2,\cdots,m;\ k \geqslant j)$。因此，对于 $\boldsymbol{d}_i \in D^U(i=1,2,\cdots,n)$，$\widetilde{U}_{ij}(j=1,2,\cdots,K)$就表示它在训练域中的 K 个邻居。使用矩阵 $\boldsymbol{N}=[N_{ij}]_{n\times K}$ 来表示 D^U 在训练域中的 K 个邻居，其中 N_{ij} 对应于 $\boldsymbol{d}_i$ 的第 j 个邻居。

最后，用 $\boldsymbol{d}_i$ 邻居们的分数来计算它的情感分，公式如下：

$$s_i^{(k)}=\sum_{j \in \boldsymbol{N}_{i\cdot}}(\hat{U}_{ij} \times s_j^{(k-1)}), \quad i=1,2,\cdots,n \tag{5.6}$$

其中，$i\cdot$ 表示矩阵的第 i 行，$s_i^{(k)}$ 表示第 k 次迭代时的情感分 s_i。

2) 利用测试集的“伪”情感分来计算测试集的情感分

类似于前文所述，建立一个图模型，结点表示 D^U 中的文本，边的权重由它所连接的两个文本的余弦相似度来计算。使用一个联接矩阵 V 来表示测试集之间的相似矩阵，即 $\boldsymbol{V}=[V_{ij}]_{n\times n}$。同样，将 $\boldsymbol{V}$ 归一化为 $\hat{\boldsymbol{V}}$，然后将 $\hat{\boldsymbol{V}}$ 的每一行进行降序排序得到 $\tilde{\boldsymbol{V}}$，因此得到一个 D^U 在测试域中的邻居矩阵 $\boldsymbol{M}=[M_{ij}]_{n\times K}$。最后，利用测试域的伪情感分来计算测试集的情感分。具体如下：

$$s_i^{(k)}=\sum_{j\in \boldsymbol{M}_{i.}}(\hat{V}_{ij}\times s_j^{(k-1)}),\quad i=1,2,\cdots,n \tag{5.7}$$

3. 算法迭代过程

算法要同时利用源领域和目标领域的信息来对目标领域的文本进行标注，因此综合公式 5.6 和 5.7，得到迭代计算测试数据集的情感分的公式如下所示：

$$s^{(k)_i}=\alpha\sum_{j\in N_{i.}}(\hat{U}_{ij}\times s_j^{(k-1)})+\beta\sum_{h\in M_{i.}}(\hat{V}_{ih}\times s_h^{(k-1)}),\quad i=1,2,\cdots,n \tag{5.8}$$

矩阵形式为：

$$\boldsymbol{S}^{(k)}=\alpha\hat{\boldsymbol{U}}\boldsymbol{S}^{(k-1)}+\beta\hat{\boldsymbol{V}}\boldsymbol{S}^{(k-1)} \tag{5.9}$$

其中 $\alpha+\beta=1$，α 和 β 分别表示源领域和目标领域对最终情感分的贡献大小。为保证算法收敛，算法每迭代一次都需要将 $\boldsymbol{S}$ 归一化，使得正的情感分之和为 1，负的情感分之和为 −1。

完整算法如下所述：

(1) 使用典型的文本分类算法，用训练集 D^L 训练后，对测试集 D^U 分类。对于每一个测试文本 $\boldsymbol{d}_i\in D^U(i=1,2,\cdots,n)$，如果它的类别是“反对”，则将它的情感分初始化为 −1；如果它的类别是“支持”，则将它的情感分初始化为 1。然后将情感分归一化，使得正情感分之和为 1，负情感分之和为 −1。

(2) 迭代计算情感分 $\boldsymbol{S}$ 并归一化，直到算法收敛为止：

$$s_i^{(k)}=\alpha\sum_{j\in N_{i.}}(\hat{U}_{ij}\times s_j^{(k-1)})+\beta\sum_{h\in M_{i.}}(\hat{V}_{ih}\times s_h^{(k-1)}),\quad i=1,2,\cdots,n \tag{5.10}$$

$$s_i^{(k)}=\begin{cases} s_i^{(k)}\Big/\sum_{j\in D_{neg}^U}(-s_j^{(k)}), & s_i^{(k)}<0 \\ s_i^{(k)}\Big/\sum_{j\in D_{pos}^U}s_j^{(k)}, & s_i^{(k)}>0 \end{cases}\quad i=1,2,\cdots,n \tag{5.11}$$

(3) 根据 $s_i\in\boldsymbol{S}(i=1,\cdots,n)$，为每一个测试文本 $\boldsymbol{d}_i\in D^U(i=1,2,\cdots,n)$ 分配一个标签。如果 s_i 在 −1 到 0 之间，为 d_i 分配标签“反对”；如果 s_i 在 0 到 1 之间，为 d_i 分配标签“支持”。

4. 实验与分析

为验证基于图排序模型的跨领域情感分类算法的性能，针对三个不同领域的数据集进行实验，并将该算法与其他典型算法进行比较分析。

从互联网上的评论中整理出三个领域的中文数据集，分别是：电子评论（来源于中关村在线网站①），财经评论（来源于搜狐网站②）以及酒店评论（来源于携程网站③）。然后由专家

① https://detail.zol.com.cn/
② https://blog.sohu.com/stock/
③ https://www.ctrip.com/

将这些数据集标注为“支持”或“反对”。

数据集的具体组成如表 5-2 所示，其中“词典长度”表示数据集中不同词的数量。

表 5-2　数据集构成

数据集	反对评论数	支持评论数	评论平均长度	词典长度
电子	554	1054	121	6200
财经	683	364	460	13 012
酒店	2000	2000	181	11 336

对上述数据集进行以下预处理：首先使用中文分词工具 ICTCLAS① 来对这些中文评论进行分词；然后，用向量空间模型来表示文本。在该模型中，每个文本转化为词空间中的词袋表示，词的权重用该词在文本中出现的频率来计算。

在基于主题的文本分类中，特征选择方法旨在选出可以更好表现主题的词，而在情感分类中，则需要选出具有语义倾向的词语作为特征词。这里，通过词性来判断词的语义倾向性。在汉语中，具有语义倾向的词语的词性有 12 种[21]，其中一些叹词等虽然也具有倾向性，但在评论中出现的次数非常少，因此实验中没有将它们作为特征提取出来，而是选择经常出现的具有以下 4 种词性的词作为特征，如表 5-3 所示。

表 5-3　具有倾向性的词语的词性构成

序号	词性	实例
1	名词	暴君；才华
2	动词	嘲笑；称赞
3	形容词	潦倒；良好
4	副词	恼怒；奇妙

实验中，分别用之前介绍的 prototype 分类算法(记为 Prototype)以及支持向量机(记为 LibSVM)作为 baseline 算法。另外，将图排序算法与结构相似性学习算法(记作 SCL)[18]进行比较分析。SCL 算法的思想为：找出在不同领域中频繁出现的情感特征作为枢纽特征，然后通过建模来获得非枢纽特征与枢纽特征之间的关联。实验中按照文献[18]中的设置，使用 100 个枢纽特征。

实验使用精度(accuracy)作为情感分类系统的评价标准，其定义如下：

$$accuracy = \frac{\text{分类正确的文本数}}{\text{测试文本总数}}$$

图排序算法中有两个参数 K 和 α(β 可以由 $1-\alpha$ 计算得出)。将参数 K 设为 150，表示算法中为每一个文本求出 150 个邻居；将参数 α 设为 0.7，表示源领域对情感分的贡献比目标领域略大。表 5-4 显示了当进行跨领域情感分类时，Prototype、LibSVM、SCL 以及图排序算法的精度，其中图排序算法分别用 Prototype 分类器和 LibSVM 分类器进行初始化。

① https://ictclas.org/

表 5-4 跨领域情感分类时不同算法性能比较

分类	Baseline		SCL	图排序算法	
	Prototype	LibSVM		Prototype 初始化	LibSVM 初始化
电子→财经	0.6652	0.6478	0.7507	0.7326	0.7304
电子→酒店	0.7304	0.7522	0.7750	0.7543	0.7543
财经→酒店	0.6848	0.6957	0.7683	0.7435	0.7457
财经→电子	0.7043	0.6696	0.8340	0.8457	0.8435
酒店→财经	0.6196	0.5978	0.6571	0.7848	0.7848
酒店→电子	0.6674	0.6413	0.7270	0.8609	0.8609
平均	0.6786	0.6674	0.7520	0.7870	0.7866

由表 5-4 可以看出,图排序算法平均情况下提高了跨领域情感分类的精度。其中第 2 列是 Prototype 分类器在不同领域间移植的情感分类精度,第 5 列是用 Prototype 初始化后本算法的精度。对比可见,图排序的精度均高于 Prototype 分类器的精度。同样,表 5-4 中第 3 列是 LibSVM 的精度,第 6 列为用 LibSVM 初始化后图排序算法的精度。对比可见,图排序的精度均高于 LibSVM 的精度。精度上大幅度的提高表明图排序算法对于跨领域情感分类问题非常有效。

表 5-4 中的第 4 列为 SCL 算法的精度,SCL 算法的平均精度比两个 Baseline 实验均高,这证明 SCL 算法对于跨领域情感分类问题很有效。从表 5-4 中还可以看出,图排序算法的精度优于 SCL 算法,平均精度比 SCL 算法高约 3.5%。当从酒店向电子领域移植时,图排序算法的精度比 SCL 算法提高得最多,为 13.4%。分析其原因,是因为以下两点:第一,SCL 算法本质上是基于词共现的(窗口大小为整篇文本),因此它很容易被低频词及数据集大小所影响;第二,SCL 算法的枢纽特征是完全由领域专家选定的,因此枢纽特征选择的质量会影响 SCL 算法的性能。

接下来,实验测试模型中的参数对算法性能的影响。

首先测试参数 K 对算法性能的影响。此时设置 α 为 0.7。将 K 的取值从 10 增加到 200,每次增加 10。本次实验同样针对六个领域移植问题,并且用 Prototype 分类器进行算法初始化。实验结果如图 5-3 所示。从图中可见,当 K 足够大时其对算法的影响不大。当 K 从 10 变化到 50 时图 5-3 中 6 条曲线逐渐上升,当 K 超过 100 以后曲线变得基本稳定。因此算法中设置 K 的值为 150,从而使算法具有最好的性能。

然后测试参数 α 对算法性能的影响。此时设置 K 为 150。将 α 的取值从 0 增加到 1,每次增加 0.1。为了获得 α 的大小对算法性能影响的规律,同样针对六个领域移植问题,并且用 Prototype 分类器初始化图排序算法。实验结果如图 5-4 所示。

从图 5-4 中可见,当 α 从 0 变化到 1 时,算法精度先升后降。当 α 接近 0 或 1 时,精度变化明显;当 α 取值在 0.2 到 0.7 之间时,精度变化不大。精度变化是因为,当 α 取值为 0 时,表示算法只使用目标领域数据来辅助情感分类,而完全没有利用源领域的准确标签信息;当 α 取值为 1 时,表示算法只使用源领域信息而完全没有利用目标领域的伪标签信息。以上两种情况都没有充分利用两个领域的全部信息,因此情感分类精度比利用两个领域全部信息时的精度差。实验表明,只要 α 的取值不是 0 或 1 时,参数 α 对图排序算法的影响不大。最终取 α 的值为 0.7,从而使算法具有最好的性能。

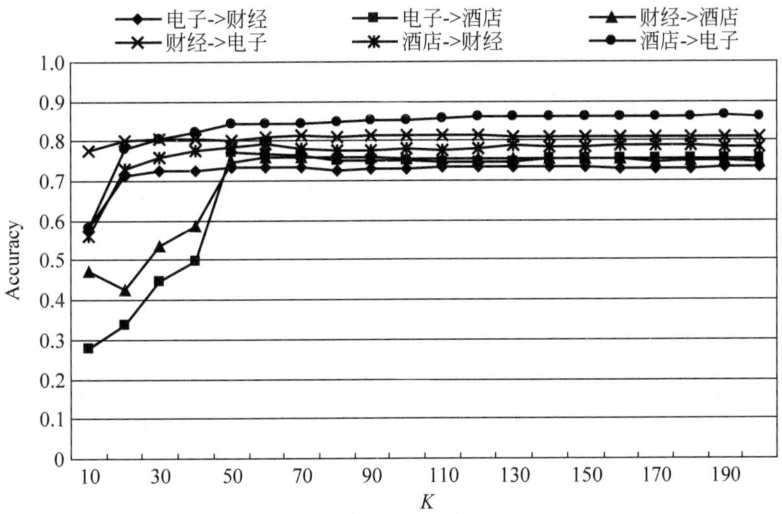

图 5-3　邻域数量 K 对算法精度的影响

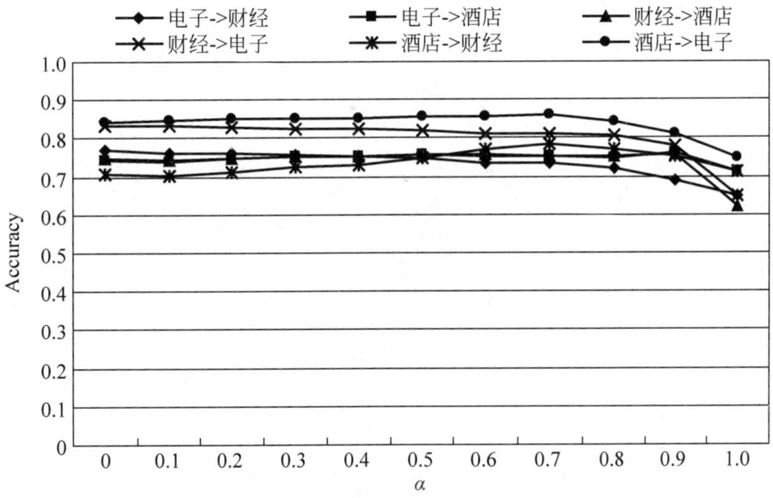

图 5-4　参数 α 对算法精度的影响

5.2.2　基于流排序的跨领域情感分类

已有的跨领域情感分类研究着重在源领域与目标领域之间搭建桥梁，从而利用这个桥梁来沟通源领域与目标领域，促进跨领域情感分类的精度。Blitzer 等[22]认为跨领域情感分类的难点不止如此，而是分为以下两方面：首先，目标领域分布与源领域不一致，因而需在源领域与目标领域之前搭建桥梁来共享源领域信息；其次，目标领域里待进行情感分类的文本有其特定的结构，因而可以利用这一目标领域的特定结构。综上所述，一个完美的跨领域情感分类算法应该尽可能充分利用源领域的信息，并且还应尽可能充分利用目标领域特定结构。也就是说，如果根据已有源领域的标注文本学得目标领域的固有结构，再根据这一结构对目标领域文本进行情感分类，则可以很好地提高跨领域情感分类的精度。

Wu 和 Tan[23]着眼于遵循目标领域的固有结构，提出一个基于**流排序**（manifold

ranking)模型的跨领域情感分类框架：首先，应用 SentiRank 算法在源领域与目标领域之间搭建一个桥梁。该算法利用源领域文本的准确标签以及目标领域文本的伪标签来对目标领域文本进行初始标注；其次，从目标领域文本中选择一些标注最准确的作为种子文本；最后，通过流排序算法，利用种子文本所体现的目标领域内部结构，计算用来表示目标领域每个文本的情感倾向性程度的流排序分，再根据最终的流排序分标注目标领域文本。

1. 算法思想

该算法基于流排序思想来利用目标领域内部结构。为清楚流排序思想，下面先简要介绍流形的概念。**流形**(manifold)是对一般几何对象的总称，包括各种维数的曲线、曲面等。当要排序的目标是由欧氏空间中的向量表示的时候(例如文本或图像数据)，需要根据大量数据共同表示的内部全局流形结构来对数据排序。如图 5-5 所示[24]：图 5-5(a)为内部结构为两个月亮形状的数据集，要考虑到其内部结构的同时，根据各点距离 query 点的距离，对其进行排序。由欧式距离排序的结果如图 5-5(b)所示，而真正想得出的结果如图 5-5(c)所示。由此，提出流排序算法。

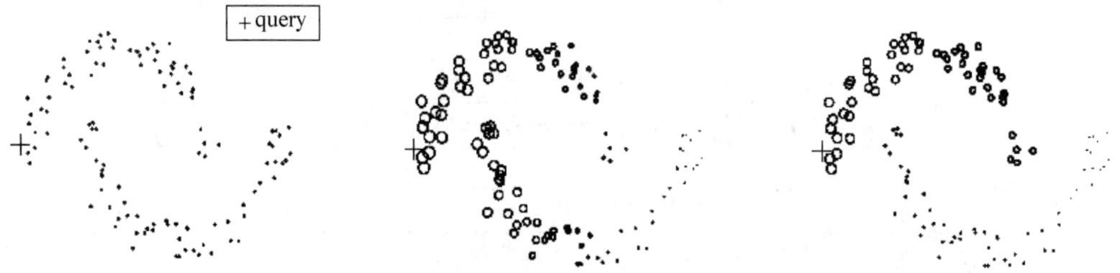

(a) Two moons ranking problem (b) Ranking by Euclidean distance (c) Ideal ranking

图 5-5 流排序示意图

流排序算法的思想是：利用数据的内部流体结构，首先生成数据的加权网络，为每个查询分配一个正的排序分，为其余点(要将这些点根据查询排序)分配值。然后所有点将排序分通过加权网络扩展到邻域，重复该过程直至全局稳定状态，之后除查询以外的所有点根据最终排序分排序。

基于流排序思想提出的跨领域情感分类框架如图 5-6 所示。

该框架分为以下几部分：①通过 SentiRank 算法使用源领域的准确标签和目标领域的伪标签在源领域和目标领域之间搭起“桥梁”，以便为目标领域文本分配一个初始标签；②从标注的目标领域文本中选出标注最准确的部分文本作为高质量的种子文本；③用流排序算法利用目标领域的内部结构计算文本的排序分来表示文本的倾向性程度；④基于这些分来对目标领域文本进行情感分类。下面具体说明该框架的各个组成部分。

2. 搭建领域之间“桥梁”

这一步要完成以下两个目标：①利用源领域和目标领域的信息搭建沟通两个领域之间的桥梁，对目标领域文本进行首次标注；②从目标领域中选出标注最准确的文本作为高质量的种子，它们体现了目标领域的内部结构，为进一步利用目标领域内部结构作准备。

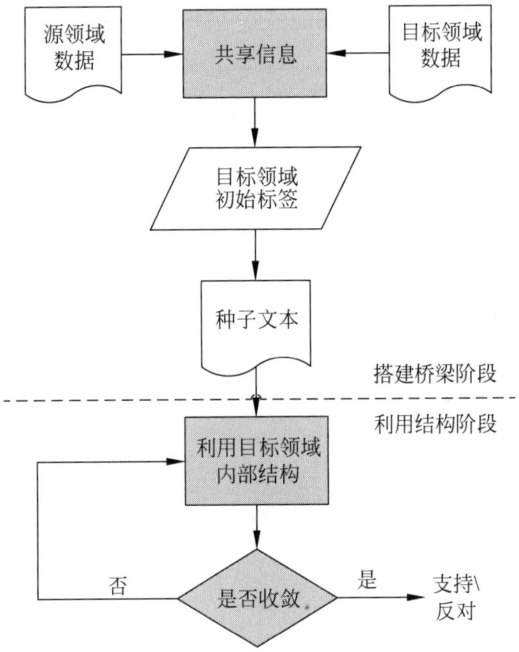

图 5-6　基于 Manifold-Ranking 模型的跨领域情感分类框架

对于第一个目标，使用 SentiRank 算法[20]在源领域和目标领域之间建立“桥梁”。SentiRank 算法利用源领域和目标领域文本间的相似性得到目标领域文本的情感倾向性。其先验假设是：如果一个文本与一些具有支持(反对)态度的文本紧密联系，则它也很可能持支持(反对)倾向性。其算法思想为：由数据构建加权图；以任意一个分类器初始化目标领域文本的伪标签；为源领域和目标领域中每一个文本分配一个情感分来表示其情感倾向性程度；然后通过加权图，用源领域的准确标签和目标领域的伪标签共同迭代计算目标领域文本的情感分；最后，算法收敛时，得到最终情感分，并根据所得情感分为每个目标领域文本分配一个标签。

接下来，利用上一步计算所得的情感分求出目标领域中的高质量种子集。首先，将目标领域文本按其情感分降序排序。情感分表示相应文本情感倾向性的程序，因此，排序后，越靠前的文本持“支持”态度的可能性越大，越往后的文本持“反对”态度的可能性越大。然后，将排好的文本中的前 K 个和后 K 个文本作为高质量的种子。

为了证明该算法可以产生高质量种子，在三个评论数据集(酒店、书籍、计算机)中选出一个作为训练集另一个作为测试集，来应用该算法，所得的 K 个种子的准确性如表 5-5 所示。为更好地评价参数 K，将 K 从 50 增加到 290，每次增加 40。由表中可见，对于其中三个迁移问题(书籍→酒店，酒店→计算机，计算机→酒店)的准确率都在 89%以上，对于另两个迁移问题(书籍→计算机，酒店→书籍)的准确率都在 75%以上。迁移任务“计算机→书籍”的准确率不是特别好，可能的原因是这两个领域间的差异过大。然而，即使种子标注不是十分准确，在后续的实验中依然可以证明该方法可以利用种子来提升跨领域情感分类的精度。

表 5-5 6个任务的种子准确率

领域	K						
	50	90	130	170	210	250	290
书籍→酒店	0.95	0.9222	0.923	0.9294	0.9333	0.934	0.924
书籍→计算机	0.82	0.8778	0.8923	0.8912	0.8905	0.882	0.886
酒店→书籍	0.80	0.8055	0.8115	0.8117	0.8024	0.754	0.7431
酒店→计算机	0.93	0.9277	0.923	0.9235	0.9214	0.91	0.9086
计算机→书籍	0.74	0.75	0.7461	0.7264	0.7142	0.712	0.681
计算机→酒店	0.9167	0.9111	0.9	0.8976	0.8990	0.898	0.8972

3. 利用目标领域内部结构

SentiRank 算法在源领域和目标领域之间搭起过渡的桥梁，但还没有利用目标领域的内部结构来提升跨领域情感分类的性能。目前为止，已经有了少量可以体现目标领域高质量种子，接下来介绍如何通过流排序方法来更好地利用这些种子促进跨领域情感分类。

针对情感分类问题，首先建立一个加权网络，其中点表示目标领域文本，同时，将已选出种子的情感分集成到流排序过程中。因此用于情感分类的流排序过程形式化描述如下：

给定一个点集 $\chi=\{\boldsymbol{x}_1,\cdots,\boldsymbol{x}_K,\boldsymbol{x}_{K+1},\cdots,\boldsymbol{x}_{2K},\boldsymbol{x}_{2K+1},\cdots,\boldsymbol{x}_n\}\subset R^m$，前 K 个点 $\boldsymbol{x}_i(1\leqslant i\leqslant K)$是标签为“支持”的种子，接下来的 K 个点 $\boldsymbol{x}_j(K+1\leqslant j\leqslant 2K)$是标签为“反对”的种子，其余的点 $\boldsymbol{x}_u(2K+1\leqslant u\leqslant n)$未标注。令函数 $F:\chi\to R^2$ 表示排序函数，其为每一个点 $\boldsymbol{x}_i(1\leqslant i\leqslant n)$分配一个排序值向量。可以将函数 F 看作是一个矩阵 $\boldsymbol{F}=[\boldsymbol{F}_1{}^{\mathrm{T}},\cdots,\boldsymbol{F}_n{}^{\mathrm{T}}]^{\mathrm{T}}$。另外，再定义一个 $n\times 2$ 的矩阵 $\boldsymbol{Y}=[\boldsymbol{Y}_1,\boldsymbol{Y}_2]$，其中 $\boldsymbol{Y}_1=[Y_{11},\cdots,Y_{K1},Y_{K+1,1},\cdots,Y_{n1}]^{\mathrm{T}}$，$Y_2=[Y_{12},\cdots,Y_{K2},Y_{K+1,2},\cdots,Y_{n2}]^{\mathrm{T}}$。如果 $\boldsymbol{x}_i$ 标签为“支持”，则设定 Y_{i1} 为 1；如果 x_i 标签为“反对”，则设定 Y_{i2} 为 1。用于情感分类的流排序算法如下所示：

第一步，用余弦相似性计算点对之间的相似性。词 t 的权重用公式 $tf_t * idf_t$ 计算，其中 tf_t 是词 t 在文本中的出现频率，idf_t 是词 t 的逆文本频率，也就是由公式 $1+log(N/n_t)$计算，在这个公式中 N 表示文本总数，n_t 表示包含词 t 的文本数。对于任意两个点 $\boldsymbol{x}_i$ 和 $\boldsymbol{x}_j$ 来说，它们的余弦相似性表示为 $sim(\boldsymbol{x}_i,\boldsymbol{x}_j)$，由相应词向量间的归一化内积来计算。

第二步，将相似性不为 0 的两点间连接一条边。使用邻接矩阵 $\boldsymbol{W}$ 来表示目标领域文本间的相似矩阵，定义为 $\boldsymbol{W}_{ij}=sim(\boldsymbol{x}_i,\boldsymbol{x}_j)$，如果 $i\neq j$，同时设置 $\boldsymbol{W}_{ii}=0$ 以避免所建造的网络中有环。

第三步，构建矩阵 $\boldsymbol{S}=\boldsymbol{D}^{-1/2}\boldsymbol{W}\boldsymbol{D}^{-1/2}$，其中 $\boldsymbol{D}$ 是一个对角线矩阵，它的每一个对角线元素(i,i)等于矩阵 $\boldsymbol{W}$ 中第 i 行的总和。

第四步，迭代运行公式 $F(t+1)=\alpha\boldsymbol{S}\boldsymbol{F}(t)+(1-\alpha)\boldsymbol{Y}$ 直到算法收敛，其中 α 为参数，取值范围为(0,1)。

第五步，假设 $\boldsymbol{F}^*$ 表示序列$\{F(t)\}$的极限。此时每个文本 $x_j(K+1\leqslant j\leqslant n)$都得到它的最终排序分向量 $\boldsymbol{F}_j^*$。

在以上流排序算法的第二步中，将加权网络的邻接矩阵 $\boldsymbol{W}$ 的对角线元素设置为 0，目的是避免自增强。在第三步中，将邻接矩阵 $\boldsymbol{W}$ 进行对称归一化，这一步用于保证该算法的收敛性。另外，因为 $\boldsymbol{S}$ 是对称矩阵，这也使得信息可以沿着加权网络对称传播。第四步为核心步，通过该步，每个点从邻域中得到信息（函数中的第一项），并且保留其最初的信息（函数中的第二项）。算法中的权重参数 α 表示一个点的邻域信息和初始排序分对最终排序分的贡献大小。

文献[25]证明了排序分数向量序列 $\{F(t)\}$ 最终收敛于：

$$\boldsymbol{F}^{*}=\beta(\boldsymbol{I}-\alpha\boldsymbol{S})^{-1}\boldsymbol{Y} \tag{5.12}$$

其中 $\beta=1-\alpha$，虽然 F^{*} 可以直接由上述公式求出，但对于大规模数据的问题来说，考虑到计算复杂性问题，更倾向于使用迭代算法。通常，对于每一个测试集中的文本，如果连续两次迭代计算得到的排序分的变化量低于一个给定的阈值，则认为该算法收敛，文中设定此阈值为 0.000 01。

最后，根据排序分标注目标领域的文本。对于每一个文本 $\boldsymbol{x}_i$（$1\leqslant i\leqslant n$），如果 $Y_{i1}>Y_{i2}$，则为该文本标注“支持”；如果 $Y_{i1}<Y_{i2}$，则为该文本标注“反对”。

4. 算法评价

实验使用了三个中文领域的在线评论集，分别是：书籍评论（来源于当当网站①），酒店评论（来源于携程网站②），计算机评论（来源于京东网站③）。每个数据集有 4000 篇已标注评论（2000 篇支持，2000 篇反对）。实验在三个数据集中选一个作为源领域，另一个作为目标领域。

实验中将流排序算法与以下方法进行对比：

Prototype：原型分类器是一种典型的监督分类器，该方法只使用源领域文本作为训练数据。该方法结果见表 5-6 中的第 1 列。从表中可见，对于六个跨领域问题，最低精度为 61.25%，最高精度为 73.5%。

TSVM：Transductive SVM[26]，实验中使用 Joachims 的 SVM-light④，使用线性核，将所有参数设为默认值。该方法使用源领域数据和目标领域数据。该方法结果见表 5-6 中的第 2 列。从表 5-6 中可见，该方法结果比 Prototype 结果好，精度最低为 61.42%，最高为 77.17%。

表 5-6　不同方法的精度比较

领域	Prototype	TSVM	SentiRank	EM based onPrototype	EM based on SentiRank	Manifold based on Prototype	本文方法
书籍→酒店	0.735	0.74875	0.7725	0.765	0.7745	0.761	0.79
书籍→计算机	0.651	0.769	0.714	0.667	0.7665	0.745	0.776
酒店→书籍	0.6445	0.61425	0.6715	0.723	0.6705	0.6775	0.683
酒店→计算机	0.7285	0.72625	0.7485	0.657	0.7715	0.784	0.784
计算机→书籍	0.6125	0.6225	0.6375	0.7635	0.651	0.6655	0.65
计算机→酒店	0.724	0.77175	0.764	0.7655	0.777	0.779	0.7905
平均	0.6826	0.70875	0.718	0.7235	0.7352	0.7354	0.7456

① http://www.dangdang.com/

② http://www.ctrip.com/

③ http://www.jd.com/

④ http://svmlight.joachims.org/

SentiRank：其中使用 Prototype 分类器初始化情感分。从表 5-6 中的第 3 列可见结果比 Prototype 和 TSVM 好很多，最低精度为 63.7%，最高精度为 77.2%。

EM：实现了两种 EM 迭代算法，一个为基于 Prototype 的 EM 算法；另一个为基于 SentiRank 的 EM 算法。在基于 SentiRank 的 EM 算法中，使用目前已标注数据迭代训练 SentiRank 分类器，并用它计算目标领域中未标注文本的情感分，从中选出 K_E 个标注最准确的文本加入已标注文本集中，继续返回 SentiRank 迭代。EM 算法的性能与 K_E 有关，因此在实验中分别将 K_E 的值设为从 10 到 300，每次增加 20，得到的最好结果见表 5-6 的第 5 列。从表中可见，它的准确性比除 Manifold 方法外的其余方法均好，精度范围从 65.1%到 77.7%。基于 Prototype 的 EM 算法与上述类似，只是将训练的分类器换成了 prototype，得到的结果见表 5-6 中第 4 列，准确性比前面的三个对比方法好，但比基于 SentiRank 的 EM 算法差，精度范围从 65.7%到 76.5%。

Manifold：首先用训练数据训练 Prototype 分类器；然后分别用文本与“支持”类别中心向量的相似分以及文本与“反对”类别中心向量的相似分初始化测试数据的排序分向量；最后选择 K_M 个最可能持“支持”态度的文本和 K_M 个最有可能持“反对”态度的文本作为种子进行流排序。因为此算法受 K_M 影响很大，所以在实验中分别将 K_M 的值设为从 10 到 300，每次增加 20，得到的最好结果见表 5-6 中的第 6 列。从表中可见，精度最低为 66.5%，最高为 78.4%，比其他比较方法均好。

由表 5-6 可见，SentiRank 和 TSVM 的平均准确率均比 Prototype 高：SentiRank 的平均准确率比 Prototype 高 3.5%，TSVM 的平均准确率比 Prototype 高 2.6%。这是因为，SentiRank 和 TSVM 既利用源领域信息又利用目标领域信息，而 Prototype 只利用源领域信息，因此准确率上的差异表示利用两个领域的信息比只利用源领域的信息更能促进跨领域情感分类的准确率。

表 5-6 中后四列的平均准确率比前三列高。这是因为，后四种方法为两阶段法，前三种方法不是。这个现象证明两阶段跨领域方法对于跨领域情感分类更有效。同时，基于 SentiRank 的 EM 算法的平均准确率比基于 Prototype 的 EM 算法的平均准确率高，这说明 SentiRank 算法可以为下一阶段选择适用于目标领域的更高质量的种子。

由表中可见基于流排序的方法优于 EM 算法，平均准确率比基于 Prototype 的 EM 算法高 2.2%，比基于 SentiRank 的 EM 算法高 1%，其中“酒店→计算机”移植问题的精度与基于 Prototype 的 EM 算法相比提高的最大，为 13%。这是由两个原因造成的：第一，EM 算法不是专门用于跨领域情感分类的；第二，基于流排序的方法可以更好地利用目标领域内部结构。

为了测试参数 K 对算法性能的影响，将 K 从 10 增加到 290，每次增加 20。本次实验同样针对上述的 6 个跨领域情感分类问题。结果如图 5-7 所示。当 K 从 10 增加到 70 时，图中六个任务的曲线迅速上升，当 K 从 90 增加到 230 时，曲线上升幅度减缓，当 K 超过 230 以后曲线变得稳定。这是因为当 K 太小时，种子数量太少，不足够影响到它们邻居的排序分，因此基于流排序的算法性能没有达到最优。算法的性能随着 K 的增大而变好，但当 K 大于 230 时，虽然种子数量大到足够影响其邻域，但此时种子不够准确，有可能将错误的信息传播到邻域，因此此时算法的性能不能进一步得到提高。所以，最终将 K 设为 290。

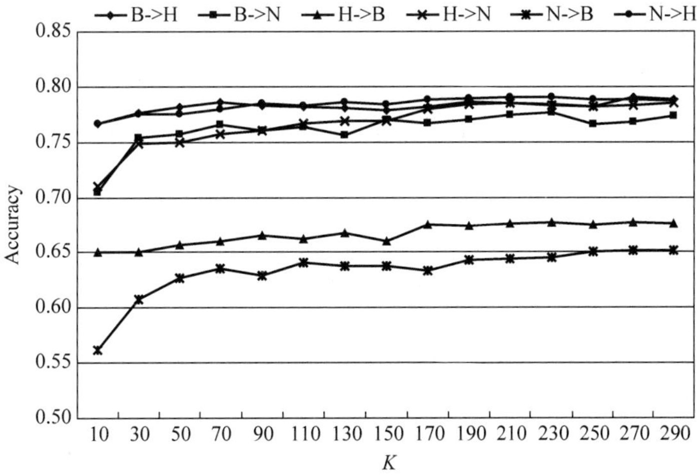

图 5-7　种子数 K 对算法准确率的影响

5.3　文本与词相互促进的跨领域情感分类

5.2 节介绍的基于图模型的跨领域情感分类研究都是充分利用文本间的关系促进跨领域情感分类的精度。文本是由词语构成的，词语情感类别判断是文本情感分类研究的基础，准确分析词语的情感类别能够促进文本情感分类的精度，同样，跨领域情感分类问题也可以充分利用词语进行辅助研究。因此，本节介绍如何充分利用词语来进一步促进跨领域情感分类的精度。

目前，尽管跨领域情感分析已经取得了一些进展，然而，现有方法和系统往往只根据已标注文本或者已标注情感词对目标领域文本进行情感分类，缺乏一个统一的模型框架将文本与情感词之间的全部知识进行有机融合。事实上，文本的情感可以由相关文本以及相关情感词共同确定；反之，情感词的倾向性也同样可以由相关文本以及相关情感词共同确定。以上结论是基于以下两点原因：

(1) 与其他持“支持”(“反对”)观点的文本紧密相关的文本也将持“支持”(“反对”)观点；同样，与其他持“支持”(“反对”)观点的词紧密相关的情感词也将持“支持”(“反对”)观点。

(2) 包含许多持“支持”(“反对”)观点的词的文本也将持“支持”(“反对”)观点；同样，出现在许多持“支持”(“反对”)观点的文本中的情感词也将持“支持”(“反对”)观点。

基于以上观点，Wu 等人[27]用一个统一的框架融合源领域和目标领域的文本与词之间的四种关系(也就是，文本之间的关系、词之间的关系、文本与词之间的关系、词与文本之间的关系)来进行跨领域情感分类。该方法旨在充分利用源领域和目标领域的文本与词之间的所有关系来实现知识在领域之间的迁移。首先，生成三个图来表示上述四种关系；随后，为每一个标注文本分配一个情感分来表示其持“支持”或“反对”观点的程度；然后，对于待标注文本，利用三个图迭代计算其情感分；最后，当算法收敛时得到待标注文本的最终情感分，据此判断待标注文本的情感倾向性。

5.3.1 问题描述

跨领域情感分类问题定义如下：

该问题中有两个文本集：测试文本集 $D^U=\{\boldsymbol{d}_1,\boldsymbol{d}_2\cdots,\boldsymbol{d}_{nd}\}$，其中 $\boldsymbol{d}_i$ 表示第 i 个文本的向量，所有测试文本都没有标签；训练文本集 $D^L=\{\boldsymbol{d}_{nd+1},\boldsymbol{d}_{nd+2},\cdots,\boldsymbol{d}_{nd+md}\}$，其中 $\boldsymbol{d}_j$ 表示第 j 个文本的向量，每一个训练文本 $\boldsymbol{d}_j\in D^L(j=nd+1,nd+2,\cdots,nd+md)$ 都有一个来自类别集 $C=\{$支持，反对$\}$ 中的标签。假设测试文本集 D^U 和训练文本集 D^L 来自相关但不相同的领域。

同时，该问题有两个词集：测试词集 $W^U=\{w_1,w_2,\cdots,w_{nw}\}$ 是 D^U 中词的集合，所有词都没有标签；训练词集 $W^L=\{w_{nw+1},w_{nw+2},\cdots,w_{nw+mw}\}$ 是 D^L 中词的集合，每一个词 $w_j\in W^L(j=nw+1,nw+2,\cdots,nw+mw)$ 都有一个来自 C 中的标签。

跨领域算法的目标是利用另一个领域的训练数据集 D^L 和 W^L 来对测试数据集中的每一个文本 $\boldsymbol{d}_i\in D^U(i=1,2,\cdots,nd)$ 分配一个 C 中的标签，使得准确率最高。

在文本与词互相促进的跨领域情感分类算法中，如前所述，文本与词之间存在以下四种关系：

(1) DD-关系：文本间的关系，通常用文本间内容相似性计算。

(2) WW-关系：词之间的关系，通常用基于知识的方法或基于语料的方法计算。

(3) DW-关系：文本与词之间的关系，通常用词在文本中的相对重要性来计算。

(4) WD-关系：词与文本之间的关系，通常用文本对词的相对重要性来计算。

图 5-8 具体说明了这四种关系。在图 5-8 中，圆圈表示文本；方块表示词；黑色表示"支持"；白色表示"反对"；文本间的实线表示 DD-关系；词间的点画线表示 WW-关系；文本和词间的虚线表示 DW-关系和 WD-关系。

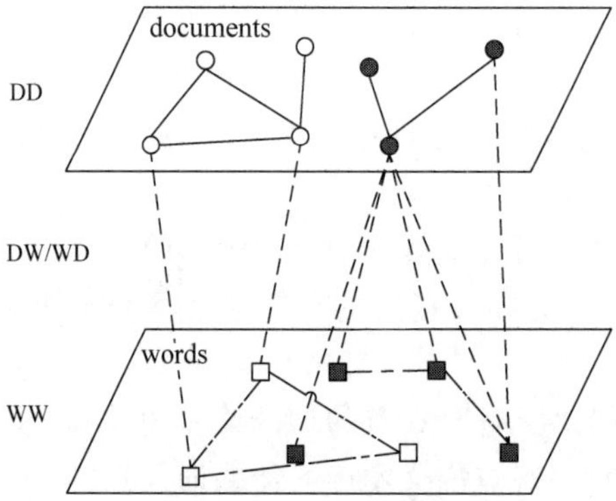

图 5-8 关系示意图

文本与词相互促进的跨领域情感分类算法将以上各种关系完全融合到一个统一的框架之中。该框架如图 5-9 所示。

图中的算法由两阶段构成：情感图生成阶段和相互增强阶段。在情感图生成阶段中，算法充分利用源领域的标注数据和目标领域的未标注数据，生成三个图来反映四种关系。然后，对于源领域数据，给每个文本和词分配一个初始情感得分("1"表示"支持"，"−1"表示"反对")来表示它们的情感倾向性程度；对于目标领域数据，将初始情感分设为 0。在相互

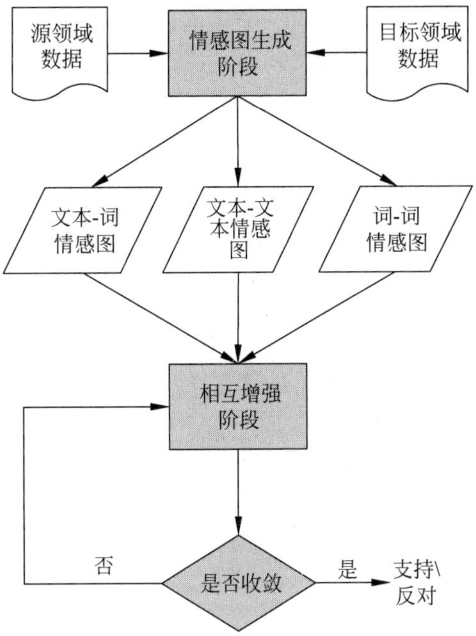

图 5-9　基于文本与词相互促进的跨领域情感分类框架

增强阶段，算法采用随机游走模型来计算目标领域文本与词的情感分，当算法收敛时，所有的文本得出最终情感分。

如果文本的情感分在 0 和 1 之间，该文本应标注为“支持”，情感分越接近于 1，它的“支持”程度越高；否则，如果文本的情感分在 0 到 −1 之间，该文本应标注为“反对”，情感分越接近于 −1，它的“反对”程度越高。

5.3.2　情感图生成算法

1. 符号描述

算法用三个情感图来反映四种关系，其中各符号定义如表 5-7 所示。第一列为关系的名称；第二列为对应于相应关系的相似性矩阵的表示符号；考虑到收敛性，需将相似性矩阵归一化，第三列为矩阵归一化后的表示符号；为了计算情感分，需要求出文本与词的邻域，第四列为该邻接矩阵的表示符号。

表 5-7　符号描述

关　系	相似度矩阵	归　一　化	邻 域 矩 阵
DW	$\boldsymbol{M}=[M_{ij}]_{ndx(nw+mw)}$	$\hat{\boldsymbol{M}}$	$\boldsymbol{M}n=[Mn_{ij}]_{nd\times 2K}$
WD	$\boldsymbol{N}=[N_{ij}]_{nwx(nd+md)}$	$\hat{\boldsymbol{N}}$	$\boldsymbol{N}n=[Nn_{ij}]_{nw\times 2K}$
DD	$\boldsymbol{U}=[U_{ij}]_{ndx(nd+md)}$	$\hat{\boldsymbol{U}}$	$\boldsymbol{U}n=[Un_{ij}]_{nd\times 2K}$
WW	$\boldsymbol{V}=[V_{ij}]_{nwx(nw+mw)}$	$\hat{\boldsymbol{V}}$	$\boldsymbol{V}n=[Vn_{ij}]_{nw\times 2K}$

2. 文本-词情感图生成

用以下方式建立一个加权二部图模型来反映文章集合 D^U 和 D^L 与词集 W^U 和 W^L 间

的关系：图中每个结点表示 D^U 和 D^L 中一个文本或 W^L 以及 W^U 中一个词；如果词 w_j 出现在文本 $\boldsymbol{d}_i$ 中，生成一条从 w_j 到 $\boldsymbol{d}_i$ 的边。边的权重 $wei(\boldsymbol{d}_i, w_j)$ 由词 w_j 在文本 $\boldsymbol{d}_i$ 中的相对重要性来计算：

$$wei(\boldsymbol{d}_i, w_j) = \frac{tf_{w_j} \times idf_{w_j}}{\sum_{w \in d_i} tf_w \times idf_w} \tag{5.13}$$

式中，w 表示 $\boldsymbol{d}_i$ 中一个非重复词，tf_w 和 idf_w 分别是文章中的词频及逆词频。

算法需用到文本集 D^U 与词集 W^U 或 W^L 间的关系，以及词集 W^U 与文本集 D^U 或 D^L 间的关系。文中使用邻接矩阵 $\boldsymbol{M}$ 表示文本集 D^U 与词集 W^U 或 W^L 间的相似矩阵，其前 nw 列表示 D^U 和 W^U 间相似矩阵，后 mw 列表示 D^U 和 W^L 间相似矩阵。$\boldsymbol{M} = [\boldsymbol{M}_{ij}]_{ndx(nw+mw)}$ 中的每一个元素即为 $wei(\boldsymbol{d}_i, w_j)$。

考虑到收敛性，将邻接矩阵 $\boldsymbol{M}$ 归一化为矩阵 $\hat{\boldsymbol{M}}$，使得 $\hat{\boldsymbol{M}}$ 中每一行的和为 1：

$$\hat{M}_{ij} = \begin{cases} M_{ij} \Big/ \sum_{j=1}^{nw+mw} M_{ij}, & \text{当} \sum_{j=1}^{nw+mw} M_{ij} \neq 0 \\ 0, & \text{其他} \end{cases} \tag{5.14}$$

为了找出一个文本在 W^U 和 W^L 中的邻域(即最相似的词或者文本)，分别对 D^U 和 W^U 间相似矩阵以及 D^U 和 W^L 间相似矩阵进行降序排序，得到 $\widetilde{M}$。也就是说，先对 $\hat{M}_{ij}(j=1,2,\cdots,nw)$ 的每一行进行降序排序，然后对 $\hat{M}_{ij}(j=nw+1,nw+2,\cdots,nw+mw)$ 的每一行进行降序排序。因此，对于 $\boldsymbol{d}_i \in D^U(i=1,2,\cdots,nd)$，$\widetilde{M}_{ij}(j=1,2,\cdots,K)$ 表示其在 W^U 中的 K 个邻居，$\widetilde{M}_{ij}(j=K+1,K+2,\cdots,2K)$ 表示其在 W^L 中的 K 个邻居。这里使用矩阵 $\boldsymbol{Mn} = [Mn_{ij}]_{nd \times 2K}$ 来表示 D^U 在 W^U 和 W^L 中的邻居。

类似地，使用邻接矩阵 $\boldsymbol{N} = [N_{ij}]_{nwx(nd+md)}$ 表示词集 W^U 与文本集 D^U 或 D^L 间的相似矩阵，其前 nd 列表示 W^U 和 D^U 间相似矩阵，后 md 列表示 W^U 和 D^L 间相似矩阵。每个元素 N_{ij} 即为 $wei(d_j, w_i)$。将邻接矩阵 $\boldsymbol{N}$ 归一化为矩阵 $\hat{\boldsymbol{N}}$，使得 $\hat{\boldsymbol{N}}$ 中每一行的和为 1。然后分别对 $\hat{N}_{ij}(j=1,2,\cdots,nd)$ 的每一行及 $\hat{N}_{ij}(j=nd+1,nd+2,\cdots,nd+md)$ 的每一行进行降序排序得到矩阵 $\widetilde{\boldsymbol{N}}$。最终，使用矩阵 $\boldsymbol{Nn} = [Nn_{ij}]_{nw \times 2K}$ 来表示 W^U 在 D^U 和 D^L 中的邻居。

3. 文本-文本情感图生成

建立一个无向图模型，结点表示 D^L 和 D^U 中的文本，边表示文本间的内容相似度。如果两个文本间内容相似度为 0，则图中两点间无边，如果不为 0，则图中两点间有边，且边的权重即为此内容相似度。

文本的内容相似度有多种计算方法，此处用余弦相似度来计算。使用邻接矩阵 $\boldsymbol{U}$ 来表示相似矩阵，其前 nd 列表示 D^U 间的相似矩阵，后 md 列表示 D^U 和 D^L 间的相似矩阵。$\boldsymbol{U} = [U_{ij}]_{ndx(nd+md)}$ 定义如下：

$$U_{ij} = \begin{cases} \dfrac{\boldsymbol{d}_i \cdot \boldsymbol{d}_j}{\| \boldsymbol{d}_i \| \times \| \boldsymbol{d}_j \|}, & i=1,2,\cdots,nd;\ j=1,2,\cdots,nd,nd+1,\cdots,nd+md, i \neq j \\ 0, & i=j \end{cases} \tag{5.15}$$

词 w 的权重用 $tf_w * idf_w$ 来计算,其中 tf_w 是词 w 在文本中频度,idf_w 是词 w 的逆文本频度,也就是 $1+\log(N/n_w)$。另外,式(5.15)中 N 表示文本总数,n_w 表示数据集中包含词 w 的文本数。

为保证算法收敛,将邻接矩阵 $\boldsymbol{U}$ 归一化为矩阵 $\hat{\boldsymbol{U}}$,使得 $\hat{U}$ 中每一行的和为 1。然后分别对 $\hat{U}_{ij}(j=1,2,\cdots,nd)$ 的每一行以及 $\hat{U}_{ij}(j=nd+1,nd+2,\cdots,nd+md)$ 的每一行进行降序排序得到 $\tilde{\boldsymbol{U}}$。最后,使用矩阵 $\boldsymbol{Un}=[Un_{ij}]_{nd\times 2K}$ 来表示 D^U 在 D^U 和 D^L 中的邻居。

4. 词-词情感图生成

类似于文本-文本情感图,这里建立一个无向图模型来反映词集 W^L 与 W^U 间的关系,每个结点表示一个词,边的权重表示词与词之间的语义相似性。

此处使用基于语料的方法计算语义相似性,即利用语料中的信息计算词间的相似性,其中又分为很多方法,如互信息法、隐含语义分析法等。该算法用滑动窗口法计算词的语义相似性。该方法认为,如果两个词在一个最多有 K_{win} 个词的窗口中至少共现一次,则这两个词语义上相似,其中 K_{win} 是窗口大小。此处使用邻接矩阵 $\boldsymbol{V}$ 来表示相似矩阵,其前 nw 列表示 W^U 和 W^U 间的相似矩阵,后 mw 列表示 W^U 和 W^L 间的相似矩阵。$\boldsymbol{V}=[V_{ij}]_{nwx(nw+mw)}$ 定义如下:

$$V_{ij}=\begin{cases}\log\dfrac{N\times p(w_i,w_j)}{p(w_i)\times p(w_j)}, & \text{当 } w_i\neq w_j \text{ 并 } i\neq j\\ 0, & \text{其他}\end{cases}\tag{5.16}$$

式中,N 表示 D^U 中词的总数;$p(w_i,w_j)$ 表示 w_i 和 w_j 在一个窗口中共现的概率,可由 $num(w_i,w_j)/N$ 进行计算,这里 $num(w_i,w_j)$ 表示 w_i 和 w_j 在窗口中共现的次数;$p(w_i)$ 和 $p(w_j)$ 分别表示 w_i 和 w_j 存在的概率,具体由 $num(w_i)/N$ 与 $num(w_j)/N$ 进行计算,这里 $num(w_i)$ 和 $num(w_j)$ 是 w_i 和 w_j 出现的次数。同样,将邻接矩阵 $\boldsymbol{V}$ 归一化为矩阵 $\hat{\boldsymbol{V}}$,使得 $\hat{\boldsymbol{V}}$ 中每一行的和为 1。然后分别将 $\hat{V}_{ij}(j=1,2,\cdots,nw)$ 中的每一行以及 $\hat{V}_{ij}(j=nw+1,nw+2,\cdots,nw+mw)$ 中的每一行进行降序排序得到 $\tilde{\boldsymbol{V}}$,使用矩阵 $\boldsymbol{Vn}=[Vn_{ij}]_{nw\times 2K}$ 来表示 W^U 在 W^U 和 W^L 中的邻居。

5.3.3　基于随机游走模型的跨领域情感分类算法

该算法将三个情感图中表示的四种关系融合在一起来迭代计算情感分,可以得到以下计算公式:

$$ds_i=\alpha\times\sum_{g\in Un_{i\cdot}}(\hat{U}_{ig}\times ds_g)+\beta\times\sum_{l\in Mn_{i\cdot}}(\hat{M}_{il}\times ws_l)\tag{5.17}$$

$$ws_j=\alpha\times\sum_{g\in Nn_{j\cdot}}(\hat{N}_{jg}\times ds_g)+\beta\times\sum_{l\in Vn_{j\cdot}}(\hat{V}_{jl}\times ws_l)\tag{5.18}$$

式中,$\boldsymbol{i}\cdot$ 表示矩阵的第 i 行;$Ds=\{ds_1,\cdots,ds_{nd},ds_{nd+1},\cdots,ds_{nd+md}\}$ 表示 D^U 和 D^L 的情感分;$Ws=\{ws_1,\cdots,ws_{nw},ws_{nw+1},\cdots,ws_{nw+mw}\}$ 表示 W^U 和 W^L 的情感分;α 和 β 分别表示文本集和词集对最终情感分的贡献大小,其取值范围均为 $[0,1]$,$\alpha+\beta=1$。

为保证算法收敛，算法每迭代一次都需要分别将 Ds 和 Ws 按下列公式进行归一化，使得正的情感分之和为 1，负的情感分之和为−1。

$$ds_i=\begin{cases} ds_i \Big/ \sum_{j\in D^U_{neg}} (-ds_j), & ds_i<0 \\ ds_i \Big/ \sum_{j\in D^U_{pos}} ds_j, & ds_i>0 \end{cases} \tag{5.19}$$

$$ws_j=\begin{cases} ws_j \Big/ \sum_{i\in W^U_{neg}} (-ws_i), & ws_j<0 \\ ws_j \Big/ \sum_{i\in W^U_{pos}} ws_i, & ws_j>0 \end{cases} \tag{5.20}$$

式中，D^U_{neg} 和 D^U_{pos} 分别表示 D^U 中倾向性为“反对”的文本集合及“支持”的文本集合；W^U_{neg} 和 W^U_{pos} 分别表示 W^U 中倾向性为“反对”的词集合及“支持”的词集合。

完整算法如下所述：

(1) 初始化 $\boldsymbol{d}_i\in D^L(i=nd+1,\cdots,nd+md)$ 的情感分向量 ds_i（当 $\boldsymbol{d}_i$ 标注为“支持”时初始化为“1”，“反对”时初始化为“−1”），初始化 $w_i\in W^L(i=nw+1,\cdots,nw+mw)$ 的情感分向量 ws_i（当 w_i 标注为“支持”时初始化为“1”，“反对”时初始化为“−1”）。然后将 $ds_i(i=nd+1,\cdots,nd+md)$（$ws_i(i=nw+1,\cdots,nw+mw)$）归一化，使得 $D^L(W^L)$ 的正的情感分之和为 1，$D^L(W^L)$ 的负的情感分之和为−1。同时将 D^U 和 W^U 的情感分初始为 0。

(2) 迭代进行以下两步直到收敛：

计算 $ds_i(i=1,2,\cdots,nd)$ 并归一化：

$$ds_i^{(k)}=\alpha\times\sum_{g\in Un_{i.}}(\hat{U}_{ig}\times ds_g^{(k-1)})+\beta\times\sum_{l\in Mn_{i.}}(\hat{M}_{il}\times ws_l^{(k-1)}) \tag{5.21}$$

$$ds_i^{(k)}=\begin{cases} ds_i^{(k)} \Big/ \sum_{j\in D^U_{neg}} (-ds_j^{(k)}), & ds_i^{(k)}<0 \\ ds_i^{(k)} \Big/ \sum_{j\in D^U_{pos}} ds_j^{(k)}, & ds_i^{(k)}>0 \end{cases} \tag{5.22}$$

计算 $ws_j(j=1,2,\cdots,nw)$ 并归一化：

$$ws_j^{(k)}=\alpha\times\sum_{g\in Nn_{j.}}(\hat{N}_{jg}\times ds_g^{(k-1)})+\beta\times\sum_{l\in Vn_{j.}}(\hat{V}_{jl}\times ws_l^{(k-1)}) \tag{5.23}$$

$$ws_j^{(k)}=\begin{cases} ws_j^{(k)} \Big/ \sum_{i\in W^U_{neg}} (-ws_i^{(k)}), & ws_j^{(k)}<0 \\ ws_j^{(k)} \Big/ \sum_{i\in W^U_{pos}} ws_i^{(k)}, & ws_j^{(k)}>0 \end{cases} \tag{5.24}$$

式中，$ds_i^{(k)}$ 和 $ws_j^{(k)}$ 分别表示第 k 次迭代时的情感分 ds_i 和 ws_j。

(3) 对于每一个测试文本 $\boldsymbol{d}_i\in D^U(i=1,2,\cdots,nd)$，如果连续两次迭代计算得到的情感分 $ds_i\in Ds(i=1,2,\cdots,nd)$ 的变化量低于一个给定的阈值，则迭代结束，根据此时的情感分为每个测试文本分配一个标签，设置此阈值为 0.000 01。如果 $ds_i \in [-1,0]$，则将 $\boldsymbol{d}_i$ 标注为“反对”；如果 $ds_i \in [0,1]$，则将 $\boldsymbol{d}_i$ 标注为“支持”。

5.3.4　实验结果与分析

与 5.2.1 节一样，实验采用从互联网评论中整理出的三个领域的中文数据集，分别是电子评论（来源于中关村在线网站①）、财经评论（来源于搜狐财经网站②）与酒店评论（来源于携程网站③）。然后由专家将这些数据集标注为“支持”或“反对”。

数据集的具体构成如表 5-8 所示。

表 5-8　数据集构成

Data Set	Negative	Positive	Length	Vocabulary
电子	554	1054	121	6200
财经	683	364	460	13 012
酒店	2000	2000	181	11 336

说明：其中“Vocabulary”表示数据集中不同词的数量。

对上述数据集进行以下预处理：首先，使用中文分词工具 ICTCLAS 来对这些中文评论进行分词；然后，用向量空间模型来表示文本。在该模型中，每个文本转化为词空间中的词袋表示，词的权重用该词在文本中出现的频率来计算。

对于每个领域分好的词，利用 ICTCLAS 中提供的词性标注函数取出所有的形容词、副词、名词作为候选情感词，在去掉重复词以后，得到每个领域词集。在这个词集中，由专家将每个词标注为“支持”“反对”“中立”，并将标注为“支持”和“反对”的词组成情感词集合。需要注意的是，算法只在源领域使用情感词集合，而在目标领域使用未标注过的领域词集。

将三个数据集中的一个作为源领域文本集 D^L，它相应的情感词集作为源领域词集 W^L；将另一个数据集作为目标领域文本集 D^U，它相应的领域词集作为目标领域词集 W^U。

实验使用**精度**（accuracy）作为倾向性分析系统的评价标准。具体定义如下：

$$accuracy = \frac{\text{分类正确的文本数}}{\text{测试文本总数}}$$

文本与词相互促进的跨领域情感分类算法将与以下四个方法进行对比：

（1）Prototype：原型分类器是一种典型的监督分类器，该方法只使用源领域文本作为训练数据；

（2）LibSVM：支持向量机是一种效果很好的监督学习算法。实验中，使用 LibSVM，用它的线性核，并将所有参数设为默认值。该方法只使用源领域文本作为训练数据；

（3）TSVM：Transductive SVM 是一种广泛使用的促进分类准确性的方法。在实验中，使用 Joachims 的 SVM-light，使用线性核，将所有参数设为默认值。该方法使用源领域

① https://detail.zol.com.cn/
② https://blog.sohu.com/stock/
③ http://www.ctrip.com/

数据和目标领域数据；

(4) SCL：结构对应学习是一种经典的跨领域倾向性分析算法。该算法思想为：找出在不同领域中频繁出现的情感特征作为枢纽特征，然后通过建模来获得非枢纽特征与枢纽特征之间的关联。实验中，使用100个枢纽特征。该方法使用源领域数据和目标领域数据。

文本与词相互促进的跨领域情感分类算法中有三个参数：K、K_{win}、α(β 可以由 $1-\alpha$ 计算得出)。分别将参数 K 设为50，K_{win} 设为10。当 α 设定为不同值时，表示文本集和词集对模型的相对贡献不同，为证明文本集和词集对跨领域情感分类的相对重要性，分别将设为0,1,0.5，来显示只利用词集的精度(简称WORD)，只利用文本集的精度(简称为DOC)，既利用文本集又利用词集的精度(简称为ALL)。表5-9显示了Prototype、LibSVM、TSVM、SCL以及文本与词相互促进的跨领域情感分类算法的精度。

表5-9 不同方法精度比较

分类	Traditional Classifier		TSVM	SCL	Our Approach		
	Prototype	LibSVM			DOC	WORD	ALL
电子→财经	0.6652	0.6478	0.6543	0.7507	0.7326	0.7672	0.8389
电子→酒店	0.7304	0.7522	0.7143	0.7750	0.7543	0.6586	0.7891
财经→酒店	0.6848	0.6957	0.7338	0.7683	0.7435	0.7349	0.7804
财经→电子	0.7043	0.6696	0.8352	0.8340	0.8457	0.7870	0.8370
酒店→财经	0.6196	0.5978	0.6237	0.6571	0.7848	0.7787	0.8339
酒店→电子	0.6674	0.6413	0.6586	0.7270	0.8609	0.8299	0.8435
Average	0.6786	0.6674	0.7033	0.7520	0.7870	0.7594	0.8205

由表5-9可见，文本与词相互促进的跨领域情感分类算法大幅度地提高了跨领域倾向性分析的精度。与传统分类器相比，该方法精度对于6个移植问题均有很大提高。“酒店→财经”移植问题的精度与LibSVM相比提高的最大，为23.6%。精度上如此大幅度地提高表明该算法对于跨领域倾向性分析问题非常有效。

该方法优于TSVM：平均精度比TSVM高11.7%，“酒店→财经”移植问题的精度提高得最大，为21%。这是因为：第一，TSVM不是专门用于跨领域倾向性分析的；第二，TSVM要求测试数据中“支持”和“反对”样本数的比例与训练数据中的比例接近，因此当此条件不满足时性能受到影响。

该方法也优于SCL算法：平均精度比SCL算法高约6.9%，当从酒店向财经领域移植时，精度比SCL算法提高得最多，为17.7%。这是因为以下两点原因：第一，SCL算法本质上是基于词的共现(窗口大小为整篇文本)，因此它很容易被低频词及数据集大小所影响；第二，SCL算法的枢纽特征是完全由领域专家选定的，因此枢纽特征选择的质量会影响SCL算法的性能。

此外，从表中还可看出文本集和词集对跨领域情感分类都很重要。几乎对于全部六个移植问题，“ALL”的精度都优于“DOC”和“WORD”，六个移植问题平均提高的精度分别为3.35%和6.11%。这种现象的原因是：每次迭代时，文本和词的分类精度互相促进，更新后更准确的文本和词又共同促进跨领域情感分类的精度。

接下来，测试模型中的参数对算法性能的影响。

首先测试参数 K 对算法性能的影响。此时设置 K_{win} 为 10，α 为 0.5。将 K 的取值从 10 增加到 100，每次增加 10。本次实验同样针对六个领域移植问题。实验结果如图 5-10 所示。从图 5-10 中可见，当 K 足够大时其对算法的影响不大。当 K 从 10 变化到 30 时图 5-10 中 6 条曲线逐渐上升，当 K 超过 40 以后曲线变得基本稳定。因此算法中取 K 的值为 50，从而使算法具有最好的性能。

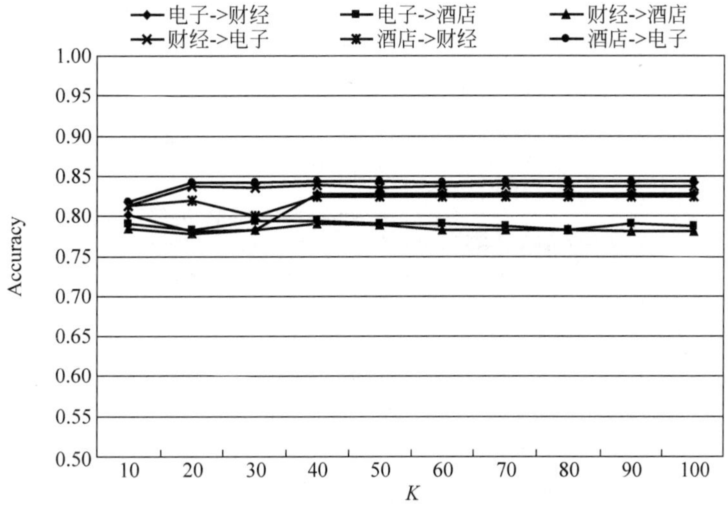

图 5-10　邻域数量 K 对算法精度的影响

其次测试参数 K_{win} 对算法性能的影响。此时设置 K 为 50，α 为 0.5。将 K_{win} 的取值从 5 增加到 50，每次增加 5。本实验同样涉及六个领域移植问题。实验结果如图 5-11 所示。从图 5-11 中可见，当 K_{win} 从 5 变化到 50 时图 5-11 中 6 条曲线几乎保持稳定。这表明参数 K_{win} 对算法性能影响不大。因此算法中取 K_{win} 的值为 10，从而使算法具有最好的性能。

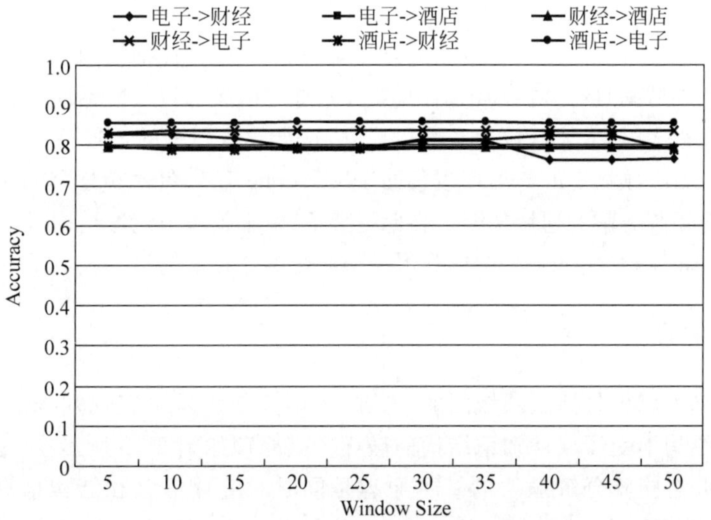

图 5-11　窗口大小 $Kwin$ 对算法精度的影响

最后测试参数 α 对算法性能的影响。此时设置 K 为 50，K_{win} 为 10。将 α 的取值从 0 增加到 1，每次增加 0.1。为了获得 α 的大小对算法性能影响的规律，同样针对六个领域移植问题，实验结果如图 5-12 所示。从图 5-12 中可见，当 α 从 0 变化到 1 时，算法精度先升后降。当 α 接近 0 或 1 时，精度逐渐变化；当 α 取值在 0.2 到 0.8 之间时，精度变化不大。这种变化是因为，当 α 取值为 0 时，算法只使用词集来辅助情感分析，而完全没有利用文本集的信息；当 α 取值为 1 时，算法只使用文本集信息而完全没有利用词集的信息。以上两种情况都没有充分利用四种关系的全部信息，因此精度比既利用文本集又利用词集信息时的精度差。实验表明，只要 α 的取值不是 0 或 1 时，参数 α 对算法的影响不大。算法中取 α 的值为 0.5，从而使算法具有最好的性能。

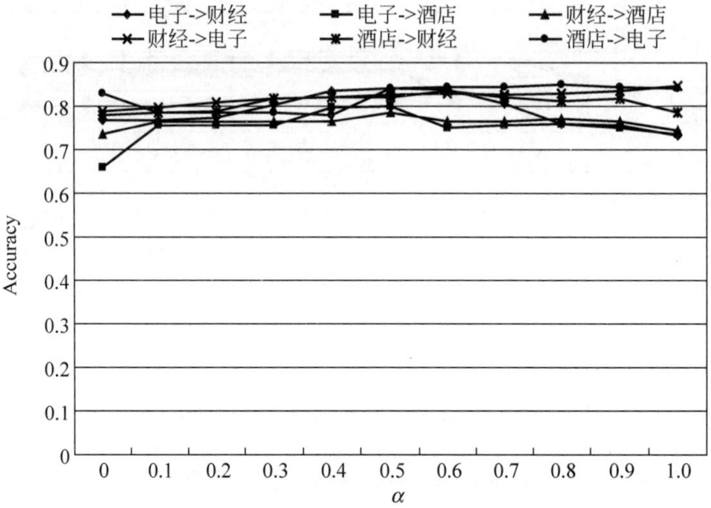

图 5-12　参数 α 对算法精度的影响

5.4　基于矩阵分解的领域迁移方法

迁移学习通过源领域的丰富标注数据，解决目标领域的标注稀缺问题。为实现知识迁移，现有方法均假设领域间具有公共知识结构，如公共隐含语义、话题、情感词等。然而，当领域间的概率分布差异很大时，上述假设通常难以成立，这会导致严重的负迁移问题，即在源领域上学习到的知识对目标领域上的学习产生负面作用。Long 等[28]针对负迁移问题，提出了一种基于图正则化联合矩阵分解的通用框架。在此框架下，由于领域内流形结构得以完整保持，不管领域间迁移的知识结构是否能够共享，学习模型均能保证较好的目标领域学习效果。

5.4.1　基本原理

该方法的基本思想是抽取领域间的公共隐含语义作为桥梁实现知识迁移，同时保持领域内几何流形结构不受领域外知识结构的破坏。其原理如图 5-13 所示。

图正则化联合矩阵分解框架的基本原理是同时对统计信息和结构信息进行建模。从图 5-13 中给出的带网络（或几何流形）结构的文档集合可以看到：由文档数据本身的词频

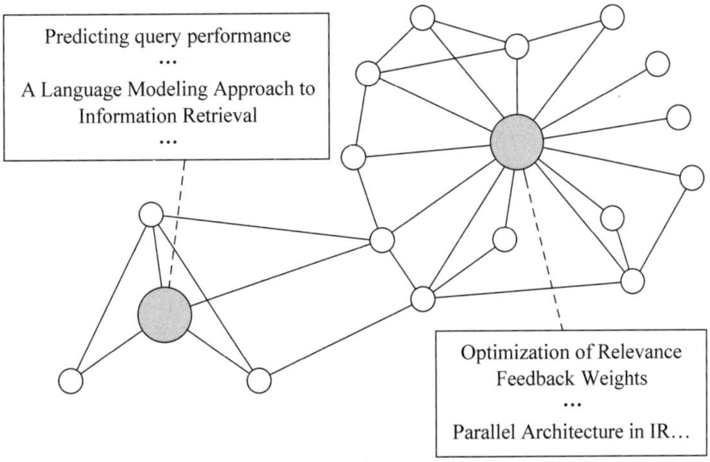

图 5-13　图正则化联合矩阵分解框架的基本原理图

统计信息可以挖掘隐含语义结构，由文档间的网络结构可以挖掘潜在流形结构。两者都对迁移学习至关重要。该方法同时对领域间统计信息和领域内几何结构进行建模，在增强正迁移的同时反制了负迁移，巧妙地解决了欠迁移和负迁移权衡的两难困境。此外，各种矩阵分解方法均可直接嵌入该框架实现迁移学习任务，因而能灵活地针对具体问题采用具体方法。

5.4.2　图正则化联合矩阵分解

记$\mathcal{D}_\pi$为第 π 个领域，其中 $\pi \in \Pi$ 是领域符号，对多个领域按照类别将符号集合划分成源领域 Π_s 和目标领域 Π_t，满足 $\Pi = \Pi_s \cup \Pi_t$ 且 $\Pi_s \cap \Pi_t = \varnothing$。所有领域共享特征空间$\mathcal{X}$和类别空间$\mathcal{Y}$，其中共有 $|\mathcal{X}| = m$ 个特征和 $|\mathcal{Y}| = c$ 个类别。记 $\boldsymbol{X}_\pi = [\boldsymbol{x}^\pi_{*1}, \cdots, \boldsymbol{x}^\pi_{*n_\pi}] \in \mathbb{R}^{m\times n_\pi}$ 为领域$\mathcal{D}_\pi$的特征-样例矩阵，其中 $\boldsymbol{x}^\pi_{*i}$ 是矩阵的第 i 个样例。记 $\boldsymbol{Y}_\pi \in \mathbb{R}^{n_\pi \times c}$ 为源领域 $\mathcal{D}_\pi$，$\pi \in \Pi_s$ 的标注矩阵，其中 $y^\pi_{ij} = 1$ 如果 $\boldsymbol{x}^\pi_{*i}$ 隶属于类别 j，否则 $y^\pi_{ij} = 0$。

根据上述定义，该方法的学习目标是：给定多个领域 $\{\mathcal{D}_\pi\}_{\pi\in\Pi}$，其中源领域 $\{\mathcal{D}_\pi\}_{\pi\in\Pi_s}$ 完全标注，学习在目标领域$\{\mathcal{D}_\pi\}_{\pi\in\Pi_t}$ 上错误率最低的分类器，且通过保持领域间的统计属性实现知识迁移，通过保持领域内的几何结构避免负迁移。

图正则化迁移学习采用了正则化矩阵分解技术。具体地，基于输入领域间共享某些公共隐含语义的假设，通过联合矩阵分解抽取这些公共隐含语义并保持原始数据在领域间的统计属性；同时，通过图正则化对所抽取的隐含语义进行精化并保持原始数据在领域内的几何结构。这样，所得到的学习模型能够对领域间的分布差异具有健壮性，原因是：

(1) 如果统计属性与几何结构在领域间一致，则两者可以互相精化、加强知识迁移能力；否则，

(2) 领域内的几何结构可以支配领域内的学习任务、避免领域外知识带来的负迁移。

图正则化迁移学习框架将联合矩阵分解和图正则化两类学习目标集成为统一的优化问题，如图 5-14 所示。

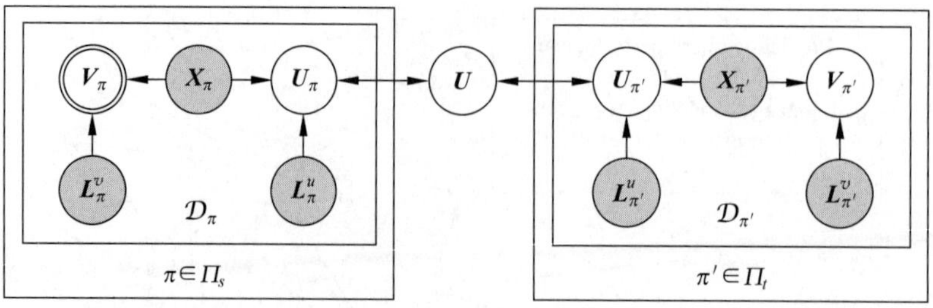

图 5-14　图正则化联合矩阵分解通用框架示意图

首先，通过联合矩阵分解[29]抽取隐含语义特征，在领域间保持数据的统计信息，原始数据经过重新表征后在领域间的概率分布差异可以隐式地减小。

领域$\mathcal{D}_\pi$的隐含语义可以通过**非负矩阵分解**（Nonnegative Matrix Factorization，NMF）模型[30]抽取。在 NMF 中，特征—样例矩阵 $\boldsymbol{X}_\pi$ 可以分解为两个低秩非负矩阵 $\boldsymbol{U}_\pi$ 和 $\boldsymbol{V}_\pi$ 的乘积，它们对矩阵 $\boldsymbol{X}_\pi$ 的重构误差达到最小化，且原始数据的统计信息可以得到保持。NMF 归结为如下的优化问题：

$$\min_{U_\pi, V_\pi \geqslant 0} \mathcal{L}(\boldsymbol{X}_\pi, h(\boldsymbol{U}_\pi \boldsymbol{V}_\pi^{\mathrm{T}})) \tag{5.25}$$

其中，h 是预测连接函数，$\mathcal{L}$是重构损失函数。$\boldsymbol{U}_\pi = [\boldsymbol{u}_{*1}^\pi, \cdots, \boldsymbol{u}_{*c}^\pi] \in \mathbb{R}^{m \times c}$ 是特征聚类矩阵，其中每列 $\boldsymbol{u}_{*i}^\pi$ 代表一个隐含语义；$\boldsymbol{V}_\pi = [\boldsymbol{v}_{*1}^\pi, \cdots, \boldsymbol{v}_{*c}^\pi] \in \mathbb{R}^{n_\pi \times c}$ 是样例类别矩阵，其中每列 $\boldsymbol{v}_{*i}^\pi$ 代表一个样例类别。直观上，$\boldsymbol{U}_\pi$ 和 $\boldsymbol{V}_\pi$ 是数据矩阵 $\boldsymbol{X}_\pi$ 在特征空间和样例空间进行协同聚类的结果。根据文献[30]的证明，NMF 从优化问题上等价于概率隐含语义分析(PLSA)，它们都归结于最大化原始数据的概率似然函数。

给定具有相互关联关系的多个领域，通过挖掘它们隐含的语义或结构关联，就可以由标注领域（源领域）迁移判别结构来提高无标领域（目标领域）的分类效果，这就是迁移学习有效工作的内在机制。基于上述观点，文献[29]将非负矩阵分解模型加以扩展，从而能够同时对多个相关领域进行因式分解并共享公共因式，得到**联合矩阵分解**（Collective Matrix Factorization，CMF）模型，其优化问题如下：

$$\min_{U_\pi \in C_u, V_\pi \in C_v} \sum_{\pi \in \prod} \mathcal{L}(\boldsymbol{X}_\pi, h(\boldsymbol{U}_\pi \boldsymbol{V}_\pi^{\mathrm{T}})) \tag{5.26}$$

其中，C_u 和 C_v 分别是模型因式矩阵 $\boldsymbol{U}_\pi$ 和 $\boldsymbol{V}_\pi$ 的约束条件（如非负性、正交性）。CMF 的主要思想是在多个相互关联矩阵间共享因式矩阵。通常将隐含语义矩阵 $\boldsymbol{U}_\pi$ 作为领域间的共享因式，从而实现知识迁移。这等价于在语义挖掘过程中保持领域间的统计属性不变。

类似地，也可以通过**非负矩阵三分解**（Nonnegative Matrix Tri-Factorization，NMTF）模型[31]抽取领域间的隐含语义结构。在 NMTF 中，特征-样例矩阵 $\boldsymbol{X}_\pi$ 分解为三个低秩非负矩阵 $\boldsymbol{U}_\pi$、$\boldsymbol{H}_\pi$ 和 $\boldsymbol{V}_\pi$ 之乘积，优化问题如下：

$$\min_{\boldsymbol{U}_\pi, \boldsymbol{H}_\pi, \boldsymbol{V}_\pi \geqslant 0} \mathcal{L}(\boldsymbol{X}_\pi, h(\boldsymbol{U}_\pi \boldsymbol{H}_\pi \boldsymbol{V}_\pi^{\mathrm{T}})) \tag{5.27}$$

其中，$\boldsymbol{H}_\pi \in \mathbb{R}^{c \times c}$ 是隐含语义 $\boldsymbol{U}_\pi$ 和样例类别 $\boldsymbol{V}_\pi$ 之间的关联结构，即抽象“特征”与“样例”的共现关系。与 CMF 类似，可以将标准 NMTF 模型加以扩展，同时对多个相互关联的矩阵进行因式分解，得到**联合矩阵三分解**（Collective Matrix Tri-Factorization，CMTF）模型，优

化问题如下：

$$\min_{U_\pi \in C_u, H_\pi \in C_h, V_\pi \in C_v} \sum_{\pi \in \prod} \mathcal{L}(\boldsymbol{X}_\pi, h(\boldsymbol{U}_\pi \boldsymbol{H}_\pi \boldsymbol{V}_\pi^{\mathrm{T}})) \tag{5.28}$$

CMTF 既可以共享隐含语义 $\boldsymbol{U}_\pi$ 从而实现迁移学习，也可以共享结构关联 $\boldsymbol{H}_\pi$ 从而实现迁移学习。

样例图正则化：从几何观点看，输入数据点可看成是由低维流形上的概率分布采样生成，而该低维流形嵌入在高维环绕空间中[32]。保持这种几何结构，使得学习模型可以尊重领域自身的数据分布并实质地规避负迁移问题。根据局部不变假设，如果领域$\mathcal{D}_\pi$的两个样例 $\boldsymbol{x}^\pi_{*i}$ 和 $\boldsymbol{x}^\pi_{*j}$ 在数据分布的内在几何流形上彼此接近，则它们的嵌入表征 $\boldsymbol{v}^\pi_{i*}$ 和 $\boldsymbol{v}^\pi_{j*}$ 也应该相互接近。考察样例图 G^v_π，其中包括 n_π 个顶点，每个顶点代表领域$\mathcal{D}_\pi$的一个样例点，则图 G^v_π 的邻接矩阵可以定义为：

$$(\boldsymbol{W}^v_\pi)_{ij} = \begin{cases} \mathrm{sim}(\boldsymbol{x}^\pi_{*i}, \boldsymbol{x}^\pi_{*j}), & \text{当 } \boldsymbol{x}^\pi_{*i} \in \mathcal{N}_p(\boldsymbol{x}^\pi_{*j}) \vee x^\pi_{*j} \in \mathcal{N}_p(\boldsymbol{x}^\pi_{*i}) \\ 0, & \text{其他} \end{cases} \tag{5.29}$$

式中，sim(• , •)是相似性度量函数，$\mathcal{N}_p(\boldsymbol{x}^\pi_{*i})$是位于样例 $\boldsymbol{x}^\pi_{*i}$ 的 p 近邻的样例集合。

通过 CMF 抽取的样例 $\boldsymbol{x}^\pi_{*i}$ 的低维语义嵌入表征为 $\boldsymbol{v}^\pi_{i*} = [v^\pi_{i1}, \cdots, v^\pi_{ic}]$。采用损失函数 ℓ 来度量任意两个嵌入表征 $\boldsymbol{v}^\pi_{i*}$ 和 $\boldsymbol{v}^\pi_{j*}$ 的接近程度，即 $\ell(\boldsymbol{v}^\pi_{i*}, \boldsymbol{v}^\pi_{j*})$。通过样例图 G^v_π 保持领域$\mathcal{D}_\pi$的几何结构归结为如下的样例图正则化：

$$\mathcal{R}(\boldsymbol{V}_\pi) = \frac{1}{2} \sum_{i,j=1}^{n_\pi} \ell(\boldsymbol{v}^\pi_{i*}, \boldsymbol{v}^\pi_{j*})(\boldsymbol{w}^v_\pi)_{ij} \tag{5.30}$$

特征图正则化：考虑到特征和样例之间存在对偶性，可认为特征也是由低维流形上的概率分布采样生成，而该低维流形嵌入在高维环绕空间中[33]。根据局部不变假设，如果两个特征 $\boldsymbol{x}^\pi_{i*}$ 和 $\boldsymbol{x}^\pi_{j*}$ 在数据分布的内在几何流形上彼此接近，则它们的嵌入表征 $\boldsymbol{u}^\pi_{i*}$ 和 $\boldsymbol{u}^\pi_{j*}$ 也应该相互接近。与样例图类似，考察特征图 G^u_π，其中包括 m 个顶点，每个顶点代表领域$\mathcal{D}_\pi$的一个特征，则图 G^u_π 的邻接矩阵可以定义为：

$$(\boldsymbol{W}^u_\pi)_{ij} = \begin{cases} \mathrm{sim}(\boldsymbol{x}^\pi_{i*}, \boldsymbol{x}^\pi_{j*}), & \text{当 } \boldsymbol{x}^\pi_{i*} \in \mathcal{N}_p(\boldsymbol{x}^\pi_{j*}) \vee \boldsymbol{x}^\pi_{j*} \in \mathcal{N}_p(\boldsymbol{x}^\pi_{i*}) \\ 0, & \text{其他} \end{cases} \tag{5.31}$$

其中，sim(• , •)是相似性度量函数，$\mathcal{N}_p(\boldsymbol{x}^\pi_{i*})$是位于样例 $\boldsymbol{x}^\pi_{i*}$ 的 p 近邻的样例集合。

通过 CMF 抽取的特征 $\boldsymbol{x}^\pi_{i*}$ 的低维嵌入表征为 $\boldsymbol{u}^\pi_{i*} = [u^\pi_{i1}, \cdots, u^\pi_{ic}]$。类似于样例图正则化，通过特征图 G^u_π 保持领域$\mathcal{D}_\pi$的几何结构归结为如下的特征图正则化：

$$\mathcal{R}(\boldsymbol{U}_\pi) = \frac{1}{2} \sum_{i,j=1}^{m} \ell(\boldsymbol{u}^\pi_{i*}, \boldsymbol{u}^\pi_{j*})(\boldsymbol{w}^u_\pi)_{ij} \tag{5.32}$$

式(5.30)和式(5.32)中的图正则项称为图协同正则项，因为它们作为协同聚类的约束出现，同时保持了样例空间和特征空间中的流形结构。由它们可以对隐含语义等知识结构进行精化，避免负迁移。

5.4.3 优化框架

为了进一步提升跨领域分类的性能，联合矩阵分解和图正则化两个学习准则应作统一优化，其原因是：①由联合矩阵分解，可以抽取公共隐含语义结构用于知识迁移；②由图正则化，可以保持领域内的几何结构不被破坏从而避免负迁移。此外，联合矩阵分解和图正则化统一优化，还可以交互增强各自特有的效果：①联合矩阵分解可以在特征空间和样例空间中抽取满足统计似然函数最大化的嵌入表征；②图正则化可以为嵌入表征注入具有判别信息的几何结构提高分类效果。因此，统一优化上述两个学习准则可以得到通用的迁移框架：

$$\min_{\boldsymbol{U}_\pi \in C_u, \boldsymbol{V}_\pi \in C_v} \sum_{\pi \in \Pi} [\mathcal{L}(\boldsymbol{X}_\pi, h(\boldsymbol{U}_\pi \boldsymbol{V}_\pi^{\mathrm{T}})) + \lambda\, \mathcal{R}(\boldsymbol{U}_\pi) + \gamma\, \mathcal{R}(\boldsymbol{V}_\pi)]$$

$$\text{s.t.} \quad C_u \triangleq \{\boldsymbol{U}_\pi \equiv \boldsymbol{U}: \pi \in \Pi\}, \quad C_v \triangleq \{\boldsymbol{V}_\pi \equiv \boldsymbol{Y}_\pi: \pi \in \Pi_s\} \tag{5.33}$$

式中，$\lambda>0$ 是特征图正则项参数，$\gamma>0$ 是样例图正则项参数。由于辅助领域(源领域)存在标注数据，可通过约束条件 $C_v \triangleq \{\boldsymbol{V}_\pi \equiv \boldsymbol{Y}_\pi: \pi \in \Pi_s\}$ 将其注入优化问题中。为了实现迁移学习，可在领域间共享隐含语义，即 $C_u \triangleq \{\boldsymbol{U}_\pi \equiv \boldsymbol{U}: \forall \pi \in \Pi\}$，通过该公共结构作为知识迁移桥梁，可以将监督信息从辅助领域传播到目标领域。

类似地，通用框架也可以通过联合矩阵三分解形式化如下：

$$\min_{\boldsymbol{H}_\pi \in C_h, \boldsymbol{V}_\pi \in C_v} \sum_{\pi \in \Pi} [\mathcal{L}(\boldsymbol{X}_\pi, h(\boldsymbol{U}_\pi \boldsymbol{H}_\pi \boldsymbol{V}_\pi^{\mathrm{T}})) + \lambda\, \mathcal{R}(\boldsymbol{U}_\pi) + \gamma\, \mathcal{R}(\boldsymbol{V}_\pi)]$$

$$\text{s.t} \quad C_h \triangleq \{\boldsymbol{H}_\pi \equiv H: \pi \in \Pi\}, \quad C_v \triangleq \{\boldsymbol{V}_\pi \equiv \boldsymbol{Y}_\pi: \pi \in \Pi_s\} \tag{5.34}$$

为了实现迁移学习，可在领域间共享关联结构，即 $C_h \triangleq \{\boldsymbol{H}_\pi \equiv \boldsymbol{H}: \forall \pi \in \Pi\}$。通过上述优化问题的最优解，可以预测目标领域 $\mathcal{D}_\pi$ 样例 $\boldsymbol{x}_{*i}^{\pi}$ 类别如下：

$$f(\boldsymbol{x}_{*i}^{\pi}) = \mathrm{argmax}_j (\boldsymbol{V}_\pi)_{ij} \tag{5.35}$$

上述通用框架可以采用各种不同的算法配置：预测连接函数 h、损失函数 $\mathcal{L}$ 和 ℓ、相似度量函数 sim、约束条件 C_u 和 C_v。h 可选为恒等函数或 logistic 函数，即 $h(\boldsymbol{X})=\boldsymbol{X}$ 或 $h(X_{ij})=\dfrac{1}{1+e^{-X_{ij}}}$。$\mathcal{L}$ 可选为二次损失函数或矩阵散度，即 $\mathcal{L}(\boldsymbol{X},\hat{\boldsymbol{X}})=\|\boldsymbol{X}-\hat{\boldsymbol{X}}\|_F^2$ 或 $\mathcal{L}(\boldsymbol{X},\hat{\boldsymbol{X}})=\sum_{ij}\left(X_{ij}\log\dfrac{X_{ij}}{\hat{X}_{ij}}-X_{ij}+\hat{X}_{ij}\right)$。$\ell$ 可选为欧氏距离或广义相对熵，即 $\ell(\boldsymbol{x},\hat{\boldsymbol{x}})=\|\boldsymbol{x}-\hat{\boldsymbol{x}}\|_2^2$ 或 $\ell(\boldsymbol{x},\hat{\boldsymbol{x}})=\sum_i\left(x_i\log\dfrac{x_i}{\hat{x}_i}-x_i+\hat{x}_i\right)$。$sim$ 可选为余弦相似度或热核权重，即 $sim(\boldsymbol{x},\hat{\boldsymbol{x}})=\cos(\boldsymbol{x},\hat{\boldsymbol{x}})$ 或 $sim(\boldsymbol{x},\hat{\boldsymbol{x}})=\exp\left(-\dfrac{\|\boldsymbol{x}-\hat{\boldsymbol{x}}\|_2^2}{\beta^2}\right)$，其中 β 是带宽参数。C_u 和 C_v 可选为非负约束(NMF)、正交约束(SVD)、概率约束(PLSA)或 L_1/L_2 范数约束。

根据特定应用，可以从上述配置选项中选择最佳的算法配置以获得最佳学习性能。

5.4.4 学习算法

采用线性模型即 $h(\boldsymbol{X})=\boldsymbol{X}$、$\mathcal{L}(\boldsymbol{X},\hat{\boldsymbol{X}})=\|\boldsymbol{X}-\hat{\boldsymbol{X}}\|_F^2$、$\ell(\boldsymbol{x},\hat{\boldsymbol{x}})=\|\boldsymbol{x}-\hat{\boldsymbol{x}}\|_2^2$、$sim(\boldsymbol{x},\hat{\boldsymbol{x}})=\cos(\boldsymbol{x},\hat{\boldsymbol{x}})$；对样例类别矩阵采用近似正交约束，即 $C_v \supset \{\|\boldsymbol{V}_\pi^{\mathrm{T}}\boldsymbol{V}_\pi-\boldsymbol{I}\|_F^2 \leqslant \varepsilon: \forall \pi \in \Pi\}$，其中 ε 是一个充分小的正数。

1. 矩阵二分解

采用非负矩阵二分解为基础，迁移学习框架可形式化为如下学习模型：

$$\mathcal{O}_2=\sum_{\pi\in\Pi}\|\boldsymbol{X}_\pi-\boldsymbol{U}\boldsymbol{V}_\pi^{\mathrm{T}}\|_F^2+\frac{\sigma}{2}\sum_{\pi\in\Pi}\|\boldsymbol{V}_\pi^{\mathrm{T}}\boldsymbol{V}_\pi-\boldsymbol{I}\|_F^2+$$
$$\lambda\sum_{\pi\in\Pi}\mathrm{tr}(\boldsymbol{U}^{\mathrm{T}}\boldsymbol{L}_\pi^u\boldsymbol{U})+\gamma\sum_{\pi\in\Pi}\mathrm{tr}(\boldsymbol{V}_\pi^{\mathrm{T}}\boldsymbol{L}_\pi^v\boldsymbol{V}_\pi)\tag{5.36}$$

式中，σ 是正交正则参数，$\boldsymbol{L}_\pi^u$ 和 $\boldsymbol{L}_\pi^v$ 是拉普拉斯矩阵，可计算为 $\boldsymbol{L}_\pi^u=\boldsymbol{D}_\pi^u-\boldsymbol{W}_\pi^u$ 和 $\boldsymbol{L}_\pi^v=\boldsymbol{D}_\pi^v-\boldsymbol{W}_\pi^v$，$\boldsymbol{D}_\pi^u$ 和 $\boldsymbol{D}_\pi^v$ 为对角阵，其对角元为 $(\boldsymbol{D}_\pi^u)_{ii}=\sum_{j=1}^{m}(\boldsymbol{W}_\pi^u)_{ij}$ 和 $(\boldsymbol{D}_\pi^v)_{ii}=\sum_{j=1}^{n_\pi}(\boldsymbol{W}_\pi^v)_{ij}$。根据正则化方法，对 $\boldsymbol{V}_\pi$，$\forall\pi\in\Pi$ 的正交约束可通过正交正则项（目标函数第二项）来近似满足。优化问题(5.36)可由下面的交互优化算法求解：

$$\boldsymbol{U}\leftarrow\boldsymbol{U}\odot\frac{\left[\sum_{\pi\in\Pi}(\boldsymbol{X}_\pi\boldsymbol{V}_\pi+\lambda\boldsymbol{W}_\pi^u\boldsymbol{U})\right]}{\left[\sum_{\pi\in\Pi}(\boldsymbol{U}\boldsymbol{V}_\pi^{\mathrm{T}}\boldsymbol{V}_\pi+\lambda\boldsymbol{D}_\pi^u\boldsymbol{U})\right]}\tag{5.37}$$

$$\boldsymbol{V}_\pi\leftarrow\boldsymbol{V}_\pi\odot\frac{\left[\boldsymbol{X}_\pi^{\mathrm{T}}\boldsymbol{U}+\gamma\boldsymbol{W}_\pi^v\boldsymbol{V}_\pi+\sigma\boldsymbol{V}_\pi\right]}{\left[\boldsymbol{V}_\pi\boldsymbol{U}^{\mathrm{T}}\boldsymbol{U}+\gamma\boldsymbol{D}_\pi^v\boldsymbol{V}_\pi+\sigma\boldsymbol{V}_\pi\boldsymbol{V}_\pi^{\mathrm{T}}\boldsymbol{V}_\pi\right]}\tag{5.38}$$

2. 矩阵三分解

采用非负矩阵三分解为基础，迁移学习框架可形式化为如下学习模型：

$$\mathcal{O}_3=\sum_{\pi\in\Pi}\|\boldsymbol{X}_\pi-\boldsymbol{U}_\pi\boldsymbol{H}\boldsymbol{V}_\pi^{\mathrm{T}}\|_F^2+\frac{\sigma}{2}\sum_{\pi\in\Pi}\|\boldsymbol{V}_\pi^{\mathrm{T}}\boldsymbol{V}_\pi-\boldsymbol{I}\|_F^2+$$
$$\lambda\sum_{\pi\in\Pi}\mathrm{tr}(\boldsymbol{U}_\pi^{\mathrm{T}}\boldsymbol{L}_\pi^u\boldsymbol{U}_\pi)+\gamma\sum_{\pi\in\Pi}\mathrm{tr}(\boldsymbol{V}_\pi^{\mathrm{T}}\boldsymbol{L}_\pi^v\boldsymbol{V}_\pi)\tag{5.39}$$

该优化问题也可由交互优化算法求解，公式如下：

$$\boldsymbol{U}_\pi\leftarrow\boldsymbol{U}_\pi\odot\frac{[\boldsymbol{X}_\pi\boldsymbol{V}_\pi\boldsymbol{H}^{\mathrm{T}}+\lambda\boldsymbol{W}_\pi^u\boldsymbol{U}_\pi]}{[\boldsymbol{U}_\pi\boldsymbol{H}\boldsymbol{V}_\pi^{\mathrm{T}}\boldsymbol{V}_\pi\boldsymbol{H}^{\mathrm{T}}+\lambda\boldsymbol{D}_\pi^u\boldsymbol{U}_\pi]}\tag{5.40}$$

$$\boldsymbol{V}_\pi\leftarrow\boldsymbol{V}_\pi\odot\frac{[\boldsymbol{X}_\pi^{\mathrm{T}}\boldsymbol{U}_\pi\boldsymbol{H}+\gamma\boldsymbol{W}_\pi^v\boldsymbol{V}_\pi+\sigma\boldsymbol{V}_\pi]}{[\boldsymbol{V}_\pi\boldsymbol{H}^{\mathrm{T}}\boldsymbol{U}_\pi^{\mathrm{T}}\boldsymbol{U}_\pi\boldsymbol{H}+\gamma\boldsymbol{D}_\pi^v\boldsymbol{V}_\pi+\sigma\boldsymbol{V}_\pi\boldsymbol{V}_\pi^{\mathrm{T}}\boldsymbol{V}_\pi]}\tag{5.41}$$

$$\boldsymbol{H}\leftarrow\boldsymbol{H}\odot\frac{\left[\sum_{\pi\in\Pi}\boldsymbol{U}_\pi^{\mathrm{T}}\boldsymbol{X}_\pi\boldsymbol{V}_\pi\right]}{\left[\sum_{\pi\in\Pi}\boldsymbol{U}_\pi^{\mathrm{T}}\boldsymbol{U}_\pi\boldsymbol{H}\boldsymbol{V}_\pi^{\mathrm{T}}\boldsymbol{V}_\pi\right]}\tag{5.42}$$

5.5　基于深度表征适配方法的跨领域情感分类

不同领域的情感信息服从不同的概率分布，从而为预测模型在领域间泛化设置了障碍。例如，某种产品评论数据上建立的情感分类器对其他产品评论数据的情感极性预测可能并不准确，因为在不同产品领域中通常用不同的情感词来描述正负极性。跨领域迁移学习面对两个根本性挑战：①如何度量分布差异；②如何学习领域不变的紧致特征表示。已有方法大多不能提取高度抽象、紧致的特征表示，因而无法对异构概率分布进行深入刻画，存在欠拟合问题。由于领域内概率分布拟合是领域间概率分布适配的基础，已有方法的欠拟合问题必然同时导致欠适配问题。为同时解决欠拟合与欠适配问题，龙明盛[35]提出深度迁移学习框架，在深度网络架构下同时进行领域不变深度表征学习和概率分布差异修正。在该方案中，首先，提出非线性分布差异，基于通用非线性表征学习来形式化领域间的概率分布适配程度；其次，提出不变去噪自动编码器模型，通过重构数据的原始版本来学习数据的健壮特征表示，同时最小化领域间的非线性分布差异度量；最后，提出迁移交叉验证策略，用于目标领域无标注数据的无监督迁移学习的模型选择。

5.5.1 非线性分布距离度量

实分析和概率论[36]中检验两个概率分布 P 和 Q 在无穷样本集下是否相同的理论判据如下面的引理，后文提出的非线性分布差异准则即可由此推导得到。

引理 5.1 记($\mathcal{X}$,m)为可分度量空间，其中$\mathcal{X}$为集合，m 为度量函数，又记 P、Q 为$\mathcal{X}$上的两个 Borel 概率测度，则 $P=Q$ 当且仅当$\mathbb{E}_p[f(x)]=\mathbb{E}_Q[f(x)]$对所有连续函数 $f\in C(\mathcal{X})$成立，$C(\mathcal{X})$为$\mathcal{X}$上的连续有界空间函数。

尽管连续函数空间 $C(\mathcal{X})$从理论上提供了唯一确定概率分布 $P=Q$ 的方法，在如此丰富的函数空间中进行有限样本集下的统计检验并非切实可行。为此，文献[37]提出一种基于核函数的检验方法，称为**最大均值差异**(Maximum Mean Discrepancy，MMD)，其中定义了更通用可行的统计量核均值映射，用来在一个受限的但又足够丰富的函数空间中度量概率分布 P 和 Q 的距离差异。

定义最大均值差异(Maximum Mean Discrepancy，MMD)：记$\mathcal{F}$为一个实数集上的函数类 f：$\mathcal{X}\mapsto\mathbb{R}$，$\mathcal{X}_s=\{\boldsymbol{x}_1^s,\cdots,\boldsymbol{x}_{|\mathcal{X}_s|}^s\}$和$\mathcal{X}_t=\{\boldsymbol{x}_1^t,\cdots,\boldsymbol{x}_{|\mathcal{X}_t|}^t\}$是由概率分布 P 和 Q 分别采样生成的独立同分布数据集。最大均值差异(MMD)及其经验估计定义如下：

$$\begin{cases}\text{MMD}[\mathcal{F},P,Q]=\sup\limits_{\|f\|_{\mathcal{H}}\leqslant 1}(\mathbb{E}_{x_i\sim p}[f(\boldsymbol{x}_i)]-\mathbb{E}_{x_j\sim q}[f(\boldsymbol{x}_j)])\\ \text{MMD}[\mathcal{F},\mathcal{X}_s,\mathcal{X}_t]=\left\|\sum\limits_{x_i\in X_s}\dfrac{\phi(\boldsymbol{x}_i)}{|\mathcal{X}_s|}-\sum\limits_{x_j\in X_t}\dfrac{\phi(\boldsymbol{x}_j)}{|\mathcal{X}_t|}\right\|_{\mathcal{H}}\end{cases}\tag{5.43}$$

其中，$\phi(\cdot)$是诱导可再生希尔伯特空间(*RKHS*)$\mathcal{H}$的一个非线性特征映射，满足可再生性质 $f(\boldsymbol{x})=\langle\phi(\boldsymbol{x}),f\rangle$，$\mathcal{F}$可选为空间$\mathcal{H}$中的一个受限单位球空间$\mathcal{F}\subset\mathcal{H}$。

引理 5.2 (MMD 概率判等准则)：$\text{MMD}[\mathcal{F},P,Q]=0$ 当且仅当 $P=Q$。

根据引理 5.1，上述 MMD 概率判定准则的适用性主要取决于用非线性核映射来刻画概率分布的适配程度。需要注意的是，线性核映射无法实现上述判定功能。该方法被广泛应用于解决迁移学习中的方差漂移问题[38]。尽管已取得广泛成功，基于 *MMD* 的迁移学习方法仍存在若干重要局限性。首先，核函数是一个依赖于特征空间上先验距离度量定义的固定局部响应函数(如高斯核)，它要求朴素的距离函数(如欧氏距离)就足以刻画数据间的相互关系。核方法无法充分刻画数据中的通用非线性关系(除局部性以外的复杂关系)，也就无法充分刻画分布适配程度；其次，预先设置好的核函数可能对特定学习器次优，致使人们必须选择恰当的核函数或直接从数据中学习该核函数；再次，核方法通常不能很好地扩展到大规模数据上，这阻碍了它在大数据问题中的应用。

文献[37]的作者利用非线性表征学习[39]对 MMD 进行扩展，给出一种概率分布差异度量的新准则。不再手动地设置核函数及其关联的非线性特征映射 $\phi(\cdot)$，而是自动地由非线性表征学习方法确定合适的特征变换 $T(\cdot)$。可采用的非线性表征学习方法包括**栈式去噪自动编码器**(Stacked Denoising Autoencoders，SDA)或**深度置信网络**(Deep Belief Net，DBN)等。这样扩展得到的准则称为**非线性分布距离**(Nonlinear Distribution Discrepancy，NDD)，形式化定义如下。

定义 5.1　非线性分布距离 NDD：记$\mathcal{F}$、P、Q、$\mathcal{X}_s$和$\mathcal{X}_t$如前所述，记 T：$\mathcal{X}\rightarrow\mathcal{H}$为非线性表征学习模型学习得到的特征变换，非线性分布距离的经验估计定义如下：

$$\mathrm{NDD}[\mathcal{F},\mathcal{X}_s,\mathcal{X}_t]=\left\|\sum_{\boldsymbol{x}_i\in\mathcal{X}_s}\frac{T(\boldsymbol{x}_i)}{|\mathcal{X}_s|}-\sum_{\boldsymbol{x}_j\in\mathcal{X}_t}\frac{T(\boldsymbol{x}_j)}{|\mathcal{X}_t|}\right\|_{\mathcal{H}} \tag{5.44}$$

NDD 相对于 MMD 有两方面的优势：①计算 NDD 所依赖的非线性映射 $T(\cdot)$可从数据中自动学习，不需要手动设置参数化核函数；②NDD 复杂度线性于样本集大小和特征维度，可扩展到大规模数据集的分析处理。

5.5.2　领域不变深度表征

本节目标是学习一个深度特征表示 $T(\cdot)$用以刻画领域间的不变结构，从而使在源领域$\mathcal{X}_s$训练而得的分类模型可以很好地泛化到目标领域$\mathcal{X}_t$。本节常用符号及其描述如表 5-10 所示。

表 5-10　常用符号及描述

符　　号	描　　述	符　　号	描　　述	符　　号	描　　述
$\mathcal{X}_s$	源领域	$\mathcal{X}_t$	目标领域	$\boldsymbol{X}$	原始数据矩阵
d	特征维度	n	样例数目	$\tilde{\boldsymbol{X}}$	损坏数据矩阵
p	损坏概率	f	编码器	$\boldsymbol{W}$	特征变换
λ	适配正则项	g	解码器	$\boldsymbol{D}$	NDD 指示矩阵

1. 栈式去噪自动编码器

深度学习由于能够从复杂数据中学习抽象的、紧致的和深度的特征表示而受到研究界的广泛关注。这里采用**栈式去噪自动编码器**(Stacked Denoising Autoencoders，SDA)[40]，其优点是可以有效地处理文本和视觉数据。SDA 的基本组件是一个称为**去噪自动编码器**(Denoising Autoencoder，DA)的单层神经网络，其目标是对人工损坏的输入特征进行去噪，即学习从数据的损坏版本重构数据的真实版本。DA 捕捉了输入数据概率分布的结构信息并以最优方式消除特征损坏的影响，其重构的数据表征往往位于原始数据附近但比损坏版本位于更高概率密度的区域，通过避开低概率密度区域来抽取更健壮的特征表示。

记$\mathcal{X}$为输入样例集合，$\boldsymbol{x}_i,\tilde{\boldsymbol{x}}_i,\hat{\boldsymbol{x}}_i\in\mathcal{X}$分别为原始数据、$\boldsymbol{x}_i$ 的损坏版本和 $\boldsymbol{x}_i$ 的重构版本；记 $\boldsymbol{W}$ 和 $\boldsymbol{W}^{\mathrm{T}}$ 分别为编码器和解码器的权重矩阵，b 和 c 分别为编码器和解码器的截距向量。DA 通过如下的优化问题对损坏数据进行去噪和重构：

$$\min_{W,b,c} \mathrm{DA}[\mathcal{X}] = \mathbb{E}_{p(\tilde{x}|x)}\left[\sum_{x_i \in X} \| \boldsymbol{x}_i - \hat{\boldsymbol{x}}_i \|_2^2\right]$$

$$\boldsymbol{h}_i = f(\tilde{\boldsymbol{x}}_i) = a(\boldsymbol{W}\tilde{\boldsymbol{x}}_i + \boldsymbol{b}),\quad \hat{\boldsymbol{x}}_i = g(\boldsymbol{h}_i) = a(\boldsymbol{W}^{\mathrm{T}}\boldsymbol{h}_i + \boldsymbol{c}) \tag{5.45}$$

其中，函数 $f(\cdot)$和 $g(\cdot)$分别是编码器和解码器，$a(\cdot)$是非线性激活函数，这里采用双曲正切函数 $a(x)=\frac{e^x-e^{-x}}{e^x+e^{-x}}$。$\mathbb{E}_{p(\tilde{x}|x)}$ 对由损坏过程 $p(\tilde{\boldsymbol{x}}_i|\boldsymbol{x}_i)$产生的所有损坏版本 $\tilde{\boldsymbol{x}}_i$ 求取数学期望，作为模型损坏函数的一个重要因素。该优化问题通过随机梯度下降求解，每次迭代的随机梯度值由样例 $\boldsymbol{x}_i$ 的若干损坏版本求取。具体的损坏过程 $p(\tilde{\boldsymbol{x}}_i|\boldsymbol{x}_i)$为每个样例 $\boldsymbol{x}_i$ 都独立地通过特征消除得到损坏版本，也就是 $\boldsymbol{x}_i$ 的每个特征都被独立地按照损坏概率 $p\in[0,1]$置零。

记 $T(\cdot)$为 DA 学到的非线性特征变换，直观上可以定义 $T(\boldsymbol{x})=g(f(\tilde{\boldsymbol{x}}))=\hat{\boldsymbol{x}}$，将该变换带入 NDD 的定义得到：

$$\mathrm{NDD}[\mathcal{F},\mathcal{X}_s,\mathcal{X}_t] = \left\| \sum_{x_i \in \mathcal{X}_s} \frac{\hat{\boldsymbol{x}}_i}{|\mathcal{X}_s|} - \sum_{x_j \in \mathcal{X}_t} \frac{\hat{\boldsymbol{x}}_j}{|\mathcal{X}_t|} \right\|_2 \tag{5.46}$$

为把 DA 改造成可以在不同领域$\mathcal{X}_s$和$\mathcal{X}_t$之间泛化的模型，记源领域和目标领域的全集为$\mathcal{X}=\mathcal{X}_s\cup\mathcal{X}_t$，将 NDD 作为适配正则项加入到 DA 的目标函数，得到如下**不变去噪自动编码器**(Invariant Denoising Autoencoder，IDA)联合优化问题：

$$\min_{W,b,c} \mathbb{E}_{p(\tilde{x}|x)}\left[\sum_{x_i \in \mathcal{X}} \| \boldsymbol{x}_i - \hat{\boldsymbol{x}}_i \|_2^2 + \lambda \sum_{s\neq t} \left\| \sum_{x_i \in \mathcal{X}_s} \frac{\hat{\boldsymbol{x}}_i}{|\mathcal{X}_s|} - \sum_{x_j \in \mathcal{X}_t} \frac{\hat{\boldsymbol{x}}_j}{|\mathcal{X}_t|} \right\|_2^2\right]$$

$$\boldsymbol{h}_i = f(\tilde{\boldsymbol{x}}_i) = a(\boldsymbol{W}\tilde{\boldsymbol{x}}_i + \boldsymbol{b}),\quad \hat{\boldsymbol{x}}_i = g(\boldsymbol{h}_i) = a(\boldsymbol{W}^{\mathrm{T}}\boldsymbol{h}_i + \boldsymbol{c}) \tag{5.47}$$

式中，$\lambda>0$ 是适配正则项参数。通过在学习非线性特征变换的过程中同时最小化 NDD 准则，IDA 可以学习抽象的、紧致的且领域不变的特征表示。IDA 的网络结构如图 5-15(a)所示。

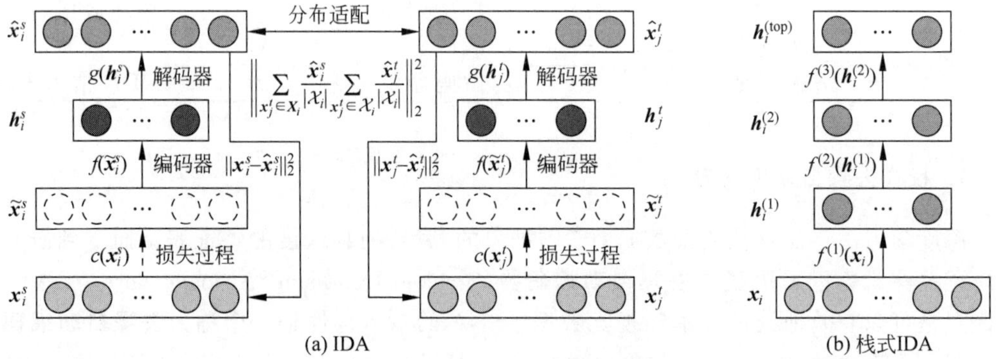

图 5-15 不变去噪自动编码器结构

有了单层的领域不变自动编码器后，深度架构的构造方法如下：在首层 IDA 训练完成后，在其输出端逐层地叠加多个 IDA 模型并进行逐层地训练，即前一层 IDA 的输出作为后一层 IDA 的输入，如图 5-15(b)所示。由于上述栈式 IDA 可以学习领域，因此称其为不变深度表征(Invariant Deep Representation，IDR)。

2. 边际化栈式去噪自动编码器

栈式 IDR 方法的计算代价较高，其主要瓶颈在于训练模型参数需要计算密集型的迭代式梯度下降算法。为了提速，文献[41]最近提出了**边际化栈式去噪自动编码器**(Marginalized Stacked Denoising Autoencoders，mSDA)。文献[35]将边际化策略应用到 IDR 模型中，使特征损坏过程可以通过求取随机损坏变量的数学期望得到闭式解。边际化的效果等价于用原始样例的无穷多个损坏版本来训练去噪自动编码器。为使边际化操作变得可行，需要把耦合的非线性编码器和解码器简化为线性的特征变换 $\hat{\boldsymbol{x}}=\boldsymbol{W}\tilde{\boldsymbol{x}}$，并在该模型训练后注入非线性和深度结构信息。将上述线性特征变换带入 IDR 模型得到边际化的 IDA 优化问题的矩阵形式：

$$\min_{\mathrm{W}}\mathbb{E}_{p(\tilde{\boldsymbol{x}}|\boldsymbol{x})}\left[\|\boldsymbol{X}-\boldsymbol{W}\widetilde{\boldsymbol{X}}\|_F^2+\lambda\operatorname{tr}(\boldsymbol{W}\widetilde{\boldsymbol{X}}\boldsymbol{D}\widetilde{\boldsymbol{X}}^{\mathrm{T}}\boldsymbol{W}^{\mathrm{T}})\right] \tag{5.48}$$

式中，$\boldsymbol{D}\in\mathbb{R}^{|\mathcal{X}|\times|\mathcal{X}|}$是指示矩阵，定义为 $\boldsymbol{D}=\sum_{s\neq t}\boldsymbol{D}_{st}$，其中 $\boldsymbol{D}_{st}$ 是领域$\mathcal{X}_s$和$\mathcal{X}_t$之间的成对 NDD 指示矩阵(代表多个领域间的两两分布距离度量)，定义如下：

$$\boldsymbol{D}_{st}=\boldsymbol{d}_{st}\boldsymbol{d}_{st}^{\mathrm{T}},(\boldsymbol{d}_{st})_i=\begin{cases}\dfrac{1}{|\mathcal{X}_s|}, & \boldsymbol{x}_i\in\mathcal{X}_s\\ \dfrac{-1}{|\mathcal{X}_t|}, & \boldsymbol{x}_i\in\mathcal{X}_t\\ 0, & \text{其他}\end{cases} \tag{5.49}$$

注意，直接计算 $\boldsymbol{D}$ 需要平方复杂度，这不满足处理大规模数据的线性复杂度要求。由于$\boldsymbol{D}_{st}$ 是列向量 $\boldsymbol{d}_{st}$ 的外积，因此可由矩阵乘法结合律将 NDD 重写为 NDD $=\sum_{s\neq t}\operatorname{tr}[(\boldsymbol{W}\widetilde{\boldsymbol{X}}\boldsymbol{d}_{st})(\boldsymbol{d}_{st}^{\mathrm{T}}\widetilde{\boldsymbol{X}}^{\mathrm{T}}\boldsymbol{W}^{\mathrm{T}})]$，这就将计算复杂度降低为线性复杂度。

为处理超高维问题，采用文献[41]的特征分区思想，将特征集合划分为 K 个独立的子集$\mathcal{S}=\bigcup_{k=1}^{K}\mathcal{S}_k$，并学习多个特征变换矩阵 $\boldsymbol{W}_k\in\mathbb{R}^{r\times|\mathcal{S}_k|}$实现每个特征子集$\mathcal{S}_k$对高频子集$\mathcal{S}_p$(包含 r 个最频繁特征)的有效重构。记为输入数据矩阵 $\boldsymbol{X}_p\in\mathbb{R}^{r\times n}$ 在高频子集$\mathcal{S}_p$上的分区，$\widetilde{\boldsymbol{X}}_k\in\mathbb{R}^{|\mathcal{S}_k|\times n}$ 为损坏数据矩阵在第 k 个特征子集$\mathcal{S}_k$上的分区。每个特征映射 $\boldsymbol{W}_k$ 由如下的优化问题进行学习：

$$\min_{\mathrm{W}_k}\mathbb{E}_{p(\tilde{\boldsymbol{x}}|\boldsymbol{x})}[\|\boldsymbol{X}_p-\boldsymbol{W}_k\widetilde{\boldsymbol{X}}_k\|_F^2+\lambda\operatorname{tr}(\boldsymbol{W}_k\widetilde{\boldsymbol{X}}_k\boldsymbol{D}\widetilde{\boldsymbol{X}}_k^{\mathrm{T}}\boldsymbol{W}_k^{\mathrm{T}})] \tag{5.50}$$

由于模型在不同领域$\mathcal{X}_s$和$\mathcal{X}_t$之间共享了深度网络的所有权重参数 $\boldsymbol{W}$，因此可能导致负迁移问题。为了同时增强深度表征对不同数据分布的健壮性和不变性，可采用“参数部分共享”策略将权重参数 $\boldsymbol{W}$ 分解为领域不变部分 $\boldsymbol{W}_0$ 和领域可变部分 $\boldsymbol{W}_r$，$r\in\{s,t\}$，得到如下的鲁棒不变深度表示：

$$\min_{\boldsymbol{W}_0,\{\boldsymbol{W}_r\}}E_{p(\tilde{\boldsymbol{x}}|\boldsymbol{x})}\left[\sum_{r\in\{s,t\}}\|\boldsymbol{X}_r-(\boldsymbol{W}_0+\boldsymbol{W}_r)\widetilde{\boldsymbol{X}}_r\|_F^2+\lambda\operatorname{tr}(\boldsymbol{W}_0\widetilde{\boldsymbol{X}}\boldsymbol{M}\widetilde{\boldsymbol{X}}^{\mathrm{T}}\boldsymbol{W}_0^{\mathrm{T}})\right] \tag{5.51}$$

5.5.3 迁移交叉验证

对于传统单一领域问题，**标准交叉验证**(Standard Cross-Validation，SCV)是自动选取模型最佳参数设置和评价模型在独立测试集上泛化性能的基本方法。在最简单的2-折交叉验证中，标注数据被随机地划分为训练集和验证集。对于无监督迁移学习问题，目标领域没有任何标注数据，因此需要在标注好的源领域上执行SCV。然而，由于源领域和目标领域概率分布差异很大，上述策略无法选择针对目标领域性能最优的模型。

针对上述问题，文献[35]提出**迁移交叉验证**（Transfer Cross-Validation，TCV）方法，用于目标领域没有标注数据的无监督迁移学习模型选择。其关键思想是，手动构造一个异构的训练/验证配置，用来对源领域/目标领域概率分布的异构性进行模拟。这种构造从理论上是合理可行的，因为迁移学习中源领域和目标领域具有一定程度的相关性，从而可以从源领域中选择一部分与目标领域概率分布一致的样例。这部分源领域标注数据作为"验证集"，其余的源领域标注数据作为"训练集"。这样手动配置的训练/验证集合将服从不同的概率分布，因为根据构造方法，训练集与目标领域不同而验证集与目标领域相似。由于训练集和验证集都来自源领域标注数据，可用它们进行模型评价。

接下来的问题就是如何选取源领域中与目标领域潜在一致的样例。文献[35]受到核均值匹配方法[42]的启发，调整源领域样例权重$\{\alpha_i: \boldsymbol{x}_i \in \mathcal{X}_s\}$使NDD准则最小化：

$$\min_{0\leqslant\alpha\leqslant B} \left\| \sum_{\boldsymbol{x}_i \in \mathcal{X}_s} \alpha_i \frac{T(\boldsymbol{x}_i)}{|\mathcal{X}_s|} - \sum_{\boldsymbol{x}_j \in \mathcal{X}_t} \frac{T(\boldsymbol{x}_j)}{|\mathcal{X}_t|} \right\|_{\mathcal{H}}^2 \tag{5.52}$$

式中，T是由非线性表征学习模型抽取得到的非线性特征变换；B是避免α发散到无穷大的上界约束，典型取值为$B\in[1,10]$，其取值不会影响所选取的源领域样例，因为仅需关心$\{\alpha_i\}$之间的排序关系而不需关心它们的准确值。上述优化问题可通过如下带线性约束条件的二次规划方法求解：

$$\min_{0\leqslant\alpha\leqslant B} \boldsymbol{\alpha}^{\mathrm{T}}\boldsymbol{K}\boldsymbol{\alpha} - 2\boldsymbol{k}^{\mathrm{T}}\boldsymbol{\alpha}$$

$$K_{ij} = T(\boldsymbol{x}_i)^{\mathrm{T}}T(\boldsymbol{x}_j), \quad \boldsymbol{k}_i = \frac{|\mathcal{X}_s|}{|\mathcal{X}_t|}\sum_{\boldsymbol{x}_j \in \mathcal{X}_t} T(\boldsymbol{x}_i)^{\mathrm{T}}T(\boldsymbol{x}_j) \tag{5.53}$$

最后对$\{\alpha_i\}$按从大到小排序，选取$\{\alpha_i\}$值最大的前$\frac{1}{k}$比例的源领域样例作为验证集（与目标领域相似），其中k是验证集的比例，如$k=2$表示2-折交叉验证。TCV和其他交叉验证方法有如下几方面明显的区别：①TCV执行在经过$T(\cdot)$变换的数据上，考察了领域间概率分布在所谓"领域不变"深度表征下依然不能有效适配的困难情况，其他方法没有考虑这种情况；②TCV通过手动配置训练/验证集合来对源领域/目标领域的异构性进行模拟，而其他方法只是在实例权重加权的数据上进行随机的训练/验证集合划分。

参考文献

[1] J Schmidhuber. On learning how to learn learning strategies[C]. Technical Report FKI-198-94, Fakultatfur Informatik, 1994.

[2] S Thrun. Is learning the n-th thing any easier than learning the first? [C] In Advances in Neural Information Processing Systems 8, pages 640-646, 1996.

[3] R Caruana. Multitask learning[J]. Machine Learning, 28(1): 41-75, 1997.

[4] Andrew Arnold, Ramesh Nallapati, and William W Cohen. A comparative study of methods for

transductive transfer learning[C]. In Proceedings of the 7th IEEE International Conference on Data Mining Workshops, pages 77-82, Washington, DC, USA, 2007. IEEE Computer Society.

[5] Bart Bakker and Tom Heskes. Task clustering and gating for Bayesian multitask learning[J]. Journal of Machine Learning Research, 4: 83-99, 2003.

[6] Elena Baralis, Silvia Chiusano, and Paolo Garza. A lazy approach to associative classification[J]. IEEE Transactions on Knowledge and Data Engineering, 20 (2): 156-171, 2008.

[7] C Chelba, and A Acero. Adaptation of Maximum Entropy Capitalizer: Little Data Can Help a Lot [C]. In Proceedings of EMNLP 2004.

[8] H DaumeIII and D Marcu. Domain adaptation for statistical classifiers[J]. Journal of Artificial Intelligence Research, 2006, 26: 101-126.

[9] W Dai, G Xue, Q Yang, et al. Transferring Naive Bayes Classifiers for Text Classification[C]. In Proceedings of AAAI 2007.

[10] D Xing, W Dai, G Xue, et al. Bridged refinement for transfer learning[C]. In Proceedings of PKDD 2007.

[11] J Jiang, C Zhai. A Two-Stage Approach to domain adaptation for statistical classifiers[C]. In Proceedings of CIKM 2007.

[12] P Luo, F Zhuang, H Xiong, et al. He. Transfer learning from multiple source domains via consensus regularization[C]. In Proceedings of CIKM 2008.

[13] A Aue and M Gamon. Customizing sentiment classifiers to new domains: a case study[C]. In Proceedings of RANLP 2005.

[14] John Blitzer, Ryan McDonald, and Fernando Pereira. Domain adaptation with structural correspondence learning[C]. EMNLP. Sydney, Australia, 2006: 120-128.

[15] S Tan, X Cheng, Y Wang et al. Adapting Naïve Bayes to Domain Adaptation for Sentiment Analysis [C]. In Proceedings of ECIR 2009.

[16] M Gamon and A Aue. Automatic identification of sentiment vocabulary: exploiting low association with known sentiment terms[C]. In Proceedings of the ACL Workshop on Feature Engineering for Machine Learning in NLP, 2005.

[17] A Andreevskaia and S Bergler. When Specialists and Generalists Work Together: Overcoming Domain Dependence in Sentiment Tagging[C]. In Proceedings of ACL 2008.

[18] John Blitzer, Ryan McDonald, and Fernando Pereira. Domain adaptation with structural correspondence learning[C]. EMNLP. Sydney, Australia, 2006: 120-128.

[19] Songbo Tan, Gaowei Wu, Huifeng Tang and Xueqi Cheng. A Novel Scheme for Domain-transfer Problem in the context of Sentiment Analysis[C]// Proceedings of the sixteenth ACM Conference on Information and Knowledge Management. Lisbon, Portugal, 2007: 979-982.

[20] Wu Q, Tan S, Cheng X. Graph ranking for sentiment transfer[C]//Proceedings of the ACL-IJCNLP 2009 Conference Short Papers. Association for Computational Linguistics, 2009: 317-320.

[21] 王治敏,朱学锋,俞士汶. 基于现代汉语语法信息词典的词语情感评价研究[J]. Computational Linguistics and Chinese Language Processing, 2005, 10(4): 581-592.

[22] Blitzer J, Dredze M, Pereira F. Biographies, bollywood, boom-boxes and blenders: Domain adaptation for sentiment classification[C]//ACL. 2007, 7: 440-447.

[23] Wu Q, Tan S. A two-stage framework for cross-domain sentiment classification[J]. Expert Systems with Applications, 2011, 38(11): 14269-14275.

[24] Despster A P, Laird N M, Rubin D B. Maximum likelihood from incomplete data via the EM algorithm[J]. Royal Stat Soc. B. 1977,39(1): 1-38.

[25] Zhou D J, Weston, A Gretto, O Bousquet, et al. Ranking on data manifolds[C]//Proc of NIPS.

2003, 3: 1-4.

[26] Joachims T. Transductive inference for text classification using support vector machines[C]. In Proceedings of ICML. 200-209,1999.

[27] Wu Q, Tan S, Cheng X, et al. MIEA: a mutual iterative enhancement approach for cross-domain sentiment classification[C]//Proceedings of the 23rd International Conference on Computational Linguistics: Posters. Association for Computational Linguistics, 2010: 1327-1335.

[28] Mingsheng Long, Jianmin Wang, Guiguang Ding, et al. Transfer Learning with Graph Co-Regularization[J]. IEEE Transactions on Knowledge and Data Engineering (TKDE), vol. 26, no. 7, 2014.

[29] Singh A P, Gordon G J. Relational Learning via Collective Matrix Factorization[C]. Proceedings of the 14th ACM SIGKDD International Conference on Knowledge Discovery and Data Mining, 2008.

[30] Lee D D, Seung H S. Algorithms for Non-negative Matrix Factorization[C]. Neural Information Processing Systems, 2000.

[31] Ding C, Li T, Peng W, et al. Orthogonal nonnegative matrix tri-factorizations for clustering[C]. Proceedings of the 12th ACM SIGKDD International Conference on Knowledge Discovery and Data Mining, 2006.

[32] Cai D, He X, Wang X, et al. Locality Preserving Nonnegative Matrix Factorization [C]. Proceedings of the 21st International Joint Conference on Artificial Intelligence, 2009.

[33] Gu Q, Zhou J. Co-Clustering on Manifolds [C]. Proceedings of the 15th ACM SIGKDD International Conference on Knowledge Discovery and Data Mining, 2009.

[34] Gu Q, Ding C, Han J. On Trivial Solution and Scale Transfer Problems in Graph Regularized NMF [C]. Proceedings of the 22nd International Joint Conference on Artificial Intelligence, 2011.

[35] 龙明盛.迁移学习问题与方法研究[D].北京:清华大学, 2014.

[36] Dudley R M. Real analysis and probability[M]. Cambridge University Press, 2002.

[37] Gretton A, Borgwardt K M, Rasch M J, et al. A kernel method for the two-sample problem[C]. Neural Information Processing Systems, 2006.

[38] Duan L, Tsang I W, Xu D. Domain Transfer Multiple Kernel Learning[J]. IEEE Transactions on Pattern Analysis and Machine Intelligence, 2012, 34(3): 465-479.

[39] Bengio Y, Courville A, Vincent P. Representation Learning: A Review and New Perspectives[J]. IEEE Transactions on Pattern Analysis and Machine Intelligence, 2013, 35(8): 1798-1828.

[40] Vincent P, Larochelle H, Lajoie I, et al. Stacked Denoising Autoencoders: Learning Useful Representations in a Deep Network with a Local Denoising Criterion [J]. Journal of Machine Learning Research, 11: 3371-3408,2010.

[41] Chen M, Xu Z E, Weinberger K Q, et al. Marginalized Denoising Autoencoders for Domain Adaptation[C]. Proceedings of the 29th International Conference on Machine Learning, 2012.

[42] Huang J, Smola A J, Gretton A, et al. Correcting Sample Selection Bias by Unlabeled Data[C]. Neural Information Processing Systems, 2006.

第 6 章　跨语言情感分类

近些年来，机器翻译被广泛地用于多语言相关的工作[1]。一方面，可以将有标注的源语言的训练集翻译成目标语言，然后在翻译后的训练语料上训练分类器对测试集进行判别；另一方面，可以将目标语言的测试集翻译成源语言，然后直接应用在源语言上训练的分类器。此外，双语词典也是机器翻译系统的一个很好的替代。机器翻译系统生成唯一解，所以翻译结果不一定适用于当前语境，而在基于双语词典的方法中，可以结合各种候选翻译选择方法来提高词汇翻译的准确率。然而，高质量的双语词典并不是易获取资源，尤其是对那些小语种而言，而人工构建双语词典是非常困难且代价高昂的工作，所以基于双语词典的方法受限于词典的规模和语种。

总体说来，跨语言的情感倾向性分析主要存在如下的几个问题：

(1) 大部分工作都是依赖于机器翻译系统或者双语词典的，具有很大的资源依赖性。对于某些语言而言，尚无有效的机器翻译系统或双语词典可以利用。

(2) 基于机器翻译的方法会损失跨语言情感分析的精度。一方面，机器翻译系统生成唯一解，所以翻译未必正确；另一方面，机器翻译系统依赖于训练集，当目标语言的领域与训练集相差较大时性能不佳。

(3) 基于双语词典的方法没有考虑情感分析的领域依赖性，因为大部分双语词典是通用的。

(4) 由于语言表达的差异，从原始语言空间导出的模型被转换到目标语言空间时存在信息损失。

(5) 情感分类的正确率要低于普通的文本分类，这主要是由情感文本中复杂的情感表达和大量的情感歧义造成的。在一篇文章中，客观句子与主观句子可能相互交错，或者一个主观句子同时具有两种以上情感，因此情感分析是一项非常复杂的任务。

为了解决以上问题，本章避开常规的机器翻译的方法，从逐渐放宽对资源依赖的角度，分别研究不同应用场景下的多语言情感分析的关键技术，解决多语言情感分析中资源依赖、语言迁移、情感歧义等多重困难。

根据不同的语料前提，本章研究了三个不同的多语言场景下的情感分析问题：

(1) 第一种语料前提是既有源语言的情感语料又有目标语言的情感语料，并且两种语言的语料是双语平行的。针对这一应用场景，本章研究双语情感词典抽取问题。目前，大部分双语词典都是通用的，既不针对特定领域，也不针对情感词，所以 6.1 节研究了从双语平行语料中自动抽取领域相关的双语情感词典的方法。传统的词对齐方法存在对齐空间大，对齐正确率不高的问题，为了解决这两个问题，6.1 节研究一种基于搭配的对齐方法。一个搭配就是一个属性词和一个情感词的组合，因为属性词和情感词之间存在很强的关联，所以如果属性词对齐了，那么相应的情感词也很容易对齐，反之亦然。通过将词对齐换成搭配对齐，不仅可以减少算法运行时间还可以提高所抽取双语词典的质量。

(2) 第二种语料前提是既有源语言的情感语料又有目标语言的情感语料，但是两种语言的语料不是双语平行的。针对这一应用场景的两个不同任务，6.2 节介绍两个跨语言情感分析模型，通过借助源语言资源来提高目标语言情感分析效果。第一个任务是跨语言情感词典抽取，6.2.1 节介绍一种互增益标签传导算法，该算法从特定领域语料中自动抽取情感词典，是一种领域相关语言无关的方法，不需要借助 WordNet 这种特定语言外部资源，仅仅需要未标注的情感语料和少量种子词即可。第二个任务是跨语言属性级情感分析，6.2.2 节介绍一种跨语言话题模型框架，并将两个最新的单语模型成功嵌入该框架从而形成两个新模型。

(3) 第三种语料前提是只有目标语言的情感语料，没有源语言的情感语料。针对这一应用场景，6.3 节研究了两个无监督的情感分类模型，一个是基于自学习的仅用三个种子词的情感分类算法，另一个是基于关键句抽取的情感分类算法。大部分跨语言情感分析的工作都是基于机器翻译或大规模双语词典的，然而基于翻译的方法不仅过于依赖外部资源，而且会损失跨语言情感分析的精度。此外，情感分类的正确率要低于普通的文本分类，这主要是由情感文本中复杂的情感表达和大量的情感歧义造成的。为了解决以上问题，6.3 节探讨具有最少资源依赖的跨语言情感分析方法，解决跨语言情感分析中语言迁移和情感分析的双重困难。基于三个种子词的方法直接在目标语言上学习情感分类器，该方法具有最少的资源依赖性。基于关键句的算法认为关键句有助于解决情感歧义问题，介绍一种关键句自动抽取算法，并将抽取出的关键句分别应用于自学习的情感分类中。

6.1 基于双语平行语料的方法

如果既有源语言的语料又有目标语言的语料，且两种语言的语料是平行的，那么可以从双语情感语料中自动抽取双语情感词典。在多语言情感分析中，尤其是在无监督的情感分类中，双语情感词典是非常重要的资源。然而，双语情感词典是非常稀缺的资源，一方面，并不是任意两种语言之间都有开源的双语情感词典；另一方面，手工编纂双语情感词典是非常耗时、代价很高的工作。此外，已有的双语词典是通用的，而情感词具有领域依赖性，针对特定领域的双语情感词典更是少之又少。所以，使用统计的方法从给定的双语语料库中自动抽取双语情感词典便成了非常有意义的工作。本节将详细介绍基于搭配对齐的双语情感词典自动抽取模型。

6.1.1 引言

目前，大部分自动构建双语词典的工作都是基于平行语料库和 EM 词对齐算法的[2][3]。然而，传统的 EM 词对齐方法主要存在两点不足：计算复杂度很高和对齐正确率不高。假设在一个平行句对中，源语言的句子有 I 个单词，目标语言的句子有 J 个单词，那么根据 Och 和 Ney[4] 的词对齐算法描述，一共有 $(I+1)^J$ 种对齐可能，这个计算量是指数级的。在所有的指数级的对齐可能中，只有一种对齐是正确的，其余对齐都是冗余的，所以过多的对齐可能很容易引入对齐错误，从而导致 EM 词对齐算法的正确率不高。

为了解决计算复杂度过高和对齐正确率不高的两个问题，本节介绍一种基于搭配对齐的方法自动抽取双语情感词典。传统的方法是基于词对齐的，本节所提的方法是基于搭配对齐的，通过将词对齐换成搭配对齐，可以从效率和性能两个方面对原算法进行优化。在基于搭配的对齐算法中，一个搭配就是一个属性词和一个情感词的组合。用户评论中通常包含很多属性词和情感词，而且属性词和情感词之间存在着很强的关联，比如，“价格”和“高”经常同现，“服务员”和“友好”经常同现，因此本节认为属性词和情感词的这种强关联性可以为搭配对齐提供启发信息以改进原有的词对齐模型。具体而言，通过将词对齐换成搭配对齐后，对齐空间大大减少了，因为 $(I+1)^J$ 中的 I 和 J 同时减少，这样可以极大减少计算时间。计算复杂度的降低不仅不会降低算法的性能，反而会提高双语词典抽取的准确率，因为总的对齐可能变少，冗余的对齐可能就变少了，更容易找到正确的对齐。

6.1.2　搭配对齐算法

1. 算法思想

顾客在写评论时，往往通过情感词来表达对评价实体的态度、观点和看法，虽然有些评论中会直接表达对评价实体的整体观点，但是大部分评论都是针对评价实体的特定属性来进行评论[5]。情感语料中属性词和情感词之间的这种关联性，为搭配对齐提供了很好的启发，搭配对齐算法的思想如图 6-1 所示。

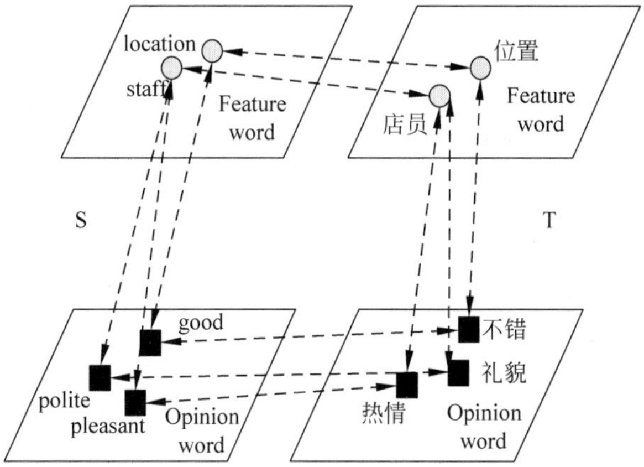

图 6-1　基于属性词和情感词的搭配对齐示意图

从垂直方向看，左边代表源语言（英文）空间，右边代表目标语言（中文）空间；从水平方向看，上边代表属性词空间，下边代表情感词空间。无论是源语言而是目标语言，属性词和情感词之间都存在很强的关联，比如在英文中“staff”和“polite”结合很紧密，在中文中“店员”和“礼貌”结合很紧密。假如已知“staff | polite”和“店员 | 礼貌”是常见搭配，那么如果“staff”和“店员”对齐，则“polite”就很容易与“礼貌”对齐。搭配对齐很好地利用了属性词和情感词的关联性，从而减少了原词对齐算法的计算时间和对齐错误。

已知有两个词集合：属性词集合 $\boldsymbol{F}=\{f_1,f_2,\cdots,f_m\}$ 和情感词集合 $\boldsymbol{O}=\{o_1,o_2,\cdots,o_n\}$，那么通过 $\boldsymbol{F}$ 和 $\boldsymbol{O}$ 可以构造一个二部图 $\boldsymbol{G}$，被记为 $\boldsymbol{G}(\boldsymbol{F},\boldsymbol{O},\boldsymbol{C})$。其中，$\boldsymbol{C}=[c_{ij}]$ 是一个 $m\times n$ 的矩阵，保存着 $\boldsymbol{F}$ 和 $\boldsymbol{O}$ 之间所有搭配的权值，计算取值的方法有很多，如互信息等。

2. 搭配挖掘

双语情感词典挖掘算法的第一步是从源语言和目标语言分别自动抽取属性词和情感词的搭配。搭配是一个典型的语言现象，可以通过词共现来统计得到，任何两个词都可能组成一个搭配，但是一些频繁共现的搭配比很少共现的搭配更有意义，本节采用互信息来计算一个可能搭配的概率，即一个属性词和一个情感词的结合程度，互信息的公式定义如下：

$$MI(x,y)=\log_2 \frac{p(x,y)}{p(x)\times p(y)} \tag{6.1}$$

其中，$p(x,y)$代表单词 x 和单词 y 在同一个句子中共现的概率，$p(x)$和 $p(y)$分别代表单词 x 和单词 y 出现在任意一个句子的概率。搭配挖掘算法流程如算法 6-1 所示。

算法 6-1 搭配挖掘

Input: sentiment corpus of source language/target language

Output: sentiment collocations

Procedure:

1. remove the stop words from sentiment corpus
2. tag the part of speech for the sentiment corpus
3. select all nouns as candidate feature words F
4. select all adjectives as candidate opinion words O
5. for every f in F and every o in O, compute MI(f,o) by Equation 1
6. rank all the collocations by MI score
7. select collocations with high frequency as confident collocations

3. 搭配对齐算法

为了更好解释词对齐和搭配对齐算法的异同，本节分别给出了词对齐和搭配对齐的示例图，如图 6-2 和图 6-3 所示。

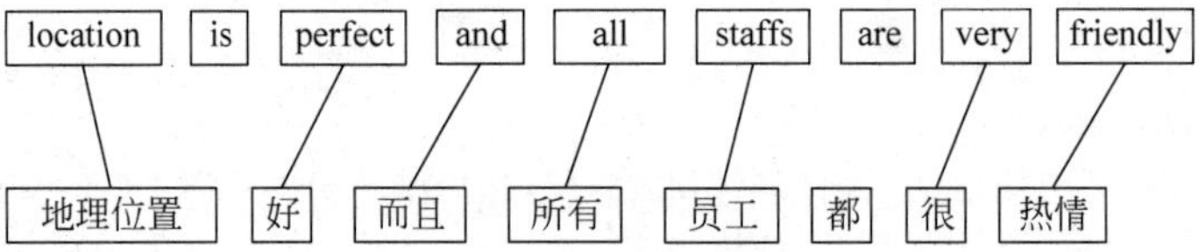

图 6-2 词对齐示例

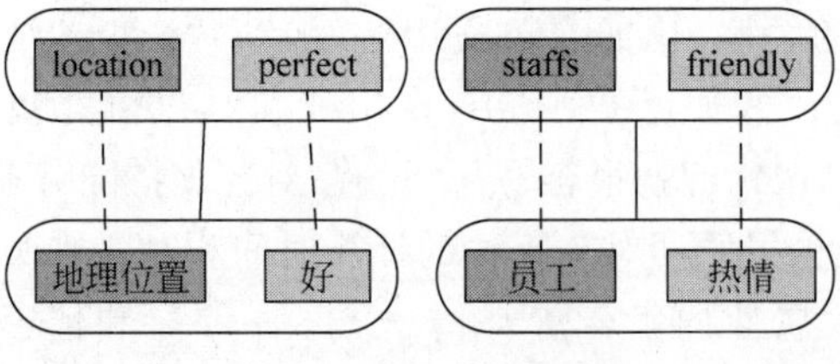

图 6-3 搭配对齐示例

在这个例子中，英文被视为源语言，中文被视为目标语言，如图 6-2 所示，英文句子含有

9 个单词，中文句子含有 8 个单词，那么按照基于 EM 算法的词对齐模型，一共有 $(9+1)^8$ 种对齐可能。然后，将词对齐换成搭配对齐后，如图 6-3 所示，对齐可能减少到 $(2+1)^2$，底数和指数同时减少，大大降低了计算复杂度。

在情感分析任务中，情感词扮演着非常重要的角色。当判定一则评论是褒义还是贬义的时候，情感词比起其他词能提供更多有价值信息，在本节所提的搭配对齐算法中，主要将形容词视为情感词，虽然一些动词和助词被忽略了，但是这些词对情感分析的影响相对较小。此外，如果属性词和情感词分别被很好地对齐后，那么可以将已经对齐的属性词和情感词作为锚点词，很容易将位于它们之间的其他词进行对齐，比如，如果"staffs-员工"和"friendly-热情"都是已知对齐词对，那么很容易将位于它们之间的对齐词对"very-很"抽取出来。

下面，具体介绍搭配对齐算法。首先，对常用变量进行形式化说明：

假设源语言的一个句子的搭配表示为：$S=s_1^l=s_1s_2\cdots s_l$

假设目标语言的一个句子的搭配表示为：$T=t_1^m=t_1t_2\cdots t_m$

假设一个平行句对的搭配对齐表示为：$C=c_1^m=c_1c_2\cdots c_m, c_i\in\{0,\cdots,l\}$

那么，一种可能的对齐表示为：

$$P(T,C\mid S)=\prod_{j=1}^{m}p(t_j\mid s_{c_j}) \tag{6.2}$$

其中，$p(t|s)$表示 s 翻译成 t 的概率。一个平行句对（S 和 T）的概率表示为所有对齐可能的和：

$$P(T\mid S)=\sum_{c_1=1}^{l}\cdots\sum_{c_m=1}^{l}\prod_{j=1}^{m}p(t_j\mid s_{c_j}) \tag{6.3}$$

按照最大似然估计[6]，希望得到一个概率分布 $p(t|s)$使得整个训练语料出现的概率最大。具体到对齐问题，给定双语平行语料库，希望得到一个概率分布 $p(t|s)$使得所有平行句对的翻译概率之和最大，这其实是一个带约束的极值问题，约束条件是 $p(t|s)$的归一化。

无论初始对齐是怎样设置的，基于 EM 算法的词对齐模型都可以收敛到全局最优。在本节工作中，对每一个对齐词对的概率进行平均初始化，服从于：

$$\sum_{t}p(t\mid s)=1 \tag{6.4}$$

本节所提的搭配对齐模型也是基于 EM 算法的，主要分为 E 和 M 两个步骤，计算公式如下所示：

E 步骤：

$$P(C\mid T,S)=\frac{P(T,C\mid S)}{P(T\mid S)}=\frac{\prod_{j=1}^{m}p(t_j\mid s_{c_j})}{\sum_{c_1=1}^{l}\cdots\sum_{c_m=1}^{l}\prod_{j=1}^{m}p(t_j\mid s_{c_j})} \tag{6.5}$$

M 步骤：

$$a(t\mid s;T,S)=\sum_{C}P(C\mid T,S)\sum_{j=1}^{m}\delta(t,t_j)\delta(s,s_{c_j}) \tag{6.6}$$

$$p(t\mid s)=\frac{a(t\mid s;T,S)}{\sum_{s}a(t\mid s;T,S)} \tag{6.7}$$

其中，$\sum_{j=1}^{m}\delta(t,t_j)\delta(s,s_{c_j})$ 表示在 C 中 s 连接到 t 的次数，$\alpha(t|s;T,S)$ 表示在所有可能的对齐 C 中，s 对齐到 t 的均值。

EM 迭代过程是很好理解的：一旦得到一组搭配对齐的概率分布 $p(t|s)$，那么可以计算句子级的对齐(翻译)概率 $P(T,C|S)$；一旦有了句子级的对齐概率 $P(T,C|S)$，那么可以重新计算搭配概率分布 $p(t|s)$。具体地，M 步骤可以细分为两小步：第一小步是计算所有包含对齐 (s,t) 的概率之和；第二小步是对第一步计算得到的结果按照 s 进行归一化。

4. 从搭配对齐中抽取词对齐

搭配对齐的结果是一组双语对齐的搭配对，而最终的目标是得到一组双语对齐的词对，所以需要进一步从双语搭配对中抽取双语词对。在一个搭配中，第一个词指示着属性词，第二个词指示着情感词，所以可以按照前后顺序，分别获得对齐的属性词对和情感词对。如图 6-3 所示，从示例中的双语平行句对最终可以得到两个双语对齐的搭配对，继而可以得到四个双语对齐的词对。然而，双语平行语料库是含有噪声的，抽取出的搭配对也不一定是严格对齐的，所以为了进一步优化所抽取的双语词对的正确率，本节对所抽取的双语搭配对进行了优化，该优化算法是基于**自举**(bootstrapping)思想的[16]，算法流程如算法 6-2 所示。

算法 6-2 词对优化

Loop for I iterations:
1. select top 50% collocation pairs according to the alignment possibility (Equation 6)
2. extract word pairs from the selected collocation pairs:
   n = number of selected collocation pairs
   p_j = possibility of collocation pair C_j
   $score\_word(f)$ = score of bilingual feature word pair f
   $score\_word(o)$ = score of bilingual opinion word pair o
   (1) $score\_word(f)=\sum_{j=1}^{n}\alpha * p_j$ if $f\in C_j$ then $\alpha=1$ else $\alpha=0$
       $score\_word(o)=\sum_{j=1}^{n}\alpha * p_j$ if $o\in C_j$ then $\alpha=1$ else $\alpha=0$
   (2) sort every f by $score\_word(f)$
       sort every o by $score\_word(o)$
   (3) select top N_1 word pairs f as confident feature word pairs
   (4) select top N_2 word pairs o as confident opinion word pairs
3. calculate the score of each collocation pair according to the confident word pairs: $score\_collocation(f, o)= score\_word(f) + score\_word(o)$

在本节工作中，N_1 的值被设为 500，N_2 的值被设为 1000。

6.1.3 实验与评价

1. 实验设置

实验在英汉双语平行语料上进行。该语料采集自酒店评论网站①，然后通过人工辅助

① https://www.booking.com/

的句子对齐技术得到双语平行句对，共有双语平行句对 10 000 个。英文句子用到了斯坦福大学的词性标注工具[①]，中文句子用到了词性标注工具 ICTCLAS[②]。

实验采用准确率来衡量所抽取双语情感词典的质量，具体定义为：

$$双语情感词典正确率=\frac{正确对齐的词对}{所抽取的总词对}$$

实验中手工标注了每一个对齐的词对，为了保证标注的可靠性，邀请三个人进行人工标注，如果标注产生分歧，采用少数服从多数原则。

实验将从效率和性能两个角度来评价所提搭配对齐模型。

在效率评价试验中，将对比模型在同一台计算机上进行模型运行时间测量，实验机配置情况为：Dell Optiplex360；Intel(R) Pentium(R) Dual E2200@2.20GHz；1GB 内存。

在性能评价实验中，将所提搭配对齐方法和两个 Baseline 方法进行对比，通过双语词典正确率来进行评测，两个 Baseline 方法分别为：

Baseline1(词对齐)：一个平行句对的翻译概率是通过词对来计算的而不是搭配对，此外，为了以示公平，平行句对中只包含名词和形容词。

Baseline2(任意搭配对齐)：在搭配对齐中，一个搭配不一定是一个属性词和一个形容词的组合，而是任意两个词的组合，然后通过词频来筛选。

2. 实验结果

实验分别从英文文本和中文文本中按照打分从高到低，各组选取了前 10 个得分最高的搭配，结果如表 6-1 和表 6-2 所示。

表 6-1　前 10 个得分最高的英文搭配

staff	helpful
staff	friendly
room	clean
location	good
room	small
hotel	good
location	great
room	good
staff	good
hotel	clean

表 6-2　前 10 个得分最高的中文搭配

房间(room)	小(small)
房间(room)	干净(clean)
人员(staff)	友好(friendly)
位置(location)	好(good)
酒店(hotel)	好(good)
房间(room)	好(good)
人员(staff)	好(good)
房间(room)	舒适(comfortable)
房间(room)	大(big)
早餐(breakfast)	好(good)

从表 6-1 和表 6-2 可以看出，从酒店评论中自动抽取出的搭配是非常合理的，虽然搭配挖掘算法非常简单，但是效果很好，因为在情感语料中，属性词和情感词结合非常紧密。

在效率评测实验里，对词对齐和搭配对齐模型采用同样的编程环境和技术，以保证运行时间的对比是公平的。分别统计了每一轮迭代过程中 E 步骤和 M 步骤的运行时间，单位是秒，实验结果如表 6-3 所示。

① https://nlp.stanford.edu/software/tagger.shtml

② https://ictclas.org/

表 6-3 词对齐和搭配对齐的运行时间对比

	词 对 齐	搭 配 对 齐
E 步骤	252s	69s
M 步骤	121s	83s

给定训练语料后，在 E 步骤会计算所有可能的对齐，所以 E 步骤是最耗时的部分，而 M 步骤的输入依赖于 E 步骤的输出，E 步骤需要计算的对齐可能越多那么 M 步骤需要计算的也越多。在效率评测试验中，只选择源语言和目标语言都小于或等于 10 个单词的句子，因为如果不经过长句过滤，那么运行时间会显著增加。基于 EM 迭代算法的词对齐模型是指数级的计算复杂度，如果句子过长，运行时间会呈指数级增长。然而，经过搭配挖掘，由单词串组成的句子变成了由搭配串组成的句子，相应地，计算复杂度可以显著减少，因为搭配的数目至多是单词数目的 1/2。

在性能评测实验中，将所提搭配对齐模型分别和词对齐模型以及任意搭配对齐模型进行对比，按照对齐概率进行排序，表 6-4 分别给出了所抽取的前 25％、前 50％和前 75％的双语词对的正确率。

表 6-4 不同方法抽取的双语词典正确率

	Baseline1	Baseline2	本 节 方 法
前 25％	0.75	0.85	0.99
前 50％	0.71	0.795	0.94
前 75％	0.677	0.77	0.827

鉴于对齐概率在后 25％的双语词对质量比较差，于是舍弃后面 25％的词对只选取前 75％的双语词对来组成双语词典。从表 6-4 可以看出，基于属性词和情感词的搭配对齐明显优于对比方法，在前 75％的双语词对中，本节所提方法比 Baseline1 提高了 15％，比 Baseline2 提高了 5.7％。基于属性词和情感词的搭配对齐模型之所以能超过 Baseline1 是因为对齐空间减少了，从而冗余对齐减少，对齐错误也就相应减少了。而传统词对齐模型的对齐空间是很大的，冗余对齐很多，很容易引入对齐错误，因为在所有可能的对齐中，只有一种是确信的。从表 6-4 还可以看出，Baseline2 方法是优于 Baseline1 方法的，这是因为虽然在 Baseline2 中，搭配是由任意两个词进行组合，而这些组合毕竟是经过互信息值的排序挑选出来的，也符合一定的语料特征。但是，任意搭配的性能显然不如基于属性词和情感词的特定搭配，从而间接证明，在基于双语情感语料(用户评论文本)的双语词典抽取任务中，按照属性词和情感词来挑选搭配的准则要优于互信息准则。本节所提方法之所以能取得比较令人满意的结果，主要是因为充分考虑了情感语料的特性，利用属性词和情感词之间的强关联性来提高双语词典抽取的性能。

以往的方法都是从双语平行语料库中自动抽取双语词典，而本节所提方法可以进一步抽取细粒度的双语情感词典，细粒度是指情感词的翻译是属性依赖的。分别统计了双语属性词和双语情感词各自的正确率，结果如表 6-5 所示，表 6-5 的结果也是取自对齐概率前 75％的词对。

表 6-5　不同方法抽取的双语属性词和情感词正确率

	Baseline1	Baseline2	本节方法
Feature word	0.706	0.766	0.805
Opinion word	0.608	0.779	0.847

从表 6-5 可以看出，对于双语情感词的抽取，本节方法比 Baseline1 方法提高了 23.9%，比 Baseline2 方法提高了 6.8%。相比普通的双语词典抽取，本节方法在抽取双语情感词典上的性能提升更为显著。在搭配对齐中，由于一个搭配是一个属性词和一个情感词的组合，正好符合情感词修饰属性词的特性，所以可以很容易地获得细粒度的双语情感词典。

为了衡量迭代次数对双语词典抽取质量的影响，图 6-4 展示了不同迭代次数下所抽取的双语词典的正确率，从图 6-4 可以看出，搭配对齐算法可以很快收敛到最优值。

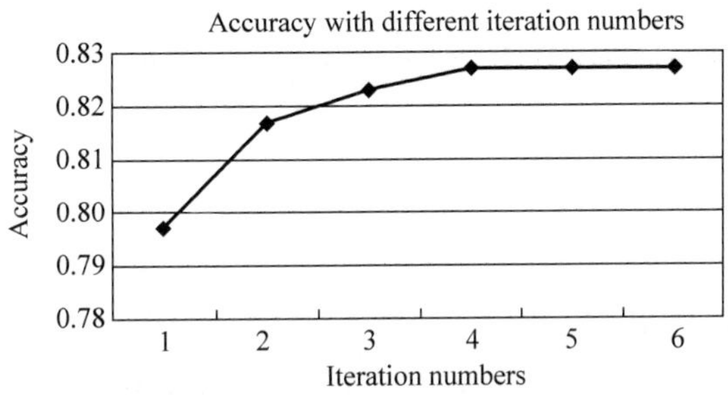

图 6-4　在不同迭代次数下搭配对齐方法抽取出的双语词典的正确率

6.1.4　小结

为了解决传统词对齐模型计算复杂度过高和对齐正确率不高的问题，本节介绍了一个基于属性词和情感词的搭配对齐的模型。在搭配对齐模型中，一个搭配就是一个属性词和一个情感词的组合。在客户评论中，情感词通常针对评价实体的特定属性来表达观点和态度，所以属性词和情感词之间很有强的关联性，本节介绍的模型正是利用这种关联性来降低对齐空间。对齐空间的降低有两方面的益处：一方面，可以极大减少算法运行时间。因为词对齐模型的计算复杂度是指数级的，而通过将词对齐换成搭配对齐后，底数和指数同时减少，从而计算复杂度大大减少；另一方面，可以提高双语词典抽取正确率。因为在所有的对齐可能中只有一种对齐是正确的，对齐空间越大冗余对齐就越多，从而容易引入对齐错误，所以降低对齐空间还可以减少对齐错误，从而提高双语词典抽取的正确率。

搭配对齐模型大致可以分为三步：第一步是对源语言和目标语言分别进行搭配挖掘；第二步是通过 EM 算法进行搭配对齐；第三步是从生成的双语搭配对中抽取双语词对。实验证明，基于属性词和情感词的搭配对齐模型不仅可以提高算法效率，还能提高双语词典抽取性能。此外，除了普通的双语词典，本节的方法还能进一步得到细粒度的双语情感词典，可以为细粒度的多语言情感分析提供很好的资源。

6.2 基于双语非平行语料的方法

6.1 节介绍了基于双语平行语料的双语情感词典抽取工作，然而，在现实世界中，双语平行的情感语料是非常稀缺的资源，相比之下，同领域的非平行的双语情感语料是相对容易获取的资源。在这一节，基于同领域非平行的双语情感语料，介绍两个跨语言情感分析模型，所谓"跨语言"是指借助源语言的情感语料或者情感资源来提高目标语言的情感分析性能。在 6.2.1 节，介绍一种基于互增益标签传导的跨语言情感分析模型，首先自动抽取情感词典，然后将其用于文档级情感分类；在 6.2.2 节，介绍一种跨语言话题模型，然后将所提的跨语言话题模型和两个当下最新的属性级情感分析模型相融合，从而形成了两个新的跨语言属性级情感分析模型。

6.2.1 基于互增益标签传导的跨语言情感分析模型

6.2.1.1 引言

情感词典是自然语言处理领域非常重要的基础资源。虽然目前有一些开源的情感词典可供参阅，但是这些开源的情感词典往往是通用的，不具有领域特性。情感词的极性是领域相关的，比如"不可预测"在电影评论领域可能是褒义的，在电子产品领域可能是贬义的，因此从特定领域的语料中自动构建情感词典是非常有意义的。

传统的情感词典抽取方法主要面临着以下两个问题：

(1) 过于依赖于外部资源。比如大部分情感词典自动抽取方法需要参照同义词词典和反义词词典，而有些工作需要借助句法分析器和信息检索工具等。

(2) 针对特定语言的，很难应用于多语言场景。一方面，情感词典抽取中经常使用的 WordNet 这种资源并不能涵盖所有语言；另一方面，不同语言的资源不平衡，在目标语言语料数量较少或者质量不高的情况下，抽取出的情感词典质量也不高。

为了解决这些问题，本节介绍了一种基于**互增益标签传导**(Mutual-reinforcement Label Propagation，MLP)的跨语言情感词典抽取方法。其中，互增益是指不仅目标语言能从源语言学习到知识，反过来，源语言也能从目标语言学习到知识，如此反复，迭代进行，源语言和目标语言的情感词典抽取性能都能得到提升。MLP 算法主要分为两个阶段：在第一阶段，为源语言和目标语言分别构造情感词关系图，然后应用标签传导算法为每一个未标注情感词估算一个情感极性得分；在第二阶段，通过引入一部双语词典作为桥梁，将两种不同的语言进行衔接，从而开启互增益学习进程。

为了进一步提高 MLP 算法的性能，本节还介绍了两个优化策略，分别是种子词选取策略和 Top-k 子图约简策略。

(1) 由于种子词的选取对标签传导算法的性能较大，所以提出一种主动学习结合半监督学习的方法，从而希望用最少的标注量达到最好的效果。为了挑选出具有最大覆盖度的种子词进行标注，本节采用聚类算法挑选种子词，因为聚类中心的词密度较高，能最大程度地把倾向性传导给其他词。

(2) 标签传导算法是一种图算法,图算法的性能与图构造也紧密相关,所以用 Top-k 约简后的子图代替原始图,以避免词汇之间弱关联和错误关联对算法的精度影响。约简后的图中,每个结点最多与其余 K 个结点连边,并且保证这 K 条边的权值和为 1。

MLP 的目标并不是试图从性能上超越现有方法,而是从另一个角度出发,提出一种语言无关的方法,解决资源匮乏语言的情感词典抽取问题。MLP 的主要思想是借助源语言的语料资源来提高目标语言的情感词典抽取性能,主要做法是建立一种互增益学习机制让两种语言互相学习互相提高。这样做的好处是:

(1) MLP 从特定领域语料中自动抽取情感词典,所抽情感词典是领域相关的。

(2) MLP 是一种语言无关的方法,不需要借助 WordNet 这种特定语言外部资源,仅仅需要未标注的情感语料和少量种子词即可。

(3) 通过互增益学习,无论是从源语言抽取出的情感词典还是从目标语言抽取出的情感词典,性能都得到了提升。

6.2.1.2　互增益标签传导算法

MLP 算法把语料中所有的形容词看作是情感词,但是这并不意味着 MLP 算法只局限于形容词,相反地,MLP 是一种通用的方法,可以运用于动词、副词和形容词以及名词短语等,因为情感词获取不是文本研究重点,所以在这一节将重点讲述 MLP 算法的原理和流程。MLP 算法的整体框架流程如图 6-5 所示。

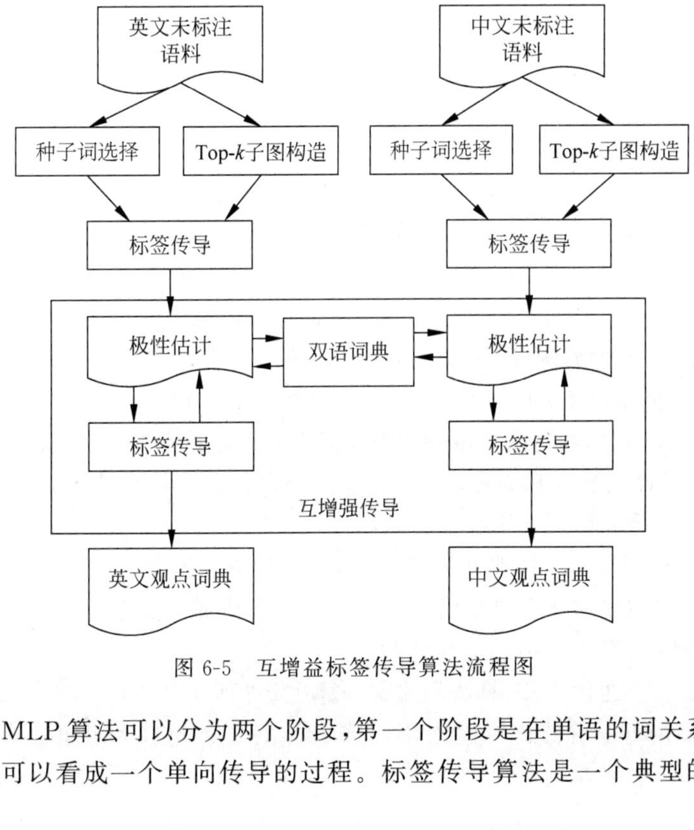

图 6-5　互增益标签传导算法流程图

如前所述,MLP 算法可以分为两个阶段,第一个阶段是在单语的词关系图上应用标签传导算法,因此可以看成一个单向传导的过程。标签传导算法是一个典型的半监督学习算法，具有收敛性和随机游走模型等价性等特征。接下来，简单介绍一下标签传导算法。

首先，需要先构造一个词关系图，其中一个词代表图中的一个结点，如果两个词之间存在语义关联，则在这两个词之间连一条无向边。假设有标注结点集合简称为 L，表示为 $\{(o_1, c_1)\cdots(o_l, c_l)\}$，$c \in \{positive, negative\}$，未标注结点集合简称为 U，表示为 $\{o_{l+1}\cdots o_{l+u}\}$，总共的结点数为 $n=l+u$。

在 MLP 算法中，两个词之间的语义相似度通过互信息来衡量。标签传导算法基于这样的假设：如果图中的两个结点的相似度很高，那么这两个结点倾向于拥有共同的标签。因为在情感语料中，同一个句子里的情感词往往具有相似的情感倾向性，所以为频繁共现的情感词指定较高的相似度权值，然后让种子词的标签通过图中带权值的边传导向所有未标注的词。

接下来，构造一个 $n\times n$ 概率转移矩阵 $\boldsymbol{P}$：

$$P_{ij}=P(i\rightarrow j)=\frac{w_{ij}}{\sum_{k=1}^{n} w_{ik}} \tag{6.8}$$

其中，P_{ij} 表示为从结点 i 转移到结点 j 的概率。再定义一个 $l\times 2$ 的极性矩阵 $\boldsymbol{C_L}$，$\boldsymbol{C_L}$ 的每一行代表一个正负极性向量 $\boldsymbol{c}_i$，$i\in L$。最终，还要计算得到所有结点的极性矩阵 $\boldsymbol{f}$，$\boldsymbol{f}$ 是一个 $n\times 2$ 的矩阵，表示为如下形式：

$$\boldsymbol{f}=\begin{pmatrix}\boldsymbol{f_L}\\ \boldsymbol{f_U}\end{pmatrix} \tag{6.9}$$

标签传导算法的流程大致如下：

(1) 信息传导 $\boldsymbol{f}^{(i)}\leftarrow\boldsymbol{P}\times f^{(i-1)}$。

(2) 保持种子词标签不变 $\boldsymbol{f}_L=\boldsymbol{C}_L$。

(3) 重复(1)～(2)直至 $\boldsymbol{f}$ 收敛。

在步骤(1)中，所有有标签的结点一次性把标签信息传向邻居结点。步骤(2)很重要，保持种子词标签不变是充分利用并珍惜标注数据的一种表现。

在 MLP 算法的第二个阶段，引入一部双语词典来开启互增益学习进程。和以往的方法不同，双语词典并不是用来直接将已有的源语言的情感词典翻译成目标语言，而是用于建立两种语言之间的通信，让两种语言之间的情感信息可以来回互相传播。例如，假设 s 是源语言的一个单词且它的极性是 $Polarity(s)$，如果单词 t 是 s 在双语词典中的对应翻译，那么认为 t 会以某种概率继承 s 的极性信息，而不是生硬地指定 $Polarity(t)=Polarity(s)$。

图 6-6 展示了一个互增益标签传导的例子，假设英文是源语言，中文是目标语言，一旦把英文的情感词翻译成中文后，便得到了更多的启发信息来优化中文的情感词极性判定。比如，“poor”和“差”是双语词典中的一个翻译对，如图 6-6 所示，“坏”和“差”结合非常紧密，如果已知“poor”是一个贬义词，那么很容易推理得出“坏”也是一个贬义词。在 MLP 算法中，引入了一个 α 参数来防止两种语言之间的极性过度传播。类似地，中文的情感词也可以翻译成英文，用于优化英文的情感词极性判定。

MLP 算法是一个迭代算法，算法的流程如算法 6-3 所示。

为了进一步对 MLP 算法进行优化，本节给出了种子词选择和 Top-k 子图约简两种优化策略。

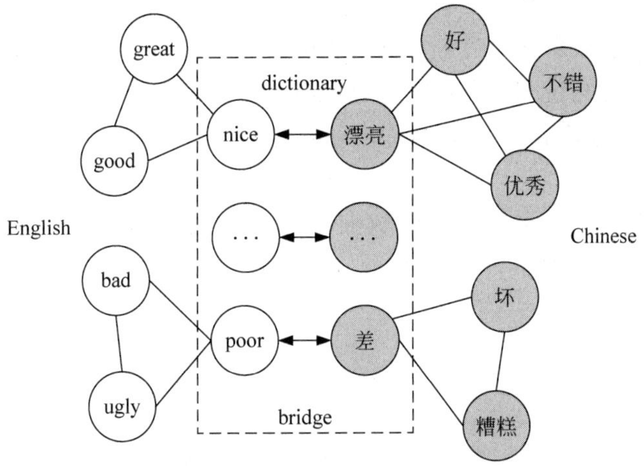

图 6-6　互增益标签传导算法示例

算法 6-3　互增益标签传导

Input：initial opinion words for each language，bilingual dictionary D

Output：opinion lexicon L_1(source language)，opinion lexicon L_2(target language)

Procedure：

1. for source language，apply label propagation algorithm，generate L_1
2. for target language，apply label propagation algorithm，generate L_2

Loop for I iterations

3. for each word s_i in L_1
   look up s_i in D
   if its translation t_i is in L_2
   then assign Polarity(t_i)$=\alpha\times$Polarity(s_i)
4. apply label propagation algorithm，update L_2
5. for each word t_j in L_2
   look up t_j in D
   if its translation s_j is in L_1
   then assign Polarity(s_j)$=\alpha\times$Polarity(t_j)
6. apply label propagation algorithm，update L_1

1. 种子词选择

种子词的选择对半监督学习性能是有影响的，如果需要挑选一部分种子词进行标注，那么根据学习算法来选择种子词会比随机挑选种子词更有意义。有一种可以显著减少标注数据量的方法叫**主动学习**(active learning)[7]。主动学习方法是主动挑选那些蕴含信息最丰富的初始集进行标注。标准的主动学习方法通常选择具有最大熵的数据，熵代表不确定性，选择具有最大熵的数据进行标注可以获得最多的信息含量。然而，在某些情形下，最大熵选择策略不一定能取得最佳的性能提升，所以初始样本选择策略是多样化的。在情感极性的传播问题中，选择具有最大覆盖度的单词来进行标注而不是具有最大熵的单词，因为目标是通过有限的种子词的标签来传导得到所有未标注词的标签，所以希望挑选出的种子词具有最大的覆盖度。直观地，如果一个有标注词被很多未标注词包围，那么这个有标注词的标签很容易传播向其他词，所以认为位于聚类中心的词对于传播过程具有较大的影响。在种子词的选取上，应用聚类算法 K-means[8]，然后选择类别中心的词作为种子词进行人工标注，一共正负两个类别，初始的类别中心是随机指定的，种子词选择的算法流程如算法 6-4 所示。

在种子词选择算法中，对每一个情感词 o_i，构造一个特征向量 $\boldsymbol{v}_i=\{w_{i1},w_{i2},\cdots w_{in}\}$，其中 w_{ij} 代表 o_i 和 o_j 的互信息值，$w_{ii}=0$。两个情感词之间的相似度通过夹角余弦来计算，计算公式如下：

$$sim(w_i,w_j)=\frac{\sum_{k=1}^{n} w_{ik}\times w_{jk}}{\sqrt{\left(\sum_{k=1}^{n} w_{ik}^2\right)\left(\sum_{k=1}^{n} w_{jk}^2\right)}} \tag{6.10}$$

如果 $sim(w_i,m_1)$ 比 $sim(w_i,m_2)$ 大，那么 o_i 属于第一个类别，反之 o_i 属于第二个类别。

算法 6-4　种子词选择算法

Input：unlabeled words of each language

Output：seed words of each language

Procedure：

1. make initial guesses for two means m_1, m_2

2. Loop until there are no changes in two means

(1) use the estimated means to classify the samples into two clusters

(2) update m_1 with the mean of all of the samples for cluster 1

(3) update m_2 with the mean of all of the samples for cluster 2

3. select topn words near m_1 and m_2 respectively as seed words

2. Top-*k* 子图约简

众所周知，在图算法中，构造一个高质量的图有时候比选择具体的算法更重要。标签传导算法主要受两方面的因素影响，分别是相似度衡量函数和连接每个结点的边数。不失一般性，MLP 算法的相似度衡量函数采用最常被使用的互信息。为了对 MLP 算法进行优化，采用 Top-*k* 子图来代替原始图。在一个 Top-*k* 子图中，每个结点只和少量的结点相连，这样的稀疏图不仅计算效率很高，而且性能也不错[9]。

从原始图生成 Top-*k* 子图的方法可以分为 3 步：

(1) 对于任意一个结点，按照权值从高到低，对所有跟它相连的边进行排序；

(2) 对原始图进行重构，每个结点只保留权值在前的 k 条连边；

(3) 对新图的每条边的权值进行归一化。

用 Top-k 子图代替原始图的好处有两个：①边的数目减少了，存储空间也变少；②情感词极性判定的性能提升了，因为新图比较稀疏可以忽略那些关联较弱的连边，从而减少一些错误的传导。

6.2.1.3　实验与评价

为了衡量 MLP 算法的有效性和健壮性，在英文和中文语料上进行了多组实验。为了强调情感词的领域依赖性，不仅在多种语言上实验，还在多个领域（电子、厨房、网络、健康）上进行实验。在 MLP 算法中，源语言和目标语言的数据集需要满足的条件是它们来自同一领域。

1. 实验设置

实验中所用到的资源包括源语言和目标语言的未标注语料库和一部双语词典。所采用的双语词典①共包含 41 812 个翻译词对，所用到的语料库情况如下：

英文未标注语料：由 Blitzer 等人[10]和 Li 等人[11]采集的亚马逊商品评论，每一个领域的数据集包含 1000 篇文本。

中文未标注语料：中文的产品评论采集自知名电商网站京东②，每个领域的数据集包含 10 000 篇文本。虽然中文的数据集规模是英文的 10 倍，但是中文语料的质量差很多，主要体现在篇幅短和噪声多两个方面。

英文的词性标注工具采用的是 Stanford POS tagger，中文的词性标注工具采用的是 ICTCLAS。

在 MLP 算法中，为每种语言分别挑选 10 个正类和 10 个负类种子词，参数 a 被设为 0.1，后面会有实验来验证参数 a 的取值影响。

在 K-means 聚类算法中，对于英文，两个初始的类别中心分别是“great”和“poor”；对于中文，两个初始的类别中心分别是“好”和“坏”。

在 Top-k 子图约简算法中，对于英文，K 的值被设为 50；对于中文，K 的值被设为 100。

在实验中，手工标注了每一个情感词的情感极性，然后用手工标注的情感词集合作为参考进行实验评价。为了强调情感词的领域依赖性，为每一个领域分别标注了一个情感词集合，在标注情感词极性的时候考虑了具体的领域特性。为了保证标注的可靠性，邀请三个人标注同一个情感词集合，如果有分歧，采用少数服从多数原则。在实验中，采用情感词极性判定的正确率来衡量情感词典的质量，正确率的定义如下：

$$\text{情感词典正确率}=\frac{\text{极性判定正确的情感词数}}{\text{情感词总数}}$$

为了衡量所抽取的情感词典的有效性，将其用于实际的情感分类应用中，然后通过情感分类性能的提升与否来间接评价所抽取的情感词典的质量。实际问题评测法不仅可以给出更客观更可信的评价结果，也可以考量其实际应用价值。基于情感词典的情感分类是无监督的，所以只使用到了每个领域的测试集没有使用训练集。对于英文的情感分类，每个领域的测试集共包含 500 篇正类文本和 500 篇负类文本。对于中文的情感分类，每个领域的测试集共包含 2000 篇正类文本和 2000 篇负类文本。情感分类性能采用正确率来评价，情感分类的正确率定义如下：

$$\text{情感分类正确率}=\frac{\text{被正确分类的文本数}}{\text{待分类文本总数}}$$

为了验证 MLP 算法的可竞争性，在实验中，将 MLP 算法与以下方法进行对比。

---

① https://liuctic.com/zhenglin/

② https://www.jd.com

- LP：单向传导，即直接在单语言的语料上应用标签传导算法，而不是在两种语言之间来回传导。LP 和 MLP 的区别仅在于 LP 是单语言模型，MLP 是跨语言模型，其他地方都是一样的。
- M1：对每个领域，种子词是通用的。
- M2：对每个领域，按照词频从高到低，挑选前 n 个情感词作为种子词。
- M3：对每个领域，挑选与两个已知极性词（英文是“great”和“poor”，中文是“好”和“坏”）的互信息最高的前 n 个词作为种子词。
- M4：在原始图上执行互增益标签传导算法，而不是在约简的 Top-k 子图上。
- SentiWordNet①：该情感词典是由 Baccianella 等人[12]通过 WordNet 同义词词集自动构建的。
- MPQA②：该情感词典由 Wiebe 等人[13]构建，其中有些词来自手工标注，有些词通过自语料库自动标注。
- Tsinghua③：该情感词典由 Li 和 Sun[14]构建。
- Hownet④：该情感词典来自 Hownet 知识库。
- Random Walk：参照 Hassan 和 Radev 的工作[15]，一个情感词的极性由随机游走算法中的 hitting time 来判定。

2. 实验结果

对每个领域，通过 MLP 算法所抽取的情感词典规模如表 6-6 所示，由于中文的语料规模比英文大，所以抽取出的中文情感词典普遍也比英文情感词典的规模大。

表 6-6 所抽取的情感词典的规模

	English	Chinese
Kitchen	624	1273
Electronics	736	1303
Health	561	1174
Network	659	1186

由 MLP 算法和其他方法抽取出的英文和中文的情感词典的正确率分别如表 6-7 和表 6-8 所示。

表 6-7 不同方法抽取的英文情感词典正确率

Domain	SentiWordNet		MPQA		Random Walk	LP	MLP
	Accuracy	Coverage	Accuracy	Coverage			
Kitchen	0.7926	0.7927	0.9437	0.712	0.7263	0.7664	0.7944
Electronics	0.7836	0.8116	0.9209	0.7329	0.7317	0.7755	0.8163
Health	0.7805	0.8043	0.9297	0.7132	0.6818	0.697	0.7475
Network	0.8051	0.8114	0.9194	0.7403	0.7285	0.7561	0.7683
Average	0.7905	0.8050	0.9233	0.7246	0.7171	0.7488	0.7816

① https://sentiwordnet.isti.cnr.it/

② https://mpqa.cs.pitt.edu/

③ https://nlp.csai.tsinghua.edu.cn/~lj/sentiment.dict.v1.0.zip

④ https://www.keenage.com/

表 6-8　不同方法抽取的中文情感词典正确率

Domain	Tsinghua		Hownet		Random walk	LP	MLP
	Accuracy	Coverage	Accuracy	Coverage			
Kitchen	0.9777	0.6322	0.9523	0.8251	0.7065	0.7500	0.7702
Electronics	0.978	0.6476	0.9524	0.8275	0.7200	0.7470	0.7470
Health	0.9763	0.6147	0.9625	0.8174	0.7075	0.7246	0.7633
Network	0.9763	0.6210	0.9542	0.8172	0.7001	0.7405	0.7892
Average	0.9771	0.6289	0.9553	0.8218	0.7085	0.7405	0.7674

实验结果显示，英文开源情感词典 SentiWordNet 和 MPQA 虽然具有较高的正确率，但是覆盖度不高，因为 SentiWordNet 和 MPQA 都是通用的情感词典，所以很难涵盖所有的特定领域。中文开源情感词典 Tsinghua and HowNet 的正确率特别高，因为它们都是手工标准的，然而中文的开源情感词典也是因为是通用的，所以覆盖度不高。LP、Random walk 和 MLP 都是自动抽取的方法，所以和开源的情感词典相比，正确率上有一定损失，但是能覆盖本领域的所有情感词，且情感词的极性都是领域依赖的。对于英文的情感词典抽取，MLP 算法比 LP 算法提升了 3.28%，比 Random walk 方法提升了 6.45%。对于中文的情感词典抽取，MLP 算法比 LP 算法提升了 2.69%，比 Random walk 方法提升了 5.89%。由此可以看出，无论是对于英文的情感词典抽取，还是对于中文的情感词典抽取，MLP 方法的效果都好于 LP 和 Random Walk 的方法。MLP 算法之所以好于 LP 和 Random walk 算法，是因为 LP 和 Random walk 算法是单语的，只借鉴了单语言语料库的知识，而 MLP 是跨语言的，能够从两种语言的语料库中同时学习知识。

把由 MLP 方法和其他对比方法抽取出的情感词典用于情感分类的实验结果如表 6-9 和表 6-10 所示。

表 6-9　基于不同方法的英文情感分类正确率

	SentiWordNet	MPQA	Random walk	LP	MLP
Kitchen	0.597	0.69	0.595	0.672	0.7
Electronics	0.545	0.62	0.606	0.616	0.657
Health	0.53	0.6	0.508	0.572	0.591
Network	0.531	0.624	0.574	0.63	0.677
Average	0.551	0.634	0.571	0.623	0.656

表 6-10　基于不同方法的中文情感分类正确率

	Tsinghua	HowNet	Random walk	LP	MLP
Kitchen	0.5655	0.7240	0.6780	0.6400	0.6748
Electronics	0.5840	0.6585	0.6433	0.6445	0.6685
Health	0.5950	0.6375	0.5750	0.5798	0.6238
Network	0.5700	0.6790	0.6423	0.6253	0.6520
Average	0.5786	0.6748	0.6347	0.6224	0.6548

从表 6-9 和表 6-10 可以看出，对于英文的情感分类，MLP 算法抽取出的情感词典不仅

优于通用的情感词典 SentiWordNet 和 MPQA，也好于 Random walk 和 LP 方法自动抽取出的情感词典。对于中文的情感分类，MLP 算法抽取出的情感词典优于 Tsinghua 通用情感词典，但是不如 HowNet 通用情感词典，因为 HowNet 情感词典是由许多人手工编纂的而且非常完备，而 MLP 算法得到的情感词典是自动抽取的，虽然具有领域依赖性，但是规模和正确率都有限。相比自动抽取方法 Random walk 和 LP，MLP 还是在中文情感分类上体现了优越性。值得注意的是，MLP 和 LP 算法的其他设置都一样，唯一区别在于 MLP 用到了多语言知识而 LP 只用到了单语言知识。从多领域的平均情况来看，对于英文情感分类，MLP 算法比 LP 算法提升了 3.28%；对中文情感分类，MLP 算法比 LP 算法提升了 3.24%，从而证明了本节所提跨语言机制的有效性，也证明了本节所提方法在实际应用问题中的应用价值。从本质上说，MLP 算法的性能提升主要是因为将两种语言联合建模，语料库规模增大了，可利用的词共现信息更精准，所以获取了更好的统计特征。

为了衡量种子词选择对 MLP 算法的影响，分别针对英文和中文的不同领域，进行了不同的种子词选择实验，结果如表 6-11 和表 6-12 所示。

从表 6-11 和表 6-12 可以看出，文本所提基于 K-means 聚类的种子词选择策略性能优于所有对比方法。对于英文的情感词典抽取，K-means 聚类法比 M1 提升了 5.6%，比 M2 提升了 5.54%，比 M3 提升了 6.23%。对于中文的情感词典抽取，K-means 聚类法比 M1 提升了 2.64%，比 M2 提升了 2.44%，比 M3 提升了 3.13%。除了 M1 中种子词是通用的以外，其他方法的种子词都是在每个领域内单独选取的。虽然 M2 和 M3 方法也是为每个领域单独选取种子词，但是效果并不如 K-means 方法，主要是因为无论是词频法还是互信息法都不能找到覆盖度大的种子词，而通过聚类挑选出的种子词可以很好的将情感极性传导向其他词。聚类中心的词不仅位于整个样本空间最稠密的区域，而且不同的聚类中心可以保证足够的差异性，因为通常聚类中心的词相距比较远。

表 6-11 基于不同种子词选择方法的英文情感词典正确率

Domain	M1(English)	M2(English)	M3(English)	K-means (English)
Kitchen	0.7383	0.7383	0.7290	0.7664
Electronics	0.6735	0.7143	0.6939	0.7755
Health	0.7374	0.6869	0.6768	0.6970
Network	0.6220	0.6341	0.6463	0.7561
Average	0.6928	0.6934	0.6865	0.7488

表 6-12 基于不同种子词选择方法的中文情感词典正确率

Domain	M1(Chinese)	M2(Chinese)	M3(Chinese)	K-means (Chinese)
Kitchen	0.7379	0.7419	0.7218	0.7500
Electronics	0.6798	0.6680	0.6996	0.7470
Health	0.7198	0.7198	0.6860	0.7246
Network	0.7189	0.7351	0.7293	0.7405
Average	0.7141	0.7162	0.7092	0.7405

对于英文和中文，通过原始图和 Top-k 子图抽取得到的不同领域的情感词典的正确率分别如图 6-7 和图 6-8 所示。

从图 6-7 和图 6-8 可以看出，无论是对于英文还是对于中文，通过 Top-k 子图约简后抽取得到的情感词典的正确率都高于基于原始图的方法，而且效果提升非常显著。将低权重的边排除，可以有效减少错误信息的传导，从而提升图算法的性能。

图 6-9 和图 6-10 显示了在 Top-k 子图约简算法中，k 值对情感词典抽取的性能影响。从图 6-9 和图 6-10 可以观察到，无论对于英文还是对于中文，在多个领域上，情感词典正确率曲线随着 k 值的增大，都是先升后降的。从图 6-9 可以看出，当 k 取值 40 到 60 的时候，英文的情感词典抽取达到了最佳性能；从图 6-10 可以看出，当 k 取值 80 到 120 的时候，中文的情感词典抽取达到了最佳性能。

图 6-11 和图 6-12 显示了 MLP 算法在不同迭代次数下抽取得到的英文和中文情感词典的正确率。

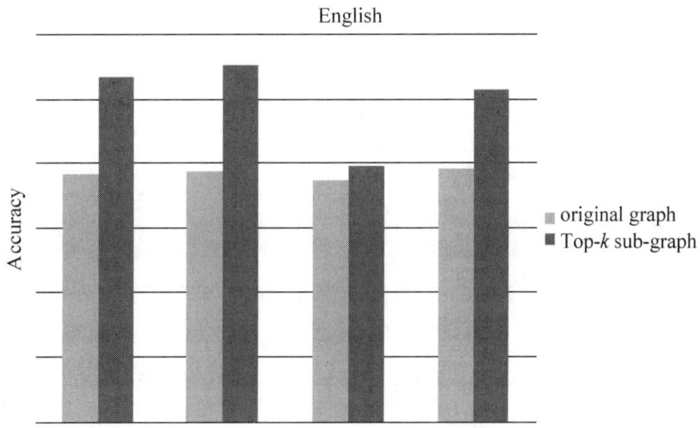

图 6-7　基于不同图抽取出的英语情感词典正确率

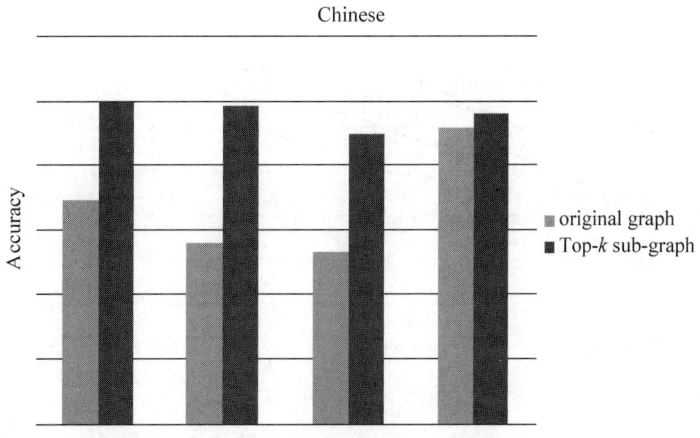

图 6-8　基于不同图抽取出的中文情感词典正确率

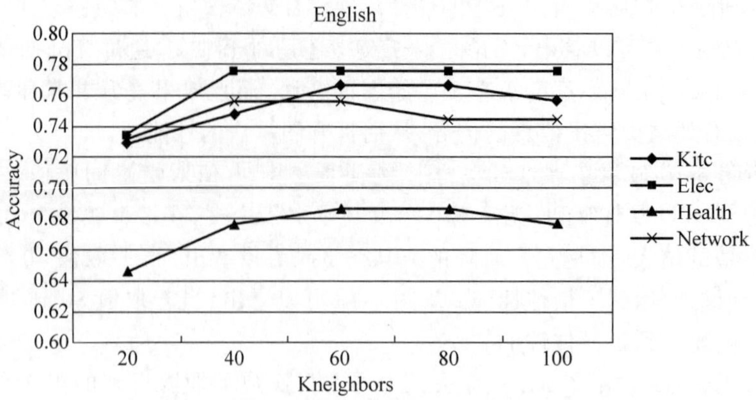

图 6-9 在 Top-k 子图中不同 k 值下的英文情感词典正确率

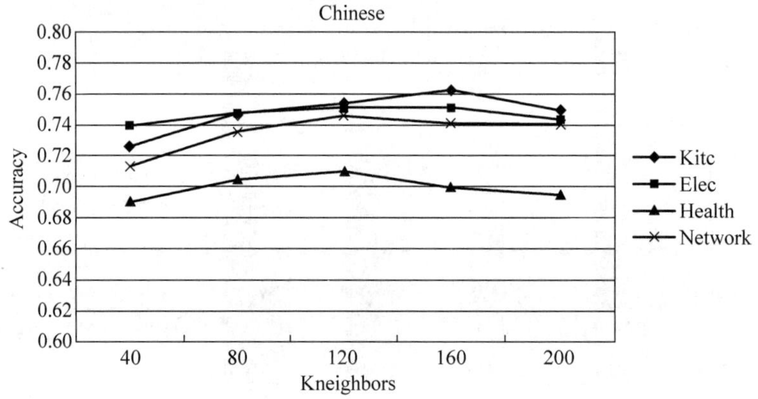

图 6-10 在 Top-k 子图中不同 k 值下的中文情感词典正确率

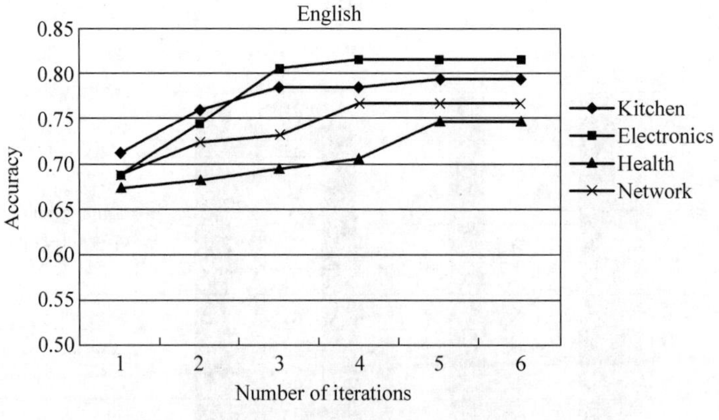

图 6-11 不同迭代次数下英文情感词典正确率

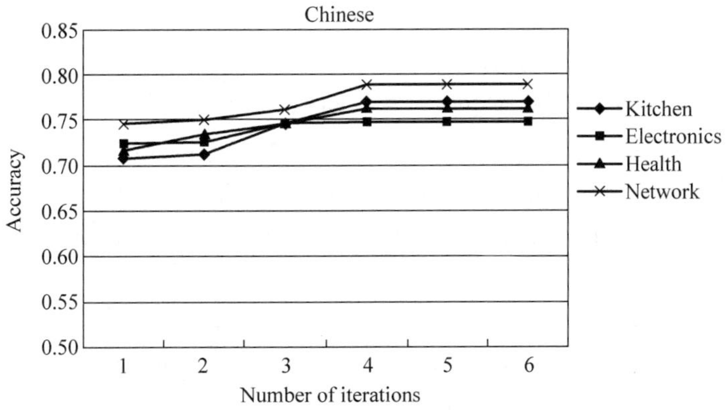

图 6-12　不同迭代次数下中文情感词典正确率

从图 6-11 和图 6-12 可以观察到，无论对于英文还是对于中文，在多个领域上，MLP 算法都能很快达到收敛。

图 6-13 和图 6-14 显示了参数 α 对 MLP 算法的影响。实验中试验了许多不同的传导概率 α，最终将其设为 0.1。因为综合看来，在 α 取值 0.1 的时候，中英文的情感词典抽取都取得了最佳性能。实验结果也比较符合直觉：如果传导概率设置的过大，那么 MLP 算法很容易受到翻译歧义的影响；如果传导概率设置得过小，那么双语词典所起到的桥梁作用就很弱。翻译歧义是指，一个目标词的翻译往往是上下文相关的，如果不考虑上下文很容易翻译错误，比如，“cheap”对应很多候选翻译，翻译成“便宜的”时候是褒义的，翻译成“廉价的”时候是贬义的。如果 α 被生硬的指定，概率 1，那么由翻译造成的歧义很容易影响情感极性传导。

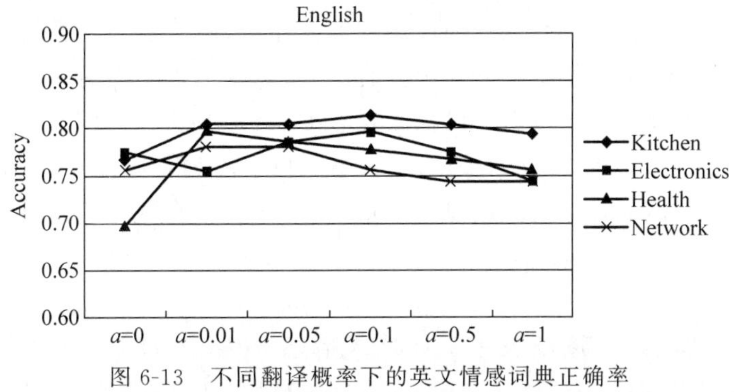

图 6-13　不同翻译概率下的英文情感词典正确率

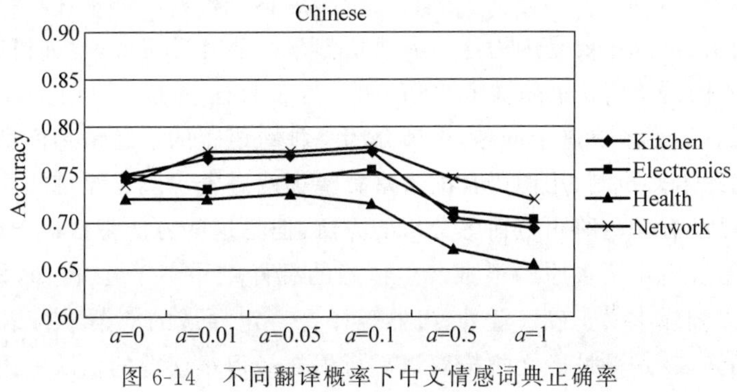

图 6-14　不同翻译概率下中文情感词典正确率

6.2.1.4 小结

为了解决资源匮乏的语言的情感词典抽取问题，本节介绍了一种互增益标签传导算法(MLP)。MLP 算法是语言无关的，因为不需要特定语言特定领域的有标注的数据集，只需要未标注集合和少量的种子词即可。MLP 算法是基于自举学习的，主要分为两步：第一步，在源语言和目标语言的词关系图上分别应用标签传导算法，得到每个词的情感极性估值；第二步，引入双语词典开启自举学习进程，让源语言的和目标语言之间互相学习、互相提高。为了进一步对 MLP 算法进行优化，本节还给出了两种优化策略，分别是种子词选择策略和 Top-k 子图约简策略。大量实验证明了本节所提方法的有效性，性能提升主要得益于将两种语言联合建模和互增益学习的思想。

6.2.2 跨语言话题/情感模型

6.2.1 节的互增益标签传导模型可以自动抽取情感词典，但是所抽取的情感词典仅仅是领域相关的，并不是属性相关的，所以 6.2.1 节抽取出的情感词典只能用于文档级情感分析，无法应用于属性级情感分析。在 6.2.2 节，继续研究属性级情感分析模型，属性级情感分析模型不仅可以自动抽取出评论中的属性词，还能抽取出属性依赖的情感词以及相应的情感极性。

6.2.2.1 引言

在客户评论中，顾客通常针对某一属性发表观点和看法，而不是对评价实体的整体进行评论。消费者在购买商品时不仅仅关注商品的整体评论，还希望了解某些特定属性，比如手机屏幕像素、手机待机时间和操作系统响应时间等，而不同的消费者关注的属性不一定相同。商品生产商也希望了解公众对自己商品各方面属性的满意程度，从而有针对性地提升产品质量或者服务水平。因此，从众多商品评论信息中提取相应的属性相关信息十分重要。如果以人工的方式提取属性级观点信息工作量太大，而目前在线评论系统大部分都是对商品的整体进行评分，并不能满足细粒度的属性级观点挖掘需求，因此需要研究属性级情感分析技术来提取文本评论信息中的属性和对应的观点信息。

近年来，统计话题模型逐渐被用于属性级情感分析，例如 JST 模型[17]和 ASUM 模型[18]。基于话题模型的方法提供了一种无监督的解决方法，不依赖于标注数据，可以进行属性词的自动检测。然而，大部分基于话题模型的情感分析方法都是针对特定语言设计的，很难应用于其他语言，这主要是因为这些方法依赖于一些外部资源，比如情感词典和高质量的语料库，但是不同的语言之间资源不平衡，如果直接将这些方法应用于资源匮乏的语言，结果往往不理想。为了解决这个问题，本节介绍一种跨语言的话题情感模型，该模型的目标是借助所提出的跨语言机制，用源语言的丰富资源去改进资源匮乏语言的情感分析性能。

虽然，目前已经有一些跨语言情感分析的方法，但是这些方法都依赖于统计机器翻译系统，而机器翻译系统由于诸多原因很难产生精确的翻译结果[19][20]。比如，机器翻译通常只生成唯一解，所以翻译未必正确。此外，机器翻译在特定领域的双语平行语料上学习特征，而对很多语言而言，特定领域的大规模双语平行语料是很难获得的稀缺资源。此外，还有一些跨语言情感分类或者跨语言文本分类的方法都是基于篇章级别的，不是基于属性级别的[21][22]，不适用于跨语言的属性级情感分析问题。虽然跨语言的话题模型可以利用源语言的语料和知识来提高目标语言的话题检测效果，但是目前的跨语言话题模型都没有考虑情感因素，也不能直接应用于情感分析问题。

本节首先介绍一种无监督的跨语言话题模型框架，然后将两个最新的单语言话题情感模型 JST 和 ASUM 融合到所提出的跨语言话题模型框架中，从而生成两个新的跨越语言话题情感模型 CLJST 和 CLASUM。与以往的模型相比，本节介绍的模型既不需要借助有标注数据和双语平行语料，也不需要借助统计机器翻译系统，具有较小的资源依赖性。

6.2.2.2　跨语言话题模型框架

给定相同领域的两种不同语言的数据集，跨语言话题模型可以在两种语言的数据集之间建立联系，让源语言的丰富知识迁移到目标语言以提高目标语言的话题建模。在这一节，首先介绍跨语言模型框架 CLLDA，CLLDA 只能做到跨语言的话题发现，因为尚未考虑情感因素。然后，以 CLLDA 为基础，介绍两个跨语言话题情感模型 CLJST 和 CLASUM，通过这两个模型可以获得属<情感，属性>二元组，其中情感不仅指情感词还包含情感词在修饰相应属性时的情感极性。

首先，简单介绍一下 LDA 模型。在 LDA 模型里，生成一篇文本中的一个词通常分为两步：第一步，从文档-话题分布中随机挑选一个话题；第二步，根据挑选的话题-词分布生成一个词。CLLDA 对 LDA 模型进行扩展，以达到能让两种语言联合建模的目的。CLLDA 模型的核心思想可以从两方面来解释：首先，对于相同领域下的两种不同语言的评论，虽然语言表达不同但是它们具有相似的语义空间，即所描述话题是近似的，所以尽管用不同的语言表述，相同领域下的所有评论文本倾向于被指定相似的话题；其次，引入一部双语词典将两种语言进行连接。通过双语词典的翻译，不仅可以跨越语言障碍，还可以得到具有更大统计量的词共现信息，以获得更精准的话题对齐。CLLDA 的图形化表示如图 6-15 所示。

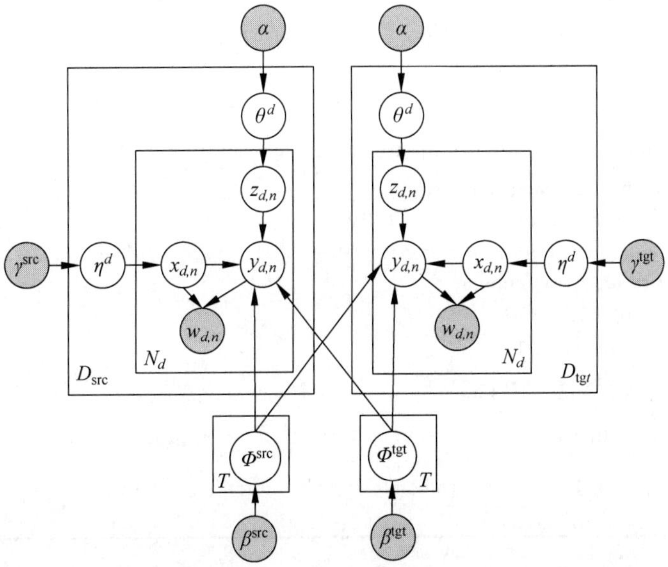

图 6-15　CLLDA 模型图形化表示

在 CLLDA 模型中，每个话题 z 对应着一对在源语言（$\phi^{src,z}$）和目标语言（$\phi^{tgt,z}$）的单词上的多项式分布。在以往的话题模型中，文档中的单词都是直接从话题-单词的多项式分布上直接生成。本节的工作和以往的工作有所不同，模型引入了一个中间变量 y，文档中的每个单词 w 都对应着一个 y，然后通过 y 间接生成文档中的单词。CLLDA 同时在两种不同语言的语料上建模，模型还引入了一个 0/1 选择变量 x，用于控制在生成 y 的时候是选择源语言的分布 $\phi^{src,z}$ 还是目标语言的分布 $\phi^{tgt,z}$。以目标语言的一篇文本为例，如果 $x=$src，那么 y 将从源语言的话题-单词分布中生成，w 等于 y 翻译成目标语言后的翻译词；如果 $x=$tgt，那么 y 将从目标语言的话题-单词分布中生成，w 直接等于 y。

在 CLLDA 模型中，用于控制语言选择的超参一共有四个，每一种语言都有一对超参来控制分别从源语言和目标语言的语料获取的知识比例，对应于源语言的超参是 γ_{src}^{src} 和 γ_{tgt}^{src}，对应于目标语言的超参是 γ_{src}^{tgt} 和 γ_{tgt}^{tgt}。在本节所提模型中，将控制语言选择的超参 $\gamma_{src/tgt}^{src/tgt}$ 设置成非对称的，使得模型能够从辅助的源语言语料中迁移大量知识指导目标语言的话题建模。比如，在源语言的采样过程中，如果设置 $\gamma_{tgt}^{src}>\gamma_{src}^{src}$，则大部分单词从目标语言的翻译生成，目标语言的语料就贡献了更多知识；在目标语言的采样过程中，如果设置 $\gamma_{src}^{tgt}>\gamma_{tgt}^{tgt}$，则大部分单词从源语言的翻译生成，源语言的语料就贡献了更多知识。

CLLDA 模型的生成过程如算法 6-5 所示。

算法 6-5 CLLDA 的生成过程

For each topic z,

(a) draw a multinomial distribution over words of source language: $\phi^{src,z}\sim Dir(\beta^{src})$

(b) draw a multinomial distribution over words of target language: $\phi^{tgt,z}\sim Dir(\beta^{tgt})$

For each document d in source language corpus

(a) draw a multinomial distribution $\theta^d\sim Dir(\alpha^{src})$

(b) draw a binomial distribution $\eta^d\sim Beta(\gamma^{src})$

(c) For each word $w_{d,n}$ in document d

1) draw a topic $z_{d,n}\sim\theta^d$

2) draw a language label $x_{d,n}\sim\eta^d$

3) if $x_{d,n}=$ src, draw a intermediate word in source language $y_{d,n}\sim\phi^{src,z_{d,n}}$; generate a word directly: $w_{d,n}=y_{d,n}$

4) if $x_{d,n}=$ tgt, draw a intermediate word in target language $y_{d,n}\sim\phi^{tgt,z_{d,n}}$; generate a word by translating from $y_{d,n}$ according to the translation probability $\tau_{tgt,y_{d,n}}^{src,w_{d,n}}$

For each document d in target language corpus

(a) draw a multinomial distribution $\theta^d\sim Dir(\alpha^{tgt})$

(b) draw a binomial distribution $\eta^d\sim Beta(\gamma^{tgt})$

(c) For each word $w_{d,i}$ in document d,

1) draw a topic $z_{d,n}\sim\theta^d$

2) draw a language label $x_{d,n}\sim\eta^d$

3) if $x_{d,n}=$ src, draw a intermediate word in source language $y_{d,n}\sim\phi^{src,z_{d,n}}$; generate a word by translating from $y_{d,n}$ according to the translation probability $\tau_{src,y_{d,n}}^{tgt,w_{d,n}}$

4) if $x_{d,n}=$ tgt, draw a intermediate word in target language $y_{d,n}\sim\phi^{tgt,z_{d,n}}$; generate a word directly: $w_{d,n}=y_{d,n}$

本节所提到的所有模型的通用的符号表如表 6-13 所示，CLLDA 特有的符号表如

表 6-14 所示。

表 6-13　通用符号表

$D/M/N/T/S$	文档/句子/单词/话题/情感的数目
$V_{\text{src/tgt}}$	源/目标语言单词词典的规模
w	单词
z	话题或者属性
x	语言标签：{src vs. tgt}
l	情感标签：{pos vs. neg}
y	中间变量，每个单词都有一个
Φ	单词上的多项式分布
θ	话题上的多项式分布
π	情感标签上的二项分布
η	语言标签上的二项分布
$\tau_{\text{tgt},y}^{\text{src},w}\ (\tau_{\text{src},y}^{\text{tgt},w})$	一个目标(源)语言单词 y 翻译成源(目标)语言单词 w 的概率
$\boldsymbol{w}$	整个语料库的单词列表，既包括源语言又包括目标语言

表 6-14　CLLDA 特有符号表

$z_{\neg(d,n)}$	所有单词的话题指定(除了文档 d 中第 n 个单词)
$x_{\neg(d,n)}$	所有单词的语言标签指定(除了文档 d 中第 n 个单词)
$y_{\neg(d,n)}$	所有单词的中间变量指定(除了文档 d 中第 n 个单词)
$c^d\ (c_k^d)$	文档 d 中(被指定为话题 k)的单词数目
$c_{\text{src/tgt}}^d$	文档 d 中任意一个单词被指定为语言标签 src/tgt 的数目
$c^{k,\text{src/tgt}}$	任意一个单词被指定为语言标签 src/tgt 和话题 k 的数目
$c_t^{\text{src/tgt},k}$	当相应的中间变量被指定为 t 时，任意一个单词被指定为语言标签 src/tgt 和话题 k 的数目

本节采用 Gibbs 采样[23]来对 CLLDA 模型中的变量和分布进行估值。为了获得分布 θ，Φ 和 η，首先需要获得话题标签 z、语言标签 x 和中间变量 y 的后验概率分布。更具体地，对于文档 d 中的第 n 个单词，$z_{d,n}$、$x_{d,n}$、$y_{d,n}$ 将从给定其他变量的条件概率中联合采样，公式如下。

对于源语言中的文档：

$$P(z_{d,n}=k, y_{d,n}=w_{d,n}, x_{d,n}=\text{src} \mid \boldsymbol{w}, \boldsymbol{z}_{\neg(d,n)}, \boldsymbol{x}_{\neg(d,n)}, \boldsymbol{y}_{\neg(d,n)})$$
$$\propto \frac{c_{\text{src}}^d+\gamma_{\text{src}}^{\text{src}}}{c^d+\gamma_{\text{tgt}}^{\text{src}}+\gamma_{\text{src}}^{\text{src}}} \times \frac{c_k^d+\alpha_k}{c^d+\sum_{k'}\alpha_{k'}} \times \frac{c_{w_{d,n}}^{\text{src},k}+\beta_{w_{d,n}}^{\text{src}}}{c^{\text{src},k}+\sum_{w'\in V_{\text{src}}}\beta_{w'}^{\text{src}}} \tag{6.11}$$

$$P(z_{d,n}=k, y_{d,n}=t, x_{d,n}=\text{tgt} \mid \boldsymbol{w}, \boldsymbol{z}_{\neg(d,n)}, \boldsymbol{x}_{\neg(d,n)}, \boldsymbol{y}_{\neg(d,n)})$$
$$\propto \frac{c_{\text{tgt}}^d+\gamma_{tgt}^{\text{src}}}{c^d+\gamma_{\text{src}}^{\text{src}}+\gamma_{tgt}^{\text{src}}} \times \frac{c_k^d+\alpha_k}{c^d+\sum_{k'}\alpha_{k'}} \times \tau_{\text{tgt},t}^{\text{src},w_{d,n}} \times \frac{c_t^{\text{tgt},k}+\beta_t^{\text{tgt}}}{c^{\text{tgt},k}+\sum_{w'\in V_{\text{tgt}}}\beta_{w'}^{\text{tgt}}} \tag{6.12}$$

对于目标语言中的文档：

$$P(z_{d,n}=k, y_{d,n}=w_{d,n}, x_{d,n}=\text{tgt} \mid \boldsymbol{w}, \boldsymbol{z}_{\neg(d,n)}, \boldsymbol{x}_{\neg(d,n)}, \boldsymbol{y}_{\neg(d,n)})$$
$$\propto \frac{c_{\text{tgt}}^d+\gamma_{tgt}^{tgt}}{c^d+\gamma_{\text{tgt}}^{\text{tgt}}+\gamma_{\text{src}}^{\text{tgt}}} \times \frac{c_k^d+\alpha_k}{c^d+\sum_{k'}\alpha_{k'}} \times \frac{c_{w_{d,n}}^{\text{tgt},k}+\beta_{w_{d,n}}^{tgt}}{c^{\text{tgt},k}+\sum_{w'\in V_{\text{tgt}}}\beta_{w'}^{tgt}} \tag{6.13}$$

$$P(z_{d,n}=k, y_{d,n}=t, x_{d,n}=\mathrm{src} \mid \boldsymbol{w}, \boldsymbol{z}_{\neg(d,n)}, \boldsymbol{x}_{\neg(d,n)}, \boldsymbol{y}_{\neg(d,n)})$$
$$\propto \frac{c_{\mathrm{src}}^{d}+\gamma_{\mathrm{src}}^{\mathrm{tgt}}}{c^{d}+\gamma_{\mathrm{src}}^{\mathrm{tgt}}+\gamma_{\mathrm{tgt}}^{\mathrm{tgt}}} \times \frac{c_{k}^{d}+\alpha_{k}}{c^{d}+\sum_{k'}\alpha_{k'}} \times \tau_{\mathrm{src},t}^{\mathrm{tgt},w_{d,n}} \times \frac{c_{t}^{\mathrm{src},k}+\beta_{t}^{\mathrm{src}}}{c^{\mathrm{src},k}+\sum_{w'\in V_{\mathrm{src}}}\beta_{w'}^{\mathrm{src}}} \tag{6.14}$$

文档-话题分布近似为：

$$\theta_{k}^{d}=\frac{c_{k}^{d}+\alpha_{k}}{c^{d}+\sum_{k'}\alpha_{k'}} \tag{6.15}$$

话题-单词分布近似为：

$$\phi_{w}^{x,k}=\frac{c_{w}^{x,k}+\beta_{w}^{x}}{c^{\mathrm{src},k}+\sum_{w'\in V_{x}}\beta_{w'}^{x}} \quad x\in\{\mathrm{src},\mathrm{tgt}\} \tag{6.16}$$

6.2.2.3 跨语言话题/情感模型

JST 模型(Joint Sentiment/Topic model)是一个单语的话题/情感模型,可以从语料集中同时获取话题和情感。经典的 LDA 一共有三层,其中,话题层和情感层相连,单词层和话题层相连。JST 模型对 LDA 模型进行扩展,在文档层和话题层之间加了一个情感层,所以 JST 是一个四层的模型,其中,情感层和文档层相连,话题层和情感层相连,单词层同时和情感层和话题层相连。为了让 JST 模型能更好地适应多语言场景,可以将 CLLDA 模型和 JST 模型相结合得到一种**跨语言的话题/情感模型**(Cross-Lingul Joint Sentiment/Topic model,CLJST)。CLJST 模型的图形化表示如图 6-16 所示,生成过程如算法 6-6 所示。此外,CLJST 模型的特有符号表如表 6-15 所示。

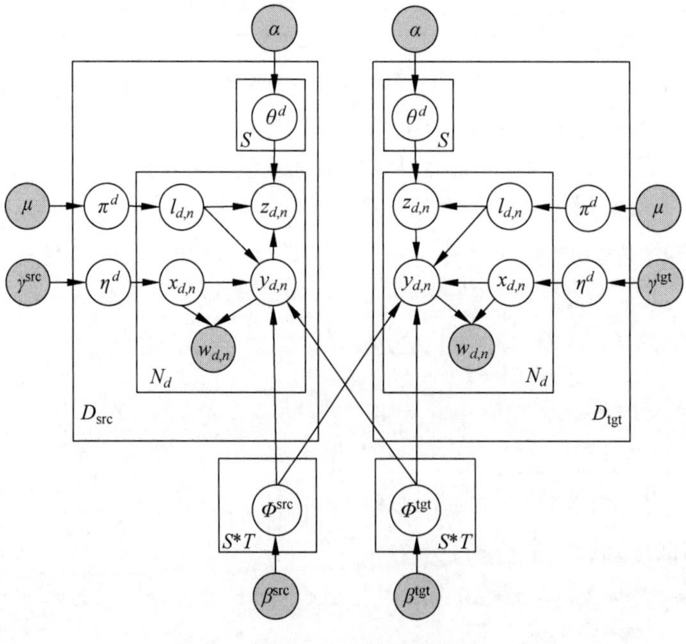

图 6-16 CLJST 模型图形化表示

表 6-15　CLJST 特有符号表

$\boldsymbol{z}_{\neg(d,n)}$	所有单词的话题指定(除了文档 d 中第 n 个单词)
$\boldsymbol{x}_{\neg(d,n)}$	所有单词的语言标签指定(除了文档 d 中第 n 个单词)
$\boldsymbol{y}_{\neg(d,n)}$	所有单词的中间变量指定(除了文档 d 中第 n 个单词)
$\boldsymbol{l}_{\neg(d,n)}$	所有单词的情感标签指定(除了文档 d 中第 n 个单词)
$c^{d}(c_{l}^{d})$	文档 d 中(被指定为情感 l)的单词数目
$c^{d}(c_{l,k}^{d})$	文档 d 中(被指定为情感 l 和话题 k)的单词数目
$c_{\mathrm{src}/tgt}^{d}$	文档 d 中任意一个单词被指定为语言标签 src/tgt 的数目
$c^{\mathrm{src}/tgt,\mathrm{pos/neg},k}$	任意一个单词被指定为语言标签 src/tgt、情感标签 pos/neg 和话题 k 的数目
$c_{t}^{\mathrm{src}/tgt,\mathrm{pos/neg},\mathrm{k}}$	当相应的中间变量被指定为 t 时,任意一个单词被指定为语言标签 src/tgt、情感标签 pos/neg 和话题 k 的数目

CLJST 模型也是通过 Gibbs 采样来对模型估值,为了推导得到分布 θ、Φ、π 和 η,首先需要获得情感标签 l、话题标签 z、语言标签 x 和中间变量 y 的后验概率分布。更具体地,对于文档 d 中的第 n 个单词,$l_{d,n}$、$z_{d,n}$、$x_{d,n}$、$y_{d,n}$ 将从给定其他变量的条件概率中联合采样,公式如下。

对于源语言中的文档:

$$P(l_{d,n}=l,z_{d,n}=k,y_{d,n}=w_{d,n},x_{d,n}=\mathrm{src}\mid \boldsymbol{w},\boldsymbol{l}_{\neg(d,n)},\boldsymbol{z}_{\neg(d,n)},\boldsymbol{x}_{\neg(d,n)},\boldsymbol{y}_{\neg(d,n)})$$

$$\propto \frac{c_{\mathrm{src}}^{d}+\gamma_{\mathrm{src}}^{\mathrm{src}}}{c^{d}+\gamma_{\mathrm{tgt}}^{\mathrm{src}}+\gamma_{\mathrm{src}}^{\mathrm{src}}}\times\frac{c_{l}^{d}+\mu_{l}}{c^{d}+\sum\limits_{l'\in\{\mathrm{pos},\mathrm{neg}\}}\mu_{l'}}\times\frac{c_{l,k}^{d}+\alpha_{k}}{c_{l}^{d}+\sum\limits_{k'}\alpha_{k'}}\times\frac{c_{w_{d,n}}^{\mathrm{src},l,k}+\beta_{w_{d,n}}^{\mathrm{src}}}{c^{\mathrm{src},l,k}+\sum\limits_{w'\in V_{\mathrm{src}}}\beta_{w'}^{\mathrm{src}}} \tag{6.17}$$

$$P(l_{d,n}=l,z_{d,n}=k,y_{d,n}=t,x_{d,n}=\mathrm{tgt}\mid \boldsymbol{w},\boldsymbol{l}_{\neg(d,n)},\boldsymbol{z}_{\neg(d,n)},\boldsymbol{x}_{\neg(d,n)},\boldsymbol{y}_{\neg(d,n)})$$

$$\propto \frac{c_{\mathrm{tgt}}^{d}+\gamma_{\mathrm{tgt}}^{\mathrm{src}}}{c^{d}+\gamma_{\mathrm{src}}^{\mathrm{src}}+\gamma_{\mathrm{tgt}}^{\mathrm{src}}}\times\frac{c_{l}^{d}+\mu_{l}}{c^{d}+\sum\limits_{l'\in\{\mathrm{pos},\mathrm{neg}\}}\mu_{l'}}\times\frac{c_{l,k}^{d}+\alpha_{k}}{c_{l}^{d}+\sum\limits_{k'}\alpha_{k'}}\times\tau_{\mathrm{tgt},t}^{\mathrm{src},w_{d,n}}\frac{c_{t}^{\mathrm{tgt},l,k}+\beta_{t}^{\mathrm{tgt}}}{c^{\mathrm{tgt},l,k}+\sum\limits_{w'\in V_{\mathrm{tgt}}}\beta_{w'}^{\mathrm{tgt}}} \tag{6.18}$$

对于目标语言中的文档:

$$P(l_{d,n}=l,z_{d,n}=k,y_{d,n}=w_{d,n},x_{d,n}=\mathrm{tgt}\mid \boldsymbol{w},\boldsymbol{l}_{\neg(d,n)},\boldsymbol{z}_{\neg(d,n)},\boldsymbol{x}_{\neg(d,n)},\boldsymbol{y}_{\neg(d,n)})$$

$$\propto \frac{c_{\mathrm{tgt}}^{d}+\gamma_{\mathrm{tgt}}^{\mathrm{tgt}}}{c^{d}+\gamma_{\mathrm{tgt}}^{\mathrm{tgt}}+\gamma_{\mathrm{src}}^{\mathrm{tgt}}}\times\frac{c_{l}^{d}+\mu_{l}}{c^{d}+\sum\limits_{l'\in\{\mathrm{pos},\mathrm{neg}\}}\mu_{l'}}\times\frac{c_{l,k}^{d}+\alpha_{k}}{c_{l}^{d}+\sum\limits_{k'}\alpha_{k'}}\times\frac{c_{w_{d,n}}^{\mathrm{tgt},l,k}+\beta_{w_{d,n}}^{\mathrm{tgt}}}{c^{\mathrm{tgt},l,k}+\sum\limits_{w'\in V_{\mathrm{tgt}}}\beta_{w'}^{\mathrm{tgt}}} \tag{6.19}$$

$$P(l_{d,n}=l,z_{d,n}=k,y_{d,n}=t,x_{d,n}=\mathrm{src}\mid \boldsymbol{w},\boldsymbol{l}_{\neg(d,n)},\boldsymbol{z}_{\neg(d,n)},\boldsymbol{x}_{\neg(d,n)},\boldsymbol{y}_{\neg(d,n)})$$

$$\propto \frac{c_{\mathrm{src}}^{d}+\gamma_{\mathrm{src}}^{\mathrm{tgt}}}{c^{d}+\gamma_{\mathrm{src}}^{\mathrm{tgt}}+\gamma_{\mathrm{tgt}}^{\mathrm{tgt}}}\times\frac{c_{l}^{d}+\mu_{l}}{c^{d}+\sum\limits_{l'\in\{\mathrm{pos},\mathrm{neg}\}}\mu_{l'}}\times\frac{c_{l,k}^{d}+\alpha_{k}}{c_{l}^{d}+\sum\limits_{k'}\alpha_{k'}}\times\tau_{\mathrm{src},t}^{\mathrm{tgt},w_{d,n}}\frac{c_{t}^{\mathrm{src},l,k}+\beta_{t}^{\mathrm{src}}}{c^{\mathrm{src},l,k}+\sum\limits_{w'\in V_{\mathrm{src}}}\beta_{w'}^{\mathrm{src}}} \tag{6.20}$$

文档-情感分布近似为:

$$\pi_{l}^{d}=\frac{c_{l}^{d}+\mu_{l}}{c^{d}+\sum\limits_{l'\in\{\mathrm{pos},\mathrm{neg}\}}\mu_{l'}} \tag{6.21}$$

这个概率分布对情感分类非常重要,如果 $\pi_{\mathrm{pos}}^{d}>\pi_{\mathrm{neg}}^{d}$,则认为文档 d 是正类,否则认为文档 d 是负类。

情感-话题分布近似为：

$$\theta_k^{d,l} = \frac{c_{l,k}^d + \alpha_k}{c_l^d + \sum_{k'} \alpha_{k'}} \tag{6.22}$$

话题/情感-单词分布近似为：

$$\phi_w^{x,l,z} = \frac{c_w^{x,l,k} + \beta_w^x}{c^{x,l,k} + \sum_{w' \in V_x} \beta_{w'}^x} \quad l \in \{\text{neg},\text{pos}\} x \in \{\text{src},\text{tgt}\} \tag{6.23}$$

算法 6-6 CLJST 的生成过程

For each topic z and sentiment label l

(a) draw a multinomial distribution over words of source language $\phi^{\text{src},l,z} \sim Dir(\beta^{\text{src}})$

(b) draw a multinomial distribution over words of target language: $\phi^{\text{tgt},l,z} \sim Dir(\beta^{\text{tgt}})$

For each document d in source language corpus

(a) draw a distribution $\pi^d \sim Dir(\mu)$

(b) for each sentiment label l draw a distribution $\theta^{d,l} \sim Dir(\alpha)$

(c) draw a binomial distribution $\eta^d \sim Beta(\gamma^{\text{src}})$

(d) For each word $w_{d,n}$ in document d,

1) draw a sentiment label $l_{d,n} \sim \pi^d$

2) draw a topic $z_{d,n} \sim \theta^{d,l_{d,n}}$

3) draw a language label $x_{d,n} \sim \eta^d$

4) if $x_{d,n} =$ src, draw a intermediate word in source language $y_{d,n} \sim \phi^{\text{src},l_{d,n},z_{d,n}}$; generate the word directly $w_{d,n} = y_{d,n}$

if $x_{d,n} =$ tgt, draw a intermediate word in target language $y_{d,n} \sim \phi^{\text{tgt},l_{d,n},z_{d,n}}$; generate the word $w_{d,n}$ by translating from $y_{d,n}$ according to the translation probability $\tau_{\text{src},y_{d,n}}^{\text{tgt},w_{d,n}}$

For each document d in target language corpus

(a) draw a distribution $\pi^d \sim Dir(\mu)$

(b) for each sentiment label l draw a distribution $\theta^{d,l} \sim Dir(\alpha)$

(c) draw a binomial distribution $\eta^d \sim \text{Beta}(\gamma^{\text{tgt}})$

(d) For each word $w_{d,n}$ in document d,

1) draw a sentiment label $l_{d,n} \sim \pi^d$

2) draw a topic $z_{d,n} \sim \theta^{d,l_{d,n}}$

3) draw a language label $x_{d,n} \sim \eta^d$

4) if $x_{d,n} =$ tgt, draw a intermediate word in target language $y_{d,n} \sim \phi^{\text{tgt},l_{d,n},z_{d,n}}$; generate the word $w_{d,n}$ directly $w_{d,n} = y_{d,n}$

if $x_{d,n} =$ src, draw a intermediate word in source language $y_{d,n} \sim \phi^{\text{src},l_{d,n},z_{d,n}}$; generate the word $w_{d,n}$ by translating from $y_{d,n}$ according to the translation probability $\tau_{\text{tgt},y_{d,n}}^{src,w_{d,n}}$

ASUM 模型(Aspect and Sentiment Unification Model)和 JST 模型非常近似，都能抽取出情感和话题相结合的二元组，但是 ASUM 中多了一个限制，ASUM 限定一句话中所有的单词都来自同一个话题。换言之,在 JST 中每个单词一个话题,在 ASUM 中每个句子一个话题。虽然,这个限制不总是成立的,但却非常符合实际情感语料的特性。此外,JST 和 ASUM 模型都用到了一些情感种子词,但是用法不太一样,ASUM 把种子词并入了模型的生成过程。和 CLJST 的方式类似,为了将 ASUM 模型迁移到多语言场景,可以将其与 CLLDA 模型相结合,从而形成一个新的**跨语言话题/情感模型 CLASUM**(Cross-Lingual Aspect and Sentiment Unification Model)。CLASUM 模型的图形化表示如图 6-17 所示,生成过程如算法 6-7 所示。此外,CLASUM 模型的特有符号表如表 6-16 所示。

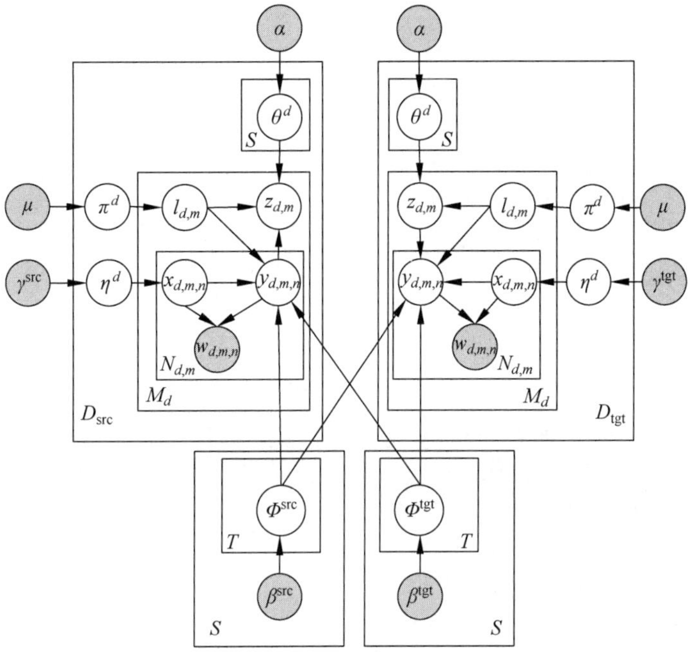

图 6-17　CLASUM 模型图形化表示

表 6-16　CLASUM 特有符号表

$\boldsymbol{z}_{\neg(d,m)}$	所有句子的话题指定(除了文档 d 中第 m 个句子)
$\boldsymbol{x}_{\neg(d,m,n)}$	所有单词的语言标签指定(除了文档 d 中第 m 个句子的第 n 个单词)
$\boldsymbol{y}_{\neg(d,m,n)}$	所有单词的中间变量指定(除了文档 d 中第 m 个句子的第 n 个单词)
$\boldsymbol{l}_{\neg(d,m)}$	所有句子的情感标签指定(除了文档 d 中第 m 个句子)
$c^d(c_l^d)$	文档 d 中(被指定为情感 l)的句子数目
$c^d(c_{l,k}^d)$	文档 d 中(被指定为情感 l 和话题 k)的句子数目
$c_{\mathrm{src/tg}t}^d$	文档 d 中任意一个单词被指定为语言标签 src/tg$t$ 的数目
$c^{\mathrm{src/tgt,pos/neg},k}$	任意一个单词被指定为语言标签 src/tg$t$、情感标签 pos/neg 和话题 k 的数目
$c_t^{\mathrm{src/tgt,pos/neg},k}$	当相应的中间变量被指定为 t 时,任意一个单词被指定为语言标签 src/tg$t$、情感标签 pos/neg 和话题 k 的数目
$n^{d,m,\mathrm{src/tgt}}(n_w^{d,m,\mathrm{src/tg}t})$	文档 d 的第 m 个句子中任意一个单词(单词 w)被指定为语言标签 src/tg$t$ 的次数

算法 6-7 CLASUM 的生成过程

For each topic z and sentiment label l

(a) draw a multinomial distribution over words of source language $\phi^{src,l,k} \sim Dir(\beta^{src})$

(b) draw a multinomial distribution over words of target language: $\phi^{tgt,l,k} \sim Dir(\beta^{tgt})$

For each document d in source language corpus

(a) draw a distribution $\pi^d \sim Dir(\mu)$

(b) for each sentiment label l draw a distribution $\theta^{d,l} \sim Dir(\alpha)$

(c) draw a binomial distribution $\eta^d \sim Beta(\gamma^{src})$

(d) For each sentence $s_{d,m}$ in document d,

1) draw a sentiment label $l_{d,m} \sim \pi^d$

2) draw a topic $z_{d,m} \sim \theta^{d,l_{d,m}}$

3) For each word $w_{d,m,n}$ in the sentence $s_{d,m}$

Ⅰ) draw a language label $x_{d,m,n} \sim \eta^d$

Ⅱ) if $x_{d,m,n}=$src, draw a intermediate word in source language $y_{d,m,n} \sim \phi^{src,l_{d,m},z_{d,m}}$; generate the word directly $w_{d,m,n}=y_{d,m,n}$

if $x_{d,m,n}=$tgt, draw a intermediate word in target language $y_{d,m,n} \sim \phi^{tgt,l_{d,m},z_{d,m}}$; generate the word by translating from $y_{d,m,n}$ according to the translation probability $\tau^{tgt,w_{d,m,n}}_{src,y_{d,m,n}}$

For each document d in target language corpus

(a) draw a distribution $\pi^d \sim Dir(\mu)$

(b) for each sentiment label l draw a distribution $\theta^{d,l} \sim Dir(\alpha)$

(c) draw a binomial distribution $\eta^d \sim \mathrm{Beta}(\gamma^{tgt})$

(d) For each sentence $s_{d,m}$ in document d,

1) draw a sentiment label $l_{d,m} \sim \pi^d$

2) draw a topic $z_{d,m} \sim \theta^{d,l_{d,m}}$

3) For each word $w_{d,m,n}$ in the sentence $s_{d,m}$

Ⅰ) draw a language label $x_{d,m,n} \sim \eta^d$

Ⅱ) if $x_{d,m,n}=$tgt, draw a intermediate word in target language $y_{d,m,n} \sim \phi^{tgt,l_{d,m},z_{d,m}}$; generate the word directly $w_{d,m,n}=y_{d,m,n}$

if $x_{d,m,n}=$src, draw a intermediate word in source language $y_{d,m,n} \sim \phi^{src,l_{d,m},z_{d,m}}$; generate the word by translating from $y_{d,m,n}$ according to the translation probability $\tau^{src,w_{d,m,n}}_{tgt,y_{d,m,n}}$

CLASUM 模型也是通过 Gibbs 采样来对模型估值，为了推导得到分布 θ,Φ,π 和 η，首先需要获得情感标签 l、话题标签 z、语言标签 x 和中间变量 y 的后验概率分布。更具体地，对于文档 d 中的第 m 个句子的第 n 个单词，$l_{d,m,n}$，$z_{d,m,n}$，$x_{d,m,n}$，$y_{d,m,n}$ 将从给定其他变量的条件概率中联合采样。

首先，先为每个句子生成情感标签 l 和话题标签 z，公式如下：

$$P(l_{d,m}=l, z_{d,m}=k \mid \boldsymbol{w}, \boldsymbol{l}_{\neg(d,m)}, \boldsymbol{z}_{\neg(d,m)}, \boldsymbol{x}, \boldsymbol{y})$$

$$\propto \frac{c_l^d + \mu_l}{c^d + \sum_{l' \in \{\text{pos},\text{neg}\}} \mu_{l'}} \times \frac{c_{l,k}^d + \alpha_k}{c_l^d + \sum_{k'} \alpha_{k'}} \times \prod_{x \in \{\text{src},\text{tgt}\}} \left(\left(\frac{\Gamma\left(\sum_{w=1}^{V_x} (c_w^{x,l,k} + \beta_w^x) \right)}{\Gamma\left(\sum_{w=1}^{V_x} (c_w^{x,l,k} + \beta_w^x) + n^{d,m,x} \right)} \right) \times \prod_{w=1}^{V_x} \left(\frac{\Gamma(c_w^{x,l,k} + \beta_w^x + n_w^{d,m,x})}{\Gamma(c_w^{x,l,k} + \beta_w^x)} \right) \right) \tag{6.24}$$

然后，为源语言的文本生成 $y_{d,m,n}$ 和 $x_{d,m,n}$，公式如下：

$$P(y_{d,m,n} = w_{d,m,n}, x_{d,m,n} = \text{src} \mid \boldsymbol{w}, \boldsymbol{l}, \boldsymbol{z}, \boldsymbol{x}_{\neg(d,m,n)}, \boldsymbol{y}_{\neg(d,m,n)})$$

$$\propto \frac{c_{\text{src}}^d + \gamma_{\text{src}}^{\text{src}}}{c^d + \gamma_{\text{tgt}}^{\text{src}} + \gamma_{\text{src}}^{\text{src}}} \times \frac{c_{w_{d,m,n}}^{\text{src},l_{d,m},k_{d,m}} + \beta_{w_{d,m,n}}^{\text{src}}}{c^{\text{src},l_{d,m},k_{d,m}} + \sum_{w' \in V_{\text{src}}} \beta_{w'}^{\text{src}}} \tag{6.25}$$

$$P(y_{d,m,n} = w_{d,m,n}, x_{d,m,n} = \text{tgt} \mid \boldsymbol{w}, \boldsymbol{l}, \boldsymbol{z}, \boldsymbol{x}_{\neg(d,m,n)}, \boldsymbol{y}_{\neg(d,m,n)})$$

$$\propto \frac{c_{\text{tgt}}^d + \gamma_{\text{tgt}}^{\text{src}}}{c^d + \gamma_{\text{src}}^{\text{src}} + \gamma_{\text{tgt}}^{\text{src}}} \times \tau_{\text{tgt},t}^{\text{src},w_{d,m,n}} \frac{c_t^{\text{tgt},l_{d,m},k_{d,m}} + \beta_t^{\text{tgt}}}{c^{\text{tgt},l_{d,m},k_{d,m}} + \sum_{w' \in V_{\text{tgt}}} \beta_{w'}^{\text{tgt}}} \tag{6.26}$$

为目标语言的文本生成 $y_{d,m,n}$ 和 $x_{d,m,n}$，公式如下：

$$P(y_{d,m,n} = w_{d,m,n}, x_{d,m,n} = \text{tgt} \mid \boldsymbol{w}, \boldsymbol{l}, \boldsymbol{z}, \boldsymbol{x}_{\neg(d,m,n)}, \boldsymbol{y}_{\neg(d,m,n)})$$

$$\propto \frac{c_{\text{tgt}}^d + \gamma_{\text{tgt}}^{\text{tgt}}}{c^d + \gamma_{\text{tgt}}^{\text{tgt}} + \gamma_{\text{src}}^{\text{tgt}}} \times \frac{c_{w_{d,m,n}}^{\text{tgt},l_{d,m},k_{d,m}} + \beta_{w_{d,m,n}}^{\text{tgt}}}{c^{\text{tgt},l_{d,m},k_{d,m}} + \sum_{w' \in V_{\text{tgt}}} \beta_{w'}^{\text{tgt}}} \tag{6.27}$$

$$P(y_{d,m,n} = w_{d,m,n}, x_{d,m,n} = \text{src} \mid \boldsymbol{w}, \boldsymbol{l}, \boldsymbol{z}, \boldsymbol{x}_{\neg(d,m,n)}, \boldsymbol{y}_{\neg(d,m,n)})$$

$$\propto \frac{c_{\text{src}}^d + \gamma_{\text{src}}^{\text{tgt}}}{c^d + \gamma_{\text{src}}^{\text{tgt}} + \gamma_{\text{tgt}}^{\text{tgt}}} \times \tau_{\text{src},t}^{\text{tgt},w_{d,m,n}} \frac{c_t^{\text{src},l_{d,m},k_{d,m}} + \beta_t^{\text{src}}}{c^{\text{src},l_{d,m},k_{d,m}} + \sum_{w' \in V_{\text{src}}} \beta_{w'}^{\text{src}}} \tag{6.28}$$

和 CLJST 模型相似，CLASUM 中的文档-情感分布近似为：

$$\pi_l^d = \frac{c_l^d + \mu_l}{c^d + \sum_{l' \in \{\text{pos},\text{neg}\}} \mu_{l'}} \tag{6.29}$$

如果 $\pi_{\text{pos}}^d > \pi_{\text{neg}}^d$，则认为文档 d 是正类，否则认为文档 d 是负类。

情感-话题分布近似为

$$\theta_k^{d,l} = \frac{c_{l,k}^d + \alpha_k}{c_l^d + \sum_{k'} \alpha_{k'}} \tag{6.30}$$

话题/情感-单词分布近似为：

$$\phi_w^{x,l,z} = \frac{c_w^{x,l,k} + \beta_w^x}{c^{x,l,k} + \sum_{w' \in V_x} \beta_{w'}^x} \quad l \in \{\text{neg},\text{pos}\} x \in \{\text{src},\text{tgt}\} \tag{6.31}$$

6.2.2.4　实验与评价

1. 数据和资源

本节将通过大量实验，尤其是与已有方法的对比，来证明本节所提方法的有效性。首先，实验验证 CLLDA 模型在话题发现方面的效果以及跨语言机制的有效性；随后，通过把 CLJST 和 CLASUM 两个模型用于实际情感分类，来检验所提的跨语言话题/情感模型的有效性和应用价值；最后，用多组实验分析了一些重要参数对模型性能的影响。

实验中所用到的数据集主要来自著名的电商网站和酒店评论网站，在商品评论的语料集上，进行多领域的实验，共涵盖电子、厨卫、网络和健康四个领域，在酒店评论的语料集上，进行多语言的实验，共涵盖英语、中文、法语、德语、西班牙语、荷兰语和意大利语。在所有的实验中，都把英语看成源语言，分别把其他语言看成目标语言。各语料集的规模情况如下：

- 英文酒店评论：采集自 booking. com 网站，共包含 12 000 篇评论。
- 英文商品评论：采集自亚马逊网站①，②，每个领域都包含 2000 篇评论。
- 中文酒店评论：来自开源语料③，共包含 16 000 篇评论。
- 中文商品评论：采集自著名电商京东网站，每个领域包含 2000 篇评论。
- 多语言酒店评论：采集自 booking. com 网站，每种语言都包含 4000 篇评论。

对于中文语料，本节采用 ICTCLAS 来进行中文分词，对于其他语言都没有再进行单独的分词。

中文和英文的语料集规模差不多，而之所以把英文看成源语言把中文看成目标语言是因为中文语料的质量比较差，大部分中文的评论都很短，而且噪声比较多。对中英文的所有领域的评论进行长度统计，结果如图 6-18 所示，其中，长度表示为一篇文本所包含的单词数目。从图 6-18 可以看出，大部分英文评论都比中文评论长很多，而比起短文本，长文本能为话题建模和情感建模提供更多的上下文信息。本节的主要目标是，从高质量的辅助文本中迁移到有用知识去改进资源匮乏语言的无监督学习。

在 CLJST 和 CLASUM 模型中，还用到了一部双语词典和英文情感词典。双语词典的作用是在两种语言间架起一座桥梁，使得源语言的知识能到迁移到目标语言。英文情感词典的作用是用来识别哪些词是情感词。在双语词典中，一个源单词通常对应着多个目标翻译词，但是每次只能选择一个翻译词，所以为了克服不恰当翻译词的干扰，采用了一种简单的候选翻译选择策略，过程如下：给定一个源单词，首先计算每个翻译词在目标语言语料库中的词频；然后，如果翻译词数目少于 K 就全部选为候选翻译，否则就按词频从高到低排序选择前 K 个词作为候选翻译；最后，按照如下公式计算每个候选翻译 w_i 的翻译概率：

$$p(w_i)=TF(w_i)/\sum_{i=1}^{K}TF(w_i) \tag{6.32}$$

在后面的实验中，候选翻译的数目 K 被设为 5。

在 CLJST 和 CLASUM 模型中，用到了源语言(英文)的情感词典，该词典来自广为人知的开源知识库 HowNet④，共包含 769 个正类情感词和 1011 个负类情感词。对于每种目标语言，分别采用 10 个正类种子词和 10 个负类种子词作为先验知识。所有目标语言所采用的所有种子词列表如表 6-17 所示，对于除英文外的所有语言的单词，在其后括号内给出了相应的英文翻译，翻译词通过 Google 翻译获得。换言之，在跨语言话题\情感模型中，只

① https://www.seas.upenn.edu/\~mdredze/datasets/sentiment/

② https://llt.cbs.polyu.edu.hk/\~lss/ACL2010_Data_SSLi.zip

③ https://nlp.csai.tsinghua.edu.cn/

④ https://www.keenage.com/html/e_index.html

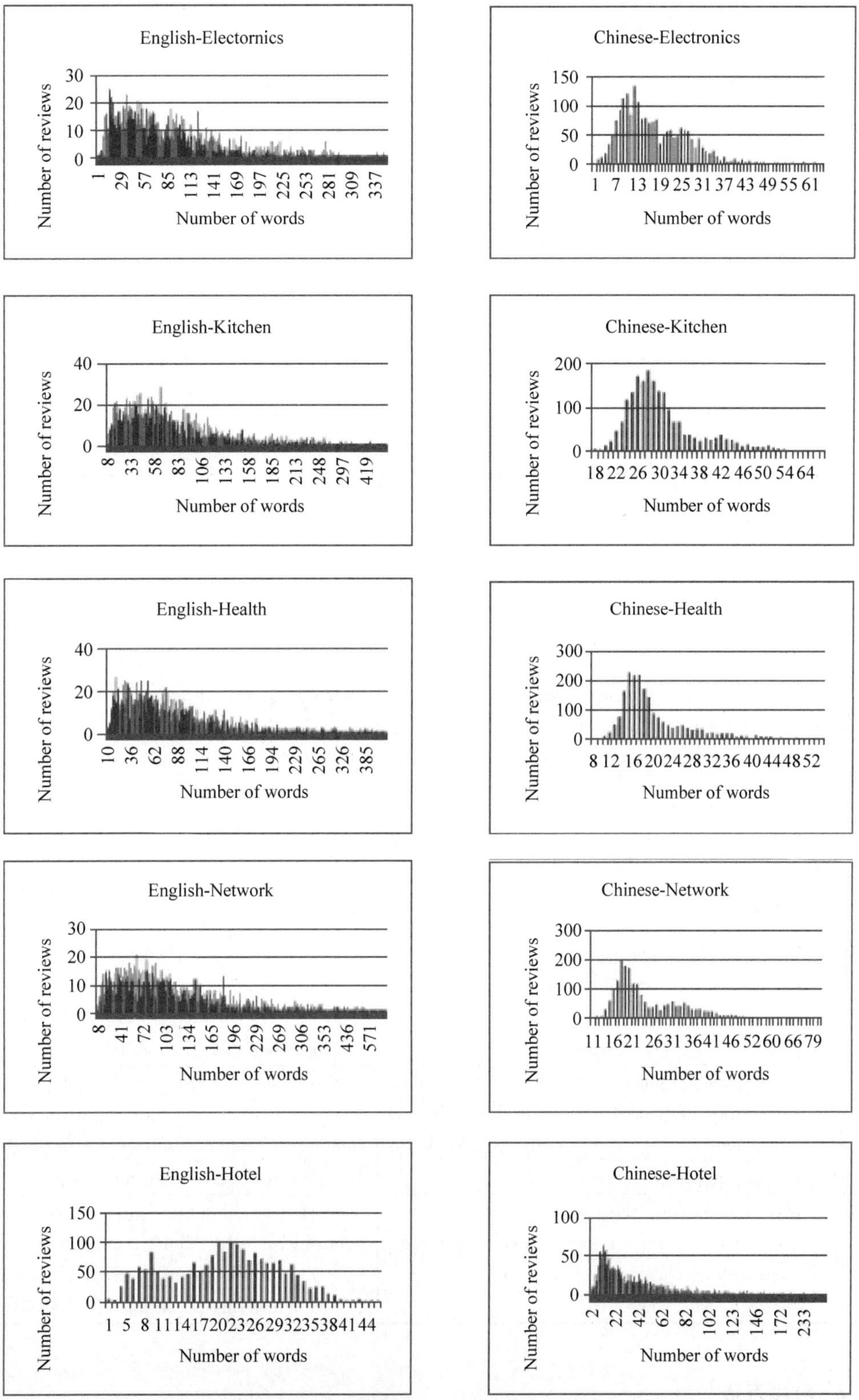

图 6-18　不同领域的中英文语料长度统计

有源语言用到了整个情感词典,而目标语言只用到了种子词信息。

2. 参数设置

为了获得稳定的结果,实验实行 100 轮 Gibbs 采样。对采样过程中的超参设置如下:和经典文献中一样,对于每个话题 k,$\alpha_k=\frac{50}{T}$;对于每个语言标签 x 和每个情感标签 l,$\beta_w^{x,l}$ 被设置为 0.1;对每个正类的情感词 w 被指定为语言标签 x 时,$\beta_w^{x,\text{neg}}$ 被设为 0;对每个负类的情感词 w 被指定为语言标签 x 时,$\beta_w^{x,\text{pos}}$ 被设为 0;对每个情感标签 l,μ_l 被设为 0.01;对于源语言,$\gamma_{\text{src}}^{\text{src}}$ 和 $\gamma_{\text{tgt}}^{\text{src}}$ 都被设置成 0.01;对于目标语言,$\gamma_{\text{src}}^{\text{tgt}}$ 和 $\gamma_{\text{tgt}}^{\text{tgt}}$ 被设置成非对称的,实验采用固定的 $\gamma_{\text{tgt}}^{\text{tgt}}$ 和变化的 $\gamma_{\text{src}}^{\text{tgt}}$ 去调整由源语言学习到的用于知道目标语言话题建模/情感建模的知识量。

表 6-17 所有目标语言所采用的种子词列表

	Positive	Negative
Chinese	不错(not bad),方便(convenient),干净(clean),热情(friendly),好(good),满意(satisfied),高兴(happy),漂亮(beautiful),喜欢(like),赞(great)	不好(not good),惨(miserable),差(bad),陈旧(old),丑(ugly),恶劣(wicked),慢(slow),失望(disappointed),脏(dirty),糟(terrible)
French	bien(good),propreté(clean),calme(quiet),bon(good),propre (clean),aimable (frendly),confort (comfort),bonne (good),agréable(pleasant),excellent(excellent)	cher (expensive),bruyant (nosiy),ruyante(noisy),panne (breakdown),mal (evil),mauvaise(bad),sale(dirty),manque(lack),difficile(difficult),désagréable(unpleasant)
German	gut (good),gute (good),ruhig (quite),freundlich (friendly),freundliche (friendly),sauber (clean),hilfsbereit (helpful),schön(beautiful),guter(good),saubere(clean)	teuerexpensive),lärm(noise),schlecht(bad),schmutzig(dirty),enttäuscht(disappointed),hässlich(ugly),schlechte(poor),schmutzige(dirty),unzufrieden (unhappy),schlechtes(bad)
Spanish	buena(good),limpieza(clean),limpia(clean),buen (good),amable (friendly),excelente(excellent),limpio (clean),bueno (good),perfecto(perfect),contentos(happy)	caro(expensive),pobre(poor),malo(bad),peor(worse),sucio(dirty),sucios(dirty),costoso(expensive),ruidoso (noisy),decepcionado(disappointed),grosero(rude)
Italian	ottima(good),pulizia(clean),buona(good),gentile(kind),comodo(comfortable),ottimo(excellent),bene(good),bella(nice),pulito(clean),cortesia(courtesy)	rumore(noise),scarsa(poor),sporco(dirty),male (bad),scarso (poor),cattivo (bad),rumoroso (noisy),scortese (rude),deluso(disappointed),sgradevole(unpleasant)
Dutch	goed(good),vriendelijk(friendly),prima(fine),goede(well),schoon(clean),mooi(beautiful),uitstekend(excellent),behulpzaam(helpful),netjes(neatly),lekker (nice)	lawaai(noise),jammer(pity),slecht(bad),gehorig (noisy),duur (expensive),vies(dirty),pover (poor),slechter (worse),teleurstellend(disappointing),lelijke(ugly)

3. 对比方法

为了对比所提方法的可竞争性,将与四个具有代表性的方法进行实验对比。首先,选择

USL(Universal Sentiment Lexicon)和 SVM 作为对比方法,因为 USL 是一种典型的无监督情感分类的方法,而 SVM 是一种典型的有监督情感份额里的方法。其次,选择 JST 和 ASUM 作为对比方法,因为这两个模型是当下最新的能够联合抽取话题和情感的模型。JST 和 ASUM 模型都是单语言的,CLJST 是 JST 的多语言扩展,CLASUM 是 ASUM 的多语言扩展。因此在后面的实验中,将分别对比 JST vs. CLJST 和 ASUM vs. CLASUM,这样可以衡量所提跨语言机制的有效性。

4. 实验结果

1) 话题发现

这一组实验是为了验证所提的 CLLDA 模型在给定数据集上话题发现的效果。为了节省空间,表 6-18 只列出了由 CLLDA 自动发现的酒店评论领域的三个主要话题,每个话题按照概率从高到低陈列了 30 个词。

表 6-18　CLLDA 模型发现的话题示例

Topic2	Food	breakfast, hotel, coffee, room, food, restaurant, buffet, fruit, eggs, service, morning, pastries, wine, served, continental, staff, cheese, dinner, good, great, nice, bar, excellent, fresh, lovely, best, cold, hot, wonderful, delicious
	食物	品种(variety),不错(good),酒店(hotel),服务员(waiter),一般(justso-so),没什么(nothing),服务(service),送(deliver),差(bad),丰盛(rich),份(dish),菜(vegetable),鸡蛋(egg),饱(full),早餐(breakfast),自助(buffet),味道(taste),丰富(abundant),很好(nice),简直(simply),每天(everyday),粥(porridge),东西(stuff),早饭(breakfast),西式(western),恭维(compliment),单调(tedious),人气(popularity),咸菜(pickles),美味(yummy)
Topic6	Location	hotel, walk, location, station, Rome, metro, walking, minutes, bus, steps, Vatican, distance, termini, Spanish, train, city, restaurants, minute, area, way, great, close, good, easy, right, quiet, attractions, nice, major, convenient
	位置	方便(convenient),酒店(hotel),离(distance),近(close),位置(location),打车(taxi),火车站(railwaystation),购物(shopping),机场(airport),出门(goout),车(car),不错(good),远(far),地铁站(subwaystation),坐(sit),唯一(sole),交通(traffic),地理(location),分钟(minute),市中心(downtown),很好(nice),距离(distance),宾馆(hotel),左右(approximately),周围(nearby),海边(seaside),地处(situated),不到(lessthan),到达(arrive),边(side)
Topic7	Service	staff, hotel, location, English, service, desk, breakfast, room, reception, stay, spoke, restaurant, Rome, Italian, restaurants, concierge, people, helpful, friendly, great, good, clean, excellent, nice, pleasant, wonderful, help, polite, courteous, comfortable
	服务	服务(service),差(bad),态度(attitude),前台(receptionist),酒店(hotel),服务员(waiter),员(staff),客人(customer),大堂(hallmanager),感觉(feeling),员工(staff),服务生(waiter),理(respond),小姐(waitress),不错(good),很好(nice),热情(friendly),慢(slow),早餐(breakfast),素质(quality),行李(luggage),微笑(smile),礼貌(polite),候(wait),笑容(smile),到位(proper),高(high),打招呼(greet),效率(efficiency),结账(check out)

从表 6-18 可以看出，CLLDA 可以同时从源语言和目标语言的评论中自动抽取话题，在每个话题内所抽取的词都是紧密相关且有意义的。此外，由于话题共享机制，CLLDA 还能获得双语对齐的话题，因为两种语言的评论共享一个话题空间，所以使得目标语言的话题建模可以从高质量的源语言评论中借鉴知识。

2）跨语言机制

这一组实验是为了验证所提的跨语言机制的有效性，实验通过不断调整参数 $\gamma_{\mathrm{src}}^{\mathrm{tgt}}$，然后计算测试集的 *perplexity* 值来对模型进行评价。在信息论里，*perplexity* 值用于衡量一个概率分布或概率模型预测一个样本的效果，给定一个包含 M 篇文本的测试集，它的 *perplexity* 值的计算公式如下：

$$perplexity(D_{test}) = \exp\left\{-\frac{\sum_{d=1}^{M}\log p(\boldsymbol{w}_d)}{\sum_{d=1}^{M} N_d}\right\} \tag{6.33}$$

其中，N_d 代表文档 d 所包含的单词的数目，$p(\boldsymbol{w}_d)$ 代表文档 d 的概率，被定义为：

$$p(\boldsymbol{w}_d) = \sum_{z} p(z) \prod_{n=1}^{N_d} p(w_n \mid z) \tag{6.34}$$

值得一提的是，*perplexity* 值越低代表话题模型的效果越好。

以中文为目标语言时，不同领域的测试集上的 *perplexity* 值如表 6-19 所示。从表 6-19 可以看出，随着 $\gamma_{\mathrm{src}}^{\mathrm{tgt}}$ 的增大，各个领域测试集上的 *perplexity* 值基本上是单调下降的。因此可以说通过从源语言语料集迁移知识后，CLLDA 的性能得到了提升，从而证明了跨语言机制是有效的。在一定的范围内，$\gamma_{\mathrm{src}}^{\mathrm{tgt}}$ 设置得越大，性能提升越明显。

除了多领域的实验，进一步在多语言的数据集上进行实验，在宾馆评论领域，不同语言的测试集上的 *perplexity* 值如表 6-20 所示。从表 6-20 可以看出，随着 $\gamma_{\mathrm{src}}^{\mathrm{tgt}}$ 的增大，各个语言的测试集上的 *perplexity* 值基本上也是单调下降的。因此可以说，本节所提的跨语言话题模型不仅在多领域的数据集上是有效的，在多语言的数据集上也是有效的。

表 6-19 中文为目标语言时不同领域的测试集上的 *perplexity* 值

	$\gamma_{\mathrm{src}}^{\mathrm{tgt}}=0.001$	$\gamma_{\mathrm{src}}^{\mathrm{tgt}}=0.01$	$\gamma_{\mathrm{src}}^{\mathrm{tgt}}=0.1$	$\gamma_{\mathrm{src}}^{\mathrm{tgt}}=1$
elec	891.577	886.291	875.624	829.403
kitc	806.246	804.469	788.822	751.71
network	585.608	582.498	577.552	562.346
health	696.527	690.537	680.129	654.075
hotel	133.922	129.507	130.738	125.999
Average	534.835	529.835	524.656	508.012

表 6-20 在宾馆评论领域不同语言的测试集上的 *perplexity* 值

	$\gamma_{\mathrm{src}}^{\mathrm{tgt}}=0.001$	$\gamma_{\mathrm{src}}^{\mathrm{tgt}}=0.01$	$\gamma_{\mathrm{src}}^{\mathrm{tgt}}=0.1$	$\gamma_{\mathrm{src}}^{\mathrm{tgt}}=1$
French	664.795	661.59	659.498	658.047
German	1090.84	1067.38	1062.16	1044.94
Spanish	657.153	651.546	649.757	629.508
Dutch	868.732	866.921	855.115	831.888
Italian	1038.45	1031.68	1035.33	1024.94
Average	863.994	855.823	852.372	837.865

CLLDA 模型引入了一部双语词典来对两种语言建立通信，为了衡量双语词典的质量和规模对 CLLDA 模型的影响，实验中采用了两个规模不同的双语词典，然后分别在中文的多领域的测试集上计算 *perplexity* 值。词典 1 共包含 224 385 个翻译词对，词典 2 共包含 41 814 个翻译词对。在分别采用两个不同的双语词典时，中文多领域测试集上的 *perplexity* 值如图 6-19 所示。从图 6-19 可以观察到，CLLDA 模型的性能受双语词典规模和质量的影响很小，因此可以说 CLLDA 模型是稳定的，对双语词典规模的依赖不强。

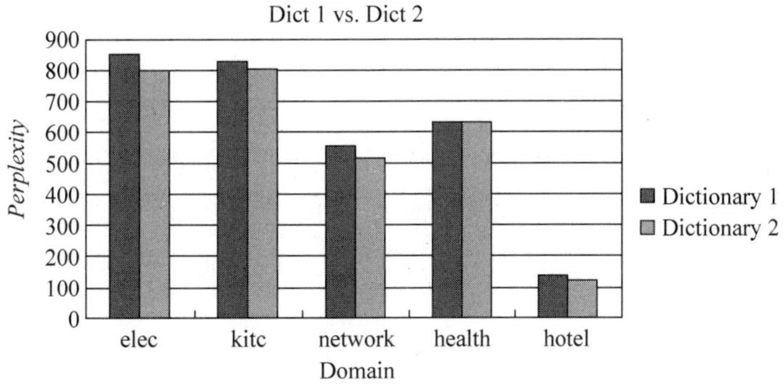

图 6-19　使用不同双语词典时 CLLDA 模型在多领域测试集上的 *perplexity* 值

3）情感分类

CLLDA 模型只能发现话题，以 CLLDA 为基础，CLJST 和 CLASUM 模型可以进一步发现话题和情感，并且话题和情感的发现是同时进行的。为了评价 CLJST 和 CLASUM 模型的性能，将其发现的话题-情感二元组用于实际的情感分类任务，然后通过和 Baseline 方法对比对情感分类的性能来间接对 CLJST 和 CLASUM 进行评价。在情感分类实验中，采用情感分类正确率来衡量分类性能。为了使实验结果更可信，在后面给出的实验结果中，每一个情感分类正确率的值都是 5 轮实验的平均值。

首先将 CLJST 和 CLASUM 和无监督的 USL 方法以及有监督的 SVM 方法进行比较。在 USL 中，采用一部通用的情感词典对评论文本进行情感极性判别，该情感词典来自中文著名的开源知识库 Hownet。在 SVM 中，采用开源的工具包 LibSVM① 来进行情感分类器训练和测试。对于每个领域，选择 50％的有标注数据用于训练和 50％的有标注数据用于测试。由于核函数对 SVM 的性能影响较大，所以还实验了不同的核函数，最后选择了能使 LibSVM 达到最佳性能的线性核函数。在多领域的试验中，CLJST 和 CLASUM 与 USL 和 SVM 的对比结果如表 6-21 所示。

在表 6-21 中，每个模型的每个领域的情感分类不仅给出了总体的正确率，还分别给出了正、负两类各自的正确率，最后一行是每种模型对所有领域的平均正确率。从表 6-21 可以看出，首先，CLASUM 的在情感分类上的性能比 CLJST 好很多，这主要是因为 CLASUM 多加了一个限制，限制一个句子里的所有词都来自同一话题，这个限制非常符合情感语料的特性，使得 CLASUM 更适应实际情感分析。其次，CLASUM 作为一种无监督模型，比无监督的 USL 效果好很多，和有监督的 SVM 性能可比，从而证明 CLASUM 的优越性。

① https://www.csie.ntu.edu.tw/～cjlin/libsvm/

表 6-21 在多领域上不同方法的中文情感分类的正确率

分类	USL			SVM			CLJST			CLASUM		
	pos	neg	all	pos	neg	all	pos	neg	All	pos	neg	all
elec	0.6983	0.7409	0.7175	0.7830	0.7881	0.7855	0.5570	0.5706	0.5631	0.7998	0.7455	0.7699
kitc	0.6942	0.7703	0.7260	0.7652	0.7771	0.7710	0.5551	0.5659	0.5601	0.8099	0.7592	0.7823
network	0.6944	0.7081	0.7010	0.7880	0.7696	0.7785	0.5857	0.5582	0.5694	0.8117	0.7254	0.7616
health	0.6725	0.6637	0.6680	0.7206	0.7107	0.7155	0.5691	0.5505	0.5584	0.7620	0.6728	0.7083
hotel	0.7093	0.7867	0.7420	0.8238	0.8417	0.8325	0.5928	0.5751	0.5833	0.8770	0.7895	0.8280
Average	0.6937	0.7339	0.7109	0.7761	0.7774	0.7766	0.5719	0.5641	0.5669	0.8121	0.7385	0.7700

既然本节的目的是借助源语言语料的丰富知识来提高目标语言的情感分析性能，所以实验还分别将单语言的话题/情感模型和跨语言的话题/情感模型进行了比较，JST vs. CLJST 在中文多领域上的实验结果如图 6-20 所示，ASUM 与 CLASUM 在中文多领域上的实验结果如图 6-21 所示。

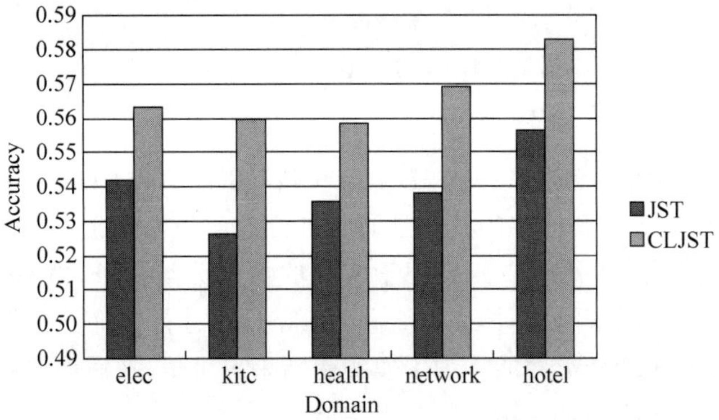

(a) JST vs. CLJST

图 6-20 JST vs. CLJST 在中文多领域上的情感分类性能

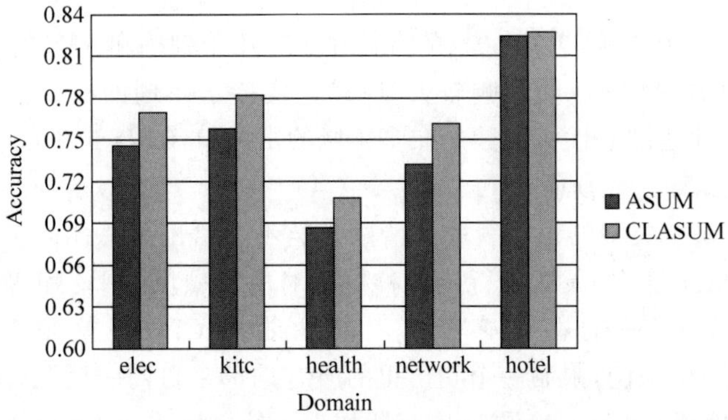

(b) ASUM vs. CLASUM

图 6-21 ASUM vs. CLASUM 在中文多领域上的情感分类性能

从图 6-20 和图 6-21 可以看出，在中文的所有领域上，CLJST 的性能都优于 JST，CLASUM 的性能都优于 ASUM，从而证明了本节所提的跨语言话题/情感模型的有效性，以及在实际问题中的应用价值。CLJST 和 CLASUM 所取得的性能提升主要得益于将两种语言的语料集联合建模,通过将辅助的源语言的丰富知识迁移到目标语言,从而优化目标语言的话题/情感建模的效果。与此同时,将两种语言的语料集联合建模,数据集扩大了,可以获得更丰富更精准的词汇贡献信息,从而获得更精确的统计信息,所以在两个数据集上的建模效果要好于在其中一个数据集上建模的效果。

除了多领域实验,还进行了多语言实验,JST vs. CLJST 在多语言的酒店评论上的实验结果如图 6-22 所示,ASUM vs. CLASUM 在多语言的酒店评论上的实验结果如图 6-23 所示。

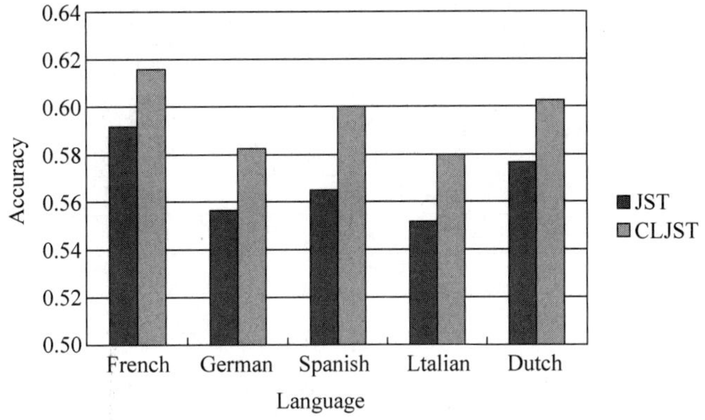

(a) JST vs. CLJST

图 6-22　JST vs. CLJST 在多语言的酒店评论上的情感分类正确率

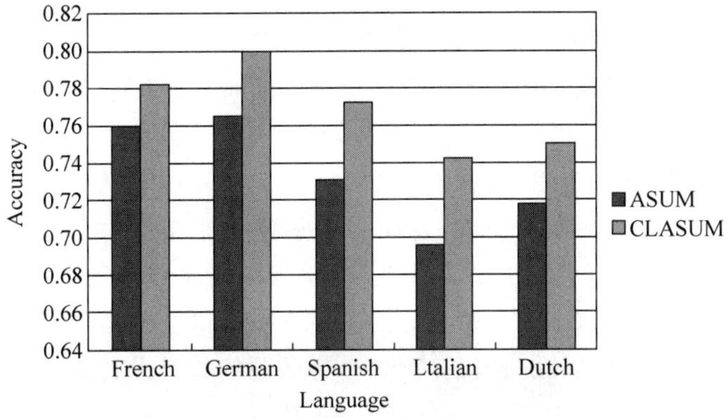

(b) ASUM vs. CLASUM

图 6-23　ASUM vs. CLASUM 在多语言的酒店评论上的情感分类正确率

从图 6-22 和图 6-23 可以看出,在所有语言的数据集上,CLJST 的性能都优于 JST,CLASUM 的性能都优于 ASUM,这个结论与多领域上的实验结果一致。

4) 参数影响

在 CLJST 和 CLASUM 模型中,有两个非常重要的参数,分别是控制目标语言从源语言迁移知识量的超参 γ_{src}^{tgt} 和话题的数目,下面的实验将分别验证这两个参数的影响。

CLJST 和 CLASUM 随着 γ_{src}^{tgt} 从 0.01 到 10 指数级增大时多个领域的情感分类结果如表 6-22 和表 6-23 所示。

表 6-22 随 γ_{src}^{tgt} 变化时 CLJST 用于情感分类的正确率

	$\gamma_{src}^{tgt}=0.01$	$\gamma_{src}^{tgt}=0.1$	$\gamma_{src}^{tgt}=1$	$\gamma_{src}^{tgt}=10$
elec	0.5355	0.5490	0.5561	0.5501
kitc	0.5465	0.5571	0.5661	0.5551
network	0.5358	0.5583	0.5658	0.5473
health	0.5404	0.5453	0.5564	0.5404
hotel	0.5725	0.5743	0.5725	0.5523
average	0.5461	0.5568	0.5634	0.5490

表 6-23 随 γ_{src}^{tgt} 变化时 CLASUM 用于情感分类的正确率

	$\gamma_{src}^{tgt}=0.01$	$\gamma_{src}^{tgt}=0.1$	$\gamma_{src}^{tgt}=1$	$\gamma_{src}^{tgt}=10$
elec	0.7234	0.7534	0.7379	0.7264
kitc	0.7638	0.7718	0.7828	0.7718
network	0.7441	0.7551	0.7381	0.7116
health	0.6842	0.6892	0.6987	0.7078
hotel	0.8065	0.8172	0.8162	0.8090
average	0.7444	0.7573	0.7547	0.7453

在上面的两组实验中，γ_{tgt}^{tgt} 被固定为 0.01 以保证 γ_{src}^{tgt} 都是大于或等于 γ_{tgt}^{tgt} 的，意味着从源语言学习到的知识比从目标语言中学习到的多。从表 6-22 和表 6-23 可以看出，无论是 CLJST 还是 CLASUM，随着 γ_{src}^{tgt} 从 0.01 增加到 0.1 再增加到 1 的时候，情感分类正确率都是增加的，但是当 γ_{src}^{tgt} 增加到一个很大的值 10 时，情感分类正确率下降了。这个现象说明设置一个相对大的 γ_{src}^{tgt}，跨语言话题/情感模型可以从源语言学习更多的知识用于指导目标语言的话题和情感建模。然而，如果 γ_{src}^{tgt} 设置得过大反而会过犹不及，因为这样会导致模型过于依赖源语言而忽略了目标语言自身的特征，所以会导致目标语言上的模型性能下降。

CLJST 和 CLASUM 在设置不同的话题数目时多个领域上的情感分类结果如图 6-24 和图 6-25 所示。除了每个领域的曲线，这两个图还给出了多个领域上的平均值曲线。从图 6-24 和图 6-25 可以看出，大体上情感分类正确率随着话题数目的增多是增加的，在话题数目取值 10～30 这个区间，CLJST 和 CLASUM 模型取得了最佳性能。但在这个区间之外，模型的性能有所下降，所以在所有的实验中，将话题的数目设置为 20。

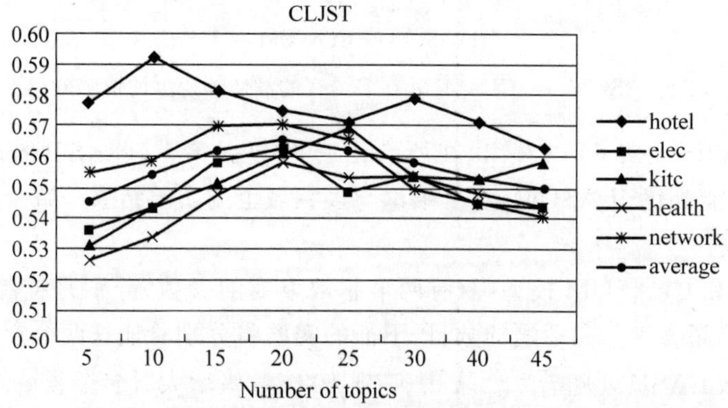

图 6-24 CLJST 在不同的话题数目时多个领域上的情感分类正确率

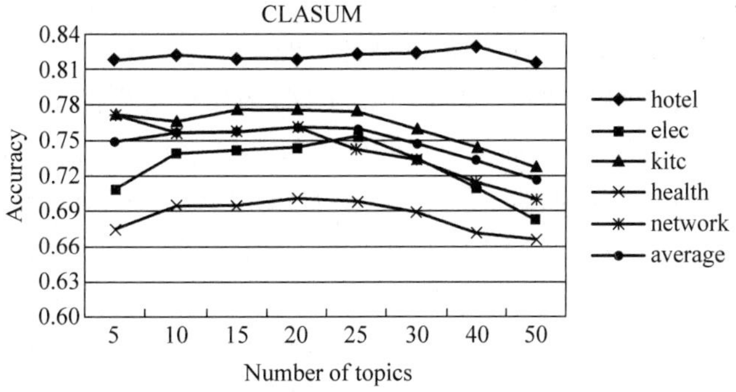

图 6-25　CLASUM 在不同的话题数目时多个领域上的情感分类正确率

6.2.2.5　小结

本节介绍了一种无监督的跨语言话题模型用于属性级情感分析。首先，本节描述一个跨语言的 LDA 模型框架 CLLDA；然后，将目前两个最主流的话题/情感模型 JST 和 ASUM 分别和 CLLDA 相融合，从而形成两个跨语言的话题/情感模型 CLJST 和 CLASUM，这两个模型可以从源语言的数据资源中迁移知识指导目标语言的话题和情感建模。本节通过大量在真实数据集上的实验，既包括多领域的实验又包括多语言的实验，首先验证了 CLLDA 模型在话题发现上的表现及其跨语言机制的有效性；然后，通过和多个已有方法进行对比，评价了 CLJST 和 CLASUM 两个模型在实际情感分类应用中的性能和优势，从而证明了这两个跨语言话题/情感模型在实际应用中的价值；最后，实验还验证了 CLJST 和 CLASUM 中两个重要参数的影响。

6.3　基于目标语言语料的方法

6.1 节和 6.2 节的研究都是基于有源语言语料的，在 6.3 节，将研究没有源语言语料只有目标语言语料情况下的情感分析。6.3 节介绍两个无监督的情感分类模型，6.3.1 节详细介绍仅用三个种子词的多语言情感分类方法，6.3.2 节给出一种基于关键句的多语言情感分类方法。

6.3.1　仅用三个种子词的多语言情感分类方法

6.3.1.1　引言

近年来，统计机器翻译被广泛应用于多语言情感分析，然而，基于机器翻译的方法主要存在三个问题：首先，机器翻译的效果并不理想，机器翻译系统通常只生成一个最优解，所以很容易引入翻译错误；其次，源语言和目标语言服从不同的分布，通过翻译得到的情感分类器性能会有损失；再次，基于翻译的方法过于依赖外部资源，例如大规模双语平行语料库。

为了克服以上问题，本节介绍一种语言无关的情感倾向性分析方法，旨在达到两个目标：①借助最少的外部资源；②取得比机器翻译方法更好的性能。传统的多语言情感分析方法主要基于源语言标注集和机器翻译或者双语词典等工具，而本节所提方法是语言无关的，既不需要源语言的标注集也不过度依赖外部资源。在整个多语言的情感分析任务中，仅需要未标注的目标语言语料集和三个普通的种子词，例如英文中的"very""good"和"bad"。具体过程可以分为三步：第一步，通过"very"抽取候选情感词，然后进行停用词过滤，这里的停用词是从目标语言自动获取的；第二步，通过"good"和"bad"对情感词和情感文本同时进行聚类（支持或反对），在聚类过程中，本节介绍一种迭代的 KL 距离法进行性能优化；第三步，通过半监督学习构建情感分类器，先从第二步聚类的结果中挑选确信的样本训练初始分类器，然后融合文本的情感得分和分类器的后验概率来挑选新样本加入训练集。

6.3.1.2 情感词抽取

在标准的文本分类中，一段文本在词袋模型下被表示成一组特征向量。情感词抽取的主要目的是找出带有强烈感情色彩的特征，因为这些特征在预测文本极性的时候能提供更多信息。

本节采用一个程度副词作为启发词来抽取候选情感词，以一则英文评论为例。

> Staff was very friendly and helpful. Breakfast was very good. Location is excellent. Underground stations are near and those are Picadilly line stations. It was very easy arrive from Heathrow. Neighbourhood is very interesting.

"very"在这篇评论中一共出现四次，而且它通常用来修饰形容词和副词，所以本节将"very"作为启发信息，将其后的邻接词作为候选情感词。情感词抽取算法如算法 6-8 所示。

算法 6-8 情感词抽取

Input：目标语言未标注集

Output：停用词表和情感词表

Procedure：

1. 根据模式"w_i BEHIND *very*"抽取所有的 w_i 组成候选情感词集合 C
2. 自动生成停用词表
   统计每个词的词频
   将词频超过给定阈值的词作为停用词
3. 从 C 中去除停用词得到集合 S
4. 对于 S 中的每一个词 w_i

统计"$very\ w_i$"的出现频率，并根据公式 $\alpha(w_i)=\dfrac{f(very,w_i)}{\sum_{i=1}^{n} f(very,w_i)}$ 得到权重

6.3.1.3 情感词和情感文本聚类

抽取情感词后，虽然得到了情感词列表但是并不知道每个词的情感极性，所以接下来希望借助最少的资源将情感词分成正反两类。对于任意一种语言，都存在着代表正反两种极性的通用词，例如英文的"good"和"bad"，中文的"好"和"坏"。本节介绍一种迭代的 KL 距离法对情感词和情感文本同时进行聚类，具体过程分为三步：

第一步，通过"good"和"bad"对情感词和文本同时进行粗略标注，即如果一篇文本包含"good/bad"则被标为 positive/negative，与此同时，被标注为 positive/negative 的文本中所包含情感词被赋予相同的倾向性。

第二步，对每个情感词指定一个唯一的极性。某个情感词可能既出现在正类文本中又出现在负类文本中，所以引入 KL 距离法对极性模糊的情感词进行消歧。首先，解释 KL 距离的基本原理，KL 距离又称为相对熵，用于衡量两个分布的差距。假设有两个概率分布 P 和 Q，它们的 KL 距离被定义为：

$$D_{KL}(P \parallel Q) = \sum_i P(i)\log\frac{P(i)}{Q(i)} \tag{6.35}$$

当 KL 距离被应用于单样本上时，又被称为逐点 KL 距离：

$$\delta(w;\ P \parallel Q) = P(w)\log\frac{P(w)}{Q(w)} \tag{6.36}$$

假设 P 代表正类文本，Q 代表负类文本，当一个词经常出现在 P 分布中而很少出现在 Q 分布中时，那么这个词与 P 分布的结合就很强，与 Q 分布的结合就很弱。在用 KL 距离进行消歧时，每一个情感词 w 的倾向性通过比较 $\delta(w;\ positive \parallel negative)$ 和 $\delta(w;\ negative \parallel positive)$ 来决定：

$$polarity(w) = \begin{cases} positive & \delta(w;\ positive \parallel negative) > \delta(w;\ negative \parallel positive) \\ negative & \delta(w;\ positive \parallel negative) \leqslant \delta(w;\ negative \parallel positive) \end{cases} \tag{6.37}$$

第三步，对情感词和情感文本进行迭代聚类。经过第一步和第二步，可以挖掘出更多带极性的情感词，这些情感词可以提供更多的启发信息对情感文本进行重新标注，在得到新标注的情感文本后，又可以根据公式 $polarity(w)$ 重新对情感词进行标注。在每一轮的迭代过程中，文本的极性都是由当前最新的情感词来判定的，每一篇文档 d 的情感得分被定义为：

$$sentiment\_score(d) = \frac{\sum_{i=1}^{m}\alpha(w_i \in positive)}{len(d)} - \frac{\sum_{i=1}^{n}\alpha(w_i \in negative)}{len(d)} \tag{6.38}$$

其中，$len(d)$ 代表 d 的长度，m 代表 d 中正类情感词的数目，n 代表 d 中负类情感词的数目，$\alpha(w_i)$ 代表情感词 w_i 的权重。

如果提高文本标注的正确率，那么情感词标注的准确率也会提高，反之亦然。所以，模型采用一种迭代的策略使得文本标注和情感词标注相互促进。情感词和情感文本的聚类算法如算法 6-9 所示。

算法 6-9　情感词和情感文本聚类

Input：未标注情感词，未标注文本，两个种子词
Output：标注情感词，带标注文本
Procedure：
1. 用种子词对情感词和情感文本进行粗略标注
Loop for I iterations
2. 从预测文本中选择 n 个最确信的正/负类文本作为种子集
3. 根据挑选出的种子集标注情感词
4. 按照式(6.37)对情感词标注进行优化
5. 根据当前最新的情感词重新标注情感文本

6.3.1.4 半监督学习

本节直接在目标语言上学习情感分类器，而不借助源语言，所以本节方法是语言无关的，并且可以克服基于翻译方法的不足。传统的基于翻译的方法大致可以分为两类：一种是翻译语料库，一种是翻译特征空间。翻译语料库是指将源语言的语料直接翻译成目标语言或者将目标语言的语料直接翻译成源语言，然后应用单语的情感分类器；翻译特征空间是指通过翻译特征词将源语言上训练得到的分类器迁移到目标语言。这两种方法都会受到翻译性能的影响，当源语言和目标语言的分布差异较大时，很容易引入翻译错误。本节方法是基于自学习模式的，不依赖于源语言，所以可以取得比翻译方法更好的性能。

在经过上一步的情感词和情感文本聚类后，首先从标注集中挑选最确信的样本作为初始训练集，然后在初始训练集上训练分类器，最后，从分类器的预测结果中挑选最确信的样本加入训练集重新训练分类器，迭代进行。众所周知，半监督学习的性能与初始集的质量和样本挑选策略有关，所以本节从这两方面着手进行性能优化。一方面，为了提高初始训练集的准确率，本节将所有的文本按照情感词得分进行排序，然后挑选得分最高的文本作为初始集。另一方面，为了防止自学习过程中的 bias，本节介绍一种新的样本选择机制。新机制将分类器生成的后验概率和文本的情感得分进行融合。半监督学习算法如算法 6-10 描述。

算法 6-10 半监督学习

input：初始训练集，未标注集，已标注情感词
Output：情感分类器
Procedure：
1. 在初始集上训练一个基准分类器
Loop for I iterations
2. 对每篇文本
生成每个类别的后验概率 p
计算每个类别下的情感得分 s
3. 对于每个类别，按照$(p+s)$的分值对所有文本进行排序
4. 挑选出 n 个得分最高的正类文本和负类文本加入训练集
5. 用新的训练集重新训练分类器

6.3.1.5 实验与评价

1. 实验设置

为了证明所提方法的有效性，本节在多语言的酒店评论上进行实验。多语言的酒店评论是从 booking. com 网站上采集的，包括法语、德语、西班牙语和荷兰语。构造多语言语料库需要经过一些预处理：首先，从网站采集带评论的网页。然后，去除网页中的 HTML 标记和其他噪声。最后，利用语种识别工具 TextCat① 对抽取出的评论进行语言识别。每种语言的情感语料包含正负类评论各 2000 篇。在基于翻译的情感分类实验中，选择源语言的

① https://www.let.rug.nl/～vannoord/TextCat/

50%作为标注集，目标语言的 50%作为测试集。在半监督学习的实验中，选择 10%最确信的样本作为初始训练集，50%标注样本作为测试集，40%未标注样本作为挑选集。

在跨语言情感分类的对比实验中，本节分别选择英文和中文作为源语言。对于每种目标语言，分别挑选三个常用的种子词作为启发信息。其中，英文的种子词为"very""good"和"bad"，其他语言的种子词是通过把英文的种子词进行翻译得到的（Google Translate）。表 6-24 列出了本节实验中每种语言所采用的种子词：

表 6-24　每种语言的三个启发词

Language	Adverb of Degree	Positive	Negative
French	très	bonne	mauvaise
German	sehr	gut	schlecht
Spanish	muy	bueno	mal
Dutch	zeer	goede	Slecht

实验中，采用朴素贝叶斯作为基准分类器。不失一般性地，将语料中所有词作为特征词，没有进行特征约简。在对比实验中，本节所提语言无关的情感分析方法将和两个对比方法进行对比：

（1）有监督学习：基于机器翻译的方法。首先，在源语言的标注集上训练情感分类器；其次，将目标语言的测试集通过谷歌翻译成源语言；最后，将情感分类器应用于翻译后的测试集。

（2）无监督学习：基于情感词典的方法。首先，将源语言的情感词典翻译成目标语言；然后，用翻译后的情感词典对目标语言文本进行分类。

2. 实验结果

以法语为例，用"bonne"和"mauvaise"作为启发词对情感词进行聚类，每个类别选出前五个得分最高的极性词，结果如表 6-25 所示。从表 6-25 可以看出，在迭代后，启发词"bonne"和"mauvaise"并没有出现，而是自动挖掘出其他得分较高的极性词。由于表达方式不同，这两个由英文种子词翻译得来的法语种子词可能很少出现在法语的酒店评论中。然而，该方法却可以从两个普通的极性词出发挖掘出更多更常用的极性词。而且，挖掘出的这些极性词都是领域相关的，领域相关性是情感词非常重要的特性，比如"petite(small)"在电子类产品评论中可能表达正面倾向，而在酒店评论中可能表达负面倾向。因此，用领域相关的情感词进行倾向性分析是非常必要的。从表 6-25 还可以看出，本节所提方法是有效的，因为表中情感词的自动标注都是正确的。

表 6-25　自动挖掘出的前 10 个极性词

	French		French
Positive	calme(quiet) bonne(good) propre(clean) proche(near) sympathique(nice)	Negative	peu(little) petite(small) cher(expensive) bruyant(nosiy) bruyante(nosiy)

为了验证迭代的 KL 距离法对于倾向性消歧是有效的，在多种语言语料上进行实验。

表 6-26 列出了在使用迭代 *KL* 距离法之前和之后对前 10％确信样本的预测正确率。

表 6-26 前 10％确信样本的预测正确率

	Positive	Negative	Total	Positive_*KL*	Negative_*KL*	Total_*KL*
French	0.9123	0.9474	0.9298	1	0.9330	0.9667
German	0.9636	0.9273	0.9455	1	0.9412	0.9706
Spanish	0.812	0.75	0.7813	0.9565	0.9565	0.9565
Dutch	0.9273	0.8727	0.9	0.9452	0.9041	0.9247
Average	0.9038	0.8744	0.8892	0.9754	0.9337	0.9546

从表 6-26 可以看出，在应用了迭代 *KL* 距离法之后，前 10％确信样本的预测正确率平均提高了 6.54％，从而证明使用迭代的 *KL* 距离可以提高挑选出的初始训练集的质量。

考虑到跨语言情感倾向性分析的性能与源语言的语料质量有关，因此把中文和英文分别作为源语言进行情感分类实验。源语言自身的情感分类正确率如表 6-27 所示。

表 6-27 源语言的分类正确率

Source Language	Accuracy
Chinese-> Chinese	0.787
English-> English	0.829

在跨语言情感分类任务中，把语言无关的方法分别和有监督学习方法和无监督学习方法进行对比。表 6-28 和表 6-29 分别给出了将中文/英文作为源语言的对比实验结果。

表 6-28 中文作为源语言时所提方法与机器翻译法和情感词典法的对比结果

Language	Baseline1 (unsupervised)	Baseline2 (supervised)	Semi-supervised (Initially)	Semi-supervised (Finally)
Chinese-> French	0.6164	0.6700	0.7770	0.8037
Chinese-> German	0.5752	0.6780	0.7245	0.7913
Chinese-> Spanish	0.6076	0.6660	0.7935	0.8005
Chinese-> Dutch	0.6515	0.6875	0.7945	0.8133
Average	0.6127	0.6754	0.7724	0.8022

在表 6-28 的实验中，对于无监督学习，中文情感词典被翻译成其他语言；对于有监督学习，其他语言的测试集被翻译成中文。在半监督学习过后，本节方法平均比无监督学习的对比方法高出 18.95％，平均比有监督学习的对比方法高出 12.68％。对比方法的性能之所以下降比较明显是因为对中文进行机器翻译的正确率不高。中文和其他四种目标语言属于不同语系，语言特性不同，所以从中文迁移得到的情感分类器和情感词典性能不佳。

在表 6-29 的实验中，英文情感词典被翻译成其他目标语言，目标语言的测试集被翻译成英文。在半监督学习过后，本节方法平均比无监督学习的对比方法高出 7.23％，平均比有监督学习的对比方法高出 2.01％。与中文相比，英文和其他四种目标语言更为相似，而且英文自身的语料质量也好于中文(见表 6-27)，所以从英文迁移得到的情感分类器和情感词典的质量明显好于从中文迁移的结果。尽管如此，本节所提语言无关的方法依然优于从英文迁移的结果。

表 6-29　英文作为源语言时所提方法与机器翻译法和情感词典法的对比结果

Language	Baseline1 (unsupervised)	Baseline2 (supervised)	Semi-supervised (Initially)	Semi-supervised (Finally)
English-> French	0.7041	0.7700	0.7770	0.8037
English-> German	0.7402	0.7779	0.7245	0.7913
English-> Spanish	0.7483	0.7895	0.7935	0.8005
English-> Dutch	0.7270	0.7910	0.7945	0.8133
Average	0.7299	0.7821	0.7724	0.8022

对表 6-28 和表 6-29 进行联合分析，无监督学习的对比方法效果是最差的，从而证明在跨语言情感分析时，基于机器翻译的方法优于基于情感词典的方法。本节所提语言无关的方法之所以能超过基于机器翻译的方法是因为克服了机器翻译方法的诸多不足。一方面，机器翻译系统生成唯一解，可能会引入翻译错误从而影响分类器性能；另一方面，源语言和目标语言可能遵从不同的分布，所以跨语言得到的情感分类器性能不如单语言情感分类器。而本节直接从目标语言学习情感分类器，所学情感分类器的性能仅仅和目标语言的质量与特性有关。

半监督学习过程中，不同语言的学习曲线与机器翻译方法的对比结果如图 6-26 所示。在大部分情形下，本节方法都优于机器翻译方法。

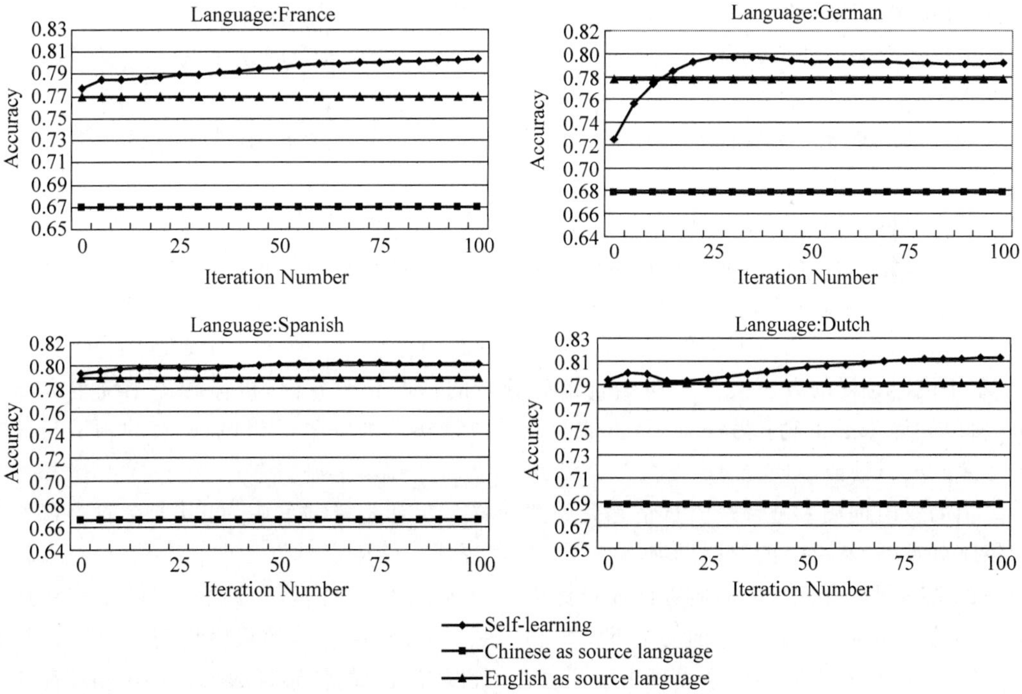

图 6-26　不同语言的半监督学习结果

6.3.1.6 小结

本节介绍了一种语言无关的情感分析方法，无须借助机器翻译系统和大规模双语词典，而是直接在目标语言上学习情感分类器。该方法具有最少的资源依赖性，仅仅需要三个种子词。以英文为例，首先通过"very"自动挖掘情感词；其次，通过"good"和"bad"实现情感词和情感文本的同时聚类，在聚类过程中，采用了一种迭代的 KL 距离法对情感词的倾向性进行消歧；最后，通过半监督学习优化情感分类器，先用聚类得到的最确信的样本训练初始分类器，然后根据文本的情感得分和分类器的后验概率联合挑选新样本加入训练集。在多语言的酒店评论上实验，结果证明本节所提方法仅仅使用三个种子词就可以超过基于翻译的方法。

6.3.2 基于关键句抽取的多语言情感分类方法

上一节介绍了仅用三个种子词就能对一种完全不了解的语言进行情感分析的方法，该方法完全不依赖于机器翻译和双语词典等资源，具有最少的资源依赖性。本节的出发点与上一节有所不同，本节介绍一种关键句抽取算法，旨在优化无监督的多语言情感分类模型，以解决情感分析中的情感歧义问题。

6.3.2.1 引言

随着全球化进程的加快，网络所提供的信息资源呈现出多语言化的特点。多语言情感分析，旨在借助最少的资源，研究多语言情感文本所蕴含的观点、看法和态度，不仅可以参考全球用户对商品的评价以做出合理的购买决定，而且可以更加及时地了解全世界各国的网络民意。

多语言情感分析主要面临两个难点问题，分别是语言迁移的困难和情感分析本身的困难。

对于语言迁移，主要采用以下两种方法：

借助统计机器翻译系统来进行跨语言情感分类器迁移。一方面，可以将有标注的源语言数据集翻译成目标语言，然后在翻译后的训练语料上训练分类器对测试集进行判别；另一方面，可以将目标语言测试集翻译成源语言，然后直接应用在源语言上训练的分类器。然而，基于机器翻译的方法会损失跨语言情感分析的精度。一方面，机器翻译系统生成唯一解，所以翻译未必正确；另一方面，机器翻译系统依赖于训练集，当目标语言的领域与训练集相差较大时性能不佳。

借助双语词典来进行跨语言情感分类器迁移。在有监督学习中，可以先在源语言上学习情感分类器，然后借助双语词典将特征空间翻译成目标语言；在无监督学习中，可以将源语言的情感词典通过双语词典翻译成目标语言。然而，大部分基于双语词典的工作在选取翻译词的时候没有考虑情感词的上下文依赖关系。此外，情感词的极性(支持或反对)具有领域依赖性，面对不同实体会表现出不同极性，所以将通用的情感词典用于特定领域往往性能不佳。

此外，以往的情感分析方法并没有解决评论文本中情感歧义对情感分类的干扰问题。情感分类和普通文本分类有些类似，但比普通文本分类更复杂。在基于主题的文本分类中，因为主题不同的文本之间词语运用不同，词语的领域相关性使得不同主题的文本可以很好地进行区分。然而，情感分类的正确率比基于主题的文本分类低很多，这主要是由情感文本中复杂的情感表达和大量的情感歧义造成的。此外，在一篇文章中，客观句子与主观句子可能相互交错，或者一个主观句子同时具有两种以上情感，因此文本情感分类是一项非常复杂的任务。这里，以一篇网络上的图书评论为例。

> 很多人说这是一个充满悲伤，流溢无奈的故事，或许正是这种评论让我一直没有勇气去认真阅读。我承认自己是个沦落俗套的人，虽然悲剧让人震撼而且记忆深刻，但从感情上更愿意看到美好的大团圆结局，虽然这样的童话在现实中是如此脆弱而不堪一击。
>
> ……
>
> 这本书，我是一口气看完的，很喜欢。

文中作者用了大量消极的词汇来描述阅读前的感受，比如"悲伤"和"脆弱"，但是在文章结尾，作者又用很积极的态度表达了他是喜欢这本书的。在这个例子中，整篇文本的极性是正面的，但由于出现大量负面词汇所以很容易被判别成负面的。在判定整篇文章的极性时，文章中所有句子的情感贡献度是不同的，如果对情感表达关键句和描述细节的句子进行区分，将有助于提高文本情感分类的性能。

综上所述，多语言的情感倾向性分析主要存在以下三个问题。

(1) 多语言情感分析过于依赖外部资源。大部分多语言情感分析技术是依赖于机器翻译或者双语词典的。如果没有机器翻译系统或编纂好的双语词典，多语言情感分析的工作将很难进行。

(2) 多语言情感分析容易受到情感歧义的干扰。在一篇文章中，客观句子与主观句子可能相互交错，或者一个主观句子同时具有两种以上情感，因此文本情感分类是一项非常复杂的任务。

(3) 多语言情感分析性能差强人意。不同语言的情感表达差异很大，从原始空间导出的模型被转换到目标语言空间时存在信息损失。比如，机器翻译系统只生成唯一解，基于机器翻译的方法会损失跨语言情感分析的精度。

为了解决以上问题，本节介绍一种基于关键句的多语言情感分类模型，整个模型的算法流程如图 6-27 所示。

首先，本节提出一种情感词典自动抽取方法解决以往方法过于依赖外部资源的问题。虽然关于情感词典自动抽取的相关研究有很多，但本节的目标不是试图在性能上超越以往方法，而是着眼于另一个视角，探索一种无监督的语言无关的方法，以适用于资源匮乏的语言。该方法主要分为三步：第一步，通过种子词从未标注语料中自动抽取情感词；第二步，通过 KNN 方法为每个情感词赋予一个初始极性；第三步，通过投票法则对情感词的初始极性进行优化。

其次，以抽取出的情感词典为基础，本节采用一种关键句抽取算法，以解决情感歧义问题。在文档级情感分类中，文章中所有句子的情感贡献度是不同的，通过关键句抽取可以更好地把握作者的整体观点，有助于提高情感分类的性能。

最后，介绍一种自学习的方法 SSL(Self-Supervised Learning)用于生成情感分类器。

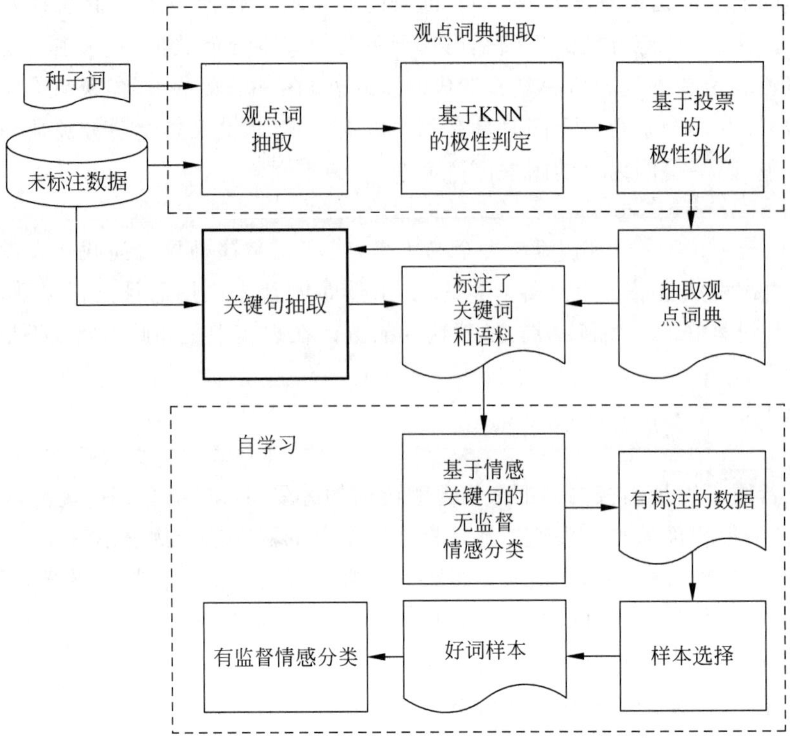

图 6-27 基于关键句抽取的多语言情感分类算法流程

SSL 方法主要分为三步：第一步，用无监督的方法对数据集进行自动标注，每篇文本的极性通过关键句来判定；第二步，本节提出一种选择策略用于选择情感极性明确的标注文本；第三步，将挑选出的标注文本和有监督学习算法相结合，训练得到情感分类器。

6.3.2.2 情感词典抽取

情感词典是情感词以及情感词相应极性的集合，传统的情感词典抽取方法通常会依赖于一些外部资源或者工具，比如词性标注器、知识库 WordNet 和标注语料，而本节介绍一种只借助少量种子词和无标注数据的情感词典自动抽取方法，并且该方法是语言无关的。

首先，本节用两个程度副词来自动获取情感词。以英文为例，第一个程度副词是 *very*，*very* 在英语中被广泛使用，经常用来修饰情感词；第二个程度副词是 *highly*。事实上，大部分情感词都可以通过 *very* 来获取，*highly* 起的是辅助作用，以召回更多的情感词。通过 Google 翻译，可以将 *very* 和 *highly* 翻译成其他语言，从而得到其他语言的种子词。情感词的抽取方法非常简单，根据模式匹配的方法，先将符合模式“$very\ w_i$”和“$highly\ w_i$”的所有 w_i 抽取出来作为候选情感词，然后从候选情感词集合中去处停用词得到情感词。在本节中，每种语言的停用词表都是自动获得的，停用词表主要由每种语言的数据集中的高频词组成。最后，再将只出现一次的情感词过滤掉，因为在线评论复杂多样，只出现一次的词很有可能是噪声。

其次，需要为每一个情感词指定一个情感极性。文本的情感词极性判定主要分为两步：第一步是基于 KNN 方法的初始极性判定，在基于 KNN 算法的极性判定中，一个词的情感极性由跟它结合最紧密即相似度最高的 K 个词的极性来决定，两个词之间的相似度通过互信息来度量；第二步是基于投票规则的极性优化。在投票过程中，为了对当前领域的一个情感词的极性进行优化，需要再引入两个辅助领域的情感词典协助投票。也就是说，在每一轮投票过程中，一共有三个领域的情感词典参与其中，并且有一个是主领域，另外两个是辅助领域。更具体地，投票结果一共有三种情况，分别是：

(1) 三个领域生成的情感词极性结果一致；

(2) 主领域生成的情感词极性和一个辅助领域生成的情感词极性相同，和另一个辅助领域生成的情感词极性不同；

(3) 两个辅助领域生成的情感词极性一致，而和主领域生成的结果不同。

对于情况(1)和情况(2)，主领域的情感词的极性是确认不改的。对于情况(3)，引入一种再确认机制，因为情感词的极性具有领域相关性，所以在情况(3)中，即使情感词在主领域的初始感情极性和其他两个辅助领域的不同，也有可能是正确的，所以需要进一步进行判定。具体做法是：将当前情感词在两个辅助领域的情感词得分进行相加，然后和其在主领域的情感词得分进行比较，如果两个辅助领域的情感词得分只和大于其在主领域的情感词得分，则将情感极性进行修正，否则，保留原始情感极性。后面的实验证明投票规则是可以提高情感词极性判定正确率的，尤其是改进了通用的情感词的极性判定。之所以引入再确认机制是为了防止情感词极性过度修正，因为情感词的极性是领域相关的，比如“大”在宾馆领域可能是褒义在电子领域可能是贬义，所以尽管主领域判定的结果和其他领域判定的结果不同，但主领域的判定结果依然可信。

6.3.2.3　关键句抽取

通常情况下，一篇文本的情感极性是由作者最主要的观点决定的而不是由文章的细枝末节决定的，所以需要研究如何从文本中自动抽取能代表作者整体观点的句子。情感关键句抽取和情感摘要[24]有一点像，但又有不同，所以情感摘要的方法并不适用于关键句抽取。大致说来，情感关键句抽取和情感摘要的不同主要体现在两点：首先，情感摘要的目标是从一个数据集中抽取能代表整个数据集的平均情感的句子，而关键句抽取的目标是从一篇文本中抽取代表作者整体观点的句子。其次，情感摘要有长度限制，而关键句抽取没有长度限制。

在介绍具体的关键句抽取算法之前，从多个视角解释关键句的特征。首先，从位置角度看，情感关键句一般都位于文章的开头和结尾；其次，从内容的角度看，情感关键句通常包含强烈的一致的情感；最后，从表达风格的角度看，情感关键句经常包含一些总结词或短语，比如“overall”和“总而言之”。因此，关键句抽取算法考虑以上三个特征，由三个特征函数组成，每个句子的得分由三个特征值累加得到，该方法很简单，可以很容易扩展到更多特征，接下来，将重点介绍三个特征函数。

(1) 位置特征函数：在一篇文本中，位于开头和结尾的句子比起中间的句子成为关键句的概率更大，因此位置特征函数应该赋予开头和结尾的句子更高的分值。直觉上看，高斯概率分布函数是铃形的，而它的负数形式正好很好地满足了位置特征函数的特性。因此，给定一个句子 s，位置特征函数被定义为：

$$f_1(s)=-\frac{1}{\sqrt{2\pi}\sigma}\mathrm{e}^{-\frac{(s-\mu)^2}{2\sigma^2}},\quad 1\leqslant s\leqslant len \tag{6.39}$$

其中，μ 是均值(概率密度函数顶点的位置)，σ 是标准差，len 是长度(一篇文本所包含句子数)，在实验中，μ 被设为 $len/2$，σ 被设为 1。

(2) 内容特征函数：情感关键句不仅应该具有强烈的感情色彩，而且情感极性应该是单一的，所以内容打分函数被定义为：

$$f_2(s)=\frac{\sum_{t\in s} opinion\_lexicon(t)}{\sum_{t\in s} |\, opinion\_lexicon(t)\,|} \tag{6.40}$$

其中 $opinion\_lexicon(t)$ 表示单词 t 是一个情感词并且表明情感极性，如果 t 是一个褒义词，则 $opinion\_lexicon(t)=1$；如果 t 是一个贬义词，则 $opinion\_lexicon(t)=-1$。从情感打分函数可以看出，只有包含相同极性情感词的句子才会具有较高得分，而没有情感词或者褒义和贬义情感词混合的句子则具有较低的情感得分。

(3) 表达风格特征函数：该特征函数被定义为总结性表达的累加形式：

$$f_3(s)=\sum_{t\in s} conclusive\_expressions(t) \tag{6.41}$$

式中，$conclusive\_expressions(t)$ 表示 t 是否是一个总结性的表达。一个总结性表达是指句子中由标点隔开的一个片段，可以由一个单词组成也可以由一串单词组成，比如，有这样一个句子“Overall，I love this book!”，其中一共有两个总结性表达，分别是“overall”和“I love this book”。在试验中，所有的总结性表达都是通过统计方法自动得到的不是手工收集的。有心理语言学家说为了有效获取文本中的情感极性，人们应该关注文本的最后一句话[25]。因此，模型从整个语料库的所有文本的最后一句话中抽取总结性表达。首先，对每篇文本的最后一句话按标点符号进行片段切分；然后，统计每个片段的出现频率；最后，将高频片段抽取出来作为总结性表达。

根据对以上特征函数的求和，选取得分最高的 N 个句子作为情感关键句。而如果一篇文本的句子总数少于 N，那么所有的句子都被视为关键句。在后面的实验中，还将验证关键句数目 N 对情感分类性能的影响。

6.3.2.4 自学习情感分类器

有监督学习的方法把情感分类看成文本分类的问题，因此需要有标注的数据集用于分类器训练。为了减少数据标注的负担，介绍一种自学习的方法 SSL(Self-Supervised Learning)自动得到有标注数据，可以将无监督学习方法和有监督学习方法相结合。具体做法分为三步：第一步，用无监督的方法对数据集进行自动标注，每篇文本的极性通过关键句来判定；第二步，设计一种选择策略用于选择情感极性明确的标注文本；第三步，将挑选出的标注文本和有监督学习算法相结合，训练得到情感分类器。

为了有效地利用抽取出的情感词典对数据集进行标注，进行如下假设：在一篇文本 d 中，如果正类情感词的数目 T^P 和负类情感词的数目 T^N 差别越大，那么这篇文档的情感极性越确定。然而，文本篇幅越长，T^P 和 T^N 差值就会越大，所以，为了克服文本长度对 T^P 和 T^N 差值的影响，进一步通过分母对差值进行归一化。最后，样本选择策略函数定义如下：

$$POS(d)=\frac{T^P(d)-T^N(d)}{T^P(d)+T^N(d)},\quad NEG(d)=\frac{T^N(d)-T^P(d)}{T^P(d)+T^N(d)} \tag{6.42}$$

6.3.2.5　实验与评价

1. 数据集和先验知识

本节在多语言情感语料上进行实验，所用数据集包括英语、法语和德语三种语言。为了强调情感词的领域依赖性，所用数据集不仅涵盖了多种语言还涵盖了多个领域，包括图书、DVD 和音乐领域。所有的数据集由 Prettenhofer 和 Stein 从亚马逊网站采集①，每个数据集都包含 2000 篇有标注文本和大量的未标注文本，每种语言的每个领域的未标注文本的规模如表 6-30 所示。

表 6-30　每种语言下每个领域的语料库规模

领域	English	France	German
Books	50 000	32 870	165 470
DVD	30 000	9 358	91 516
Music	25 220	15 940	60 392

在基于 KNN 的情感极性判定中，试验了不同的 K 值，最终把 K 值设为 60，因为当 $K=60$ 时，算法性能最佳。

对于每种语言除了两个程度副词以外，还各自选用了两个正类种子词和两个负类种子词。对于英文，所选种子词是通过统计高频词得到，正类种子词是 good 和 recommend，负类种子词是 bad 和 disappointed，对于其他语言，所用种子词是通过 Google 翻译英文的种子词得到，表 6-31 列出了在本节所提方法中每种语言所用到的所有的先验知识。

表 6-31　每种语言所用到的所有的先验知识

语言	Adverb of degree	Positive word	Negative word
English	very，high	good，recommend	bad，disappointed
French	très，fortement	bonne，recommander	mauvaise，désappointé
German	sehr，stark	gut，empfehlen	schlecht，enttäuscht

2. 对比方法

在 SSL 方法中，采用贝叶斯分类器进行有监督的模型训练，从伪标注样本中选择用于模型训练的数据集比例是 0.3。为了验证 SSL 方法的有效性，实验中将和以下代表型方法进行对比：

（1）UOL（Universal Opinion Lexicon）：一篇文本的情感极性由一部通用的情感词典来判定。对于英文，通用情感词典来自开源的知识库 Hownet。对于法文和德文，分别把英文的通用情感词典通过 Google Translate 全部翻译成法语和德语。

（2）NB（Naive Bayesian）：一篇文本的情感极性由一个情感分类器来判定，该情感分类器是由手工标注的训练集和朴素贝叶斯分类方法得到。

---

①　https://www.webis.de/research/corpora/webis-cls-10

(3) ELAS(Extracted Lexicon on All Sentences)：一篇文本的情感极性是由所抽取的情感词典作用于文本中的所有句子得到的。

(4) ELKS(Extracted Lexicon on Key Sentences)：一篇文本的情感极性是由所抽取的情感词典作用于文本中的关键句得到的。

在以上所介绍的所有 Baseline 中，UOL、ELAS 和 ELKS 都是无监督的方法，只有 NB 是有监督的方法。

3. 实验结果

1) 投票规则的有效性

为了验证投票规则对于情感词极性判定的有效性，分别统计在应用投票规则之前和之后所抽取的英文情感词典的正确率。英文情感词典的正确率是人工校验的，为了保证标注的可靠性，特邀请三个人进行人工标注，如果标注产生分歧，采用少数服从多数原则。投票前和投票后英文情感词典的正确率如表 6-32 所示。

表 6-32 投票前和投票后英文情感词典的正确率

English	Before Voting	After Voting
Books	0.6931	0.8053
DVD	0.7263	0.7835
Music	0.7512	0.7708
Average	0.7235	0.7865

从表 6-32 可以看出，虽然只用到了四个常用种子词，本节所提方法还是取得了让人较为满意的结果。在应用投票规则之前和之后，英文情感词典的正确率提高了 6.3%，从而证明了投票规则是有效的。在投票规则中，只有在情况 3 情感词的极性可能被修正，其他两种情况都保持初始极性不变。对于通用情感词，如果主领域的极性判定与其他两个领域极性判定结果不一致，则将其修正；对于领域依赖的情感词，则保持原始极性不变。事实上，实验发现大部分情感词都是通用的，只有少量是领域依赖的，所以投票法则取得的性能提升主要得益于对通用情感词的极性修正。

2) 情感分类

首先，为了验证本节所介绍的情感词典抽取方法是否有效，对比自动抽取出的情感词和通用的情感词典在情感分类任务中的表现。其次，为了验证本节所介绍的情感关键句抽取方法是否有助于情感分类，对比基于全文的情感分类和基于关键的情感分类。最后，为了验证 SSL 方法的有效性，分别对比有监督和无监督的代表性方法。在不同语言的不同领域的数据集上采用不同的方法得到的情感分类正确率结果如表 6-33～表 6-35 所示。

表 6-33 在英文多领域数据集上不同方法的情感分类正确率

English	UOL	NB	ELAS	ELKS	SSL
Books	0.6985	0.7790	0.7163	0.7370	0.7679
DVD	0.6966	0.7665	0.7180	0.7315	0.7428
Music	0.6779	0.7785	0.6897	0.7163	0.7595
Average	0.6910	0.7747	0.7080	0.7283	0.7567

表 6-34　在法文多领域数据集上不同方法的情感分类正确率

French	UOL	NB	ELAS	ELKS	SSL
Books	0.6259	0.8315	0.6849	0.7112	0.7463
DVD	0.6646	0.8145	0.6817	0.7238	0.7415
Music	0.6824	0.8355	0.6698	0.7247	0.7423
Average	0.6576	0.8272	0.6788	0.7199	0.7434

表 6-35　在德文多领域数据集上不同方法的情感分类正确率

German	UOL	NB	ELAS	ELKS	SSL
Books	0.6746	0.8070	0.6832	0.7423	0.7800
DVD	0.6482	0.8010	0.6971	0.7257	0.7880
Music	0.6537	0.8120	0.6783	0.7158	0.7710
Average	0.6588	0.8067	0.6862	0.7279	0.7797

为了验证所提情感词典抽取方法的性能，首先对比 ELAS 和 UOL 两种方法。从表 6-33 可以看出，对于英文而言，ELAS 性能好于 UOL，从而说明自动抽取出的情感词典是有效的。换言之，虽然通用情感词典的规模更大，但用于情感分类时反而自动抽取出的词典效果更好，这主要是因为情感词的极性是领域相关的，所以从特定领域的语料中自动抽取出的情感词典比通用情感词典在情感分类中更实用。从表 6-34 和表 6-35 可以看出，对于法语和德语而言，ELAS 的效果更是明显好于 UOL，从而证明情感词典自动抽取方法在其他语言上也是有效的。此外，对于法语和德语，所用的通用情感词典是通过翻译英文的开源情感词典得到的，而机器翻译只生成唯一解所以翻译的不一定准确，导致通过翻译得到的情感词典质量受损。所以，通过自动抽取方法得到的领域相关的情感词典的效果要远远好于通过翻译得到的通用情感词典的效果。

为了衡量关键句在情感分类中的作用，对比 ELKS 和 ELAS。从表 6-33 可以看出，对英文而言，ELKS 的平均性能比 ELAS 提高了 2.03%，对法语和德语而言，ELKS 的平均性能分别比 ELAS 提高了 4.11%和 4.17%。这组结果证明了关键句在情感分类中是非常有效的，因为关键句本身更简洁，极性更单一，所以非常有助于反映整篇文本的倾向性。情感文本中往往会包含很多容易对极性判定造成干扰的细节描写，比如对评价对象某属性的情感极性和对整个评价对象的情感极性不一致，所以对关键句和细节句进行区分是有意义的。实验结果还证明了关键句抽取算法的两个优点。

首先，情感关键句这个概念本身是合理的，有助于处理篇章级情感分类中的情感歧义问题。

其次，本节所提出的关键句抽取算法是有效的，而且是语言无关的。

最后，对比 SSL 和 NB、ELKS 方法以验证所提多语言情感分类框架的有效性。对英语而言，将有监督方法和无监督方法相结合后，SSL 的平均性能比 ELKS 提升了 2.84%，和有监督的方法 NB 相比，性能差一点，但是差值是可接受的。对法语和德语而言，SSL 的平均性能分别比 ELKS 提升了 2.35%和 5.18%。德语的情感分类性能提升要比法语的明显，这主要是由于德语的语料库规模比法语的大很多，可供挑选的伪标注样本更多。对于英语和德语的情感分类，SSL 的性能虽然比 NB 要差一点，但是基本是可比的，而对于法语 SSL 效果则不是让人太满意，这主要是因为 SSL 是完全无监督的方法，没有用到任何标注数。SSL

在法语情感分类上的表现不够好，主要是因为在三种语言中法语的语料规模是最小的，尤其是对于DVD领域，语料规模过小则很难挑选出确信的样本用于有监督模型训练。总而言之，在完全不懂法语和德语的情况下，仅仅借助少量的种子词和一些未标注语料，本节成功完成了法语和德语的情感分类任务并取得了让人较为满意的结果。

综上所述，通过方法对比发现SSL方法的效果好于所有无监督的方法：UOL、ELAS和ELKS，和有监督的方法NB性能近似，从而证明了SSL方法的优点和在实际应用中的价值。

3）关键句数目的影响

这组实验是为了研究关键句的数目对整个多语言情感分类框架的性能影响。本节在不同语言的不同领域的语料上，通过设置不同的关键句数目，统计了SSL方法用于情感分类的正确率，实验结果如图6-28～图6-30所示，在每种语言内，实验不仅给出了各个领域的情感分类曲线，还给出了多个领域的平均值曲线。

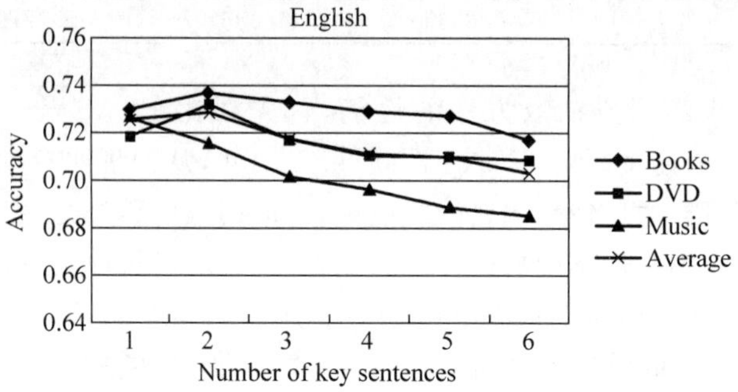

图6-28 不同关键句数目时SSL用于英文情感分类的正确率

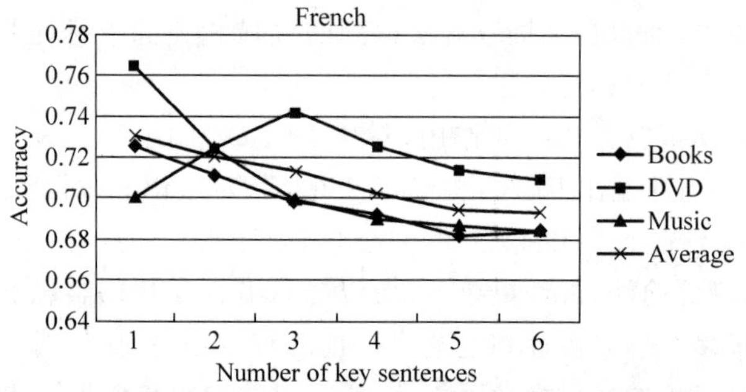

图6-29 不同关键句数目时SSL用于法文情感分类的正确率

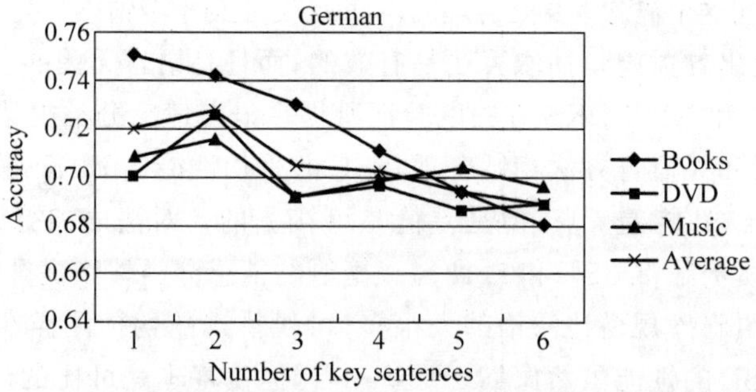

图6-30 不同关键句数目时SSL用于德文情感分类的正确率

从图 6-28～图 6-30 可以看出，当情感关键句的数目设置为 1 到 3 的时候，SSL 方法的性能是最好的。当情感关键句的数目在 1 到 3 这个区间以外，情感分类的性能大致上是单调下降的。也就是说，关键句的数目并不是越多越好，因为更多的句子可能会引入更多的噪声，从而难以把握作者的整体观点。基于这个发现，在试验中，关键句的数目被统一设置成 2。

6.3.2.6 小结

本节介绍了一种无监督的多语言情感分类的框架，该框架一共包括三部分，分别是：①情感词典抽取，不仅包括自动获取情感词，还包括对情感词进行极性判定；②关键句抽取，从给定文本中抽取出代表作者最主要观点的句子；③自学习方法，用无监督方法进行数据标注，然后用于有监督的模型训练。该框架最大的优点是不需要手工标注集合，所用到的信息抽取方法都是领域相关和语言无关的。最后，在多语言和多领域上的大量实验证明了所提多语言情感分类框架的有效性。

参考文献

[1] Bla Fortuna，John Shawe Taylor. 2005. The use of machine translation tools for cross-lingual text mining[C]. Proceedings of the Workshop on Learning with Multiple Views，22nd ICML，Bonn，Germany.

[2] Moon T K. The expectation-maximization algorithm[J]. Signal processing magazine，IEEE，1996，13(6)：47-60.

[3] Fung P. A statistical view on bilingual lexicon extraction：from parallel corpora to non-parallel corpora [M]//Machine Translation and the Information Soup. Springer Berlin Heidelberg，1998：1-17.

[4] Franz Josef Och，Hermann Ney. A Systematic Comparison of Various Statistical Alignment Models [J]. Computational Linguistics，vol. 29 No. 1，2003.

[5] Su Q，Xu X，Guo H. et al. Hidden sentiment association in chinese web opinion mining[C]// Proceedings of the 17th international conference on World Wide Web. ACM，2008：959-968.

[6] Bock R D，Aitkin M. Marginal maximum likelihood estimation of item parameters：Application of an EM algorithm[J]. Psychometrika，1981，46(4)：443-459.

[7] Settles B. Active learning literature survey[J]. University of Wisconsin，Madison，2010，52：55-66.

[8] Hartigan J A，Wong M A. Algorithm AS 136：A k-means clustering algorithm [J]. Applied Statistics，1979：100-108.

[9] Zhu X. Semi-supervised learning literature survey[J]. Computer Science，University of Wisconsin-Madison，2006，2：3.

[10] Blitzer J，Dredze M. and Pereira F. Biographies，bollywood，boom-boxes and blenders：domain adaptation for sentiment classification[C]. In Proceedings of ACL'07.

[11] Li Shoushan et al. Employing Personal/Impersonal Views in Supervised and Semi-supervised Sentiment Classification[C]. In Proceedings of ACL'10.

[12] Baccianella S，Esuli A，Sebastiani F. SentiWordNet 3. 0：An Enhanced Lexical Resource for Sentiment Analysis and Opinion Mining[C]//LREC. 2010，10：2200-2204.

[13] Wiebe J，Wilson T，Cardie C. Annotating expressions of opinions and emotions in language[J]. Language Resources and Evaluation，2005，39(2-3)：164-210.

[14] Li J, Sun M. Experimental study on sentiment classification of Chinese review using machine learning techniques[C]//Natural Language Processing and Knowledge Engineering,2007. NLP-KE 2007. International Conference on. IEEE,2007: 393-400.

[15] Ahmed Hassan, and Dragomir Radev. Identifying Text Polarity Using Random Walks[C]. In Proceedings of the 48th Annual Meeting of the Association for Computational Linguistics,pages 395-403,Uppsala,Sweden,11-16 July 2010.

[16] Mooney C Z,Duval R D,Duval R. Bootstrapping: A nonparametric approach to statistical inference [M]. Sage,1993.

[17] C. Lin,and Y. He. Joint sentiment/topic model for sentiment analysis[C]. In Proceeding of the 18th ACM conference on Infor-mation and knowledge management,pp. 375-384.

[18] Y. Jo, and A. H. Oh. Aspect and sentiment unification model for online review analysis[C]. In Proceeding of WSDM '11.

[19] Koehn P,Hoang H,Birch A et al. Moses: Open source toolkit for statistical machine translation [C]//Proceedings of the 45th Annual Meeting of the ACL on Interactive Poster and Demonstration Sessions. Association for Computational Linguistics,2007: 177-180.

[20] Och F J. Minimum error rate training in statistical machine translation[C]//Proceedings of the 41st Annual Meeting on Association for Computational Linguistics-Volume 1. Association for Computational Linguistics,2003: 160-167.

[21] Lei Shi, Rada Mihalcea et al. Cross-lingual Text Classification by Model Translation and Semi-Supervised Learning[C]. In Proceedings of EMNLP,pages1057-1067,2010.

[22] Prettenhofer P,Stein B. Cross-language text classification using structural correspondence learning [C]//Proceedings of the 48th Annual Meeting of the Association for Computational Linguistics. Association for Computational Linguistics,2010: 1118-1127.

[23] Griffiths T L,Steyvers M. Finding scientific topics[J]. Proceedings of the National Academy of Sciences of the United States of America,2004,101(Suppl 1): 5228-5235.

[24] Wang D, Zhu S, Li T. SumView: A Web-based engine for summarizing product reviews and customer opinions[J]. Expert Systems with Applications,2013,40(1): 27-33.

[25] Becker I,Aharonson V. Last but definitely not least: on the role of the last sentence in automatic polarity-classification[C]//Proceedings of the acL 2010 conference Short Papers. Association for Computational Linguistics,2010: 331-335.

第7章 情绪分类

近年来，文本情绪分析也渐渐引起了工业界和学术界的研究兴趣。早期关于文本情感分析的工作，研究重点主要集中在基于正负类的情感分析，对情感文本进行正面、负面与中性的分析。然而，基于这一简单分类的情感分析难以充分反映人类复杂的内心世界，不仅忽视了用户所表达的细微情绪变化，同时也难以较全面地涵盖用户的心理状态，这都加速了情绪分析的需求。

情绪分析又称细粒度的情感分析，是在现有粗粒度的二分类、三分类分析工作基础上，从人类的心理学角度出发，多维度地描述人的情绪态度的工作。比如，"卑劣"是个负面的词语，而它更精确的注释是憎恨和厌恶。由于情绪分析对快速掌握大众情绪的走向、预测热点事件甚至是民众的需求都有很重要的作用。研究者们的研究重点也逐渐从简单的文本正负情感分析转变为更加细粒度的情绪分析。

7.1 情绪分析理论

情绪是多种感觉、思想、行为综合产生的生理和心理状态，是人对外界刺激所产生的生理反应，如喜爱、悲伤、气愤等。情绪在《辞海》中的定义为：从人对事物的态度中产生的体验。与"情感"一词常通用，但有区别。情绪与人的自然性需要相联系，具有情景性、暂时性和明显的外部表现；情感与人的社会性需要相联系，具有稳定性、持久性，不一定有明显的外部表现。情感的产生伴随着情绪反应，而情绪的变化也受情感的控制。通常能满足人的某种需要的对象，会引起正向的情绪体验，如满意、喜悦、愉快等；反之则引起负向的情绪体验，如不满、忧愁、恐惧等。因此，也可以看出情感是多种情绪的综合表现，而情绪是情感的具体组成。因为情绪是人天性中的一个重要元素，所以它在心理学和行为科学中一直有着广泛的研究。由于自然语言的复杂性和人类情绪的多变性、敏感性，不同领域的研究对情绪类别的划分也有不小的差异。虽然目前学术界对情绪的分类还没有达成共识，但国内外学者已经对情绪分类做了较为深入的研究，并提出了不同的情绪集理论。

我国很早就开始对情绪分类开展研究。据《礼记》记载，人的情绪有"七情"的分法，即为喜、怒、哀、惧、爱、恶、欲；《白虎通》中情绪可以分为"六情"，即喜、怒、哀、乐、爱、恶；在此基础上，现代心理学家林传鼎[1]根据《说文》将情绪分为18类，即安静、喜悦、抚爱、恨怒、惊骇、哀怜、恐惧、悲痛、惭愧、忧愁、忿急、烦闷、恭敬、憎恶、骄慢、贪欲、嫉妒、耻辱。

在现代心理学起源和发展的西方，研究者们对情绪集理论也有着丰富的成果。法国的哲学家笛卡儿(Descartes)在其著作《论情绪》中认为，人的原始情绪分为诧异、爱悦、憎恶、欲望、欢乐和悲哀(surprise，happy，hate，desire，joy and sorrow)，其他的情绪都是这6种原始情绪的分支或者组合。此后，美国心理学家Ekman[2]提出一个基础情绪理论，其认为基本情绪包括高兴、悲伤、愤怒、恐惧、厌恶和诧异(joy，sadness，anger，fear，disgust，surprise)，因为这 6 种情绪可以依靠面部表情和生理过程(如增加心率和流汗)辨别,所以这些情绪被认为比其他的更基本。

在此基础上,美国心理学家 Plutchik[3] 基于进化规则的综合理论,提出了一种多维度的情绪模型,模型定义了 8 种基本双向情绪,包括 Ekman 的 6 种情绪以及信任、期望(trust, anticipation)。8 种基本情绪可以分为 4 对双向组合:高兴与悲伤、愤怒与恐惧、信任与厌恶、诧异与期望(joy vs. sadness, anger vs. fear, trust vs. disgust, surprise vs. anticipation)。图 7-1 显示了 Plutchik 模型的情绪类别在"情绪轮"上的排序,其中颜色的深浅代表这种情绪的饱和度,离圆心的远近代表情绪的强度。

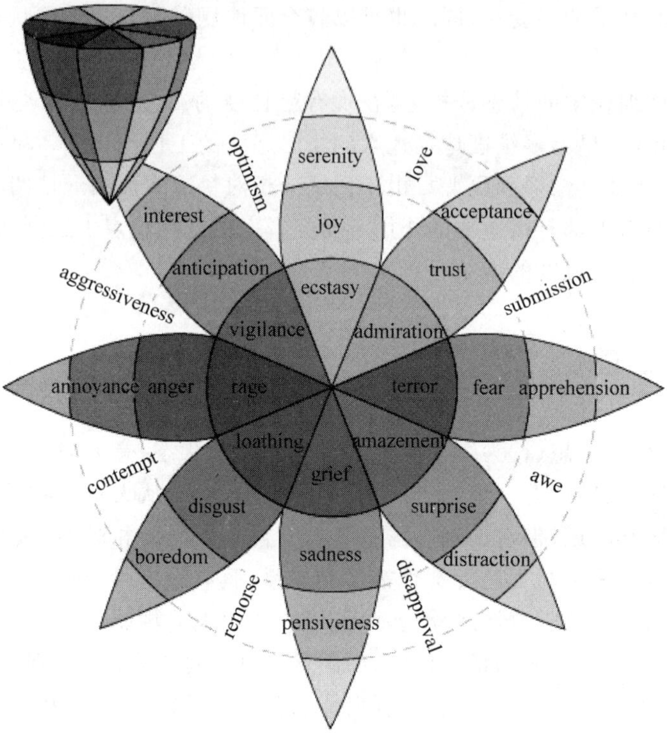

图 7-1 Plutchik 提出的情绪轮

在 Plutchik 情绪理论中,每种情绪都可以进一步分为 3 度,例如,满足是较小程度的高兴,是一种不饱和状态;狂喜是强烈的高兴,是饱和状态。此外,Plutchik 还提出一种假设,两种相邻近的基本情绪组合会产生一种复合的情绪。例如,乐观是高兴和期望的组合;此外,一些外在的刺激也可以产生复合情绪,若同时触发了高兴和信任,人们会表现出爱的情绪。

另一种在多项研究[4-5]中被采用的人类情绪识别模型是美国心理学家 Ortony 等人[6]提出的 OCC (Ortony Clore Collins)情绪模型,该模型基于人对各种情况的情绪反应制定了 22 种情绪类别,主要用于模拟一般情况下的情绪。

此外,从分层的角度出发,英国心理学家 Parrot 提出了一种基于树结构的情绪分类模型。该模型由 6 种基本情绪组成,分别为爱、高兴、诧异、愤怒、悲伤和恐惧(love, joy, surprise, anger, sadness, fear),并根据基本情绪构建了一个 3 层的树结构。分类模型的第 1

层由 6 种基本情绪构成，第 2 层、第 3 层都改善了上一层的粒度。Parrot 模型可以识别出 100 多种情绪，并在树结构化列表中将抽象的情绪概念化，被认为是最微妙的情绪分类。

随着社交网络的发展，微博等社交媒介已成为人们的主流联络工具。人们乐于在微博等社交网络上抒发自己的感情、表达自己的观点，这些包含喜、怒、哀、乐等个人情绪的网络文本成为情绪分析的重要资源。研究机构、信息咨询组织和政府决策部门可以根据情绪分析来构建用户的个人画像，分析用户的性格特点；利用人们对公共事件、社会现象的态度，掌握事态的演变，从而更好地监测和控制事件进展。

文本情绪分类任务主要指通过提取文本内容中的情绪要素，将文本划分到一个或多个预定义的情绪类别中，通过判定文本所表达的情绪类别，实现对文本发布者情绪的判定、监控、预测和管理。目前，情绪分类方法主要包括基于词典和规则的方法、基于机器学习的方法、复合方法以及其他方法。

7.2　基于词典和规则的情绪分类方法

基于词典和规则的方法能体现文本的非结构化特征，易于理解和解释。此外，该方法处理速度快，精度较高，在相对短的时间内能够对大型数据源做出可行且效果良好的结果。

7.2.1　基于词典的情绪分类方法

基于词典的方法主要利用情绪词典资源，将语料库中的情绪表达关键字提取出来，并借此对语料进行情绪分类。在早期的研究中，Ma 等人[8]提出了一种基于词典的情绪分类方法，并将其应用到即时通信系统上。该方法首先利用关键字识别出文本中情绪相关的内容，再利用句法特征检测其中的情绪意义，并通过文本消息中的情绪对系统中的语音合成、手势等功能进行调整，帮助用户更好地与远距离用户沟通。在此基础上，Aman 等人[9]提出一种基于情绪强度知识的分类方法。该方法除使用情绪词典之外，还增加了情绪强度知识库。该方法在博客语料的情绪分类任务中，其准确率可超过 66%。

由于情绪词典中的情感词有较大程度的领域依赖性、时间依赖性和语言依赖性，同一词语在不同的领域、时间和语言环境中可能会表达完全不同的情绪，然而传统方法在构建情绪词典的时候并未考虑词典的应用环境因素，甚至无法应用到其他语种，因此在跨领域、跨时间、跨语言的文本情绪分类任务中效果并不理想。

为解决领域依赖性的问题，Yang 等人[10]提出一种基于特定领域情绪词典分类的方法。该方法利用**情绪感知**(Emotion-aware LDA，EaLDA)模型，为预定义的情绪构建特定领域的情绪词典。EaLDA 模型使用一组领域无关的最小种子词作为先验知识，来发现特定领域的词典。在 SemEval-2007 数据集的综合实验中，该方法可以有效辅助文本情绪分类任务，其中对最难辨别的 Disgust 类别，其 F1 值可达 10.52%，其他分类如 Sadness 可达 36.85%。

为挖掘时间依赖性对情绪分类的影响，Golder 等人[11]利用情绪词典对全球不同地域、不同文化背景博主所发表的推文进行统计，分析了数百万篇公开推文中所表达的情绪，并明确地识别出人们的情绪会随着季节、星期、昼夜呈现出周期性变化的模式。

解决情绪词典语言依赖性问题最常用的方法是构建本语言的情绪词典，因此，很多研究者们开展了构建中文情绪词典的研究工作。

对于中文及其他语料资源匮乏的语言,难以获得用于构建本语言情绪词典的语料素材。为解决该问题,Xu 等人[12]提出一种基于英文情绪词典 WordNet-Affect 自动构建中文情绪词典的方法。该方法首先将英文情绪词典中所有的英文单词都翻译成中文,再借助中文同义词词典《同义词词林》将每个情绪类别构建一个双语无向图,并提出一个图算法用以过滤翻译过程中引入的非情绪词,以获得种子情绪词集;最终通过同义词扩大表示类似情绪的词汇量,从而获得数量大、质量高的中文情绪词典。图 7-2 展示了 Anger 情绪的部分双语图,图中将多个同义词作为边添加到 Anger 情绪结点上。例如,n#05588321 的字母部分是该词条的词性(Part-of-Speech,POS),数字部分是同义词集的 ID。该方法在中文语料的 6 种情绪(anger、disgust、fear、joy、sadness、surprise)分类实验中,准确率可超过 77.08%。

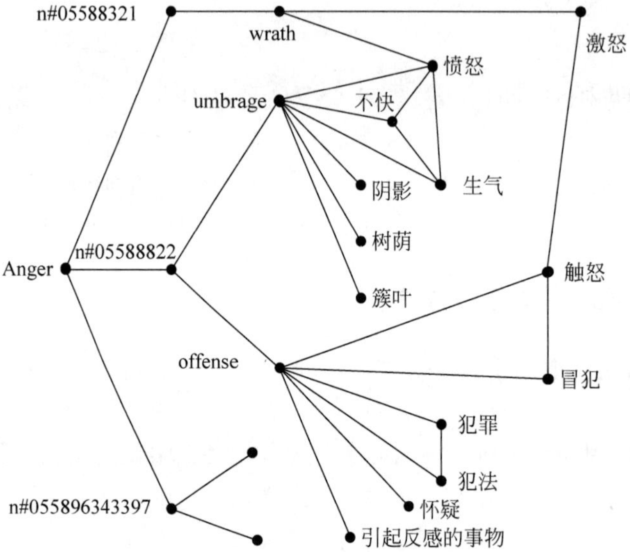

图 7-2 Anger 的部分双语图

文献[12]主要解决语料库资源严重不足条件下构建情绪词典的问题,但由于不同语言不同文化中词汇所表达的情绪存在差异,对情绪分类的准确率存在影响,因此一些研究者开始研究利用少量种子词构建情绪词典的方法。例如,Song 等人[13]提出一种基于异构图的情绪词典分类方法。该方法利用种子词和表情符号构建情绪词典,并使用随机游走算法强化对情绪分布的评估效果。在新浪微博真实数据的实验中,利用该方法构建的情绪词典对 7 种情绪(anger、disgust、fear、happiness、like、sadness、surprise)分类的准确率可达 54.1%。

此外,传统的情绪词典方法还存在词典中情绪词固定,难以及时捕捉新词、变形词的缺陷。为此,Wu 等人[14]提出一种基于数据驱动的微博专用情绪词典分类方法。该方法设计了一个包含 3 种词典的情绪知识统一框架。为了提高情绪词的覆盖率,该方法还支持将检测到的情绪新词加入到词典中,不断扩展情绪词典的样本集。在新浪微博数据集的实验中,该方法准确率可达 58.04%。

影响情绪词典方法分类准确率的主要因素包括情绪词典的覆盖率和标注的准确率,目前的情绪词典在这两个方面仍有不足。一些研究者利用互联网的便利,通过网民的帮助,构建了一个高质量情绪词典。譬如,Staiano 等人[15]提出一种基于众包的情绪分类方法。该方法利用大规模众包方式建立情绪注释与新闻文章之间的联系，使用分布语义自动构建高质量、高精度的情绪词典。在 rappler.com 新闻消息数据集的实验中，该方法较好地完成了 fear、anger、surprise、joy、sadness 这 5 类情绪的分类任务，其中对 fear 的分类效果最好，准确率可达 56%，surprise 效果最差，准确率为 25%。

总体上，基于情绪词典的分类方法能体现出文本的非结构化特征，在词典中情感词覆盖率和标注准确率较高的情况下，分类效果比较理想。然而，该类方法依赖领域、时间、语言等方面的背景知识，且难以及时捕捉新词、变形词，因此如何构造高质量的情绪词典成为难点所在。

7.2.2　基于规则的情绪分类方法

除了情绪词典，还有一类基于规则的情绪分类方法，可以快速实现对情绪语料的分类。在早期的工作中，Strapparava 等人[16]提出了一种基于语义规则的情绪分类方法，该方法利用**隐形语义算法**(Latent Semantic Analysis，LSA)计算通用语义词和情绪词的语义相似度，再根据语义相似度对新闻标题进行分类。该方法在面向 Times、BBC、CNN 等新闻语料的情绪分类任务中，准确率达到 38.28%。

由于网络中的非正式文本比较多，文献[16]在对不规范文本的情绪分类任务中表现并不理想。为解决该问题，Neviarouskaya 等人[17]首先对网络文本中非正式缩写、情绪图标以及语法错误等不规范文本进行了预处理，再利用基于语义规则的方法分阶段处理每个句子，最终将目标语料中的情绪分为 9 类(interest、joy、surprise、anger、sadness、fear、disgust、guilt、shame)，其架构如图 7-3 所示。在包括日记博客、童话和新闻标题等不同领域的数据集中，该方法情绪分类的准确率可达 72.6%。此外，该方法在具有复杂句子的环境中也具有较好的分类效果。

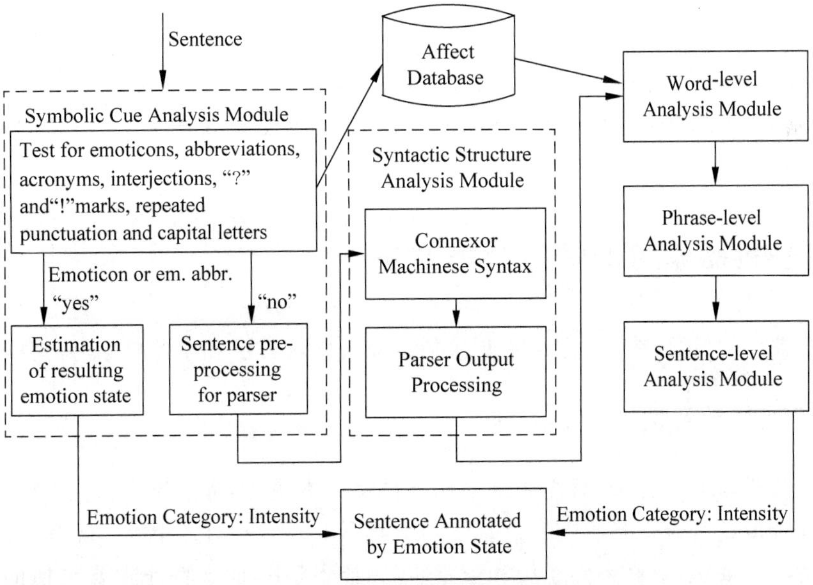

图 7-3　基于语义规则的情绪分析架构

对于句子级情绪分析，现有的基于情绪词典的方法表现并不理想，因为其并未考虑文本顺序和篇章结构。为此，Wen 等人[18]提出一种利用类序列规则情绪分类的方法，将指定文本中的情绪分为 7 类（anger、disgust、fear、happiness、like、sadness、surprise）。该方法首先分别利用情绪词典和机器学习方法获得句子的两个潜在情绪标签，并将每个微博文本看作一个数据序列，再从数据集中挖掘文本的类规则序列，最后根据规则的特性对微博进行情绪分类。在 2013 年新浪微博的情绪分析评测任务中，该方法对 7 种情绪的分类准确率均达超过 41.33％。

通过分析社会媒体中公众情绪的成因，可以利用情绪与起因事件的关联关系来提高情绪分类的准确率。传统的情绪分类方法主要基于统计手段，没有考虑到引起情绪的触发事件。有鉴于此，Lee 等人[19]提出一种文本驱动的情绪成因检测方法。该方法通过对中文语料库数据的分析，确定了 7 种语言线索，包括原因事件的位置、体验者情绪关键词的位置、使役动词、动作词、认知标记、连接词和介词，并据此归纳出语言规则来检测情绪的成因。

在此基础上，部分研究者将基于规则的方法与事件成因相结合，从而实现对媒体文本的情绪分类。Li 等人[20]提出一种结合语义规则和事件触发理论的情绪分类方法。该方法根据社会学以及其他领域的知识和理论，从推断和提取情感的原因入手进行分析。通过构造一个基于语义规则的系统，自动检测并抽取每个博客语料中情绪的起因事件，再利用起因事件训练分类器，对语料库进行情绪分类。在新浪微博的实验中，该方法在加入了原因事件后，对 6 个情绪类别（anger、disgust、fear、happiness、sadness、surprise）的分类准确率均有所提高。例如，happiness 从 85.41％提升至 87.36％，surprise 从 71.71％提升至 72.52％等。

此后，Gao 等人[21]结合情绪起因事件，提出一种基于规则的情绪分析系统。该系统从事件的结果、代理的行为和对象的性质中分析产生情绪的原因事件，并根据这些事件挖掘其中的基本情绪、复合情绪（满意、感激、悔恨和愤怒）和扩展情绪（信任、失望、怜悯等）的关联规则，通过抽取的情绪规则对中文微博进行分类。在对新浪微博语料中实验，分类准确率可达 82.50％。

综上所述，虽然基于规则的情绪方法可以在较短时间内获得分类结果，而且可以通过加入事前起因等其他规则来提高情绪分类的准确率，但在数据量较大时，规则的维护比较复杂，不易扩展。

7.3 基于机器学习的情绪分类方法

基于机器学习的情绪分类方法主要包括有监督学习方法和半监督学习方法。

7.3.1 有监督学习情绪分类方法

在有监督学习的过程中，只需要给定输入情绪样本集，即可推演出目标情绪分类的可能结果。特征选取是否合适是影响有监督学习分类效果的一个主要因素，现有方法中用于情绪分类的特征主要包括词级、句子级和篇章级特征。其中，词级特征主要包括词频（例如词袋特征）、词性（例如名词、动词、连接词）、语义（例如词向量的相似度）、表情符号及其组合等。

Alm 等人[22]提出一种将 SVM 与 SNoW(Sparse Network of Winnows)架构结合的文本情绪预测方法。该方法通过选取故事首句、特定的连接词等 30 种特征将 22 篇格林童话划分为 happy,sad,fearful,angry,disgusted,surprised,non-emotion 7 类,其中 surprised 又细化为正向 Su+和负向 Su-。实验对比了 SVM、朴素贝叶斯等基准分类器,结果显示将 SVM 与 SNoW 架构结合的方法效果最好,其准确率可达到 69.37%。

相较于童话故事、博客等长文本语料,社交网络信息通常是简短的,如微博、即时消息、新闻标题等。短文本受字数的限制,呈现出特征稀疏、内容简短、表述直接等特点,这使得以往的情绪分类方法在面向短文本语料时,难以保证其分类效果。为此,面向短文本的情绪分析是近几年最热门的研究方向之一。

在微博语料中,表情符号被广泛用来表达不同的情绪,社交网络运营商也为用户提供了丰富的情绪图标,方便用户表达对事物的情绪。因此,表情符号也被视为情绪分类的重要信号。此外,表情符号具有其他词语所不具备的独立性,在大多数话题、领域、时间段中,表情符号所代表的情绪基本保持不变,因此,很多研究者都将表情符号作为其特征中的一个重要组成部分。

Read 等人[23]提出一种基于表情符号的情绪分类方法。该方法从语料库中抽取指定情绪符号的文本集合,把所得的样本集作为训练数据来实现情绪分类。该方法在包含金融主题、并购主题以及两个主题混合的数据集上进行测试,证明了表情符号特征的主题独立性,其分类准确率可达 70%。

在此基础上,Zhao 等人[24]建立一个表情符号与词袋相结合的情绪分类系统 Moodlens。该系统避免了使用传统关键字的方法,在 1000 多个表情符号中手工选取 95 个记作 E,并将这 95 个表情符号映射到愤怒、厌恶、开心和悲伤(angry,disgusting,joyful,sadness)4 个类别。实验将收集到的 7000 多万条微博数据中所包含 E 中表情符号的 350 万微博作为测试集,记作 T。对 T 中每一条微博,Moodlens 将其转化为一个词序列$\{w_i\}$,w_i 是一个词,i 是该词在 T 中的位置。在 Moodlens 系统中,用简单的朴素贝叶斯法构建分类器,仅需少量的训练时间即可得到分类结果。从标记的微博中可以获得单词 w_i,w_i 属于情绪类别 c_j,c_j 的先验概率:

$$P(w_i \mid c_j)=\frac{n^{c_j}(w_i)+1}{\sum_q (n^{c_j}(w_q)+1)} \tag{7.1}$$

式中,$n^{c_j}(w_i)$是词 w_i 在类别 c_j $(j=1,2,3,4)$中所有微博里出现的次数,采用 Laplace 平滑来避免零概率的问题。构建贝叶斯分类器时,对于一个词序列为 w_i 的未标记微博 t,它的类别可以按照如下公式获得:

$$c^*(t)=\text{argmax}_j P(c_j)\prod_i P(w_i \mid\mid c_j) \tag{7.2}$$

式中,$P(c_j)$是 c_j 的先验概率。文中使用标准词袋作为特征,设置训练集与总微博数据集的比例 $f_t=0.9$,$P(c_j)=0.25$,从而得到一个朴素贝叶斯分类器。Moodlens 还实现了增量学习的方法,可以解决情绪转变以及新词的问题。最后,通过使用高效的贝叶斯分类器,Moodlens 可以实现在线实时情绪监控。使用该系统实时对新浪微博数据进行测试,其准确率可达 64.3%。

此后,Ouyang 等人[25]提出了一种基于卷积神经网络的情绪分类架构。该架构使用

Google word2vec 方法从文本中提取词向量，并将其作为卷积神经网络的输入。通过一个基于三对卷积层和池化层的卷积神经网络架构对影评语料进行情绪分类。在基于电影评论语料库①的实验中，将该架构与递归神经网络和矩阵向量递归神经网络等其他的神经网络模型对比，该方案在 5 类情绪分类任务中表现良好，准确率达到 45.4%。

词级特征可以将大多数信息表示成词向量形式，并且可以较方便地衡量两个词之间的相似度，在情绪分类任务中具有难以替代的作用。然而，句子中的词语并非词汇的堆砌，不同的句法会带来完全不同的情绪表达，词级特征缺乏对文本语料整体上的考虑，在复杂句式中对情绪的分类并不理想。随着深度学习方法的兴起，许多研究者开始将其应用于文本情绪分析工作中。通过构建多隐层的模型，深度学习可以提取更深层的句子级特征，从而提高文本分类的准确率。

Santos 等人[26]提出一种基于**字符到句子的卷积神经网络**(Character to Sentence Convolutional Neural Network，CharSCNN)情绪分类方法。该方法利用一个含有双卷积层的神经网络，从字符、词和句子级别的信息中分别抽取特征。该方法在斯坦福影评情感树库(SSTb)的 5 种情绪分类任务中，平均准确率可达 48.3%。

此外，部分研究者将递归神经网络也引入到情绪分类的工作中。由于普通的递归神经网络缺乏层级表示能力，Irsoy 等人[27]提出了一种基于深度递归神经网络的情绪分类方法。该方法将三个递归层叠加，利用非线性递归信息构成一个树结构，递归计算每个结点的贡献值。该方法在斯坦福情感树库(SSTb)上的 5 种情绪分类任务中，分类效果略优于文献[26]，平均准确率可达 49.8%。

句子级特征在表达整体情绪时的优秀表现，引发了研究者们向更高级情绪特征的思考，一些研究者们开始着手研究篇章级的情绪特征。Kang 等人[28]从情绪空间的角度对情绪表达的作用进行了分析。该方法利用在中文情绪语料(Ren-CECPs)中抽取的 8 种情绪标记(exception，joy，love，surprise，anxiety，sorrow，anger，hate)构成 8 维情绪空间。根据这 8 种情绪所构成的矩阵空间描述情感成分(词，词汇)，将这些情绪成分通过内积的形式构成更高级(句子，篇章)的情绪矩阵，利用 SVM 对中文情绪语料(Ren-CECPs)进行情绪分类。在中文博客 9 类情绪分类的实验中，该方法的 F 值可达 39.24%。

此后，Rao 等人[29]提出一种基于主题的篇章级情绪分析方法。该方法通过潜在主题建模、多种情绪标签和众多读者共同标记来生成主题的特征。其中，最大熵的过度拟合问题也通过将特征映射到概念空间得到缓解。在实际数据集(包括 BBC 论坛博客、顶客网博客、MySpace 评论、Runners World 论坛的博客、Twitter 微博以及 YouTube 的评论)的实验中，验证了该方法在长文本和短文本情绪分类上同样有效，准确率可达 86.06%。

另一种情绪分析问题是因为文本语料往往会涉及多个属性，文本情绪分类可以仅仅看作是多标签分类任务中的一个属性，结合情绪属性和其他相关属性，可以有效提高情绪分类的准确率。譬如，Huang 等人[30]提出了一种基于多任务的情绪分类方法。该方法在按照情绪分类的同时也进行基于主题的分类，对于每个任务用多个标签进行训练，有助于解决类歧义的问题。在真实的 Twitter 数据试验中，该方法准确率要高于朴素贝叶斯、SVM 和最大熵模型，可达到 74.4%。

---

① http://rottentomatoes.com

此后，Zhang 等人[31]结合了情绪与社会领域知识两个重要指标，提出了一种基于**因子图**(factor graph)算法的情绪分类模型。该方法通过观察带注释的 Twitter 数据集，归纳出影响用户情绪的两个主要因素：情绪相关性和社会相关性，并将这两个因素作为特征，相较于决策树、SVM 和逻辑回归等基准方法，该方法使用因子图算法取得了较好的分类效果，准确率可达 72%。

总体上，基于有监督学习的方法在准确率上优于基于词典和规则的方法，但对样本数据的质量要求较高，需要花费高昂的时间成本和人力成本对语料进行标注，影响了该类方法的推广应用。

7.3.2　半监督学习分类方法

随着大数据时代的到来，数据的采集变得比以往任何时候都容易，但标记数据却成为了有监督学习方法的瓶颈，而半监督学习方法可以充分利用大量的未标记样本改善分类器性能，在情绪分类任务中扮演着重要的角色，研究者们对此开展了大量研究。

Sun 等人[32]将表情符号与一元特征、二元特征结合起来，提出了一种面向中文微博的半监督情绪分类方法。该方法利用表情符号对未标记数据进行初始化，将语句中所含表情符号最多的一类标记为该语句的情绪标签，再通过提取语句中词语的一元特征与二元特征，用 SVM 与朴素贝叶斯分类器将微博中表达的情绪分为 7 种类别：乐、喜、悲、怒、恐、恶、惊。实验表明情绪自动标记的准确率可达到 88.7%，情绪分类中朴素贝叶斯分类器要优于 SVM，其精准率和召回率都超过 71%。

此后，Sintsova 等人[33]提出一种基于多项贝叶斯的半监督情绪分类方法。该方法首先将根据情绪词典将未标记的数据分为 36 个情绪类别，并根据每个文本中选出的最突出标签对标注进行改进，然后从文本中抽取 n-grams 特征并过滤无关信息，最后利用重新平衡的伪标记数据和多项贝叶斯分类器对微博语料进行分类。该方法在 Twitter 语料库的实验中 F1 值可达到 20.2%。

另一部分研究者将半监督学习与 Ekman、Plutchik 等人的情绪分类体系相结合，利用心理学情绪分类知识对训练样本进行初始化。例如，Purver 等人[34]提出一种半监督学习与 Ekman 情绪分类体系相结合的情绪分类方法。该方法采用少量人工选取的标签(hashtag)和情感符(emoticon)来自动标注微博情绪，以省去大量手工标注语料的过程。在 Twitter 语料的实验中，利用 hashtag 分类的准确率可达 67.4%以上，利用 emoticon 分类的准确率可达 75.2%以上。然而，该方法对恐惧、惊讶和憎恶(fear，surprise，disgust)3 类情绪的区分度不高，因为训练语料中标签和情感符的意思含糊，对区分情绪起到了干扰。

在此基础上，Suttles 等人[35]也提出了一种基于离散二元半监督学习的情绪分类方法。与 Purver 等人[34]的研究不同，该方法根据 Plutchik 的情绪轮进行情绪分类，把固有的多层次情绪分类问题转换成一个含有四组对立情感的二元问题，选取**情感符号**(emoticon)、标签以及表情符(emoji)作为参考进行人工标记。该方法首先提取不同类型的特定标签，并将表示相同情绪类别的标签进行归类，然后对比每个独立的二元分类器的准确性。在 Twitter 微博数据测试中，该方法的分类准确率最高可达 91%。

此后，Jiang 等人[36]提出一种基于**表情符号空间模型**(emoticon space model)的半监督情绪分类方法。该方法利用表情符号从未标记的数据中构建词向量，通过将词和微博映射到表情符号空间来确定微博的主观性、极性和情绪。在中文微博基准语料库(NLP&&CC 2013)实验中,该方法的情绪分类准确率优于 SVM 及朴素贝叶斯,可达 61.7%。

在文本情绪分类任务中,有很多情况下需要对读者评论中的情绪进行分析,而读者评论又与源文本之间存在紧密的联系。针对该现象,Li 等人[37]提出一种基于双视图标签传播的半监督方法,对读者评论中的情绪进行分类。该方法先通过词袋、二元特征提取文本中的情绪信息,再通过双视图提取文本之间的对应关系。双视图依赖于两个图关系,包括源文本之间的关系以及评论文本之间的关系。此外,还将源文本与相应评论文本之间的依赖关系集成到这两个图中。最后,在源文本和评论文本之间配置一个权重以处理评论文本中信息的不足。该方法在 Yahoo Kimo News 语料的情绪分类实验中,准确率可达 74.5%。

综上所述,半监督学习方法的优点在于可以较方便地获得大量的标记数据用以训练样本集,解决了有标记数据集稀缺的问题。不过该类方法有一个问题,即在第一次分类过程中,分错的样本会影响到第二次分类的准确率,容易造成错误的累计。

7.4 复合层级情绪分类方法

由于基于词典和规则的方法与基于机器学习的方法优缺点都很明显,一些研究者开始考虑综合两种方法,吸收两类方法各自的优点,从而形成复合情绪分类方法。首先将情绪分类任务分解成有无情绪、正负情感、细粒度情绪等子任务,再分别针对不同子任务设计不同算法的层次情绪分类方法。情绪分类中,类别之间不是互相独立的,它们之间有一定层次关系。因此,基于层次结构的复合方法就是利用这种层次关系,提高情绪分类的准确率。

Ghazi 等人[38]提出一种基于层次情绪分类的方法,该方法包含三层结构,第一层定义文本是否包含情感;第二层对第一层中有情感的文本进行正负划分;第三层将第二层的正类划为 happiness,负类细化为 sadness,fear,anger,disgust,surprise。该方法有助于粗粒度到细粒度的分类,在格林童话上分类的准确率可超过 60%。

在此基础上,Esmin 等人[39]提出一种面向短文本的层次情绪分类方法。该方法仍将第一层用来确定文本是否含有情绪,第二层对上一层有情绪的文本做极性分类,其中仅 happiness 是正类,第三层将负类分为 sadness, fear, surprise, disgust, anger,最终利用 Multiclass SVM 分类器对微博语料进行分析。在 Twitter 语料库的情绪分类实验中,该方法的平均准确率达 63.2%。

此后,Xu 等人[40]也用层级分类法对中文微博进行了情绪分类,同时还将主成分分析法引入到情绪分类中,计算微博中主要情绪的比例。该方法采用四层结构,将情绪细分为 19 种类别。在新浪微博数据上进行了四层实验,其中第一层只采用平面型文本分类;第二层与第一层不同,采取了层级分类;第三层在第二层的基础上加入了词性特征;第四层在第三层的基础上还加入了心理学情绪词典。通过第一层对文本是否有情感信息的分类和第二层正、负情感的分类,将无关的文本剔除,使后续分类工作更加容易。在层级分类的实验中,第三层的分类准确率可为 90%左右,其四层层级结构如图 7-4 所示。

针对微博语料的处理分析,Zhang 等人[41]提出了一种基于主题模型的层级情绪分类法。该方法先对微博语料进行去除无关信息的预处理,然后根据主题模型进行特征选择,用选出的特征词和情绪词典构成(情绪,情绪指示)关联,识别隐含的情绪,最后构造一个树结

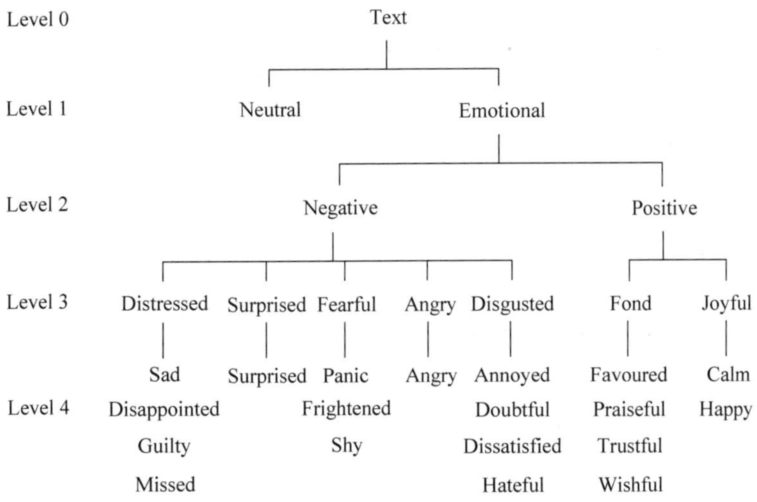

图 7-4　四层层级结构

构的层级分类器对微博进行分类。该方法在新浪微博语料库的情绪分类实验中，F 值可达 70%。

Keshtkar 等人[42]也提出了一种基于层次的心情分类方法。该方法对博客的心情进行分类，总共分为 132 类，但是情绪与心情有所区别，二者之间的层次结构和分类任务并不相同。此后，刘宝芹等人[43]在 Keshtkar 等人工作的基础上，根据 Ekman 的 6 类情绪理论中情感极性与情绪间的相互关系，为 6 类情绪建立了 3 层树结构，并利用该结构对不同话题微博的情绪进行自动分析。在新浪微博的情绪分类实验中，该方法比传统的贝叶斯方法情绪识别精度更高，同时还降低了情绪数据分布不均衡对结果的影响。该方法在 6 种情绪分类任务中，平均精准率可达 70.6%。此后，欧阳纯萍等人[44]提出一种基于情绪词汇本体的多种有监督学习复合方法。该方法使用朴素贝叶斯算法对微博是否有情绪进行预分类，并根据分类结果对情绪进行精确分析。该方法首先将情感词汇本体库的 7 种类别细分为 21 小类(快乐、安心、尊敬等)，并把这 21 小类作为每条微博的最终特征。分别采用 SVM 和 KNN 算法对预分类后的新浪微博数据集进行细粒度情绪分类，在 2013 年 CCF 自然语言处理与中文计算机会议的中文微博情绪分析评测任务中，该方法相较于单纯使用 SVM 和 KNN 分类器，其 F 值提高近 11%，其对情绪判别的准确率可达 72.71%，表现优于单一分类算法。

综上所述，基于层级的复合情绪分类方法通过任务的逐层分解，降低了情绪分析的难度。然而，这一类方法主要是针对单一情绪标签分类，不能处理情绪标签在实例中多情绪共存的情况。

7.5　多标签情绪分类方法

传统的情绪分析方法很少认为一个文本可以同时表达多种情绪，而事实上一条语料可能出现有多种情绪共存的情况。为了更准确地把握文本中所表达的情绪信息，研究者们从另一个新的维度出发，开展了基于多标签情绪分类的研究。

Yang 等人[45]提出了一种多标签情绪分类方法。该方法利用表情符号、标点符号和小型词典对数据进行标记，再用**多标签情绪分类**（Multi-label Emotion Classification，MEC）算法对微博进行分类。MEC 算法同时考虑文本级和词级信息，先用 KNN 收集特定微博的情绪信息，再利用朴素贝叶斯计算微博在词语层面属于任何一个情绪类别的概率，最后设置一个阈值抽取微博的情绪标签，准确率最高达到 83.6%。

此后，Buitinck 等人[46]提出了一种面向影评的多标签情绪检测方法。该方法先通过词袋和篇章特征将句子标记为预设情绪标签集的一个子集，然后分别用 one-vs-rest SVM 和 RAKEL 方法对文本进行分类。在 IMDB 影评数据集的实验中，RAKEL 分类器的表现最好，因为多标签分类相较于单标签分类器，分类规则更加复杂，评价标准除准确率外，常用的指标还有 HL(Hamming Loss)、AP(Average Precision)、OE(One Error)等，其平均准确率可达 84.1%，HL 为 11.2%，AP 为 89.8%，OE 为 24.6%。

Liu 等人[47]也提出了一种基于多标签的情绪分类方法。该方法利用 DUTSD、NTUSD、Hownet 这三个情绪词典提取微博语料中的情绪特征和原始分割词特征，通过与 MLKNN（Multi-Label K-Nearest Neighbors），BRKNN（Binary Relevance K-Nearest Neighbors)等使用 KNN 算法的基准方法作对比，发现**校准标签排序**（Calibrated Label Ranking，CLR）分类效果最好，其平均准确率可达 65.5%，HL 为 16.7%，AP 为 76.6%，OE 为 37.3%。

因为一个句子可能包含多种不同强度的情绪，有些情绪可以共存，而有些则不会同时出现。根据这一特性，一些研究者在多标签情绪分析工作中加入了情绪强度分布的要素。

Wang 等人[48]提出了一种基于深度学习的多标签情绪分类方法。该方法利用 skip-gram 语言模型训练词汇情绪的分布式表达，将微博语句降维成词向量，并将二者作为卷积神经网络的输入，最终使用基于校准标签排序（CLR）的方法获得每条微博的最终情绪标签排序，其流程如图 7-5 所示。该方法在 NLPCC 2014 情绪分析语料 EACWT 和 Ren-CECPs 语料的实验中，平均准确率分别为 75.56%和 63.20%，HL 分别 19.58%和 31.64%，AP 分别为 75.56%和 63.2%，OE 分别为 26.28%和 43.52%。

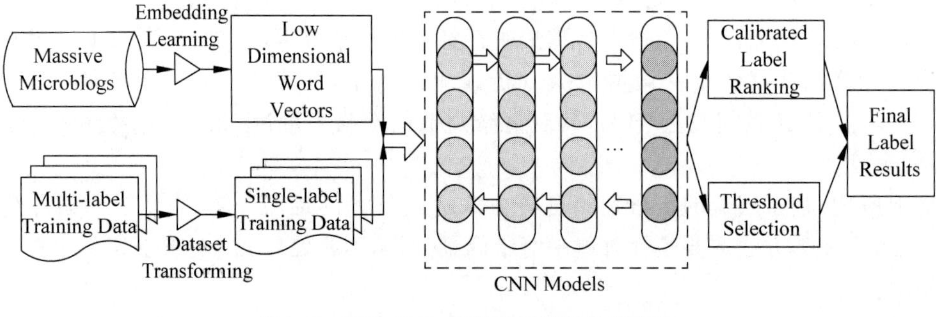

图 7-5 基于 CLR 的多标签情绪分类方法

针对现有语料库中情绪类别不平衡的特征，Li 等人[49]提出了一种基于**多标签最大熵**（Multi-label Maximum Entropy，MME）的短文本情绪分布检测方法。该方法利用最大熵原理估计词与情绪之间的关系，为了提高在新闻、微博等多种规模语料库中的预测能力，引入了 L-BFGS 算法来缓解约束。该方法在 Semeval、SSTweet、ISEAR 这三个语料库上的

F1 值分别为 36.96%、90.30%、54.86%。

在此基础上，Zhou 等人[50]提出一种基于情绪分布学习的分类方法。该方法设计了一个从句子到情绪分布的映射函数，用以描述多重情绪和它们各自的强度，并引入 Plutchik 情绪轮理论以提高情绪检测的准确率。该方法在中文博客 Ren-CECPs 语料库的实验中，其平均准确率可达 66.54%，HL 为 17.72%，AP 为 64.10%，OE 为 52.39%。

由于篇章级语料上下文信息对情绪分布有着很大的影响，Xu 等人[51]提出一种迭代多标记的情绪分布检测方法，该方法利用句子内部特征对句子进行初始分类，结合上下文信息，根据初始分类结果与整篇微博情绪类别的转移概率，综合考虑转移概率、ML-KNN 和随机多标签 RAKEL(Random K-Labelsets)这三种多标签分类器的分类结果，最终获得该微博的情绪分布。在中文微博情绪分类数据集(包含 14 000 条微博、45 431 个句子)的实验中，对 7 种情绪(happiness，like，anger，sadness，fear，disgust，surprise)分类的平均准确率可达 83.26%。

虽然基于多情绪标签的分类方法的复杂性和难度都比较高，且该研究方向才刚刚起步，但其应用前景较好，将会成为一个新的研究热点。

7.6　总结与展望

目前针对文本情绪分析的研究已经取得了一定的成果，但该研究领域还处于探索研究阶段。文本情绪分析技术在理论和应用上都还存在一些挑战以及新的方向需要进一步研究。

当前文本情绪分析研究面临的挑战来自多个方面，主要包括数据稀缺性，无论是情绪训练语料还是情绪词典资源，都处于比较匮乏的阶段；类别不平衡，收集到的样本中情绪各类别的数量明显存在差异；领域依赖性，情绪词在不同领域的表达存在差异；语言不平衡，当前大多数工作都基于英文语料，语言迁移存在困难。

1. 数据稀缺性

文本情绪分析主要包括基于情绪词典和规则的方法、基于机器学习的方法。然而，无论哪种方法，数据都很稀缺。在基于词典的方法中，情绪词典很难获取资源，目前尚无公开的情绪词典可用。此外，即使有开源的情绪词典，由于网络新词层出不穷，需要不断对情绪词典进行扩充和更新；在基于机器学习的方法中，需要借助有情绪标注的语料库来提取特征并训练情绪分类器。然而情绪标注语料本身也是稀缺资源，由于不同领域的情绪表达有不同特点，通用的情绪训练语料无法满足不同领域研究的需求。

2. 类别不平衡

情感分析的工作已经开展很多年，目前大多数工作都假设正负样本是均衡的。情绪分析是在情感分析的基础上进行更细粒度的分类。然而，不同情绪的数据集规模往往不均衡，在实际收集的微博语料中，一些情绪类别的语料数量明显多于另一些类别，例如表达喜欢的语料明显多于表达害怕的。所以，适用于均衡分类的方法在面对不均衡数据时效果往往并不理想。样本数据的不平衡分布会使机器学习方法在进行分类时严重偏向于样本多的类别，从而影响分类的性能。

3. 领域依赖性

同一个词在不同的领域背景下表达着不同的情绪，例如“不可预测”在电影评论领域是褒义的，在汽车评论领域则是贬义的。因此，在进行情绪分析的时候，应该充分考虑情绪词的领域依赖性。跨领域情绪分析是文本情绪分析的一个重要研究课题，跨领域情绪分析有很多问题需要解决。例如，在一个领域的意见表达，在另一个领域可能反转。此外，还应该考虑不同领域情绪词汇的强度差异。

4. 语言不平衡

现有情绪分析工作大多基于英文，虽然近些年对中文的情绪分析也有了一定的研究成果，但是基于情绪词典或语义知识库的工作都需依赖特定语种的外部资源，基于英文的情绪分析研究很难迁移到其他语言。此外，由于非英语的情绪分析训练集和测试集也相对匮乏，极大限制了非英语语种的情绪分析研究。

当不同媒体、不同形态的情绪信息“融合”在一起时，会随之产生“质变”。与此同时，领域自适应、社交网络分析和深度学习等技术的发展，也给文本情绪分析研究指出了新的研究方向。从技术的发展趋势分析看，未来文本情绪分析的研究有如下几方面：

1）基于多媒体融合的情绪分析

传统的情绪分析主要关注文本，然而图片等多媒体通常可以比文本表达更明显的情绪效果，即所谓的“一图胜千言”。此外，另一种情绪信息表达的主要载体——语音也可以很好地反映用户的当前情绪状态。因此，随着图像、音频等不同类型社交网络数据的不断增长，各种类型的用户数据相结合的研究将具有更好的应用前景。

2）基于领域自适应的情绪分析

领域自适应技术可以利用信息丰富的源域资源提升目标或模型的性能。传统情绪分析方法为了克服情绪词本身具有的领域依赖性，刻意选择领域无关的特征，如表情符号。领域自适应的方法可以充分利用情绪词在不同领域所表达的不同情绪，准确、快速地识别文本情绪。因此，随着不同领域情绪语料资源的积累，基于领域自适应的情绪分析将逐渐成为一个新的研究热点。

3）基于社交网络分析的情绪分析

社交网络的迅猛发展，产生了大量的用户交互数据，这些数据反映了用户的思想、情绪及社交关系．通过结合社交网络的关系分析技术，可以了解不同的社会群体如何表达情绪以及情绪倾向。因此，研究基于社交网络分析的情绪分析技术可以更好地掌握大众情绪走向，为舆情分析、情绪管理等应用提供支撑。

4）基于深层语义的情绪分析

深度学习作为机器学习研究中的一个新领域，取得了很大的进展。在自然语言处理的各项任务中，深度学习也有着许多可喜的成果。随着计算能力的不断提高、数据量的不断增加，可以预测未来将涌现出更多优秀的神经网络模型。该类方法将在自动抽取情绪特征、减少人工标记工作等方面做出巨大贡献。另外，在深度学习算法中加入一定的策略，可以更好地学习词汇和句子的语义表达，从而实现理解句子以及整个文档的任务。

随着“互联网＋”时代的到来，涌现出大数据分析、特定主题挖掘、用户画像构建和多语言协同等众多新的应用需求，也给文本情绪分析带来了新的机遇。

参考文献

[1] 林传鼎. 社会主义心理学中的情绪问题[J]. 社会心理科学，2006，21(83)：37-62.

[2] Ekman P. An argument for basic emotions [J]. Cognition and Emotion，1992，6(3/4)：169-200.

[3] Plutchik R. The nature of emotions [J]. Philosophical Studies，2001，89(4)：393-409s-lingual text mining. Proceedings of the Workshop on Learning with Multiple Views，22nd ICML，Bonn，Germany.

[4] Egges A，Kshirsagar S，Magnenat-Thalmann N. A model for personality and emotion simulation [C] //Proc of the 7th Int Conf on Knowledge-Based and Intelligent Information and Engineering Systems. Berlin：Springer，2003：453-461.

[5] 赵积春，王志良，王超. 情绪建模与情感虚拟人研究[J]. 计算机工程，2007，33(1)：212-215.

[6] Ortony A，Clore G，Collins A. The cognitive structure of emotions [J]. The Quarterly Review of Biology，1990，18(65)：2147-2153.

[7] Parrot W G. Emotions in Social Psychology：Essential Readings [M]. Oxford：Psychology Press，2001.

[8] Ma Chunling，Osherenko A，Prendinger H，et al. A chat system based on emotion estimation from text and embodied conversational messengers[C] //Proc of the 4th Int Conf on Active Media Technology. Piscataway，NJ：IEEE，2005：546-548.

[9] Aman S，Szpakowicz S. Identifying expressions of emotion in text [C] //Proc of the 10th Int Conf on Text，Speech and Dialogue. Berlin：Springer，2007：196-205.

[10] Yang Min，Peng Baolin，Chen Zheng，et al. A topic model for building fine-grained domain-specific emotion lexicon[C] // Proc of the 52nd Annual Meeting of the Association for Computational Linguistics. Stroudsburg，PA：ACL，2014：421-426.

[11] Golder S A，Macy M W. Diurnal and seasonal mood vary with work，sleep，and daylength across diverse cultures [J]. Science，2011，333(6051)：1878-1881.

[12] Xu Jun，Xu Ruifeng，Zheng Yanzhen，et al. Chinese emotion lexicon developing via multi-lingual lexical resources integration [C] //Proc of the 14th Int Conf on Computational Linguistics and Intelligent Text Processing. Berlin：Springer，2013：174-182.

[13] Song Kaisong，Feng Shi，Gao Wei，et al. Build emotion lexicon from Microblogs by combining effects of seed words and emoticons in a heterogeneous graph [C] //Proc of the 26th ACM Conf on Hypertext and Social Media. New York：ACM，2015：283-292.

[14] Wu Fangzhao，Huang Yongfeng，Song Yangqiu，et al. Towards building a high-quality microblog-specific Chinese sentiment lexicon [J]. Decision Support Systems，2016，87：39-49.

[15] Staiano J，Guerini M. DepecheMood：A lexicon for emotion analysis from crowd-annotated news [C] //Proc of the 52nd Annual Meeting of the Association for Computational Linguistics. Stroudsburg，PA：ACL，2014：427-433.

[16] Strapparava C，Mihalcea R. Learning to identify emotions in text [C] //Proc of the 23rd ACM Symp on Applied computing. New York，USA：ACM，2008：1556-1560.

[17] Neviarouskaya A，Prendinger H，Ishizuka M. Affect analysis model：novel rule-based approach to affect sensing from text [J]. Natural Language Engineering，2011，17(1)：95-135.

[18] Wen Shiyang，Wan Xiaojun. Emotion classification in microblog texts using class sequential rules [C] //Proc of the 28th AAAI Conf on Artificial Intelligence. Menlo Park，CA：AAAI，2014：187-193.

[19] Lee S Y M, Chen Ying, Huang Churen. A text-driven rule-based system for emotion cause detection [C] //Proc of the 10th NAACL HLT Workshop on Computational Approaches to Analysis and Generation of Emotion in Text. Stroudsburg, PA: ACL, 2010: 45-53.

[20] Li Weiyuan, Xu Hua. Text-based emotion classification using emotion cause extraction [J]. Expert Systems with Applications, 2014, 41(4): 1742-1749.

[21] Gao Kai, Xu Hua, Wang Jiushuo. A rule-based approach to emotion cause detection for Chinese micro-blogs [J]. Expert Systems with Applications, 2015, 42(9): 4517-4528.

[22] Alm C, Roth D, Sproat R. Emotions from text: Machine learning for text-based emotion prediction [C] //Proc of the 2nd Conf on Human Language Technology and on Empirical Methods in Natural Language Processing. New York: ACM, 2005: 579-586.

[23] Read J. Using Emoticons to reduce dependency in machine learning techniques for sentiment classification [C] //Proc of the 43nd ACL Student Research Workshop. Stroudsburg, PA: ACL, 2005: 43-48.

[24] Zhao Jichang, Dong Li, Wu Junjie, et al. Moodlens: An emoticon-based sentiment analysis system for Chinese tweets [C] //Proc of the 18th ACM SIGKDD Int Conf on Knowledge Discovery and Data Mining. New York: ACM, 2012: 1528-1531.

[25] Ouyang Xi, Zhou Pan, Li Chenghua, et al. Sentiment analysis using convolutional neural network [C] //Proc of the 15th Int Conf on Computer and Information Technology; the 14th Int Conf on Ubiquitous Computing and Communications; the 13th Int Conf on Dependable, Autonomic and Secure Computing; the 13th Int Conf on Pervasive Intelligence and Computing. Piscataway, NJ: IEEE, 2015: 2359-2364.

[26] Santos C, Gatti M. Deep Convolutional neural networks for sentiment analysis of short texts [C] //Proc of the 25th Int Conf on Computational Linguistics. New York: ACM, 2014: 69-78.

[27] Irsoy O, Cardie C. Deep recursive neural networks for compositionality in language [C] //Proc of the 28th Conf on Neural Information Processing Systems. Cambridge, MA: MIT Press, 2014: 2096-2104.

[28] Kang Xin, Ren Fuji, Wu Yunong. Bottom up: Exploring word emotions for Chinese sentence chief sentiment classification [C] //Proc of the 6th Natural Language Processing and Knowledge Engineering. Piscataway, NJ: IEEE, 2010: 1-5.

[29] Rao Yanghui, Xie Haoran, Li Jun, et al. Social emotion classification of short text via topic-level maximum entropy model [J]. Information and Management, 2016, 53(8): 978-986.

[30] Huang Shu, Peng Wei, Li Jingxuan, et al. Sentiment and topic analysis on social media: A multi-task multi-label classification approach [C] //Proc of the 5th Annual ACM Web Science Conf. New York: ACM, 2013: 172-181.

[31] Zhang Xiao, Li Wenzhong, Lu Sanglu. Emotion detection in online social network based on multi-label learning [C] //Proc of the 22nd Int Conf on Database Systems for Advanced Applications. Berlin: Springer, 2017: 659-674.

[32] Sun Xiao, Li Chengcheng, Ye Jiaqi. Chinese microblogging emotion classification based on support vector machine [C] //Proc of the 5th Int Conf on Computing, Communication and Networking Technologies. Piscataway, NJ: IEEE, 2014: 1-5.

[33] Sintsova V, Musat C, Pu Pearl. Semi-supervised method for multi-category emotion recognition in tweets [C] //Proc of the 17th Int Conf on Data Mining Workshop. Piscataway, NJ: IEEE, 2014: 393-402.

[34] Purver M, Battersby S. Experimenting with distant supervision for emotion classification [C] //Proc of the 13th Conf of the European Chapter of the Association for Computational Linguistics. New

York: ACM, 2012: 482-491.

[35] Suttles J, Ide N. Distant supervision for emotion classification with discrete binary values [C] //Proc of the 14th Int Conf on Intelligent Text Processing and Computational Linguistics. Berlin: Springer, 2013: 121-136.

[36] Jiang Fei, Liu Yiqun, Luan Huanbo, et al. Microblog sentiment analysis with emoticon space model [J]. Journal of Computer Science and Technology, 2015, 30(5): 1120-1129.

[37] Li Shoushan, Xu Jian, Zhang Dong, et al. Two-view label propagation to semi-supervised reader emotion classification [C] //Proc of the 26th Int Conf on Computational Linguistics. New York: ACM, 2016: 2647-2655.

[38] Ghazi D, Inkpen D, Szpakowicz S. Hierarchical versus flat classification of emotions in text [C] //Proc of the 9th NAACL HLT Workshop on Computational Approaches to Analysis and Generation of Emotion in Text. Stroudsburg, PA: ACL, 2010: 140-146.

[39] Esmin A A A, De Oliveira R L, Matwin S. Hierarchical classification approach to emotion recognition in twitter [C] //Proc of the 11th Int Conf on Machine Learning and Applications. Piscataway, NJ: IEEE, 2012: 381-385.

[40] Xu Hua, Yang Weiwei, Wang Jiushuo. Hierarchical emotion classification and emotion component analysis on Chinese micro-blog posts [J]. Expert Systems with Applications, 2015, 42(22): 8745-8752.

[41] Zhang Fan, Xu Hua, Wang Jiushuo, et al. Grasp the implicit features: Hierarchical emotion classification based on topic model and SVM [C] //Proc of the 29th Int Joint Conf on Neural Networks. Piscataway, NJ: IEEE, 2016: 3592-3599.

[42] Keshtkar F, Inkpen D. A hierarchical approach to mood classification in blogs [J]. Natural Language Engineering, 2011, 18(18): 61-81.

[43] 刘宝芹,牛耘. 多层次中文微博情绪分析[J]. 计算机技术与发展,2015,25(11): 23-26.

[44] 欧阳纯萍,阳小华,雷龙艳,等. 多策略中文微博细粒度情绪分析研究[J]. 北京大学学报: 自然科学版,2014,50(1): 67-72.

[45] Yang Jun, Jiang Lan, Wang Chongjun, et al. Multi-label emotion classification for tweets in weibo: Method and application [C] //Proc of the 26th Int Conf on Tools with Artificial Intelligence. Piscataway, NJ: IEEE, 2014: 424-428.

[46] Buitinck L, Van Amerongen J, Tan E, et al. Multi-emotion detection in user-generated reviews [C] //Proc of the 37th European Conf on Information Retrieval. Berlin: Springer, 2015: 43-48.

[47] Liu Shuhua, Chen Jiunhung. A multi-label classification based approach for sentiment classification [J]. Expert Systems with Applications, 2015, 42(3): 1083-1093.

[48] Wang Yaqi, Feng Shi, Wang Daling, et al. Multi-label Chinese microblog emotion classification via convolutional neural network [C] //Proc of the 18th Asia-Pacific Web Conf. Berlin: Springer, 2016: 567-580.

[49] Li Jun, Rao Yanghui, Jin Fengmei, et al. Multi-label maximum entropy model for social emotion classification over short text [J]. Neurocomputing, 2016, 210: 247-256.

[50] Zhou Deyu, Zhang Xuan, Zhou Yin, et al. Emotion distribution learning from texts [C] //Proc of the 21st Conf on Empirical Methods in Natural Language Processing. Stroudsburg, PA: ACL, 2016: 638-647.

[51] Xu Ruifeng, Wang Zhaoyu, Xu Jun, et al. An iterative emotion classification approach for microblogs [C] //Proc of the 16th Int Conf on Intelligent Text Processing and Computational Linguistics. Berlin: Springer, 2015: 104-113.

第8章 情感摘要

Web 应用的普及使得网上出现了越来越多的带有主观观点的文本,比如产品评论、各种观点的讨论、股票预测、房地产价格预测等。为了有效利用这些海量的评论文本,需要一种自动处理分析这些评论文本的工具,它既可以减少人们的工作量,又可以将有用的信息明确地反馈给用户,这就使得情感摘要(观点摘要)技术应运而生。

8.1 研究现状

情感摘要任务是从带有情感的文本数据中抽取、分析、归纳文本所表达观点的过程。目前研究比较多的是基于查询的多文档观点摘要。该任务给定特定查询(比如一个产品实体[1-2]或者政治话题[3])的观点文档集,抽取少量观点句子来体现文档集中的主要观点信息。相对于普通的多文档摘要,该任务往往额外考虑了情感、实体属性等几方面因素。作为代表性工作,Lerman 等人[1]提出了一个基于优化框架的观点抽取模型,模型中待优化的目标函数考虑了一系列因素,包括所抽取句子的情感强度,所抽取句子的情感褒贬分布是否与文档集中的情感分布大致吻合,所抽取的观点是否能够比较均衡的覆盖产品的重要属性等。

基于查询的多文档观点摘要只能对给定实体或者给定话题产生扁平的非结构化摘要。其实,观点摘要还可细化到实体的属性层次,将观点信息按属性组织成结构化形式,方便不同用户快速定位到他所感兴趣属性的观点信息。属性层次的观点摘要包括**汇聚式**(aggregative)摘要[4]与**抽取式**(extractive)摘要[5]两种形式。汇聚式摘要针对各个属性提供情感等级(如 1~5 星)或情感褒贬统计等数值型的观点概要信息。抽取式摘要从评论文本中选择属性相关的观点句子来传达顾客针对相应属性的主要观点。相比汇聚式摘要,抽取式摘要能提供用户更加具体的观点信息。

除此以外,还有其他不同形式的摘要,包括**摘取式**(abstractive)摘要[6]、对比式观点摘要[7-8]、可视化摘要[9]、情感动态演化摘要[10]等多种形式。

在实际应用中,研究者还开发了一些观点摘要系统,如 Opinion Observer[11]可以对顾客评论数据中的观点进行挖掘,并在属性层次对不同产品进行可视化对比等。姚天昉等人[12]开发了面向汽车论坛顾客评论的观点挖掘系统,针对各种汽车品牌的各种不同属性,分析其情感褒贬极性以及情感强度。

本章主要研究基于属性的抽取式观点摘要,该任务针对给定实体的不同属性,抽取出少量属性相关的观点句子,用以表达顾客对该属性的主要观点信息。基于属性的抽取式观点摘要有两个优点:一是可以按照实体属性把观点摘要组织成结构化形式,从而方便用户定位对应于所感兴趣属性的观点信息,同时也能帮助用户全面了解实体相关观点;二是可以提供用户更加明确、更加具体的观点信息,从而方便用户更有针对性地进行决策。

目前大部分基于属性的抽取式观点摘要的研究方法主要根据局部性信息孤立地选择句

子作为摘要，比如只考虑句子是否包含属性相关观点及观点的情感强度等，而没有考虑评论数据集中候选句子间观点相似性关系的全局性信息，因此存在摘要冗余问题，无法满足摘要结果中句子间的观点差异性要求。此外，观点的识别也往往基于一个通用情感词典。这样虽然能抽取出相关观点，但很可能这些观点是泛泛而谈的，缺乏明确有意义的信息，且没有属性代表性。针对现有方法的不足，本章介绍的情感摘要方法将利用属性相关观点词知识来抽取信息丰富而且有意义的观点信息(informativeness)，利用数据集中句子间观点相似性关系的全局性信息来抽取重要的观点(salience)，同时通过考虑摘要结果中句子之间的观点差异性要求来消除摘要中的冗余观点，尽可能抽取多样性的观点(diversity)。下面介绍基于带汇点的流形排序框架，在一体化流形排序过程中同时考虑上述三个方面的要求，以便进行高质量的观点摘要抽取。

8.2　问题描述

给定一个评论领域 Dom(如酒店或餐馆)，有该领域实体的主要属性集 A_{Dom}。每个属性 $a \in A_{Dom}$ 对应有：客观属性模型 θ_a^{fact} 及属性相关观点模型 θ_a^{opn}。这里 θ_a^{fact} 中的高概率词为客观属性词，主要体现了属性 a 的相关评价对象信息。以餐馆的"ambience"属性为例，θ_a^{fact} 中概率值靠前的词有"atmosphere""room""decor"及"music"等常见的评价对象词。θ_a^{opn} 中的高概率词体现了属性 a 的相关观点词，用以表达针对属性相关评价对象的个人观点。还是以餐馆的"ambience"属性为例，θ_a^{opn} 中概率值靠前的词有"romantic""beautiful""cozy""cool"及"comfortable"等。

基于属性的抽取式观点摘要是指给定评论文档集合 $C=\{d_1,d_2,\cdots,d_n\}$ 及一个属性 $a \in A_{Dom}$，抽取少量句子(满足预先给定的词数限制)，用以表达 C 中针对属性 a 的主要观点信息。每个文档可以切分为句子的集合 $d_i=\{s_1^i,\cdots,s_{m_i}^i\}$，因此观点抽取的输入为句子集合 $S=\{s_1^1,\cdots,s_{m_1}^1,\cdots,s_{m_n}^n\}$ 加上 θ_a^{fact} 与 θ_a^{opn}，输出为摘要 $Sum=\{s_1',s_2',\cdots,s_k'\}$，$Sum \subset S$ 并且 $\sum_{i=1}^{k} |s_i'| \leqslant L$，这里 $|s_i'|$ 为句子 s_i' 的词数，L 为预先给定的词数限制，通常为 100 词。

图 8-1 给出了微软产品搜索引擎中某手机的摘要评论。

属性观点摘要需要满足以下几方面的要求。

富含信息：所抽取的句子能传达具体明确的观点。摘要不能仅仅给出好、坏之类的泛泛信息，而是要给出好或坏的具体表现等更有具体意义的信息。比如图 8-1 中的句子"the interface is great and very easy to use"就仅仅给出了"great"和"easy to use"等关于界面属性的泛泛评价；而句子"… a sleek design，and user-friendly interface"中的"sleek""user-friendly"等观点词则给出了"great"和"easy to use"的具体体现。为了抽取 informative 的观点，可以借助属性相关观点词，因为顾客往往使用专属的情感词来表达对特定属性的观点，比如，顾客使用"cozy"或"romantic"来描绘一个餐馆的环境，这些属性相关情感词通常比通用情感词能提供更具体的有意义观点[13]。

重要性：不是所有观点都同等重要，摘要应该抽取评论中的重要观点，忽略一些琐碎的观点。具体而言，所选择的句子应该能传达评论集中很多句子中的相关观点信息，就是一句

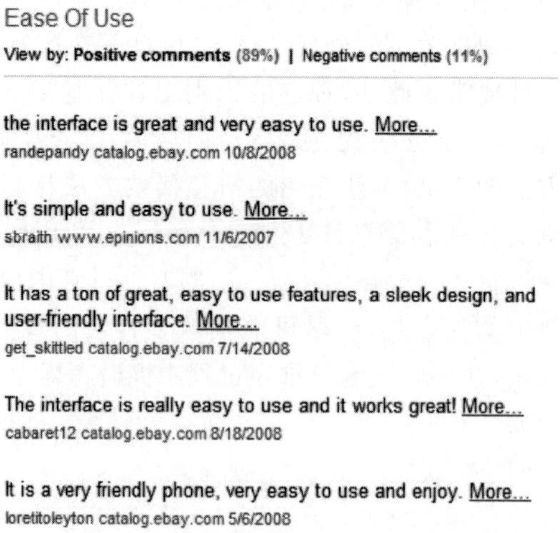
Ease Of Use
View by: Positive comments (89%) | Negative comments (11%)
the interface is great and very easy to use. More...
randepandy catalog.ebay.com 10/8/2008
It's simple and easy to use. More...
sbraith www.epinions.com 11/6/2007
It has a ton of great, easy to use features, a sleek design, and user-friendly interface. More...
get_skittled catalog.ebay.com 7/14/2008
The interface is really easy to use and it works great! More...
cabaret12 catalog.ebay.com 8/18/2008
It is a very friendly phone, very easy to use and enjoy. More...
loretitoleyton catalog.ebay.com 5/6/2008

图 8-1 某手机界面易用性属性的观点摘要(http://search.live.com/products/)

抵一万句。图 8-1 中的句子“It has a ton of great,easy to use features,a sleek design,and user-friendly interface”就包含了很多其他句子中的观点信息,如“friendly”“great”“interface”及“easy to use”等。借鉴基于图排序的多文档摘要的思想,可以基于评论集中句子间相似关系的全局性信息来发现跟很多其他重要句子相似的句子。这里句子的相似关系应该反映这两个句子是否传达了针对该属性的相似观点,而不是泛泛的文本相似。

多样性:所抽取的摘要应该能传达多样性的观点信息,避免冗余的观点,这样才能在有限的长度内,尽可能多的覆盖评论集中的重要观点信息,同时最大程度地满足潜在用户对多样性信息的需求。比如图 8-1 中“the interface is great and very easy to use”与“The interface is really easy to use and it works well”就传达着冗余的观点信息,因此至少一句应该从摘要中去除。为了抽取多样性的观点,需要考虑摘要结果中的句子的观点差异性要求。在句子选择过程中,通过惩罚跟已选句子观点相似的句子,可选择观点差异性大的句子加入摘要。

8.3 方法框架

根据 8.2 节的问题描述,本节介绍一个两阶段框架。

第一阶段是离线的属性知识学习阶段,从专门的评论网站采集给定领域的大量评论文档(涉及大量实体),并从该评论语料中抽取客观属性词(即 $\{\theta_a^{\text{fact}}\}_{a\in A_{Dom}}$)及属性相关观点词知识(即 $\{\theta_a^{\text{opn}}\}_{a\in A_{Dom}}$),用于在线观点摘要抽取。第一阶段采用属性观点联合模型,该模型对 LDA 模型进行了扩展,能充分利用句级的词共现信息来抽取属性知识;同时整合观点词典知识来抽取属性相关观点词知识。

第二阶段是在线摘要抽取阶段,给定实体的评论集及属性 a,利用带汇点的流形排序过程来抽取少量句子作为摘要,同时考虑 8.2 节中的三方面要求。具体过程如下:

针对属性 a,构造全局流形结构,也就是带权网络,其中结点包括所有句子结点和一个代表客观属性词及属性相关观点词知识的源结点,句子间边的权重体现了句子是否针对该属性表达着相似的观点，而句子与源结点间边的权重体现了句子是否是富含信息的属性相关观点。然后，迭代地选择句子加入摘要直到达到给定的摘要长度限制。每一步迭代，都利用流形结构上的流形排序过程来挑选一个句子作为摘要，并把该句子调为汇点。

图 8-2 给出了这个两阶段框架的一个示例。

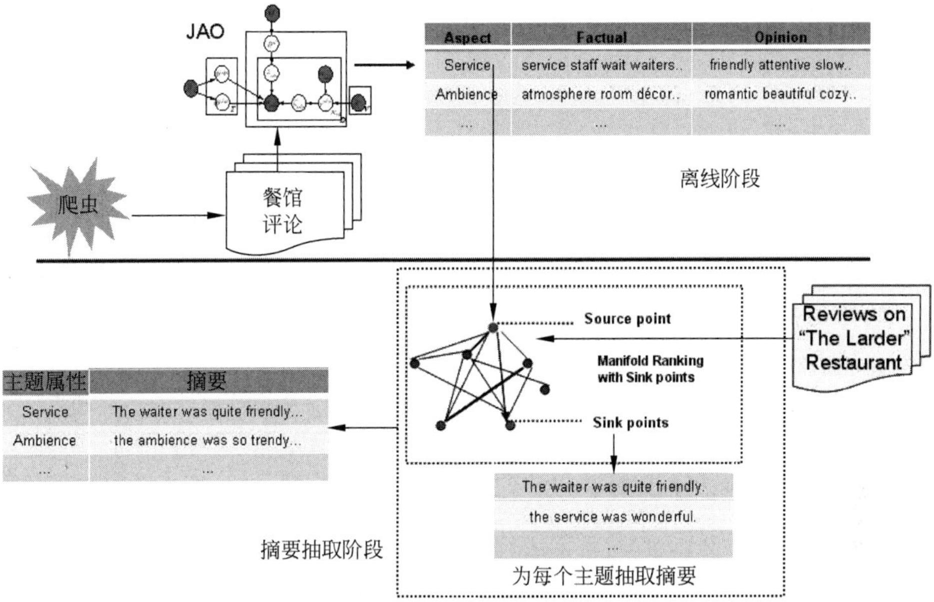

图 8-2　两阶段框架观点摘要的流程示例

8.4　属性观点模型

本节介绍的模型叫做**属性观点联合模型**(Joint Aspect/Opinion model，JAO)，通过引入虚拟文档，JAO 能充分利用分句级的词共现信息来更有效的抽取属性以及与属性相关的观点词。

8.4.1　模型描述

传统话题模型主要利用文档级的词共现信息来抽取隐含话题。由于一篇评论文档往往涉及到实体的多个属性，所抽取的话题往往不能对应于属性。有研究者观察到，一个**分句**(clause)往往只涉及一个属性[14]，因此为了让抽取的话题对应于属性，可以利用分句级的词共现信息。然而，如果直接在分句集合上进行挖掘，往往受到分句数据稀疏性影响。为此，构建虚拟文档，给定一个词，将出现该词的所有分句连接得到一个大文档，称为该词对应的**虚拟文档**(virtual document)。JAO 模型应用到一系列虚拟文档上而不是原始文档集或句子集上。这样，就可以克服分句的数据稀疏性问题，同时充分利用分句级的词共现信息。除了抽取属性信息，JAO 模型进一步整合观点词典知识来显式地区分观点词与客观词，进而抽取属性相关观点词。

给定特定领域的顾客评论集，其中评论中每个分句视为一个词序列，构造 D 个虚拟文档，每个虚拟文档视为相应分句的词序列连接构成的一个大词序列，而每个词是一个词典中的一个项目。这里词典中包含 V 个词，分别记为 $w=1,2,\cdots,V$。虚拟文档 vd 中的第 n 个词 $w_{vd,n}$ 与两个变量关联：$z_{vd,n}$ 和 $\zeta_{vd,n}$。其中，$z_{vd,n}$ 表示属性，$\zeta_{vd,n}$ 为**主客观标签**(subjectivity label)，表示该词是传达情感的观点词($\zeta_{vd,n}=$ **opn**)还是不传达情感的客观词($\zeta_{vd,n}=$ **fact**)。根据 JAO 模型，虚拟文档集的产生过程如下。

1. 对于每个属性 z：
   (a) 对主客观标签 **opn** 跟 **fact**，分别从参数为 β 的 Dirichlet 分布中选择一个词分布：$\Phi^{z,\text{fact}}\sim Dir(\beta)$；$\Phi^{z,\text{opn}}\sim Dir(\beta)$。
2. 对每个虚拟文档 vd
   (a) 从参数为 α 的 Dirichlet 分布选择一个属性分布：$\theta^{vd}\sim Dir(\alpha)$
   (b) 对 vd 中的每个词 $w_{vd,n}$：
      (i) 按属性分布 θ^{vd} 采样一个属性：$z_{vd,n}\sim\theta^{vd}$
      (ii) 按主客观标签分布 $\nu^{vd,n}$ 选择一个主客观标签：$\zeta_{vd,n}\sim\nu^{vd,n}$
         (1) 如果 $\zeta_{d,s,n}=$ **opn**，按词分布 $\Phi^{z_{vd,n},\text{opn}}$ 产生 $w_{vd,n}$：$w_{vd,n}\sim\Phi^{z_{vd,n},\text{opn}}$
         (2) 否则，按词分布 $\Phi^{z_{vd,n},\text{fact}}$ 产生 $w_{vd,n}$：$w_{vd,n}\sim\Phi^{z_{vd,n},\text{fact}}$

JAO 模型的概率图表示如图 8-3 所示。

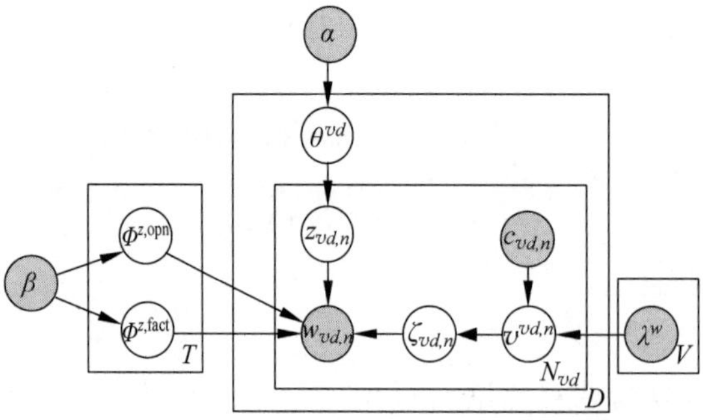

图 8-3 JAO 模型的概率图表示

与 4.4.1 节中介绍的 JAS 模型类似，JAO 模型也整合情感词典设置 $\nu^{vd,n}$ 来区分观点词与客观词。情感词典知识体现在参数 $\{\lambda^w \mid w\in\{1,2,\cdots,V\}\}$ 中，这里 λ^w 是一个主客观标签{**opn**，**fact**}上的分布。当 w 为观点词典中的词时，λ^w_{opn} 设一个接近 1 的值，实验中为 0.95，如不是，则设为接近 0 的值，实验中为 0.05。这里有 $\lambda^w_{\text{opn}}+\lambda^w_{\text{fact}}=1$。$\nu^{vd,n}$ 可由以下公式计算：

$$P(\zeta_{vd,n}=s \mid w_{vd,n})=\frac{\lambda_s^{w_{vd,n}}}{\lambda_{\text{opn}}^{w_{vd,n}}+\lambda_{\text{fact}}^{w_{vd,n}}}\quad s\in\{\textbf{opn},\textbf{fact}\} \tag{8.1}$$

这样，主客观标签 $\zeta_{vd,n}$ 的赋值很大程度上由 $w_{vd,n}$ 是否出现在情感词典中决定。

8.4.2 参数估计

模型采用 collapsed Gibbs sampling[15] 方法来对所有 $z_{vd,n}$ 及 $\zeta_{vd,n}$ 变量的赋值进行后验估计。根据 collapsed Gibbs sampling，变量赋值按一个给定所有其他变量赋值及观察数据下的条件概率分布依序选择产生。这里，$z_{vd,n}$ 和 $\zeta_{vd,n}$ 的赋值根据以下条件概率分布联合选择产生：

$$P(z_{vd,n}=t,\zeta_{vd,n}=s \mid \boldsymbol{z}_{\neg(vd,n)},\quad \zeta_{(\neg vd,n)},\boldsymbol{w})$$
$$\propto \frac{c_{(t)}^{vd}+\alpha}{c_{(.)}^{vd}+T\alpha}\times\frac{\lambda_s^{w_{vd,n}}}{\lambda_{\text{opn}}^{w_{vd,n}}+\lambda_{\text{fact}}^{w_{vd,n}}}\times\frac{c_{(w_{vd,n})}^{t,s}+\beta}{c_{(.)}^{t,s}+V\beta}\quad s\in\{\textbf{opn},\textbf{fact}\} \tag{8.2}$$

式中，$\boldsymbol{w}$ 是虚拟文档集的总词序列；T 是事先指定的属性个数；$\boldsymbol{z}_{\neg(vd,n)}$ 及 $\boldsymbol{\zeta}_{\neg(vd,n)}$ 分别是这个词序列(除了 vd 中第 n 个词外)上词的属性及主客观标签赋值序列；$c_{(.)}^{vd}$ 是 vd 中词的个数，$c_{(t)}^{vd}$ 是 vd 中词属性赋值为 t 的次数。$c_{(.)}^{t,s}(c_{(w)}^{t,s})$ 为 $\boldsymbol{w}$ 上任意词属性赋值为 t 及主客观标签赋值为 s 的次数。以上所有次数统计都排除 vd 的第 n 个词。最终，可以得到 $\boldsymbol{w}$ 上的所有属性及主客观标签赋值。基于这些赋值，$\{\Phi^{t,\text{fact}}\}_{t=1}^{T}$ 及 $\{\Phi^{t,\text{opn}}\}_{t=1}^{T}$ 可以近似估计如下：

$$P(w\mid\theta_t^{\text{opn}})=\Phi_w^{t,\text{opn}}=\frac{c_{(w)}^{t,\text{opn}}+\beta}{c_{(.)}^{t,\text{opn}}+V\beta} \tag{8.3}$$

$$P(w\mid\theta_t^{\text{fact}})=\Phi_w^{t,\text{fact}}=\frac{c_{(w)}^{t,\text{fact}}+\beta}{c_{(.)}^{t,\text{fact}}+V\beta} \tag{8.4}$$

式中，$\Phi^{t,\text{fact}}$ 体现了属性 t 的语义信息，高概率词(客观属性词)体现了属性相关的评价对象信息。$\Phi^{t,\text{opn}}$ 中的高概率词是属性 t 相关观点词。同时，客观属性模型 $\{\theta_a^{\text{fact}}\}_{a\in A_{\text{Dom}}}$ 及属性相关观点模型 $\{\theta_a^{\text{opn}}\}_{a\in A_{\text{Dom}}}$ 分别与 $\{\Phi^{t,\text{fact}}\}_{t=1}^{T}$ 及 $\{\Phi^{t,\text{opn}}\}_{t=1}^{T}$ 相对应，这两个变量模型将应用于在线的摘要抽取阶段。

8.5　摘要抽取

在线摘要抽取阶段，给定一个实体的评论集及属性 a，利用带汇点的流形排序过程从评论集中抽取少量句子作为摘要。首先介绍基本概念，然后介绍流形结构的构造，最后介绍基于流形排序的摘要过程。

8.5.1　基本概念及记号

给定一个实体的评论集及属性 a，有一组数据点 $\boldsymbol{\chi}=\{x_0,x_1,\cdots,x_n\}$，$x_0$ 为源结点，代表客观属性词及属性相关观点词知识，其他结点代表评论集中的各个句子。定义 $\boldsymbol{f}=[f_0,f_1,\cdots,f_n]^{\mathrm{T}}$ 为排序分值向量，其中 f_m 为数据点 x_m 的排序分值，作为挑选句子的依据。此外，$\boldsymbol{f}=[f_0,f_1,\cdots,f_n]^{\mathrm{T}}$ 定义为先验向量，其中 y_m 为数据点 x_m 的先验分值。设置源结点 $x_0=1$，句子结点的先验值为0。客观属性词及属性相关观点词知识将在排序过程中作为先验监督。

8.5.2　构造流形结构

针对属性 a，构造全局流形结构，也就是数据点 $\boldsymbol{\chi}$ 上的带权网络，该流形结构同时捕获评论语料中句子间观点相似度关系的全局性信息和来自客观属性词及属性观点词知识的先验监督。

在该带权网络中，句子间边的权重体现了句子是否针对该属性传达相似的观点（尤其强调富含信息的观点），而不是泛泛的内容相似或者一般性的观点相似。同时，一个完整的属性相关观点大致上由属性相关的评价对象（由客观属性词反映）跟描绘观点对象的观点词构成。综上，在计算权重时应该突出客观属性词跟属性相关观点词，具体定义如下：

$$
\begin{aligned}
w_t(x_i,x_j)=&(1-\lambda)\sum_w \min(p(w\mid\theta_{x_i}),p(w\mid\theta_{x_j}))\cdot P(w\mid\theta_a^{\text{fact}})+\\
&\lambda\sum_w \min(p(w\mid\theta_{x_i}),p(w\mid\theta_{x_j}))\cdot P(w\mid\theta_a^{\text{opn}})
\end{aligned}
\tag{8.5}
$$

式中，客观属性模型 θ_a^{fact} 与属性观点模型 θ_a^{opn} 分别体现客观属性词知识与属性相关观点词知识，θ_{x_i} 为句子 x_i 的语言模型，通过基于 Dirichlet 平滑的极大似然估计方法学习该模型。该公式主要由两部分组成：前项主要反映两句子是否有相似的属性相关的评价对象，后项反映它们是否针对评价对象有相似的观点（特别是富含信息的观点）。参数 λ 控制了属性观点模型的相对重要性。

句子结点与源结点间边的权重体现句子是否包含属性相关的富含信息的观点，具体定义如下：

$$
\begin{aligned}
w_t(x_0,x_i)=&(1-\lambda)\sum_w p(w\mid\theta_{x_i})\cdot P(w\mid\theta_a^{\text{fact}})+\\
&\lambda\sum_w p(w\mid\theta_{x_i})\cdot P(w\mid\theta_a^{\text{opn}})
\end{aligned}
\tag{8.6}
$$

式(8.6)主要由两部分组成，前项用来确保观点（如果有的话）所针对的评价对象的属性相关性，后项反映了针对这些评价对象是否有富含信息的观点。

8.5.3 摘要抽取

基于所构造的流形结构，采用迭代选句子的框架来生成摘要，每个迭代步利用带汇点的流形排序过程（也就是排序分值迭代传播的过程）来挑选一个句子进入摘要，并把该句子调为汇点。整个摘要过程如下：

---

1 初始，所有数据点都设置为自由点（即非汇点）。

2 构建流形上的数据点的关系矩阵（affinity matrix）$\boldsymbol{W}$，其中 $W_{i,j}$ 是数据点 x_i 与 x_j 间边的权重，按公式(8.5)和式(8.6)计算。这里，$\boldsymbol{W}_{i,i}$ 设为 0，以避免排序分值的自我传播。

3 对称地归一化 $\boldsymbol{W}$ 如下：$\boldsymbol{S}=\boldsymbol{D}^{-1/2}\boldsymbol{W}\boldsymbol{D}^{-1/2}$，这里 $\boldsymbol{D}$ 为对角矩阵，其中 D_{ii} 等于 $\boldsymbol{W}$ 行 i 的所有元素之和。

4 重复如下的步骤，每步挑选一个句子进入摘要。直到摘要达到指定的长度限制（通常为 100 词）。

  4.1 迭代计算 $\boldsymbol{f}(t+1)=\alpha\boldsymbol{S}\boldsymbol{I}_f\boldsymbol{f}(t)+(1-\alpha)\boldsymbol{y}$ 直到收敛，其中 $0\leqslant\alpha<1$ 控制句子相互关系信息跟先验监督二者的相对重要性（参考 PageRank 算法，设置 α 为 0.85）。而 $\boldsymbol{I}_f$ 是个对角指示矩阵，当数据点 x_i 为汇点时，其$(i-i)$元素为 0 时指示，否则为 1。

  4.2 得到收敛的排序分值向量 $\boldsymbol{f}^*$，对每个句子 x_i 其中排序分值为 f_i^*。

  4.3 选择分值最大的自由句子（假设为 $\boldsymbol{x}_m$）进入摘要，同时将 x_m 调为汇点也就是说设置 $\boldsymbol{I}_f$ 的$(m-m)$元素为 0。

其中步骤 4.1 是核心步骤，数据点的排序分值在先验知识的监督下沿着带权网络迭代传播直到收敛。在这个过程中源结点起着先验监督的作用，使得与源结点接近的句子得到

更多的排序分值，从而帮助抽取包含富含信息的属性相关观点的句子。

同时，充分利用全局性的句子间相互关系信息，使得与很多其他句子接近的句子能得到更多的排序分值，由于句子间边权重反映二者是否针对该属性传达相似的观点，而不是泛泛的内容相似，所以可以抽取包含重要相关观点的句子，也就是该句子能覆盖或传达很多其他句子中的相关观点信息。

此外，将在之前步骤步中已经挑选入摘要的句子都调为汇点，并停止向周围数据点传播分值。这样与这些句子接近的句子，也就是针对该属性有相似观点的句子，在分值传播过程中很自然地受到惩罚，避免挑选与已有摘要观点冗余的句子，从而保证摘要中观点的差异性。

带汇点的流形排序具有很好的收敛性质和完备的优化框架解释[16]。基于该排序过程，能够以一种有充足理论基础的方式，同时满足富含信息、重要性与多样性这三方面要求，并达到这三方面要求的平衡和最终摘要质量的优化，避免了启发式方法带来的随机性和性能不平衡。

8.6 实验结果及分析

8.6.1 实验设置

实验数据采用餐馆评论集[17]和汽车评论网站 edmunds① 采集的汽车评论集。

为了进行 JAO 的学习，需要构造虚拟文档。首先，根据冒号跟逗号对每个句子进一步分割得到分句。然后，经过词性标注、否定词处理及停用词去除，每个分句都转化为带词性标注的词序列，如"the quality is good"变换为"quality_noun good_adj"。选择评论集中出现次数不少于 20 次的形容词、名词、动词及副词来构造虚拟文档。出现次数过少的词对应的虚拟文档往往没有充分的共现信息；而其他词性的词往往是一些不具备实际意义的没有属性区分能力的功能词。对于每个选择的词，把出现该词的所有短句的词序列连接，构成相应虚拟文档的词序列。

执行 100 轮 Gibbs sampling 迭代，超参数设置为：$\alpha=50/T$ 及 $\beta_w=0.1$。观点词典来源于两个公开的知识库：MPQA 主观词词典（简称 MPQA）与 SentiWordNet。对于 MPQA，抽取"type"值为"strongsubj"或"weaksubj"的部分。对于 SentiWordNet，抽取词义中至少一个的 positive 或 negative score 大于给定的阈值的部分。合并这两部分观点词，得到了最终的观点词典。

对于餐馆评论集，选择评论数量最多的 10 个餐馆，选择"Food""Staff"及"Ambiance"三个人工定义属性，令 T_a 为相对应的 JAO 自动抽取的属性集，则 a 相应的客观属性模型及属性观点模型定义如下：

$$P(w \mid \theta_a^s)=\frac{\sum_{t\in T_a} c_{(w)}^{t,s}+\beta}{\sum_{t\in T_a} c_{(.)}^{t,s}+V\beta} s\in\{\mathbf{opn},\mathbf{fact}\} \tag{8.7}$$

① https://www.edmunds.com

对于汽车评论集，选择评论数量靠前的10款车型，其中为了保证车型多样性，对每个汽车制造商只选择一款车型。edmunds网站定义了汽车的5个主要属性："Body Styles""Powertrains & Performance""Safety""Interior Design & Features"及"Driving Impressions"。值得注意的是，为了使得JAO自动抽取的属性与网站预定义的属性对齐，参照[5]的做法，对每个预定义属性，人工指定了少量关键词，如"Safety"属性对应的关键词为"exterior""design""body""style"等；然后在JAO的collapse Gibbs sampling过程中，每个关键词的属性固定赋值为相应的人工定义属性(对应一个属性编号t)。相应的客观属性模型及属性观点模型按式(8.3)和式(8.4)计算。

实验使用ROUGE自动文摘评价工具(ROUGEeval-1.5.5版①)进行定量的摘要质量评估。ROUGE指标得分被认为跟人工评价很好吻合，也是权威文本摘要评测会议TAC最常采用的自动评价指标。ROUGE通过计数自动摘要跟人工生成的参考摘要间共同的词序列或N元词串来定量评估自动摘要的质量。对于餐馆评论集，对各个餐馆的每个属性，分别构造参考摘要以方便利用ROUGE指标进行定量评估。具体而言，浏览该餐馆评论文本，发现该属性的主要观点信息(即评价对象及观点词搭配，如"bland cupcake")。挑选包含这些观点的少量句子(总共大概100词)，其中不考虑只包含泛泛而谈观点(如"great""bad"等)的句子，同时消除没有提供新观点信息的冗余观点句子。对于汽车评论集，对每款车型的每个属性，该网站提供了相应的**编辑评论**(editor review)，使用这些编辑评论作为参考摘要。利用编辑评论可以进行更加客观的摘要质量评估。

ROUGE指标主要度量摘要的整体质量，为了进一步针对富含信息、重要性、多样性等具体要求进行评估，设计了如下指标。

平均观点覆盖度：主要衡量所抽取摘要是否传达评论集中的重要的富含信息的相关观点。具体地，对于一个摘要中的句子s，定义其观点覆盖度如下：

$$\mathrm{cov}(s,S)=\sum_{s'\in S}\frac{\sum_{w}P(w\mid\theta_a^{\mathrm{mix}})\min(\mathrm{TF}(s,w),\mathrm{TF}(s,w))}{\sum_{w}P(w\mid\theta_a^{\mathrm{mix}})\mathrm{TF}(s',w)} \tag{8.8}$$

其中$p(w|\theta_a^{\mathrm{mix}})=\lambda\cdot p(w|\theta_a^{\mathrm{opn}})+(1-\lambda)\cdot p(w|\theta_a^{\mathrm{fact}})$，$S$为候选评论句子集合，$\mathrm{TF}(s,w)$为词$w$在句子$s$中的词频，直观上，该公式度量了句子$s$是否覆盖了评论集中的很多句子的属性相关观点(尤其是富含信息的观点)。而平均观点覆盖度是各个摘要句子的观点覆盖度的平均。该度量主要反映了摘要是否满足重要性和富含信息要求。

平均观点相似度：度量了摘要句子间的平均观点相似度，其中两个句子的观点相似度定义如式(8.5)。该度量反映了摘要结果的观点差异性要求，分值越低表明差异性越大，也越好。该度量主要反映了摘要是否满足多样性的要求。

为了更加中立客观的度量，以上两个指标计算中，θ_a^{opn}与θ_a^{fact}基于人工标注数据进行学习。对于餐馆评论，利用语料中的人工标注句子；对于汽车评论，则利用各个属性的编辑评论。采用BoI权重计算模型[18]学习θ_a^{opn}及θ_a^{fact}；其中θ_a^{opn}仅仅保留情感词的概率值。

值得注意的是，这两个指标不需要任何人工参考摘要，因而相对ROUGH指标更加客观。同时，以上两个指标必须同时优化，单单优化一个没有意义。比如，如果观点是琐碎的

① http://haydn.isi.edu/ROUGE/

甚至无关，那再多样化也没意义。

本章所介绍的方法记为 MRSP，它充分考虑了所提出的三方面要求。为了验证所提出方法的有效性，对比方法采用[5]中所提摘要抽取方法的一个改进，记为 KL。大体上，该方法根据句子语言模型和混合模型之间的负 KL 距离（$-D_{KL}(\theta_s \parallel \theta_a^{\text{mix}})$）来挑选句子作为摘要。其中 $P(w|\theta_a^{\text{mix}})=(1-\lambda)P(w|\theta_a^{\text{fact}})+\lambda P(w|\theta_a^{\text{opn}})$。相对于 KL 方法，MRSP 方法的改进之处在于考虑了属性相关观点词信息（θ_a^{opn}），可以抽取更有意义的观点，而不仅仅使用客观属性信息（θ_a^{fact}）。

为了进一步验证所提出的三个要求的合理性和必要性，考虑以下没有充分考虑这三个要求的 MRSP 变体也作为基准方法。

MRSP. Gen：这个方法与 MRSP 的区别是使用一个通用观点模型 θ^{opn} 来代替式(8.5)和式(8.6)中的属性观点模型 θ_a^{opn}。在通用观点模型中，每个观点词的概率值均等，不区分是否属相相关。这个方法仅仅考虑重要性及多样性要求，没有考虑富含信息。

MR：这个方法与 MRSP 的区别是没有引入汇点机制，根据经典流形排序过程对句子进行排序和选择。这个方法仅仅考虑重要性及富含信息要求，没有考虑多样性。

Prior：这个方法依据利用式(8.6)计算的流形结构中句子跟源结点的权重值来选择句子，没有经过流行排序过程。这个方法仅仅考虑富含信息要求，没有考虑重要性及多样性。

Prior. Gen：该方法类似 Prior，区别在于式(8.6)中使用通用观点模型代替属性观点模型。该方法没有考虑所提出的三方面要求，可以看作仅仅考虑观点属性相关性的传统方法的代表。

8.6.2 实验结果及分析

表 8-1 给出了 JAO 在餐馆评论集上的结果实例。对于每个属性，按照 $\Phi^{t,\text{fact}}$ 及 $\Phi^{t,\text{opn}}$ 分别列出了排序靠前的客观词和观点词。从表中可以发现 JAO 模型能有效挖掘顾客经常评论的主要餐馆属性信息，如服务、环境等。对于各个属性，所抽取的客观词能很好地体现该属性相关的评价对象信息。更重要的是，所抽取的观点词与相应属性紧密相连，能提供丰富的观点信息。

表 8-1　JAO 在餐馆评论集上运行实例（为了增加可读性去除了词性标注）

Food-Bakery	Factual	chocolate dessert cheese cream cake bread ice coffee desserts tea fries french pie apple toast sangria
	Opinion	hot sweet especially cold warm delicious green strong rich frozen awesome best sour light
Food-Meal	Factual	chicken sauce salad steak shrimp ordered appetizer pork tuna lobster asd beef grilled dish duck salmon
	Opinion	delicious amazing tasty tender special flavorful dry good perfectly sweet rare excellent soft
Service-Order Taking	Factual	table minutes waiter seated order told wait hour reservation waiting waitress waited said manager reservations
	Opinion	long wrong actually busy happy promptly free maybe immediately able extra right ready hungry rude

续表

Service -Staff	Factual	service staff wait waiters bit owner attentive wait staff attitude servers customers help waiter customer server
	Opinion	friendly attentive extremely slow helpful prompt professional terrible poor knowledgeable horrible rude courteous quick efficient
Ambience	Factual	bar atmosphere room decor tables music space area scene ambience crowd seating dining sit ambiance
	Opinion	nice romantic beautiful cozy cool comfortable warm loud small open live casual intimate clean dark quiet private elegant modern tiny

根据学习的客观属性模型对餐馆评论语料中所有标注句子进行排序，利用排序位置 N 上的准确率(Precision@N)对 JAO 与 JAS 的属性抽取性能进行定性比较，发现 JAO 在三个人工定义属性上性能均优于 JAS，限于篇幅限制，图 8-4 只给出了在“Staff”属性上的比较结果。

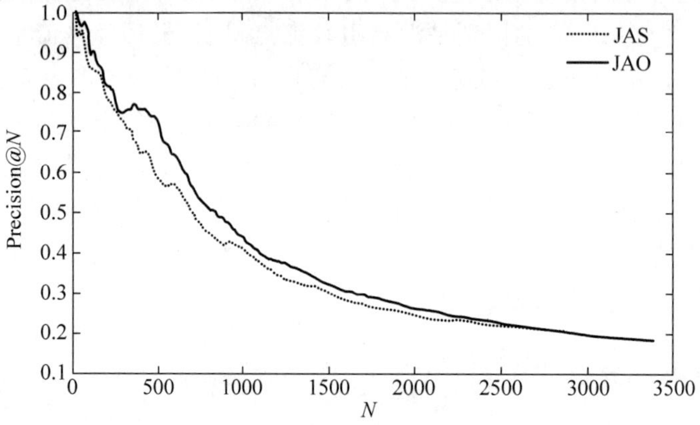

图 8-4 JAS 与 JAO 的属性抽取性能比较(“Staff”属性)

表 8-2 给出了某餐馆在“Food”属性上的自动摘要结果。从中可以看出，所抽取的观点摘要针对该属性的信息丰富并且多样化，比如“the icing is sweet, smooth and buttery”“the frosting is smooth and creamy”等。此外，抽取的摘要跟参考摘要拟合得很好，都关注共同的“food”属性相关的评价对象，如“icing”“frosting”及“cupcakes”等顾客主要关注的食品(而不是“chicken”等其他食品)，同时相应的观点也非常相近，如“dry cake”“frosting a bit/overly sweet”等，甚至参考摘要中的个别句子被自动方法直接抽取。

表 8-2 某餐馆的“Food”属性的摘要实例

Reference Summary	1. Even the chocolate buttermilk cake was dry and stale tasting. 2. The frosting is smooth and creamy and the cakes are perfectly fluffy and delicious. 3. The icing is sweet, smooth and buttery but the cupcake was very dry and not sweet at all, very bland and flavorless. 4. Chocolate cupcakes with vanilla frosting is the way too go. 5. The frosting can be a bit sweet. 6. The icing was good, but the cake, dry and tasteless!!! 7. The icing is so buttery sweet and the cake moist and delicious, and they are pretty too. 8. The cupcakes i purchased were fresh out-of-the-oven but very dry and bland.

续表

Extracted Summary	1. The cake was dry,cornbready,and the frosting was rubbery and too sweet. 2. The cupcakes i purchased were fresh out-of-the-oven but very dry and bland. 3. The cake is a little too dry,the icing is too sweet,and the chocolate cupcakes don't taste like chocolate at all. 4. The frosting is overly sweet,and the cake can be dry. 5. The icing is sweet,smooth and buttery but the cupcake was very dry and not sweet at all, very bland and flavorless. 6. The frosting is smooth and creamy and the cakes are perfectly fluffy and delicious.

表 8-3 与表 8-4 分别给出了在餐馆和汽车评论集上不同方法在 ROUGE 指标上的性能,具体采用了 ROUGE-1 Average-F、ROUGE-2 Average-F 及 ROUGE-L Average-F 三个具体指标。其中,ROUGE-n 基于 n-gram,而 ROUGE-L 基于**最长公共子序列**(most common subsequence),方括号给出了这些指标分数的 95%置信区间。

表 8-3　餐馆评论上不同摘要方法的性能比较

	ROUGE-1	ROUGE-2	ROUGE-L
Prior	0.3032 [0.2640,0.3428]	0.1232 [0.0841,0.1664]	0.2968 [0.2569,0.3352]
Prior. Gen	0.2394 [0.2021,0.2776]	0.0656 [0.0344,0.0981]	0.2322 [0.1938,0.2717]
MR	0.3192 [0.2537,0.3868]	0.1413 [0.0858,0.1947]	0.3088 [0.2447,0.3725]
MRSP. Gen	0.2946 [0.2602,0.3279]	0.0912 [0.0528,0.1245]	0.2838 [0.2474,0.3207]
MRSP	**0.3642** [0.2956,0.4328]	**0.1801** [0.1186,0.2434]	**0.3561** [0.2885,0.4236]
KL	0.3158 [0.2606,0.3704]	0.1707 [01122,0.2305]	0.3120 [0.2544,0.3660]

表 8-4　汽车评论上不同摘要方法的性能比较

	ROUGE-1	ROUGE-2	ROUGE-L
Prior	0.1520 [0.1367,0.1665]	0.0216 [0.0154,0.0281]	0.1303 [0.11910.1418]
Prior. Gen	0.1484 [0.1337,0.1628]	0.0216 [0.0156,0.0282]	0.1261 [0.1133,0.1384]
MR	0.1539 [0.1387,0.1681]	0.0227 [0.0157,0.0301]	0.1294 [0.1164,0.1415]
MRSP. Gen	0.1580 [0.1423,0.1728]	0.0211 [0.0153,0.0291]	0.1313 [0.1177,0.1442]
MRSP	**0.1587** [0.1438,0.1729]	**0.0232** [0.0169,0.0304]	**0.1331** [0.1203,0.1454]
KL	0.1529 [0.1352,0.1704]	0.0217 [0.0140,0.305]	0.1206 [0.1071,0.1351]

从餐馆领域的对比结果可以看出,MRSP在各个指标上均显著优于所有基准方法。同时也表明,所提出的三个要求对于抽取高质量摘要都必不可少。Prior及MRSP分别显著优于Prior.Gen及MRSP.Gen,表明利用属性相关情感词比通用情感词能更好地抽取富含信息的高质量观点摘要。MR方法显著优于Prior,表明考虑句子间观点相似性关系的全局性信息能够帮助提高摘要质量。MRSP性能优于MR,表明通过引入汇点机制来惩罚冗余观点句子提高摘要多样性的策略也是有效的。

汽车领域的结果也可得到类似的结论,主要区别是:属性相关观点词对性能提升相对不明显,这是因为作为参考文摘的编辑评论主要以提供专业的相对客观的介绍为主,因此利用属性相关观点词来抽取富含信息观点在指标上获益不大。但是,依然可以看到MRSP摘要模型可以抽取出跟编辑评论更加拟合的观点信息。

图8-5给出了餐馆评论上MRSP方法的随λ值变化的ROUGE-1 Average-F分值曲线。这里参数λ(见式(8.5)和(8.6))决定了属性观点模型在摘要过程中的相对重要性。可以看到,ROUGE-1 Average-F分值随着λ值增加而增加直到0.5,表明JAO抽取的属性相关观点词能够帮助提高摘要质量;当λ值接近1时,分值曲线呈现下降趋势,这是由于过度强调属性观点模型可能导致观点的相关性下降;当$\lambda=1$是时,MRSP依然能达到可观的性能,超过单纯利用客观属性模型的方法(即$\lambda=0$),表明利用属性相关情感词本身就能抽取高质量的属性相关观点。

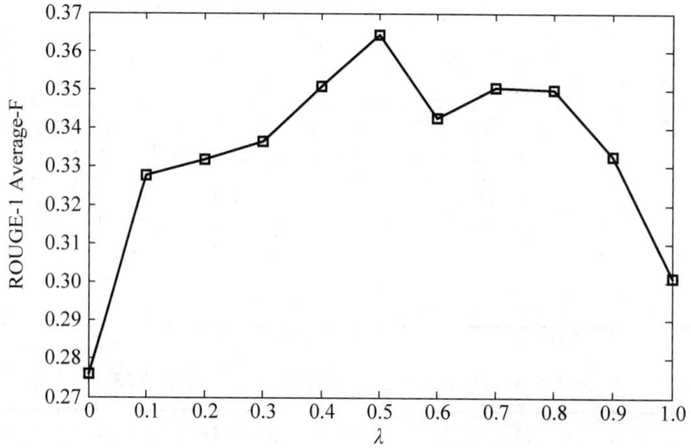

图8-5　餐馆评论上MRSP方法摘要性能(ROUGE1 Average-F)随λ变化曲线

表8-5和表8-6分别给出餐馆和汽车评论上不同方法的平均观点覆盖度和平均观点相似度结果。值得注意的是这两个指标没有利用人工参考摘要,因而更加客观。从表中可以看出,MRSP相对MR及prior在平均观点相似度(越低越好)上性能有显著的提升,同时在平均观点覆盖度上性能与MR相当。表明通过引入汇点,能帮助抽取多样性的观点(diversity),同时保证观点的重要性(salience)不下降。同时,MR及MRSP相对prior在平均观点覆盖上有显著的提升,表明流形排序过程能有效利用候选句子间相互关系,帮助抽取重要的观点(salience)。

表 8-5　餐馆评论上不同方法的平均观点覆盖度及平均观点相似度比较

	平均观点覆盖度	平均观点相似度
MRSP	0.0615	5.2058E-4
prior	0.0462	7.1470E-4
MR	0.0624	9.2979E-4

表 8-6　汽车评论上不同方法的平均观点覆盖度及平均观点相似度比较

	平均观点覆盖度	平均观点相似度
MRSP	0.0541	1.9976E-4
prior	0.0519	3.7172E-4
MR	0.0538	4.0101E-4

参考文献

[1] Kevin Lerman, Sasha Blair-Goldensohn and Ryan McDonald. Sentiment summarization: evaluating and learning user preferences[C]. In Proceedings of the 12th Conference of the European Chapter of the Association for Computational Linguistics, pages 514-522, Athens, Greece, 2009.

[2] Hitoshi Nishikawa, Takaaki Hasegawa, Yoshihiro Matsuo, et al. Opinion summarization with integer linear programming formulation for sentence extraction and ordering[C]. In Proceedings of the 23rd International Conference on Computational Linguistics: Posters, pages 910-918, Beijing, China, 2010.

[3] Jack G Conrad, Jochen L Leidner, Frank Schilder, et al. Query-based opinion summarization for legal blog entries[C]. In Proceedings of the 12th International Conference on Artificial Intelligence and Law, pages 167-176, Barcelona, Spain, 2009.

[4] Yue Lu, ChengXiang Zhai and Neel Sundaresan. Rated aspect summarization of short comments[C]. In Proceedings of the 18th international conference on World wide web, pages 131-140, Madrid, Spain, 2009.

[5] Xu Ling, Qiaozhu Mei, ChengXiang Zhai, et al. Mining multi-faceted overviews of arbitrary topics in a text collection[C]. In Proceedings of the 14th ACM SIGKDD international conference on Knowledge discovery and data mining, pages 497-505, Las Vegas, Nevada, USA, 2008.

[6] Kavita Ganesan, ChengXiang Zhai and Jiawei Han. Opinosis: a graph-based approach to abstractive summarization of highly redundant opinions[C]. In Proceedings of the 23rd International Conference on Computational Linguistics, pages 340-348, Beijing, China, 2010.

[7] Hyun Duk Kim and ChengXiang Zhai. Generating comparative summaries of contradictory opinions in text[C]. In Proceedings of the 18th ACM conference on Information and knowledge management, pages 385-394, Hong Kong, China, 2009.

[8] Michael J. Paul, ChengXiang Zhai and Roxana Girju. Summarizing contrastive viewpoints in opinionated text[C]. In Proceedings of the 2010 Conference on Empirical Methods in Natural Language Processing, pages 66-76, Cambridge, Massachusetts, 2010.

[9] Gilad Mishne and Maarten de Rijke. MoodViews: Tools for blog mood analysis[C]. In AAAI 2006 Spring Symp. on Computational Approaches to Analysing Weblogs (AAAI-CAAW 2006).

[10] Qiaozhu Mei, Xu Ling, Matthew Wondra, et al. Topic sentiment mixture: modeling facets and opinions in weblogs[C]. In Proceedings of the 16th international conference on World Wide Web,

pages 171-180,Banff,Alberta,Canada,2007.

[11] Bing Liu,Minqing Hu and Junsheng Cheng. Opinion observer: analyzing and comparing opinions on the Web[C]. In Proceedings of the 14th international conference on World Wide Web,pages 342-351,Chiba,Japan,2005.

[12] 姚天昉,聂青阳,李建超,等. 一个用于汉语汽车评论的意见挖掘系统[C]. In 中文信息处理前沿进展-中国中文信息会二十五周年学术会议论文集, pages 260-281,2006.

[13] Wayne Xin Zhao, Jing Jiang, Hongfei Yan, et al. Jointly modeling aspects and opinions with a MaxEnt-LDA hybrid[C]. In Proceedings of the 2010 Conference on Empirical Methods in Natural Language Processing,pages 56-65,Cambridge,Massachusetts,2010.

[14] Jingbo Zhu, Huizhen Wang, Benjamin K Tsou, et al. Multi-aspect opinion polling from textual reviews [C]. In Proceedings of the 18th ACM conference on Information and knowledge management,pages 1799-1802,Hong Kong,China,2009.

[15] Thomas L. Griffiths and Mark Steyvers. Finding scientific topics[C]. Proceedings of the National Academy of Sciences,101(Suppl 1): 5228-5535,2004.

[16] Pan Du,Jiafeng Guo,Jin Zhang,et al. Manifold ranking with sink points for update summarization [C]. In Proceedings of the 19th ACM international conference on Information and knowledge management,pages 1757-1760,Toronto,ON,Canada,2010.

[17] Ganu Gayatree,Elhadad Noémie and Marian Amélie. Beyond the stars: Improving rating predictions using review text content[C]. In Proceedings of International Workshop on the Web and Databases, pages,2009.

[18] Ben He,Craig Macdonald,Jiyin He and Iadh Ounis. An effective statistical approach to blog post opinion retrieval[C]. In Proceedings of the 17th ACM conference on Information and knowledge management,pages 1063-1072,Napa Valley,California,USA,2008.

第9章 情感与观点检索

观点检索技术旨在从文本数据中发现与主题(通过查询指定的一个产品、事件或话题等)相关的观点信息,并通过信息检索的方式,按内容主题相关并且包含相关观点的概率对检索对象如**博文**(blog post)进行排序。这个问题的核心挑战是如何在检索模型中高效地捕获主题相关观点,忽略无关观点,从而对检索对象进行合理的观点评分。另外一个主要挑战是如何合理地将主题相关性与观点评分进行融合以产生最终的排序结果。围绕这两个挑战,相关研究从不同角度大致可分为以下几类。

9.1 观点评分方法

从观点评分的角度看,已有工作可分为两类:基于分类的方法和基于词典的方法。

基于分类的方法通常利用包含主客观性标注的训练数据来训练分类器,进而对文本进行观点评分。作为基于分类的方法的代表性工作,Zhang 等人[1]采用标准的二元文本分类方法来解决观点评分问题。首先,针对各个查询,采集主客观标注语料。对于主观标注文档,利用查询词或概念短语从在线点评网站采集相关顾客点评或利用原始查询和观点指示词从搜索引擎查询相关文档作为观点文档;对于客观标注文档,利用相似的方法从维基百科或搜索引擎采集客观文档,其中排除包含观点指示词的文档。然后,利用 Pearsons 卡方检验(Chi-Square Test)指标进行特征选择,获取具有主客观区分能力的词作为分类特征。在此基础上,分别训练查询相关或查询无关的 SVM 分类器。其次,对于博文的各个句子利用 SVM 分类器进行分类,识别观点句子,并得到其观点评分。然后,利用“NEAR”操作(一种用于估计词汇与具有强烈情感色彩的种子词集合的关联程度的操作)识别查询相关句子,进一步得到观点相关句子。最后,对各个观点相关句子的观点评分进行相加,得到博文的观点评分。文献[2]对[1]的观点评分工作在特征选择、噪声过滤等方面进行了改进。

基于词典的方法往往将博文跟预先构建的观点词典按一定策略进行匹配,然后汇聚这些匹配结果得到观点分值。相关研究往往涉及以下两方面问题:①如何构建观点词典,包括基于伪相关反馈的方法[3]、基于统计的方法[4]及综合不同知识资源的方法[5]等;②如何按一定策略进行观点匹配,如基于查询词窗口[6]、考虑观点词跟查询词的距离信息[5]以及利用信息检索的方法[7]等。具体地,Na 等人[3]从通用观点词典出发,利用伪相关反馈技术计算观点词的查询相关的观点权重,以此计算文档的观点分值。Yang 等人[5]利用半自动化技术整合现有知识资源构建观点词、观点搭配及观点词形等不同形式的观点词典。针对各个词典分别对博文进行观点评分,其中观点评分考虑基于观点词词频、基于查询词窗口及考虑观点词跟查询词距离等不同策略。最后用加权求和方法得到最终的观点分值。He 等人[7]利用词权重计算模型来度量各个词在观点相关文档集中相对于整个相关文档集的统计显著性,来获取观点指示词。然后将观点指示词作为查询,利用 BM25 或 PL2 DFR

(Divergence From Randomness)等概率检索模型来估计观点分值。

9.2 主题相关观点方法

从如何捕获主题相关观点的角度看,已有工作可分为以下几种:

(1) 在考虑主题相关性时不显式考虑观点的主题依赖性。这些方法往往特别依赖各种外部资源,如 NLP 工具(OpinionFinder[8])、观点词典资源或者更丰富的主客观标注语料,来更高效地探测观点内容。由于主题相关文本中的观点也很有可能是针对主题,因此这些方法往往也能取得较好的性能,但这些方法所依赖资源往往需要大量人力来构造。

(2) 利用主题相关观点词来捕捉观点的主题依赖性。观点表达往往具有主题依赖性,也就是说,针对不同主题,作者可以采用不同观点词表达其看法。而这些主题相关观点词往往具有主题区分能力,相比通用观点词能更好地指示观点是否与主题相关[9]。因此,强调主题相关观点词能更好地捕获主题相关观点。Lee 等人[10]通过一个产生式检索模型将观点词跟主题的联系引入到一个一体化的检索框架中,从而更好捕获了主题相关观点。

(3) 利用观点词或观点句子与查询词的**近邻**(proximity)信息来捕捉观点的主题依赖性。该类方法基于以下假设:与查询词相近的观点更有可能是主题相关的。这里邻近信息可以利用窗口[11]、近邻核函数[12]、"NEAR"操作[1]等方式来捕获。

Gerani 等人[9]将通用观点词典与近邻核函数整合到一个概率检索模型中,来捕获查询相关观点。具体而言,该方法将文档看作词序列,对于该词序列中的每个观点词,以该词所在位置为中心,按照高斯等近邻核函数向周围位置扩散观点概率。累加所有观点词所扩散的概率值,序列中每个位置都获得了一个观点概率值。文档 d 位置 i 的观点概率值由以下公式计算:

$$p(o \mid i,d) = \sum_{j=1}^{|d|} p(o \mid t_j) p(j \mid i,d) \tag{9.1}$$

最后,考虑查询词所在位置的观点概率值来计算文档的观点评分,具体公式如下:

$$p(o \mid d,q) = \sum_{i=1}^{|d|} p(o \mid i,d) p(i \mid d,q) \tag{9.2}$$

通过实验对比不同 $p(i|d,q)$估计策略,作者发现仅仅考虑观点概率值最大的查询词位置(即 $p(o|d,q)=\max_{i\in pos(q)} p(o|i,d)$),效果最好。此外,他们还尝试了 6 种不同近邻核函数,发现均能显著提高观点检索性能,其中拉普拉斯核函数效果最好,表明查询词跟观点词的近邻信息能有效捕获主题相关观点。

此外,也有些工作利用主题词跟观点句子的近邻信息来捕获主题相关观点。比如,Zhang 等人[1]利用"NEAR"操作,即在观点句子及其前后 2 个句子的窗口内,搜索查询相关信息(包括查询词或短语,及其同义词等)来决定该句是否主题相关,从而发现观点相关句子。类似地,Santos 等人[12]利用查询词跟观点句子的近邻信息,来捕获主题相关观点。不同的是,他们利用 Divergence From Randomness(DFR) proximity 概率检索模型来整合这些近邻信息。

9.3　结合观点评分与主题相关性的方法

从观点评分和主题相关性的融合角度看，已有工作主要分为两类，分别如下。

1. 启发式的两阶段方法

该类方法往往把观点检索过程分成两个独立的步骤：首先检索出给定查询相关的文本并得到主题相关性评分；然后，对这些主题相关的文本进行观点评分，并融合两项分数得到最终评分进行重排序。通常采用类似如下公式的线性加权和方式来融合两项分数[1][3][5][12]：

$$Score_{com} = (1-\alpha) \cdot Score_{opn} + \alpha \cdot Score_{rel} \tag{9.3}$$

2. 一体化的方法

该类方法在一个一体化的过程中，进行观点分值和主题相关性的融合。一体化的方法通常能够以一种有理论依据的方式充分考虑主题和观点两方面因素的相互依赖，从而达到主题相关性和观点相关性两方面性能的平衡，以及总体性能的优化。而两阶段方法往往具有启发性、随意性等特点，最终评分很可能由主题相关性或观点评分单方面主导，导致总体性能不理想。此外，一体化方法一般具有框架灵活、较少依赖知识资源或标注语料等优点。

Zhang 等人[11]从经典的面向主题的产生式检索模型出发，通过引入观点因素，将主题相关性与观点评分的估计跟融合过程纳入一个一体化的产生式检索框架中。具体而言，他们引入了代表通用观点词典的隐含变量 s，并按给定查询 q 与 s 条件下的文档产生概率，$p(d|q,s)$，对文档进行评分并排序。经过推导，得到了如下融合主题相关性与观点评分的计算公式：

$$p(d \mid q,s) \propto I_{op}(d,q,s) \cdot I_{rel}(d,q) \tag{9.4}$$

其中 $I_{rel}(d,q)=p(q|d)p(d)$ 考虑文档的主题相关性，而 $I_{op}(d,q,s)=\frac{1}{|S|}\sum_{i} p(s_i \mid d, q)$ 估计文档的观点评分。 相对于线性加权和方式，该方式从产生式检索模型出发，具有合理的理论支持。同时也有合理的直观解释：主题相关性可以看作观点评分的权重因素，用来指示文档中的观点是否主题相关，而线性加权和方式割裂了二者的联系。Zhang 等人通过实验展示了该一体化模型相对于两阶段方法的优势。这个模型的不足在于观点评分部分不能很好地考虑观点的主题相关性，他们利用通用观点词典知识，没有很好区分不同观点词的主题相关性；此外，他们试图考虑观点词跟查询词的窗口内的共现来捕获主题相关观点，但这个机制并没有起作用。

Gerani 等人[9]将通用观点词与近邻核函数整合到一个类似的产生式检索框架中，利用观点词跟查询词的邻近信息来捕获查询相关观点。实验表明这些邻近信息能显著提高观点检索性能。Lee 等人[10]对以上产生式检索模型进一步改进，同时考虑观点词的主题相关性与观点词跟查询词的邻近信息来更好地捕获主题相关观点。

不同于以上基于产生式模型的一体化方法，Huang 等人[13]提出了**观点相关性模型**(opinion relevance model)来一体化地刻画用户对于观点相关文档的信息需求。他们提出了查询独立和查询依赖两类情感扩展方法来学习观点相关性模型的观点部分。然后基于该观点相关性模型与文档语言模型的 ***KL*-散度**(KL-divergence)对文档进行排序。

9.4 面向博客信息源的检索方法

博客(blog)是一种由用户(称为博主,blogger)自主管理的内容发布日志网站,由一系列有日期信息并按照日期排序的**博文**(blog post)构成,通常用来传达个人自由思想、抒发情感或分享资讯等。每个博客对应一个**博客信息源**(blog feed),以供专门的阅读器订阅,来定期查看所关心博客的最新博文内容。以往的大部分情感检索研究都以博文为检索单元,而 TREC 2009 引入了一个新的任务——以博客信息源为检索单元[14]。不同于普通文档,博客信息源可以视为动态的博文流,能提供用户持续更新的信息。通过面向博客信息源的观点检索,用户可以持续不断地从 Web 中获取相关的观点信息。

TREC 结果表明,面向博客信息源的情感检索是一项非常有挑战性的任务,许多参评方法在考虑观点进行重排序后反而相对主题相关初始排序的性能有所下降[14]。这是因为参评方法没有很好考虑该任务相比普通文档观点检索的特殊挑战,这一挑战具体体现在两方面:①情感倾向应该由全体博文共同体现,仅仅在个别博文中发现一些观点片段是不足够的,需要充分利用博客信息源所包含各种信息,例如博文内容信息以及博文间关系的结构信息等,来更好反映待检索内容是否有显著的情感倾向;②同时,必须设计适合博客信息源的方法来捕获主题相关观点,以保证观点趋势确实是主题相关的。由于博客信息源跟普通文档的巨大差异,针对普通文档的方法,如基于查询词跟观点词近邻信息的方法,则未必适用,因此需要探讨一种适用博客信息源的有效方法。为了解决以上挑战,Xu 等人[15]提出了一个一体化的概率检索框架,整合了基于语言模型的观点评分方法。基于该框架,作者就如何针对博客信息源合理捕获主题相关观点、如何利用博客信息源的各种信息更好地反映是否有显著的相关观点趋势展开了研究。

9.4.1 检索框架

本节介绍一体化检索框架,该框架目标是对博客信息源按照满足主题相关跟相关观点趋势这两方面要求的概率进行合理的排序。

按照传统的生成式检索模型,博客信息源的主题相关度可以按给定查询 Q,博客信息源 F 的生成概率 $P(F|Q)$来估计。在博客信息源情感检索任务中,由于需要进一步考虑相关观点趋势,所以特别引入隐含变量 O_Q,表示主题相关观点表达特征,然后遵循产生式检索框架,按照给定查询 Q 及 O_Q 的博客信息源条件生成概率 $P(F|Q,O_Q)$,对博客信息源进行排序。

基于贝叶斯公式,可以得到:

$$\begin{aligned} P(F \mid Q,O_Q) &\propto P(F,Q,O_Q) \\ &\propto P(F)P(Q \mid F)P(O_Q \mid Q,F) \end{aligned} \tag{9.5}$$

上式有两个概率需要估计:$P(F)P(Q|F)$用于估计主题相关性,$P(O_Q|Q,F)$用于估计观点评分。通过一体化检索框架,可实现对主题相关性与观点评分进行估计和融合。该框架从信息检索的生成模型推导而出,具有理论支持,同时充分考虑了观点的主题依赖性(在观点评分中充分考虑了主题因素),从而达到更好的主题相关和相关观点趋势两方面性能的平

衡和总体性能的优化。

博客信息源 F 主题相关性按给定 F 查询 Q 的产生概率再乘以 F 的先验概率($P(F)P(Q|F)$)估计得到。由于面向主题相关的博客信息源检索已经有深入研究[13]，因此这部分的具体估计方法不是本节的重点。本节重点讨论如何更好估计观点评分，以反映 F 是否有显著、持续地发布相关观点的总体趋势，具体公式如下：

$$P(O_Q \mid Q,F) = \sum_{w \in V} P(w \mid Q,F) P(O_Q \mid w,F,Q) \tag{9.6}$$

这里 V 为词表，w 为词表中的词。假设给定词 w，O_Q 与(F,Q)条件独立，则有：

$$P(O_Q \mid Q,F) = \sum_{w \in V} P(w \mid Q,F) P(O_Q \mid w) \tag{9.7}$$

又假设词的先验概率(即$\{P(w)\}_{w \in V}$)为均匀分布，同时排除不影响最终排序的 $P(O_Q)$，可以得到下面的公式：

$$\begin{aligned} P(O_Q \mid w) &= \frac{P(w \mid O_Q) P(O_Q)}{P(w)} \\ &\propto P(w \mid O_Q) \end{aligned} \tag{9.8}$$

结合式(9.7)与式(9.8)，可以得到如下观点评分估计公式：

$$P(O_Q \mid Q,F) \propto \sum_{w \in V} P(w \mid Q,F) P(w \mid O_Q) \tag{9.9}$$

这里使用一个**一元语言模型**(unigram language model)来估计 $P(w|O_Q)$，称为**主题观点模型**(Topic-specific Opinion Model，TOM)；同样，可以使用**主题偏向博客信息源模型**(Topic-biased Feed Model，TFM)来估计 $P(w|Q,F)$。这样，得到了基于语言模型框架的观点评分估计方法，其中 TOM 目标在于捕获具有主题区分能力的主题相关的观点表达特征；而 TFM 目标在于反映博客信息源中的内容信息是否切合主题相关观点表达特征。

语言模型方法由于有着坚实的统计理论基础及方便灵活的估计方式，所以在信息检索中得到广泛应用。利用基于语言模型框架的观点评分方法，能够以一种有理论支撑的方式针对博客信息源检索单元获取主题相关观点。更重要的是，这种估计方法方便灵活，可以充分利用博客信息源包含的各种信息，如博文的内容信息和博文间相互关系的结构化信息，来估计 TFM，以更好反映是否有显著的观点趋势。

值得注意的是，也有研究者针对博文观点检索提出了类似的产生式检索模型[9][11]，本节介绍的模型相比这些模型主要区别在于观点评分部分更适合博客信息源。首先，这些模型使用通用观点词典，利用观点词跟查询词的近邻信息来捕获主题相关观点，没有充分考虑观点的主题依赖性。而本节模型充分考虑这种依赖性，利用主题相关观点表达特征来更好捕获主题相关观点。此外，基于语言模型框架，可以方便利用博客信息源中的特殊信息来更好反映是否有显著的观点倾向。

接下来的关键问题是如何合理估计 TOM 与 TFM。下面两节将分别详细讨论这两个模型的具体要求及相应的估计方法。

9.4.2　主题观点模型

TOM 目标在于获取具有主题区分能力的主题相关观点表达特征。换言之，TOM 反映了博主频繁使用哪些主题专属的观点词来表达针对该主题的个人观点。通常，人们针对不同主题往往使用不同的观点词表达个人看法，反过来，这些主题相关的观点词也可以提供丰富的信息来区分所表达的观点是否是主题相关的。例如，人们使用“rhythmic”等专门的观点词来表达音乐相关主题观点，这类观点词相比“great”这种通用观点词更能反映所表达的观点是否是主题相关的。总而言之，TOM 需要满足两方面要求：一是主题区分能力强，二是观点表达特征。

文献[15]使用产生式概率混合模型，有效地抽取了主题区分能力强的观点信息，并对主题相关观点表达特征进行了建模。首先，作者利用一个背景模型来消除一些没有主题区分力的高频噪声词的影响，从而抽取主题区分性强的主题相关内容；然后，利用通用观点模型作为先验指导将观点内容从客观内容中有效区分出来，进而有效刻画主题相关观点表达特征。值得的注意的是，不同变种的概率混合模型在各种文本分析领域得到了广泛的应用[17][18]，这里将其应用领域扩展到情感检索，所提概率混合模型如图 9-1 所示。

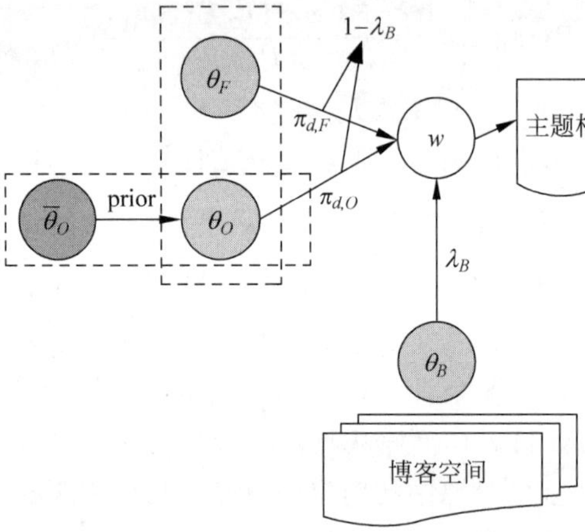

图 9-1 概率混合模型

主题相关博文内容是从背景模型、主题客观模型以及主题观点模型的混合模型中采样生成。令 $C=\{d_1,d_2,\cdots,d_m\}$ 为一个主题相关博文集，θ_O 为主题观点模型，θ_F 为主题客观模型，θ_B 为背景语言模型，$\Lambda=\{\theta_O,\theta_P,\pi_{d,O},\pi_{d,F}\}$ 为待估计参数集，其中 $\pi_{d,O}(\pi_{d,F})$ 是博文 d 由 $\theta_O(\theta_F)$ 生成的概率，有 $\pi_{d,F}+\pi_{d,O}=1$。博文集合 C 的生成对数似然为：

$$\log(P(C\mid\Lambda))=\sum_{d\in C}\sum_{w\in V}[c(w,d)\times\log(\lambda_B P(w\mid\theta_B)+(1-\lambda_B)(\pi_{d,O}P(w\mid\theta_O)+\pi_{d,F}P(w\mid\theta_F)))] \tag{9.10}$$

这里 V 为词表，$c(w,d)$ 为词 w 在博文 d 的词频，λ_B 是控制背景语言模型在参数估计中影响的权值，参照 Zhai 等人[19]的工作，将 λ_B 值固定为 0.95。θ_B 在整个 Blogs08 数据集上[20]采用极大似然估计方法得到，主要反映整个博客空间的通用高频词信息，并在学习过程保持固定。通过引入背景语言模型，可以消减不包含任何语义信息的通用高频词(如停用词)影响，从而使得学习的主题观点模型更加有主题区分性。此外，为了获得主题相关博文 C，可以根据原始查询词从 Blogs08 数据集使用 BM25 检索模型检索前 N(实验中 N 取 500)个主题相关博文。

使用**期望-最大化**(Expectation-Maximization, EM)算法来对参数集 Λ 进行极大似然估计，相应的 EM 迭代更新公式如下：

E 步骤：

$$P(z(d,w,O))=\frac{\pi_{d,O}^{(n)}P^{(n)}(w\mid\theta_O)}{\sum_{v\in\{O,F\}}\pi_{d,v}^{(n)}P^{(n)}(w\mid\theta_v)} \tag{9.11}$$

$$P(z(d,w,F))=1-P(z(d,w,O)) \tag{9.12}$$

$$P(z(d,w,B))=\frac{\lambda_B P(w\mid\theta_B)}{\lambda_B P(w\mid\theta_B)+(1-\lambda_B)\sum_{v\in\{O,F\}}\pi_{d,v}^{(n)}P^{(n)}(w\mid\theta_v)} \tag{9.13}$$

M 步骤：

$$\pi_{d,O}^{(n+1)}=\frac{\sum_{w\in V}c(w,d)P(z(d,w,O))}{\sum_{v\in\{O,F\}}\sum_{w\in V}c(w,d)P(z(d,w,v))} \tag{9.14}$$

$$\pi_{d,F}^{(n+1)}=1-\pi_{d,O}^{(n+1)} \tag{9.15}$$

$$P^{(n+1)}(w\mid\theta_O)=\frac{\sum_{d\in C}c(w,d)(1-P(z(d,w,B)))P(z(d,w,O))}{\sum_{w'\in V}\sum_{d\in C}c(w',d)(1-P(z(d,w',B)))P(z(d,w',O))} \tag{9.16}$$

$$P^{(n+1)}(w\mid\theta_F)=\frac{\sum_{d\in C}c(w,d)(1-P(z(d,w,B)))P(z(d,w,F))}{\sum_{w'\in V}\sum_{d\in C}c(w',d)(1-P(z(d,w',B)))P(z(d,w',F))} \tag{9.17}$$

以上公式中，隐含变量 $z(d,w,O)$ 或 $z(d,w,F)$ 分别表示博文 d 中词 w 从 θ_O 或 θ_F 产生。

到目前为止，上述模型还不能有效区分观点内容与客观内容，因为即使在观点博文中，观点内容也往往与客观内容相互混杂。因此，还需引入通用观点模型 $\bar{\theta}_O$ 作为先验来引导主题观点模型的估计，从而进一步将主题观点内容从主题客观内容中有效区分出来，进而有效刻画主题相关观点表达特征。这里 $\bar{\theta}_O$ 根据一个通用观点词典（记为 GO）学习得到，其中每个观点词的概率均匀分布，其他词概率为 0，具体学习公式如下：

$$P(w\mid\bar{\theta}_O)=\begin{cases}\frac{1}{|GO|}, & \text{当 } w\in GO\\ 0 & \text{其他}\end{cases} \tag{9.18}$$

观点词典来源于两个公开的知识库：MPQA Subjectivity Lexicon[①]（简称 MPQA）与 SentiWordNet[②]。从 MPQA 中，抽取“type”值为“strongsubj”或“weaksubj”的词作为观点词。从 SentiWordNet 中，抽取另一个观点词集，挑选规则为其中每个词至少一个**词义**（word sense）的 positive 或 negative score 大于给定的阈值。合并这两部分观点词，并忽略其词性标注（POS）信息，得到最终的观点词典。

为了引入通用观点模型 $\bar{\theta}_O$ 作为先验监督，定义了 θ_O 的共轭先验概率分布 $Dir(\{1+\mu P(w|\bar{\theta}_O\}_{w\in V})$，以约束 θ_O 与通用观点模型 $\bar{\theta}_O$ 尽量接近，对于其他参数采用均匀先验。这样 $\Lambda=\{\theta_O,\theta_P,\pi_{d,O},\pi_{d,F}\}$ 的先验概率如下：

---

① https://www.cs.pitt.edu/mpqa/

② https://sentiwordnet.isti.cnr.it/

$$P(\Lambda) \propto P(\theta_O) = \prod_{w \in V} P(w \mid \theta_O)^{\mu P(w \mid \bar{\theta}_O)} \tag{9.19}$$

基于这样的先验概率，可以计算参数的极大化后验估计 $\tilde{\Lambda} = \text{argmax}_{\Lambda} \log(P(\Lambda)P(C|\Lambda))$，使用 EM 算法来获取参数集 Λ 的极大化后验估计，该 EM 算法相应的更新公式与式(9.11)~式(9.17)基本一致，除了 M 步骤中的 θ_O 估计公式调整如下：

$$P^{(n+1)}(w \mid \theta_O) = \frac{\mu P(w \mid \bar{\theta}_O) + \sum_{d \in C} c(w,d)(1 - P(z(d,w,B)))P(z(d,w,O))}{\mu + \sum_{w' \in V} \sum_{d \in C} c(w',d)(1 - P(z(d,w',B)))P(z(d,w',O))} \tag{9.20}$$

这里参数 μ 控制了先验影响的强弱：当 μ 值过小时，先验指导过弱，不能将观点内容从客观内容中有效区分出来，所估计的 TOM 将混杂客观词；当 μ 值过大时，先验指导过强，所估计的 TOM 将被通用观点词主导，缺乏主题区分能力。因此，合适的 μ 值非常重要，后面的实验中将具体探讨 μ 值的设置问题。

9.4.3 主题偏向模型

TFM 旨在体现博客信息源的偏向主题的重要内容信息，反映是否有显著的相关观点趋势。为此，TFM 需考虑以下两方面的要求：

(1) **显著性**(salience)：反映博客信息源中很多博文所共享的重要内容信息，忽略一些个别博文中的琐碎或者噪声信息，从而更好地反映是否有显著的观点趋势。如果直接把所有博文相连接构造一个大文档来估计 TFM，则很容易被个别长博文主导，或者受到一些琐碎或噪声信息影响，因而不能有效反映信息的重要程度。

(2) **主题偏向**(topic bias)：应该强调主题相关的内容。通过强调主题相关内容，进而强调其中的观点(更有可能主题相关)，可以(在利用主题观点模型的基础上)进一步获取博客信息源中的主题相关观点。

为了更好估计 TFM，Xu 等人[15]提出了博客信息源的图表示模型，并在图上进行主题偏向的随机行走，利用博文与博文间、词与词间以及博文与词之间所形成的主题敏感的相互增强关系来获取博客信息源中的主题偏向的重要内容信息，同时考虑**显著性**(salience)与**主题偏向**(topic bias)两方面要求，最终更好地反映是否有显著的相关观点趋势。

给定一个查询 Q 及博客信息源 F，构造如下的带权无向图 $\boldsymbol{G}^Q = (P, W, E^{PP}, E^{PW}, E^{WW}, \boldsymbol{M}^{Q,PP}, \boldsymbol{M}^{PW}, \boldsymbol{M}^{WW})$ 来获取 F 的内容及结构信息。图中包括两类结点，P 和 W 分别代表 F 所包含的博文及词集合，E^{PP}、E^{PW} 及 E^{WW} 分别表示博文-博文、博文-词及词-词间的连边，相应的权重矩阵 $\boldsymbol{M}^{Q,PP}$、$\boldsymbol{M}^{PW}$ 及 $\boldsymbol{M}^{WW}$ 分别体现博文-博文、博文-词及词-词之间相互关系。

使用查询感知的内容相似度来度量博文 p_i 与 p_j 之间的关系：

$$M_{i,j}^{Q,PP} = \sum_{w \in V} TF\text{-}IDF(p_i, w) \cdot Weight(w, Q) \cdot TF\text{-}IDF(p_j, w) \tag{9.21}$$

这里 $TF\text{-}IDF(p_i, w)$ 为词 w 在博文 p_i 中的 L_{2-} 归一化的 TF-IDF 权重。Weight(w,Q)表示词 w 跟 Q 的相关度。具体计算方法如下：首先，采用 BM25 模型检索根据原始查询从 Blogs08 数据集得到伪相关博文集；然后，利用词权重计算模型[7]计算每个词在该博文集中相对整个 Blogs08 集的统计显著度作为其主题相关度。值得注意的是，$M_{i,i}^{Q,PP}$ 设为 0 以避免自增强，将 $\boldsymbol{M}^{Q,PP}$ 行归一化后得到 $\widetilde{\boldsymbol{M}}^{Q,PP}$。

同样，利用**逐点互信息**(Pointwise Mutual Information)来计算词 w_i 与词 w_j 相互关系。逐点互信息根据句子级的词共现信息来计算：

$$M_{i,j}^{WW}=\log\left(\frac{P(w_i,w_j)}{P(w_i)\times P(w_j)}\right)=\log\left(\frac{count(w_i,w_j)\times S}{count(w_i)\times count(w_j)}\right) \tag{9.22}$$

这里 S 为 F 中句子计数，$count(w)$ 为包含词 w 的句子计数，$count(w_i,w_j)$ 为同时包含词 w_i 和 w_j 的句子计数。值得注意的是，每个计数都额外加上一个非常小的值 $1/|W|$ 作为平滑。此外，当 $M_{i,j}^{WW}$ 值小于 0 时，$M_{i,j}^{WW}$ 重新设为 0。同样，将 $\boldsymbol{M}^{WW}$ 进行行归一化后得到 $\widetilde{\boldsymbol{M}}^{WW}$。

最后，使用词 w_j 在博文 p_i 中的 L_2-归一化的 TF-IDF 权重，$TF\text{-}IDF(p_i,w)$，来计算 $M_{i,j}^{PW}$。令 $\boldsymbol{M}^{WP}$ 为 $\boldsymbol{M}^{PW}$ 的转置矩阵，对 $\boldsymbol{M}^{WP}$ 及 $\boldsymbol{M}^{PW}$ 分别进行行归一化后得到 $\widetilde{\boldsymbol{M}}^{PW}$ 及 $\widetilde{\boldsymbol{M}}^{WP}$。

在多文档文本摘要研究中，研究者利用文档、句子或词之间的相互关系来抽取文档集中的重要内容信息作为摘要[21]。受这一思想启发，设计博客信息源图上的主题偏向的随机行走模型，该模型利用博文-博文间、词-词间及博文-词之间所形成的主题感知的相互增强关系来获取博客信息源中主题偏向的重要内容信息，如图 9-2 所示。

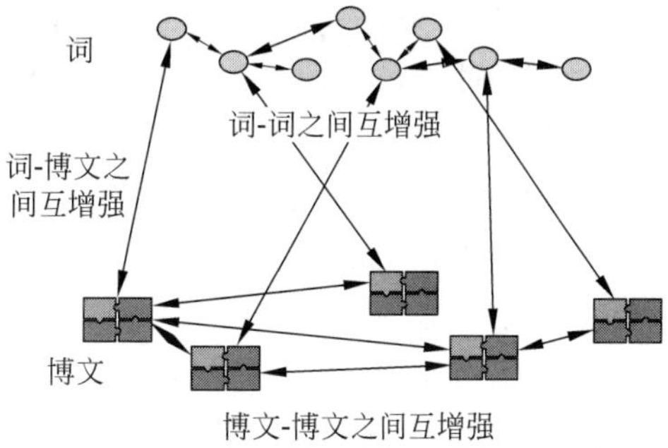

图 9-2　博文-博文间、词-词间及博文-词之间相互增强关系

相互增强原理主要基于如下假设。

假设 1：一个博文是重要的，如果：

(1) 该博文跟很多其他重要博文内容相似；

(2) 包含很多重要的词。

假设 2：一个词是重要的，如果：

(1) 该词跟很多其他重要词相关联；

(2) 出现在许多重要的博文中。

下面进一步在相互增强关系中考虑主题偏向。

令 $\boldsymbol{R}_P=[R_P(p_i)]_{|P|\times 1}$ 及 $\boldsymbol{R}_W=[R_W(w_j)]_{|W|\times 1}$ 分别表示 P 和 W 对应的显著性分值向量，那么以上的相互增强原理可以形式化地表示成如下迭代公式。

根据假设 1，博文的重要度计算公式如下：

$$R_P(p_i)=\lambda_{11}\left[\alpha\sum_{j=1}^{|P|}\widetilde{M}_{j,i}^{Q,PP}R_P(p_j)+(1-\alpha)A_P^Q(p_i)R_P(p_j)\right]+$$

$$\lambda_{21}\left[\alpha\sum_{j=1}^{|W|}\widetilde{M}_{j,i}^{WP}R_W(w_j)+(1-\alpha)A_P^Q(p_i)R_W(w_j)\right] \tag{9.23}$$

根据假设 2,词的重要度计算公式如下：

$$R_W(w_i)=\lambda_{12}\left[\alpha\sum_{j=1}^{|P|}\widetilde{M}_{j,i}^{PW}R_P(p_j)+(1-\alpha)A_W(w_i)R_P(p_j)\right]+$$
$$\lambda_{22}\left[\alpha\sum_{j=1}^{|W|}\widetilde{M}_{j,i}^{WW}R_W(w_j)+(1-\alpha)A_W(w_i)R_W(w_j)\right] \tag{9.24}$$

其中 $\boldsymbol{A}_P^Q=[A_P^Q(p_i)]_{1\times|P|}$ 和 $\boldsymbol{A}_W=[A_W(w_i)]_{1\times|W|}$ 分别为 P 和 W 的先验重要度向量。对于 P,采用主题偏向的先验重要度向量,取值正比于对应博文的主题相关度,即 $\boldsymbol{A}_P^Q(p_i)\propto$ BM25(p_i,Q)。对于 W,采用均匀的先验概率向量。参数 $\lambda_{lm}(l=1,2;\ m=1,2)$ 给出了博文-博文、博文-词等不同类型增强关系的相对重要性。图中每个结点,根据与其他结点的密切关系及结点自身的先验重要度计算得到重要度分值,同时相应地传播重要度分值到其他结点,以此形成相互增强关系。$M_{i,j}^{Q,PP}$ 代表主题敏感的博文关系度,与 $\boldsymbol{A}_P^Q$ 的相互增强关系是主题偏向的,即强调主题相关博文内容。此外,$\lambda_{11}+\lambda_{12}=\lambda_{21}+\lambda_{22}=1$,使得传播过程中总的重要度分值($\|\boldsymbol{R}_P\|_1+\|\boldsymbol{R}_W\|_1$)不变,以保证收敛性。在实验中,为了充分一致地利用各种关系,将 λ_{lm} 简单设置为 0.5。

对于每个博文 $R_P(p_i)$ 初始设置为 $1/|P|$,而对于每个词 $R_W(w_i)$ 初始设置为 $1/|W|$,这样有 $\|\boldsymbol{R}_P\|_1=\|\boldsymbol{R}_W\|_1=1$。然后可以迭代地按式(9.23)～(9.24)计算重要度分值。可以很容易验证,在当前的参数设置条件下(也就是 $\lambda_{lm}=0.5$),$\|\boldsymbol{R}_P\|_1$ 与 $\|\boldsymbol{R}_W\|_1$ 在迭代过程中将保持为 1。

以上的迭代过程实际上可以看作在图上的主题偏向的随机行走过程。状态对应于图中的博文和词结点,相应的转移概率矩阵定义如下：

$$\widetilde{\widetilde{\boldsymbol{M}}}^Q=\begin{bmatrix}\lambda_{11}\widetilde{\widetilde{\boldsymbol{M}}}^{Q,PP} & \lambda_{12}\widetilde{\widetilde{\boldsymbol{M}}}^{PW}\\ \lambda_{21}\widetilde{\widetilde{\boldsymbol{M}}}^{WP} & \lambda_{22}\widetilde{\widetilde{\boldsymbol{M}}}^{WW}\end{bmatrix} \tag{9.25}$$

其中,$\widetilde{\widetilde{\boldsymbol{M}}}^{Q,PP}=\alpha\widetilde{\boldsymbol{M}}^{Q,PP}+(1-\alpha)[1]_{|P|\times 1}\cdot\boldsymbol{A}_P^Q$ 对应于博文到博文的局部转移概率,$\widetilde{\widetilde{\boldsymbol{M}}}^{PW}=\alpha\widetilde{\boldsymbol{M}}^{PW}+(1-\alpha)[1]_{|P|\times 1}\cdot\boldsymbol{A}_W$ 对应于博文到词的局部转移概率,依此类推。

如此,迭代公式(9.23)及式(9.24),可以写成如下的矩阵形式：

$$\begin{bmatrix}\boldsymbol{R}_P\\ \boldsymbol{R}_W\end{bmatrix}=(\widetilde{\widetilde{\boldsymbol{M}}}^Q)^{\mathrm{T}}\cdot\begin{bmatrix}\boldsymbol{R}_P\\ \boldsymbol{R}_W\end{bmatrix} \tag{9.26}$$

很容易验证转移概率矩阵 $\widetilde{\widetilde{\boldsymbol{M}}}^Q$ 满足不可约(irreducible)跟非周期(aperiodic)两个性质。因此,通过以上随机行走过程,将得到一个收敛的重要度分值向量：$\begin{bmatrix}\hat{\boldsymbol{R}}_P\\ \hat{\boldsymbol{R}}_W\end{bmatrix}$,最终有：

$$P(w_i\mid Q,F)\propto\hat{\boldsymbol{R}}_W(w_i) \tag{9.27}$$

值得注意的是,随机行走过程中的"主题偏向"主要通过主题敏感的博文相似度 $M_{i,j}^{Q,PP}$ 与主题偏向的先验重要度向量 $\boldsymbol{A}_P^Q$ 来体现。通过主题偏向,可以强调博客信息源中主题相关的内容，从而更好获取博客信息源中的主题相关观点。

9.4.4　实验与分析

1. 实验设置

实验以 TREC 2009-2010 Blog Track 中的面向**方面**（facet）的**博客精选**（faceted blog distillation）任务为背景。在该任务中，每个查询都关联一个**方面**（facet），而每个方面有两个值。针对每个值，需要检索出不仅满足主题相关性同时满足相应方面值要求的博客信息源，这里只考虑方面中的“opinionated”值，图 9-3 给出了该任务的一个查询实例。

```
<top>
<num> Number: 1162 </num>
<query> uzbekistan </query>
<desc> Description:
I am interested in news from Uzbekistan.
</desc>
<facet> opinionated </facet>
<narr> Narrative:
I am interested in information about what is happening in
Uzbekistan
(current events, not history).A blog that lists Uzbekistan in a list
of countries is judged not relevant.
</narr>
</top>
```

图 9-3　面向方面的博客精选任务查询实例

在官方评估采用的查询中，分别有 2009 年的 13 个和 2010 年的 7 个查询关联“opinionated vs. factual”方面。利用这些查询及 TREC 组织者提供的标注答案进行实验评估。标注采用 5 级体系，其中仅考虑标注为主题相关同时有显著的“opinionated”倾向的作为任务的相关博客信息源。此外，仅使用查询中的“query”域作为查询词，忽略其他域，如“desc”。

Blogs08 数据集是对整个博客世界在 2008-01-14 到 2009-2-10 期间的一个大规模采样[22]。针对其中博文网页处理，使用**链接表消除**（link tables removing）算法[23]来发现博文网页中的价值内容块，并丢弃噪音块，来抽取博文正文。同时，对抽取的博文正文去除停用词①，但并不做词根还原。实验采用信息检索领域的标准评估准则，如**平均准确率**（Mean

① https://ir.dcs.gla.ac.uk/resources/linguistic_utils/stop_words/

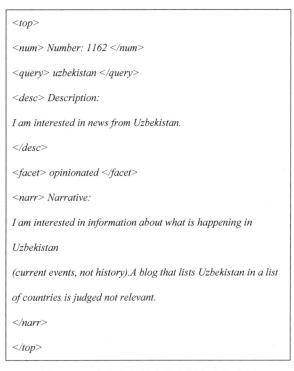

Average Precision，MAP)、R-Precision (R-Prec)及前 10 准确率(Precision @10，P@10)。

为了对观点检索技术进行公平评估，TREC 组织者从 TREC 2010 的主题相关检索任务的参评结果中选择了 3 个主题相关基准排序(按主题相关要求排序的 100 个博客信息源列表)。TREC 组织者按照对这些基准排序进行重排序后观点检索性能的提高程度来对参评观点检索系统进行评估。在这些基准排序中，stbaseline1 是 TREC 2010 中主题相关检索任务性能做好的结果之一；stdbaseline2 代表性能中等的结果；而 stdbaseline3 代表性能较差的结果。利用这些性能、技术差异巨大的基准排序，可以验证所提框架与方法的有效性和鲁棒性。

将 9.4.2 节所提模型记为 **Mix**，为验证所提 TOM 估计方法的有效性，将和以下模型进行比较：

Gen：该方法以通用观点模型 $\bar{\theta}_O$(用于混合模型中的 TOM 的先验)作为 TOM，不考虑观点的主题依赖性。

PRF：基于**伪相关反馈**(Pseudo Relevance Feedback，PRF)的方法。该方法可总结如下：①以原始查询词利用 BM25 模型从 Blogs08 数据集中检索前 5000 主题相关博文；②利用观点词典中的观点构成一个查询，从 5000 博文中进一步检索得到前 30 博文作为伪观点相关博文；③使用**差异最小化**(Divergence Minimization)算法[24]计算每个词的权重，反映词在伪观点相关博文中相对整个 Blogs08 集的权重，以此估计 TOM。PRF 方法能够有效抽取主题相关内容，但没有很好区分观点信息跟客观信息。

将 9.4.3 节所提模型记为 **TRW**，为验证所提 TFM 估计方法的有效性，将和以下模型进行比较：

MLE：把所有博文相连接构造一个大文档，然后利用基于 Jelinek-Mercer(JM)平滑[106]的极大似然估计方法来估计 TFM，该方法很容易被个别长博文主导，或者受到一些琐碎或噪音信息影响。

RW：所提 TRW 方法的变种。区别在于 RW 在随机行走过程中没有考虑主题偏向，也就是说采用主题无关的博文相似度代替 $M_{i,j}^{Q,PP}$，及采用均匀的先验重要度向量代替 $\mathbf{A}_P^Q$。该方法能有效反映重要的博文内容信息，但是没有考虑主题偏向要求。

一个观点评分方法实际上是 TOM 估计方法跟 TFM 估计方法的组合。最终所提出模型记为 Mix-TRW，分别使用 Mix 与 TRW 方法估计 TOM 与 TFM。作为比较，可以使用任何其他组合，如 GEN-MLE 表示使用 GEN 与 MLE 方法分别估计 TOM 与 TFM。

2. 实验结果与分析

下面分别给出三组实验结果，每一组对应一个 TREC 提供的主题相关基准排序。利用所提检索框架(9.4.1 节)对相应的主题相关基准排序进行重排序。通过比较不同的 TOM 与 TFM 估计方法，可验证所提出针对 TOM 与 TFM 估计的具体要求的合理性，及相应估计方法的有效性。

从表 9-1 可以看到，只有 Mix 能对所有基准排序有显著的性能提升，而其他两个没有完全遵循 TOM 估计要求的方法 Gen 和 PRF，则不能做到这一点。

表 9-1　不同 TOM 估计方法的性能比较

	MAP	P@10	R-prec	ΔMAP(%)
stdbaseline1	0.2427	0.2900	0.2579	—
Mix-MLE	**0.2684**	**0.2950**	**0.2974**	10.58
Gen-MLE	0.2551	**0.2950**	0.2851	5.12
PRF-MLE	0.2409	0.2650	0.2549	−0.75
stdbaseline2	0.1318	0.1700	0.1512	—
Mix-MLE	**0.1531**	**0.2400**	0.1734	16.18
Gen-MLE	0.1305	0.1900	0.1570	−0.98
RPF-MLE	0.1458	0.2050	**0.1837**	10.64
stdbaseline3	0.1001	0.1700	0.1281	—
Mix-MLE	0.1115	0.1800	0.1511	11.40
Gen-MLE	0.1042	0.1750	0.1470	4.14
PRF-MLE	**0.1442**	**0.1950**	**0.1650**	25.35

Gen-MLE 对相应基准排序性能提升有限甚至导致性能下降，主要原因是利用主题无关的通用观点词进行观点评分不能很好地反映观点的主题相关性；同时利用主题无关的观点词进行重排序时可能出现**主题漂移**(topic drift)，导致主题相关方面性能下降，进而可能导致总体性能下降。

PRF-MLE 对两个相对偏弱的基准排序(stdbaseline2 和 stdbaseline3)性能提升非常显著。这里的性能提升主要来源于主题相关方面性能的提升。由于博客通常是用来表达观点的，主题相关性性能的提升通常会带来总体性能提升。然而单纯利用主题相关性能提升并不是一种可行的方法。这是因为，观点检索的目标在于提升强主题相关基准排序的性能，而这些基准排序的主题相关性能提升空间有限。合理的 TOM 估计方法是在保证主题相关性能不下降或尽量少下降的前提下，通过反映是否有显著的相关观点趋势，来提高总体性能，而不是单纯提高主题相关性能。从表 9-1 可以看到，PRF-MLE 并没有对强基准排序 stdbaseline1 有性能提升。

相比较 Mix-MLE 与 PRF-MLE，Mix-MLE 能对所有基准排序有显著稳定的性能提升，主要原因是 Mix 能有效反映具有主题区分能力的主题相关观点表达特征，能很好获取博客信息源中的主题相关观点。

以上现象验证了所提 TOM 估计的合理性，以及相应的估计方法 Mix 的有效性。

表 9-2 给出了两个 TREC 查询上的使用 Mix 与 PRF 方法的 TOM 估计结果实例，其中给出了概率值最高的前 20 词。从中可以清楚看到，Mix 结果中主要是主题相关的观点词，如针对 TREC 查询“jazz music”的“rhythmic”“melodic”及“dreamy”，而 RPF 结果中客观词跟观点词相互混杂，没有很好区分开来。

表 9-2 两个 TREC topic 上的使用 Mix 跟 PRF 方法的 TOM 估计结果实例

Topic 1111(Jazz music)		Topic 1162(Uzbekistan)	
Mix	PRF	Mix	PRF
musical	jazz	inconclusive	uzbekistan
groove	musicians	unsuitable	uzbek
rhythmic	musical	acne	karimov
mastering	music	foreigner	tashkent
melodic	classical	wealthy	regime
replica	bebop	hubris	fco
unbeatable	improvisation	infest	islamic
swing	chord	intelligible	murray
kindness	compositions	scabies	islam
dreamy	orchestra	unlimited	torture
vocal	composer	dictator	extremism
eclectic	composition	peacefully	asia
indie	genres	guardian	allies
nonesuch	sound	ambiguous	terror
learning	listened	tyranny	central
laughter	saxophone	oppose	western
strenuous	coltrane	unrest	democracy
superb	pop	whispering	samarkand
fiction	listening	servitude	muslims
comedy	soul	terror	foreign

从表 9-3 可以看到,TRW 能对所有基准排序有显著的性能提升,同时优于其他两个没有完全遵循 TFM 估计要求的方法: MLE 与 RW。

表 9-3 不同 TFM 估计方法的性能比较

	MAP	P@10	R-prec	ΔMAP(%)
stdbaseline1	0.2427	0.2900	0.2579	—
Gen-TRW	**0.2720**	**0.3050**	**0.2978**	12.09
Gen-MLE	0.2551	0.2950	0.2851	5.12
Gen-RW	0.2630	0.3000	0.2877	8.3
stdbaseline2	0.1318	0.1700	0.1512	—
Gen-TRW	**0.1399**	**0.2150**	**0.1614**	6.16
Gen-MLE	0.1305	0.1900	0.1570	−0.98
Gen-RW	0.1345	0.1950	0.1597	2.00
stdbaseline3	0.1001	0.1700	0.1281	—
Gen-TRW	**0.1151**	0.1700	**0.1470**	15.01
Gen-MLE	0.1042	**0.1750**	**0.1470**	4.14
Gen-RW	0.1148	0.1700	0.1458	14.75

Gen-MLE 对基准排序性能提升有限甚至导致性能下降,而 Gen-RW 在所有基准排序上几乎所有指标都优于 Gen-MLE。这是因为,利用随机行走模型来充分利用博客信息源中

的内容和结构信息，能很好地反映博客信息源的重要内容信息，从而更好地反映是否有显著的相关观点趋势，这也验证了所提**显著性**(salience)要求的合理性。

Gen-TRW 在几乎所有指标上对基准排序都有显著的提升，同时整体上也优于没有考虑**主题偏向**(Topic Bias)要求的 Gen-RW 方法(尤其是对强基准排序)。这是因为，在随机行走过程中强调主题相关内容能更好地捕获主题相关观点，从而更好地反映观点趋势是否确实针对主题，这也验证了所提主题偏向要求的合理性。

从表 9-4 可以看出，综合 Mix 和 TRW 的方法 Mix-TRW 能对所有基准排序有显著稳定的性能提升，在所有基准排序上几乎所有指标都优于 Gen-TRW 和 MixMLE。这表明了所提检索框架的有效性，能合理综合主题相关观点表达特征及博客信息源中的各种信息来反映其是否有显著的主题相关观点趋势。

表 9-4　不同观点估计方法的性能比较

	MAP	P@10	R-prec	ΔMAP(%)
stdbaseline1	0.2427	0.2900	0.2579	—
Mix-TRW	**0.2855***	**0.3100***	**0.3036***	17.61
Mix-MLE	0.2684	0.2950	0.2974*	10.58*
Gen-TRW	0.2720*	0.3050*	0.2978*	12.09
stdbaseline2	0.1318	0.1700	0.1512	—
Mix-TRW	**0.1710***	**0.2500***	**0.1917***	29.74
Mix-MLE	0.1531	0.2400*	0.1734*	16.18
Gen-TRW	0.1399	0.2150*	0.1614	6.16
stdbaseline3	0.1001	0.1700	0.1281	—
Mix-TRW	**0.1197***	0.1750	**0.1745***	19.64
Mix-MLE	0.1115*	**0.1800**	0.1511*	11.40
Gen-TRW	0.1151	0.1700	0.1470	15.01

* 表明提升是统计显著的(Paired t-tests, $p\text{-value}<0.05$)

式(9.20)中的参数 μ 控制了 TOM 估计的 Mix 方法中先验影响的强弱。为了单纯地考察参数 μ 的影响，固定 TFM 估计方法为 MLE。图 9-4 给出了在不同基准排序上的 MAP 值随 μ 的变化曲线图。

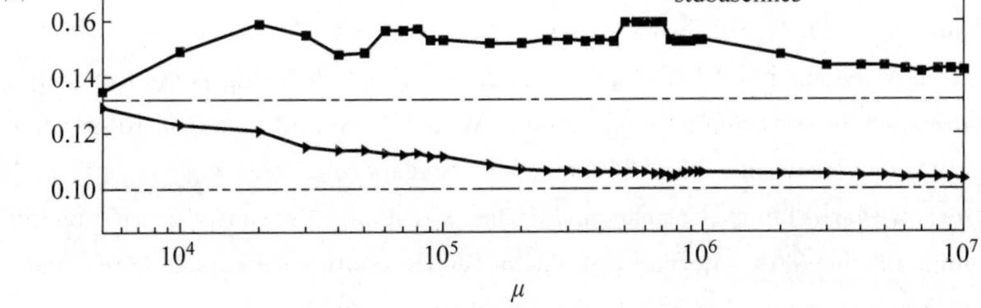

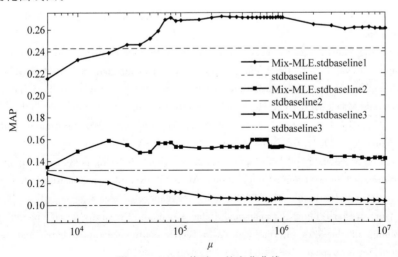

图 9-4　MAP 值随 μ 的变化曲线

当 μ 值在 100 000 左右时，Mix-MLE 对所有基准排序有显著的性能提升，并且在 $\mu \geqslant$ 60 000 的相当大的范围内，都能保证有显著的性能提升，而且性能相对稳定。这表明所提出的 Mix 方法的健壮性。

当 μ 值变得过大时(如 $\mu \geqslant$ 1 000 000)，性能开始下降，但比较缓慢。主要原因在于当 μ 值过大时，先验指导过强，所估计的 TOM 将被通用观点词主导，缺乏主题区分能力，不能很好捕获主题相关观点。

当 μ 值很小时(如 5000 及 10 000)Mix-MLE 对弱的基准排序(如 stdbaseline3)有相当大的性能提升，而且越弱的基准排序越能从小的 μ 值中获益；另一方面，Mix-MLE 对强基准排序(如 stdbaseline1)性能明显下降。主要原因是当 μ 值过小时，先验指导过弱，不能将观点内容从客观内容中有效区分出来，所估计的 TOM 将混杂主题相关客观词，因此所学的 TOM 能提高弱主题相关基准排序的主题相关性能(从而提高总体性能)，但不能提高强基准排序的主题相关性能。由于观点检索目标在于提高强基准排序的总体性能，因此过小的 μ 值并不是合理的选择。

参考文献

[1] Wei Zhang, Clement Yu and Weiyi Meng. Opinion retrieval from blogs[C]. In Proceedings of the sixteenth ACM conference on Conference on information and knowledge management, pages 831-840, Lisbon, Portugal, 2007.

[2] Wei Zhang, Lifeng Jia, Clement Yu, et al. Improve the effectiveness of the opinion retrieval and opinion polarity classification[C]. In Proceedings of the 17th ACM conference on Information and knowledge management, pages 1415-1416, Napa Valley, California, USA, 2008.

[3] Seung-Hoon Na, Yeha Lee, Sang-Hyob Nam, et al. Improving Opinion Retrieval Based on Query-Specific Sentiment Lexicon[C]. In 31th European Conference on IR Research on Advances in Information Retrieval (ECIR'09), pages 734-738, 2009.

[4] Kazuhiro Seki and Kuniaki Uehara. Adaptive subjective triggers for opinionated document retrieval [C]. In Proceedings of the Second ACM International Conference on Web Search and Data Mining, pages 25-33, Barcelona, Spain, 2009.

[5] Kiduk Yang. WIDIT in TREC 2008 blog track: Leveraging multiple sources of opinion evidence[C]. In TREC 2008.

[6] Min Zhang and Xingyao Ye. A generation model to unify topic relevance and lexicon-based sentiment for opinion retrieval[C]. In Proceedings of the 31st annual international ACM SIGIR conference on Research and development in information retrieval, pages 411-418, Singapore, Singapore, 2008.

[7] Ben He, Craig Macdonald, Jiyin He, et al. An effective statistical approach to blog post opinion retrieval[C]. In Proceedings of the 17th ACM conference on Information and knowledge management, pages 1063-1072, Napa Valley, California, USA, 2008.

[8] Ben He, Craig Macdonald and Iadh Ounis. Ranking opinionated blog posts using OpinionFinder[C]. In Proceedings of the 31st annual international ACM SIGIR conference on Research and development in information retrieval, pages 727-728, Singapore, Singapore, 2008.

[9] Shima Gerani, Mark James Carman and Fabio Crestani. Proximity-based opinion retrieval[C]. InProceedings of the 33rd international ACM SIGIR conference on Research and development in information retrieval, pages 403-410, Geneva, Switzerland, 2010.

[10] Seung-Wook Lee, Young-In Song, Jung-Tae Lee, et al. A new generative opinion retrieval model integrating multiple ranking factors[C]. J. Intell. Inf. Syst. ,38(2): 487-505,2012.

[11] Min Zhang and Xingyao Ye. A generation model to unify topic relevance and lexicon-based sentiment for opinion retrieval[C]. In Proceedings of the 31st annual international ACM SIGIR conference on Research and development in information retrieval, pages 411-418, Singapore, Singapore, 2008.

[12] Rodrygo L T Santos, Ben He, Craig Macdonald, et al. Integrating Proximity to Subjective Sentences for Blog Opinion Retrieval[C]. In Proceedings of the 31th European Conference on IR Research on Advances in Information Retrieval, pages 325-336, Toulouse, France, 2009. Springer-Verlag.

[13] Xuanjing Huang and W Bruce Croft. A unified relevance model for opinion retrieval[C]. In Proceedings of the 18th ACM conference on Information and knowledge management, pages 947-956, Hong Kong, China, 2009.

[14] Craig Macdonald, Iadh Ounis and Ian Soboroff. Overview of the TREC-2009 Blog Track[C]. In TREC 2009.

[15] Xu X, Tan S, Liu Y, et al. Find me opinion sources in blogosphere: a unified framework for opinionated blog feed retrieval[C]//Proceedings of the fifth ACM international conference on Web search and data mining. ACM, 2012: 583-592.

[16] Jonathan L. Elsas, Jaime Arguello, Jamie Callan and Jaime G. Carbonell. Retrieval and feedback models for blog feed search[C]. In Proceedings of the 31st annual international ACM SIGIR conference on Research and development in information retrieval, pages 347-354, 2008.

[17] Yue Lu and Chengxiang Zhai. Opinion integration through semi-supervised topic modeling[C]. In Proceedings of the 17th international conference on World Wide Web, pages 121-130, Beijing, China, 2008.

[18] Qiaozhu Mei, Xu Ling, Matthew Wondra, et al. Topic sentiment mixture: modeling facets and opinions in weblogs[C]. In Proceedings of the 16th internationalconference on World Wide Web, pages 171-180, Banff, Alberta, Canada, 2007.

[19] ChengXiang Zhai, Atulya Velivelli and Bei Yu. A cross-collection mixture model for comparative text mining[C]. In Proceedings of the tenth ACM SIGKDD international conference on Knowledge discovery and data mining, pages 743-748, Seattle, WA, USA, 2004.

[20] Yue Lu, Malu Castellanos, Umeshwar Dayal, et al. Automatic construction of a context-aware sentiment lexicon: an optimization approach[C]. In Proceedings of the 20th international conference on World wide web, pages 347-356, Hyderabad, India, 2011.

[21] Furu Wei, Wenjie Li, Qin Lu, et al. Query-sensitive mutual reinforcement chain and its application in query-oriented multi-document summarization[C]. In Proceedings of the 31st annual international ACM SIGIR conference on Research and development in information retrieval, pages 283-290, Singapore, 2008.

[22] Craig Macdonald, Rodrygo L T Santos, Iadh Ounis, et al. Blog track research at TREC[C]. SIGIR Forum, 44(1): 58-75, 2010.

[23] Linhai Song, Xueqi Cheng, Yan Guo, et al. ContentEx: a framework for automatic content extraction programs[C]. In Proceedings of the 2009 IEEE international conference on Intelligence and security informatics, pages 188-190, Richardson, Texas, USA, 2009.

[24] Chengxiang Zhai and John Lafferty. Model-based feedback in the language modeling approach to information retrieval[C]. In Proceedings of the tenth international conference on Information and knowledge management, pages 403-410, Atlanta, Georgia, USA, 2001.

第 10 章 情感分析资源归纳

为了推动情感分析技术的发展，国内外的很多研究机构和学者纷纷提供了一定规模的情感语料和情感词典，为情感分析研究提供了很好的基础。

10.1 情感语料

情感语料主要是指标注有正面、负面和中性情感的语料。目前开源的情感语料以用户评论为主，主要包括在线的商品评论、酒店评论和影评书评等等。常用情感语料资源如下：

(1) Cornell(康奈尔)大学提供的影评数据集①：由电影评论组成，其中持正面和负面态度的评论各 1000 篇；另外，还有标注了褒贬极性的句子各 5331 句，标注了主客观标签的句子各 5000 句。目前，影评库被广泛应用于各种粒度的(比如词语、句子和篇章级)情感分析研究。

(2) UIC(伊利诺伊大学芝加哥分校)的 Hu 和 Liu[1] 提供了产品领域的评论语料：主要包括从亚马逊和 Cnet 下载的 5 种电子产品的网络评论(包括两个品牌的数码相机、手机、MP3 和 DVD 播放器)。他们将这些语料以句子为单元详细标注了评价对象以及情感句的极性与强度等信息。因此，该语料适合于评价对象抽取和句子级主客观识别，以及情感分类方法的研究。

(3) Wiebe 等人[2] 所开发的 MPQA(Multiple-Perspective QA)库：包含 535 篇不同视角的新闻评论，是一个进行了深度标注的语料库。标注者为每个句子手工标注了一些情感信息，包括观点持有者、评价对象、主观表达式以及其极性与强度。

(4) MIT(麻省理工学院)的 Barzilay 等人构建的多角度餐馆评论语料：共 4488 篇，每篇语料分别按照 5 个角度(饭菜、环境、服务、价钱、整体体验)分别标注上 1 到 5 个等级。这组语料为单文档的基于产品属性的情感文摘提供了研究平台。

(5) Blitzer 等人[3] 采集整理的亚马逊商品评论语料②：主要涉及图书、电子产品、DVD 和厨房用品四个领域，其中每个领域包含正类文本 1000 篇，负类文本 1000 篇。

(6) 李寿山等人[4] 采集整理的亚马逊商品评论语料③：主要涉及健康、计算机软件、宠物用品和网络产品四个领域，其中每个领域包含正类文本 1000 篇，负类文本 1000 篇。

(7) 中国科学院计算技术研究所谭松波构建的中文情感语料库④：包含图书、酒店和笔记本电脑三个领域，其中每个领域各包含正类文本 2000 篇，负类文本 2000 篇。

(8) 清华大学的李军等人收集整理的中文酒店评论语料⑤：约有 16 000 篇，并标注了褒

---

① http://www.cs.cornell.edu/people/pabo/movie-review-data/

② http://www.seas.upenn.edu/~mdredze/datasets/sentiment/

③ http://llt.cbs.polyu.edu.hk/~lss/ACL2010_Data_SSLi.zip

④ https://www.searchforum.org.cn/tansongbo/senti_corpus.jsp

⑤ https://nlp.csai.tsinghua.edu.cn/site2/index.php/zh/resources

贬类别。

（9）豆瓣网影评情感测试语料[①]：来自豆瓣网对电影 *ICE AGE* 3 的评论，评分标准均按照 5 星评分进行，共有 11 323 条评论。

（10）中文微博情感分析测评数据[②]：数据来自腾讯微博，包括 20 个话题，每个话题采集大约 1000 条微博，共约 20 000 条微博。数据采用 XML 格式，已经预先切分好句子。每条句子的所有标注信息都包含在<sentence>元素的属性中，其中 opinionated 表示是否观点句，polarity 表示句子情感倾向。

（11）Webis Corpora 语料库[③]：该语料库涵盖了英语、法语、德语、日语四种语言，其中英语被视为源语言，其他语言被视为目标语言，目标语言的语料集都是未标注的。该语料库中每种语言又分别涵盖了图书、DVD 和音乐三个领域，每个语料集的大小从 9000 篇到 50 000 篇不等。

（12）Sanders Twitter 语料库[④]：该语料库共包含 5513 条手工标注的 Twitter。语料内容涵盖了四家话题公司，分别是 Apple、Google、Microsoft 和 Twitter。语料中的情感标签分为四类，分别是正向、负向、中性和不相关，不相关指的是非英语和不属于四家话题公司的语料。

（13）Stanford Twitter 语料库[⑤]：该语料库由 Twitter 的 API 和查询构造而成，涉及人物、产品和公司，共有 160 万条 Twitter 语料，其中人工标注的有 498 条。

（14）SemEval 语料库[⑥]：该语料库由 Twitter 语料组成，是 SemEval 2013 国际评测会议的专用语料，其中手工标注的训练集、开发集和测试集分别为 8258、1654 和 3813 条。

10.2　情绪语料

由于情绪种类多，语料标注难度较大，所以情绪语料是非常稀缺的资源。自然语言处理与中文计算会议 NLP&CC 2013 和 NLP&CC 2014 都设置了中文微博情绪识别的评测任务，并发布了供评测使用的情绪语料。

NLP&CC 2013[⑦] 发布的中文微博情绪标注语料包括：①训练集 4000 条，其中有情绪微博 2172 条，无情绪微博 1828 条；②测试集 10 000 条，其中有情绪微博 5075 条，无情绪微博 4925 条。不同情绪类别在训练集、测试集中的分布如表 10-1 所示。

表 10-1　NLP&CC 2013 不同情绪类别在训练集、测试集中的分布

	高兴	愤怒	悲伤	害怕	惊讶	厌恶	喜欢
训练集	370	235	385	49	113	425	595
测试集	1106	405	759	90	221	969	1525

① https://www.datatang.com/data/13539
② https://tcci.ccf.org.cn/conference/2012/pages/page10_dl.html
③ https://www.webis.de/research/corpora/
④ https://www.sananalytics.com/lab/twitter-sentiment/
⑤ https://help.sentiment140.com/for-students
⑥ https://www.cs.york.ac.uk/semeval-2013/task2/
⑦ https://tcci.ccf.org.cn/conference/2013/

NLP&CC 2014[①] 发布的中文微博情绪标注语料包括：训练集 14 000 条，其中有情绪微博 7409 条，无情绪微博 6591 条；测试集 6000 条，其中有情绪微博 3822 条，无情绪微博 2178 条。不同情绪类别在训练集、测试集中的分布如表 10-2 所示。

表 10-2 NLP&CC 2014 不同情绪类别在训练集、测试集中的分布

	高兴	愤怒	悲伤	害怕	惊讶	厌恶	喜欢
训练集	1460	669	1174	148	362	1392	2204
测试集	641	244	302	67	259	679	1630

10.3 情感词典

相比情感语料，情感词典资源较为匮乏，开源的情感词典多以英文为主，且词典规模有限。常用的开源情感词典如下：

（1）GI(General Inquirer)英文评价词词典[②]：该词典收集了 1914 个褒义词和 2293 个贬义词，并为每个词语按照极性、强度、词性等打上不同的标签，便于情感分析任务的灵活应用。

（2）台湾大学(NTU)评价词词典(繁体中文)：该词典由台湾大学收集，含有 2812 个褒义词与 8276 个贬义词。

（3）英文主观词词典[③]：该词典的主观词语来自 OpinionFinder 系统。该词典含有 8221 个主观词，并为每个词语标注了词性、词性还原以及情感极性。

（4）英文情感词典 MPQA[④]：该词典共涵盖 2718 个褒义情感词，4910 个贬义情感词和 570 个中性情感词。

（5）英文情感词典 SentiWordNet[⑤]：该词典基于 WordNet 创建，为 WordNet 中每个词的同义词指定三个情感得分，分别是褒义性得分、贬义性得分和客观性得分。

（6）HowNet 中英文评价词词典[⑥]：该词典包含 9193 个中文评价词语/短语，9142 个英文评价词语/短语，并被分为褒贬两类。

（7）中文情感词汇本体库[⑦]：该资源从不同角度描述一个中文词汇或者短语，包括词语词性种类、情感类别、情感强度及极性等信息。中文情感词汇本体的情感分类体系是在国外比较有影响的 Ekman 的 6 大类情感分类体系的基础上构建的。在 Ekman 的基础上，词汇本体加入情感类别“好”对褒义情感进行了更细致的划分。最终词汇本体中的情感共分为 7 大类 21 小类。

---

① https://tcci.ccf.org.cn/conference/2014/pages/page04_tdata.html

② https://www.wjh.harvard.edu/~inquirer/

③ https://www.cs.pitt.edu/mpqa/

④ https://mpqa.cs.pitt.edu/

⑤ https://sentiwordnet.isti.cnr.it/

⑥ https://www.keenage.com/html/e_index.html

⑦ https://ir.dlut.edu.cn/EmotionOntologyDownload.aspx

参考文献

[1] Minqing Hu,Bing Liu. Mining and summarizing customer reviews[C]. In Proceedings of the tenth ACM SIGKDD international conference on Knowledge discovery and data mining, Seattle, WA, USA,2004.

[2] Wiebe J, Wilson T, Cardie C. Annotating expressions of opinions and emotions in language[J]. Language Resources and Evaluation,2005,39(2-3): 164-210.

[3] Blitzer J, Dredze M. and Pereira F. Biographies, bollywood, boom-boxes and blenders: domain adaptation for sentiment classification[C]. In Proceedings of ACL,2007.

[4] LiShoushan, et al. Employing Personal/Impersonal Views in Supervised and Semi-supervised Sentiment Classification[C]. In Proceedings of ACL,2010.